工学结合 · 基于工作过程导向的项目化创新系列教材
国家示范性高等职业教育土建类"十三五"规划教材

建筑 结构

JIANZHU JIEGOU

主　编　李凯文　樊　飞

副主编　黄　艳　周　晶

　　　　胡　敏　迟朝娜

　　　　孟　亮

U0333509

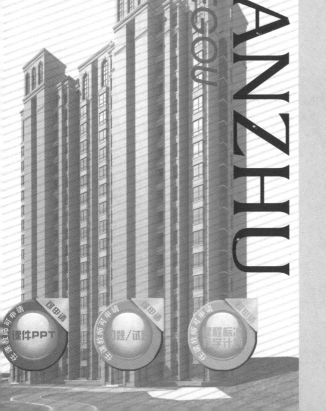

华中科技大学出版社
http://www.hustp.com
中国 · 武汉

内 容 简 介

本书根据《混凝土结构设计规范》(GB 50010—2010)、《砌体结构设计规范》(GB 50003—2011)、《钢结构设计标准》(GB 50017—2017)等现行国家标准编写而成。全书包括绪论和13个项目,主要内容包括:绪论、建筑结构计算的基本原则、建筑结构材料、钢筋混凝土受弯构件、钢筋混凝土受压构件、钢筋混凝土受扭构件扭曲截面的性能与计算、预应力混凝土构件、钢筋混凝土楼(屋)盖、多层及高层钢筋混凝土房屋、钢筋混凝土结构单层厂房、砌体结构、钢结构、建筑抗震的基本知识和结构施工图等。同时,依据教学内容、进度和环节,编写了相应的工程设计计算实例和大量习题。

全书注重工学结合,突出职业能力培养,具有较强的实用性和通用性,可作为高职高专及五年制中专院校的工程造价专业、建筑工程专业、建筑装饰专业及其他相关专业的教材,也可作为土木工程技术人员的参考书以及备考职业资格证书的学习用书。

为了方便教学,本书还配有电子课件等教学资源包,任课教师和学生可以登录"我们爱读书"网(www.ibook4us.com)注册并浏览,任课教师还可以发邮件至 husttujian@163.com 免费索取。

图书在版编目(CIP)数据

建筑结构/李凯文,樊飞主编.—武汉:华中科技大学出版社,2019.8(2021.8重印)
国家示范性高等职业教育土建类"十三五"规划教材
ISBN 978-7-5680-2858-5

Ⅰ.①建…　Ⅱ.①李…　②樊…　Ⅲ.①建筑结构-高等职业教育-教材　Ⅳ.①TU3

中国版本图书馆 CIP 数据核字(2017)第 108366 号

建筑结构
Jianzhu Jiegou

李凯文　樊　飞　主编

策划编辑:康　序
责任编辑:康　序
责任监印:朱　玢
出版发行:华中科技大学出版社(中国·武汉)　　电话:(027)81321913
　　　　　武汉市东湖新技术开发区华工科技园　　邮编:430223
录　　排:武汉正风天下文化发展有限公司
印　　刷:武汉市籍缘印刷厂
开　　本:787mm×1092mm　1/16
印　　张:18.75
字　　数:480千字
版　　次:2021年8月第1版第2次印刷
定　　价:48.00元

前言

— ● ● ●

工程造价、建筑工程、工程管理等专业是以培养工程造价员、施工员、监理员为主要目标,并将造价工程师、建造工程师作为高职高专学生未来职业发展的目标。建筑结构是土木工程专业的一门主要专业基础课,对培养土木工程专业学生的职业技能具有关键作用。本书以现行的有关标准和规范及全国高职高专教育土建类专业指导委员会制定的工程造价专业、建筑工程专业的人才培养方案为依据,从高等职业教育的特点和培养高技能人才的实际出发,按高职高专工程造价、建筑工程、建筑经济管理等专业的建筑结构课程的教学要求编写而成。

建筑结构课程的前导课程是建筑力学、建筑材料等,这些课程要求掌握的知识覆盖面广且具有一定深度。建筑结构课程的教学目标是使学生了解建筑结构基本概念,掌握由钢筋及混凝土两种材料所组成的结构构件的基本力学性能和钢筋及混凝土结构计算分析方法;掌握砌体结构计算方法;掌握钢结构构件连接的计算方法;掌握结构构件的构造知识,能正确进行结构基本构件设计,并能熟练识读结构施工图,为后续课程的学习打下良好基础。

建筑结构课程有很强的实用性,虽然其一般原理建立在结构力学、材料力学等先修课程的基础上,但其中的荷载、结构计算简图、控制截面内力设计值的具体确定等内容是以往课程所没有的,结构的受力特点、影响因素及各种系数的物理概念也与以往课程有所不同。建筑结构课程采用一些近似的实用计算方法,课程的基本理论属于半经验半理论的范畴,其中钢筋混凝土结构讲的基本理论虽然要运用讲述弹性匀质材料的材料力学中的一些基本概念和理论,但是由于钢筋混凝土不是弹性匀质材料,因此钢筋混凝土结构基本构件的截面承载力、变形等的计算与材料力学中讲的不同。本课程的基本理论往往是以科学实验和工程实践为依据的。

本书着重介绍了钢筋混凝土结构的基本理论以及构造要求,在思维方式上既强调理论推导,又不忽视经验归纳,在体系构架上力求理论与应用并重,在内容选编上以材料性能、混凝土和钢筋的共同工作性能以及混凝土构件基本性能的分析与计算为主线,循序渐进,同时也介绍了砌体结构的计算方法、钢结构构件连接的计算方法,每章都附有大量思考题和练习题。

对建筑结构课程的学习要理论联系实际,增加感性认识,扩大知识面。建筑结构的基本理论是以实验为基础的,因此除课堂学习以外,还要加强对实验的教学。当有条件时,可进行简支梁正截面受弯承载力、简支梁斜截面受剪承载力、偏心受压短柱正截面受压承载力等实验。建筑结构课程的实践性很强,因此要加强对课程作业、课程设计和毕业设计等实践性教学环节的学习,在学习中逐步熟悉和正确运用有关规范和规程。建筑结构课程内容多、符号多、系数多、公式多、构造规定也多,学习时要突出对重点内容的学习,贯彻"少而精"的原则。例如钢筋混凝土结构中受弯构件是本书的重点,把它学好了就为后面各章的学习打好了基础。

本书由无锡城市职业技术学院李凯文、宁波职业技术学院樊飞担任主编,兰州石化职业技术学院黄艳、泰山职业技术学院周晶、内蒙古农大职业技术学院胡敏、日照职业技术学院迟朝娜、无锡城市职业技术学院孟亮老师担任副主编,编写分工为:李凯文编写绪论、项目5,并负责全书统稿工作,黄艳编写项目1、项目2,周晶编写项目3、项目4,樊飞编写项目6、项目7,项目8,胡敏编写项目9、项目10,迟朝娜编写项目11、项目12,孟亮编写项目13,李人禧同学校对了本书的部分文稿和图表,本书在编写过程中得到了企业专家江苏省华建建设股份有限公司董事长王宏的支持与帮助,在此表示感谢。

为了方便教学,本书还配有电子课件等教学资源包,任课教师和学生可以登录"我们爱读书"网(www.ibook4us.com)注册并浏览,任课教师还可以发邮件至 husttujian@163.com 免费索取。

由于时间仓促且作者水平有限,书中仍存在不足之处,恳请各位同仁和读者批评指正。

编 者

2019 年 5 月

目录

绪论

学习目标

（1）了解建筑结构的一般概念，了解混凝土结构的特点。

（2）掌握钢筋混凝土结构的工作原理。

（3）了解钢筋混凝土结构的优缺点，了解混凝土结构的发展方向。

任务 1 建筑结构的一般概念

在土建工程中，由屋架、梁、板、柱、墙体和基础等构件组成并能满足预定功能要求的承力体系称为建筑结构。建筑结构按所用材料分为以下几类。

1. 混凝土结构

以混凝土为主制成的结构称为混凝土结构，包括钢筋混凝土结构、预应力混凝土结构和素混凝土结构等。由配置受力的普通钢筋、钢筋网或钢筋骨架的混凝土制成的结构称为钢筋混凝土结构；由配置受力的预应力钢筋通过张拉或其他方法建立预加应力的混凝土制成的结构称为预应力混凝土结构；由无筋或不配置受力钢筋的混凝土制成的结构称为素混凝土结构。混凝土结构广泛应用于工业与民用建筑、桥梁、隧道、矿井以及水利、海港等工程中。本教材着重讲述钢筋混凝土结构，在项目 9 中将讲述预应力混凝土构件。

2. 砌体结构

砌体原指用砖、石材和砂浆砌筑的结构，即砖石结构，现指由块体和砂浆砌筑而成的墙、柱作为建筑物主要受力构件的结构，是砖砌体、砌块砌体和石砌体结构的统称。砌体结构在世界建筑史上占有重要的地位。

3. 钢结构

钢结构主要是由钢板、型钢和钢管等构件通过一定的连接方式组合而成，并把各构件组装成整个结构的节点、关键部件。

任务 2 混凝土结构的一般概念和特点

一、配筋的作用与要求

钢筋混凝土是由钢筋和混凝土两种不同的材料组成的。在钢筋混凝土结构中,利用混凝土的抗压能力较强而抗拉能力很弱,钢筋的抗拉能力很强的特点,用混凝土主要承受压力,钢筋主要承受拉力,二者共同工作,以满足工程结构的使用要求。

图 0-1 分别表示素混凝土简支梁和钢筋混凝土简支梁的破坏和受力情况。图 0-1(a)所示的素混凝土梁在外加集中力和梁的自身重力作用下,梁截面的上部受压,下部受拉。由于混凝土的抗拉性能很差,只要梁的跨中附近截面的受拉混凝土一开裂,梁就突然断裂,破坏前梁的变形很小,没有预兆,属于脆性破坏。为了改变这种情况,在截面受拉区域的外侧配置适量的钢筋构成钢筋混凝土梁,见图 0-1(b)。钢筋主要承受梁中和轴以下受拉区的拉力,混凝土主要承受中和轴以上受压区的压力。由于钢筋的抗拉能力和混凝土的抗压能力都很大,即使受拉区的混凝土开裂梁还能继续承受相当大的荷载,直到受拉钢筋达到屈服强度以后荷载还可略有增加,最终受压区混凝土被压碎,梁才破坏。破坏前,梁的变形较大,有明显预兆,属于延性破坏。与素混凝土梁相比,钢筋混凝土梁的承载能力和变形能力都有很大提高,并且钢筋与混凝土两种材料的强度都能得到较充分利用。

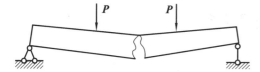
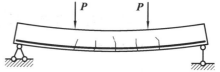

(a) 素混凝土梁承载力小,破坏突然   (b) 钢筋混凝土梁承载力大,变形性能好,破坏有预兆

图 0-1 简支梁受力破坏示意图

在柱中钢筋协助混凝土承受压力,以提高柱子的承载能力和变形能力。由于钢筋的抗压强度比混凝土的高,所以柱子的截面尺寸可以小些。另外,配置钢筋还能改善受压构件破坏时的脆性,并可以使构件承受偶然因素产生的拉力。

在设计和施工中钢筋的端部要留有一定的锚固长度,有的还要做弯钩,以保证可靠地锚固,防止钢筋受力后被拔出或产生较大的滑移,钢筋的布置和数量应由计算和构造要求确定。混凝土结构施工时,一般先根据结构构件的形状和尺寸制作模板,再将钢筋放入模板中适当的位置固定,最后浇筑混凝土,待混凝土结硬成型并达到一定强度时去除模板,结构施工结束。

二、钢筋和混凝土共同工作的原因

钢筋和混凝土两种不同材料之所以共同工作主要有如下几种原因。

(1) 混凝土和钢筋之间有良好的黏结性能,二者能可靠地结合在一起,共同受力,共同变形。

(2) 混凝土和钢筋两种材料的温度线膨胀系数很接近(混凝土为 $1.0 \times 10^{-5} \sim 1.5 \times 10^{-5}$,

钢筋为 1.2×10⁻⁵），避免温度变化时产生较大的温度应力破坏二者之间的黏结力。

（3）混凝土包裹在钢筋的外部，可以使钢筋免于过早腐蚀或高温软化。

三、预应力混凝土结构的一般概念

在图 0-2(a)中梁的钢筋位置预留孔道，待混凝土结硬达一定强度后在孔道中穿入高强钢筋，并在梁的端部将拉伸后的高强钢筋锚固，则拉伸的高强钢筋（称为预应力钢筋）会在梁底部的混凝土中产生压应力，在梁上部的混凝土中产生拉应力，如图 0-2(b)所示。预应力钢筋在梁底部产生的预压应力会抵消外部荷载 P 产生的拉应力（见图 0-2(c)），使得梁底部不产生拉应力或仅产生很小的拉应力（见图 0-2(d)），提高梁的抗裂性能，图 0-2(a)所示的梁称为预应力混凝土梁。同理，还可以先张拉钢筋，再浇捣混凝土，待混凝土达到一定程度后放松钢筋，通过钢筋和混凝土之间的黏结力在混凝土中建立预压应力。

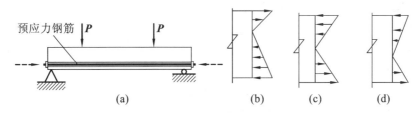

图 0-2 预应力混凝土结构受力示意图

四、混凝土结构的组成

混凝土结构是由不同混凝土结构构件组合而成的结构体系。这些结构构件主要由板、梁、柱、墙和基础等组成。

以钢筋混凝土结构的多层房屋为例，其中的主要结构构件为：

（1）钢筋混凝土楼板，主要承担楼板面的荷载和楼板的自重；

（2）钢筋混凝土楼梯，主要承担楼梯面的荷载和楼梯段的自重；

（3）钢筋混凝土梁，主要承担楼板传来的荷载和梁的自重；

（4）钢筋混凝土柱，主要承担梁传来的荷载及柱的自重；

（5）钢筋混凝土墙，主要承担楼板、梁、楼梯传来的荷载，墙体的自重及土的侧向压力；

（6）钢筋混凝土墙下基础，主要承担墙传来的荷载并将其传给地基；

（7）钢筋混凝土柱下基础，主要承担柱传来的荷载并将其传给地基。

五、钢筋混凝土结构的优缺点

1. 混凝土结构的优点

混凝土结构除了充分利用混凝土和钢筋的性能外，还具有下列优点使其能在各种不同的工程中得以广泛使用。

1）良好的耐久性

混凝土结构中混凝土的强度随时间的增长而增长。当钢筋外的混凝土保护层厚度足够大时，能保护钢筋免于锈蚀，不需要经常保养和维修。在恶劣的环境中（如处于侵蚀性气体中或被海水浸泡等），经过合理的设计，并采取特殊的构造措施，一般能满足工程需要。

2）良好的耐火性

不采取特殊的技能措施,混凝土结构房屋一般具有 1~3 h 的耐火时间,不致因火灾导致钢材很快软化而造成结构整体破坏。混凝土结构的耐火性能优于钢木结构。

3）良好的整体性

现场整浇的混凝土结构的各结构构件之间连接牢固,具有良好的整体工作性能,能很好地抵御动力荷载(如风、地震、爆炸、冲撞等)的作用。

4）良好的可模性

混凝土结构可根据需要浇筑成各种不同的形状,如曲线形的梁和拱、曲面塔体、空间薄壳等。

5）可就地取材

混凝土结构中用量最多的砂、石等材料可就地取材,还可以将工业废料(如矿渣、粉煤灰等)制成人工骨料或作为添加剂用于混凝土结构中,变废为宝。

6）节约钢材

与钢结构相比,混凝土结构用混凝土代替钢筋受压,合理发挥材料的性能,节约了钢材。

2. 混凝土结构的缺点

混凝土结构也有缺点,这些缺点目前在一定程度上阻碍了混凝土结构的广泛应用。

混凝土结构的自重大(素混凝土的容重为 $22\sim24$ kN/m^3),对大跨度结构、高层建筑及构件的抗震性不利;混凝土易开裂,一般混凝土结构往往带裂缝工作,对裂缝有严格要求的结构构件(如混凝土水池、地下混凝土结构、核电站的混凝土安全壳等)需采取特殊的措施;现浇混凝土结构需消耗大量的模板;施工受季节的影响较大;隔热隔声性能较差等。

随着科学技术的不断发展,这些缺点会逐渐被改进或克服。

任务 3 混凝土结构的发展历史

混凝土结构使用至今已约有 160 年历史。与钢、木和砌体结构相比,由于它在物理力学性能及材料来源等方面有许多优点,所以其发展速度很快,应用也最广泛。

一、混凝土结构的诞生

1824 年,英国人 J. Aspdin 发明了波特兰水泥,为混凝土结构的诞生奠定了基础。1855 年,法国人 Joseph Louis Lambot 在巴黎国际展览会上展出了他稍早时候申请专利的一条水泥砂浆铁丝小船,标志着混凝土结构的诞生。同年 Francois Coigent 也申请了加筋混凝土楼板的制作专利。从这以后一大批凭经验制作的加筋混凝土结构(构件)相继出现,并获得专利。1904 年出版的一本英国教科书列举了 43 项加筋混凝土的专利,其中 15 项来自法国,14 项来自德国或奥匈帝国,8 项来自美国,3 项来自英国,另 3 项来自其他 9 个国家。

二、混凝土结构的发展

19 世纪末混凝土引入中国,1890 年上海第一次在铺设马路时采用混凝土,同一年上海第一家混凝土制品厂建成投产,它采用英国进口水泥为原料,起初生产厨房水池,20 世纪初拓展到生产混凝土梁、板、桩、电线杆等几十种产品。1891年,工部局在武昌路上铺设了第一条水泥混凝土下水道,1896年建成的工部局市政厅采用钢筋混凝土楼板(现已不存在),1901年建造的华俄道胜银行(现为中国外汇交易中心,地址为上海市中山东一路15号)采用钢柱、钢梁外包混凝土的钢骨混凝土结构,1908年建成的得律风公司大楼(现为上海市内电话厅,地址为江西中路汉口路),是上海第一座采用钢筋混凝土梁和钢筋混凝土柱子组成的框架结构建筑。

现代预应力混凝土结构的开拓者是法国学者 E. Freys si net,他于1928年提出了用高强钢丝作为预应力钢筋,发明了专用的锚具系统,并开创性地在一些桥梁和其他结构中应用预应力技术,使预应力混凝土结构技术从试验室真正走向工程实际。如图 0-2(a)所示的梁,当在混凝土中施加预应力后,梁下部的混凝土会因受压而随时间逐渐缩短,这种变形性能称为徐变,同时由于混凝土的收缩梁也会缩短。徐变和收缩会使梁下部缩短约 $1/1000$。对普通钢筋,在施加预应力时一般钢筋的应变不会超过 $1.5/1000$。因此,由于徐变和收缩会使普通预应力钢筋中的预拉应力损失 $2/3$。高强钢筋在受预应力时的应变可达到 $7/1000$,由于徐变和收缩使其预应力损失约 $1/7$。因此,E. Freyssinet 建议同时使用高强钢筋和高强混凝土。第二次世界大战后,预应力技术得到了蓬勃发展。1950年成立的国际预应力混凝土协会更是促进了预应力技术的发展,至1951年在欧洲已建成175座预应力混凝土桥和50榀预应力混凝土框架,在北美已建成700座预应力混凝土储水罐。我国预应力混凝土结构是在20世纪50年代发展起来的,最初试用于预应力钢筋混凝土轨枕,目前预应力混凝土结构已在房屋、桥梁、地下结构、特种结构(如预应力混凝土水池、混凝土冷却塔、混凝土电视塔、核反应堆的安全壳等)中广泛应用。

任务 4 混凝土结构的发展方向

混凝土结构的发展方向大体上包括材料方向、体系方向、理论研究方向、模型试验技术和计算机仿真技术方向等。

一、混凝土结构材料方面的发展

混凝土结构诞生以来在材料方面的发展主要表现在混凝土强度的不断提高、混凝土性能的不断改善、轻质混凝土和无砂混凝土的应用以及 FRP 筋的应用等方面。

20世纪60年代初,美国的混凝土平均抗压强度为28 MPa,70年代提高到42 MPa。1964年,用高效减水剂配制普通工艺的高强混凝土在日本首先兴起,到20世纪70年代末日本的工地上已能获得抗压强度为80~90 MPa的高强混凝土。1976年起北美也开始用高效减水剂配制高强混凝土,1990年以后美国和加拿大的工地上已能获得抗压强度为60~100 MPa的高强混凝土。在试验室中混凝土的抗压强度甚至可做到300 MPa。20世纪90年代以前,我国大量采用的混凝土抗压强度仅为15~20 MPa。随着经济的发展和科技的进步,高强混凝土得以在工程实践中应用。在铁道系统用50~60 MPa的混凝土生产桥梁、轨枕以及电气化铁路的接触网支柱。在公路桥梁方面混凝土的抗压强度达到80 MPa。1988年在沈阳建成的18层辽宁省工业技术交流馆中首次应用60 MPa的混凝土建造高层建筑的柱子。1990年8月在上海海伦宾馆、9月在上海新新美发厅工程上成功进行了泵送混凝土的工程实践。在一些基础设施工程中如混凝土输水管,也有过用抗压强度为60 MPa混凝土的报道。目前我国的土木工程结构应用抗压强度为 60 MPa 的混凝土已相当普遍,为提高混凝土的抗拉强度,改善混凝土的抗裂、抗冲击、抗疲劳、抗磨等性能,在普通混凝土中掺入各种纤维(如钢纤维、合成纤维、玻璃纤维和碳纤维等)而形成的纤维混凝土已在工程中得到广泛的应用,其中以钢纤维混凝土的技术最为成熟,应用最为广泛。美国、日本等国家相继编制了钢纤维混凝土结构的施工设计规程或规范,以改善混凝土的工作性能、改善混凝土的微观结构、增加混凝土的抗酸碱腐蚀性为目标的研发工作也在进行中。另外在混凝土中添加智能修复材料和智能传感材料,使得混凝土具有损伤修复、损伤愈合和损伤预警功能的研究工作已引起各国学者高度重视,其中混凝土结构中的光纤传感技术已在工程中应用。

为克服混凝土自重大的缺点,经国内外学者的努力,由胶结料、多孔粗骨料、多孔或密实细骨料与水拌制而成的轻质混凝土(干容重一般不大于 18 kN/m³)得到很大的发展。国外用于承重结构的轻质混凝土的抗压强度为 30~60 MPa,其容重为 14~18 kN/m³。国内轻质混凝土的抗压强度为 20~40 MPa,其容重为 12~18 kN/m³。1976 年建成的美国芝加哥 Water Tower 广场大厦的楼板采用了抗压强度为 35 MPa 的轻骨料混凝土,美国休士敦 52 层高 210 m 的贝壳广场大厦则全部由轻质混凝土建造。当对混凝土的强度要求不是很高时,可以采用普通粗骨料制成的无砂大孔混凝土,其容重为 16~19 kN/m³。

混凝土结构中钢筋的锈蚀是影响结构寿命的重要因素之一。尽管世界各国的学者多年来做出了很大的努力,但是这一问题一直没有得到很好解决。在北美,冬天需要用盐来解冻,因此公路桥梁和公共车库中钢材的腐蚀情况尤为严重。据 1992 年的统计结果显示,修复加拿大当时所有混凝土车库结构的费用在 40 亿~50 亿加元之间;修复美国所有高速公路桥梁的费用约为 500 亿美元。在欧洲由于钢材的腐蚀每年约损失 100 亿英镑,用 FRP 筋代替混凝土中的钢筋将是一种有效解决钢筋锈蚀问题的方法。FRP 是一种由纤维加筋、树脂母体和一些添加料制成的复合材料,根据纤维的种类,它可分为碳纤维增强塑料(CFRP)、芳香酰聚酰胺纤维增强塑料(AFRP)和玻璃纤维增强塑料(GFRP)。FRP 具有强度高、质量轻、抗腐蚀、低松弛、易加工等诸多优良的特性,是钢筋的良好替代物,用作预应力筋时优势尤其明显。

早在 20 世纪 70 年代,德国斯图加特大学的 Rehm 教授的研究成果就表明含有玻璃纤维的复合材料可以用于预应力混凝土结构。1992 年,FIP 的一个工作委员会起草了 FRP 的设计指南。1993 年,作为国家级的研究成果,《FRP 混凝土建筑结构设计指南》和《FRP 预应力混凝土构件设计指南》在日本出版。1996 年加拿大的公路桥梁规范也将 FRP 的内容列入其中。同年,美国的 ACI 出版了 FRP 混凝土结构研究现状的分析报告,ASCE 也成立了专门的委员会准备有关 FRP 的标准。

1980 年作为试验在德国建造了一座短跨的人行桥梁。1986 年,世界上第一座 GFRP 应力混凝土公路桥梁在欧洲的杜塞尔多夫建成并投入使用。1988 年,GFRP 预应力体系在柏林的一座两跨梁中得以应用;法国 Mairie d'Issy 地铁站的改建工程也大量应用了 GPRP 预应力筋;日本首次在一座 7 m 宽、5.6 m 跨度的桥梁中应用了 CFRP 预应力筋。1991 年,德国勒沃库森建成一座三跨公路桥梁,1.1 m 厚的桥面板中布置了 27 根 GFRP 预应力筋;日本则首次将 FRP 预应力体系应用于房屋建筑。1992 年,奥地利的 Notsch 桥投入使用,该桥的桥面板中用了 41 根 GFRP 预应力筋。1993 年,加拿大首次建成了一座 CFRP 预应力混凝土公路桥,随后又建造了多个 FRP 混凝土和预应力混凝土结构工程。我国学者目前也在从事 FRP 混凝土结构方面的研究,相信在不远的将来,FRP 混凝土结构也能在我国广泛应用。

二、混凝土结构体系方面的发展

由基本的混凝土结构构件(如梁、板、柱和墙等),根据不同的用途、结构功能,按照一定的规则,可以组成不同的结构体系。起初混凝土结构中的基本受力构件主要为钢筋混凝土结构构件(称为钢筋混凝土结构)。随着预应力技术的发展和应用,以预应力混凝土构件为主要受力构件的预应力混凝土结构在大跨度、抗裂性能等方面显示了明显的优越性。为了适应高变形能力、重载等的需要,近年来在混凝土结构构件中配置型钢或将混凝土构件同钢构件通过一定的连接措施结合在一起,组成型钢混凝土组合结构,或在钢管中填充混凝土形成钢管混凝土或钢管约束混凝土结构等的技术得到了很好的发展与应用。另外还可以在一种结构中同时使用钢构件、钢-混凝土组合构件和混凝土构件组成钢-混凝土混合结构,上海金茂大厦其中部是由钢筋混凝土墙体组成的封闭筒体,四周布置混凝土组合柱、钢柱、型钢-

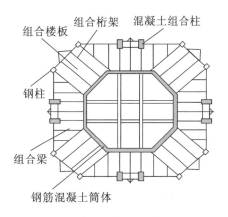

图 0-3　上海金茂大厦结构布置简图

混凝土组合梁和组合桁架,楼板为钢-混凝土组合楼板,由此组成了钢-混凝土混合结构体系(见图 0-3)。

三、混凝土结构理论研究方面的发展

1. 混凝土结构材料和混凝土结构构件的力学性能的研究发展

钢筋、混凝土材料以及混凝土结构基本构件的力学性能的研究是发展混凝土结构基本理论的基础。混凝土结构理论基本上是循着"由试验研究弄清机理、发现规律,为理论分析提供依据,由理论分析解释试验现象、拓展试验结果,为工程应用建立方法,通过工程实践积累经验、修正理论方法、完善理论体系、发现新问题,为进一步研究确定方向"的轨迹发展着。

静力学的发展为混凝土结构理论的建立奠定了基础。可是,近代混凝土结构理论的建立与发展在很大程度上应归功于法国花匠 Joseph Monier 的卓越工作,在 1850—1875 年间,Monier 获得钢筋混凝土花盆、管道、水池、平板、桥梁和楼梯等多项专利。1880—1881 年,Monier 又获得德国政府颁发的多项专利,且这些专利均被相关的建筑公司所注册。该公司随即委托斯图加特大学的 Morsch 和 Bach 教授测试钢筋混凝土结构的强度,同时委托 Prussia 的总建筑师 Koenen 研究钢筋混凝土结构强度的计算方法。1886 年,Koenen 提出了受弯构件的中性轴位于截面中心的假说,为钢筋混凝土受弯构件正截面的应力分析建立了最原始的力学模型。随着混凝土结构的广泛应用和研究的不断深入,国内外学者对材料的性能,不同受力状态下结构构件的性能、破坏机理等进行了广泛的试验研究,在混凝土强度的发展规律、单轴和多轴应力作用下混凝土及钢筋的本构关系、混凝土的尺寸效应、混凝土与钢筋之间的黏结-滑移性能、约束混凝土的强度与变形、混凝土结构构件的荷载-变形关系、简单和复杂受力状态下混凝土结构构件承载力和变形能力计算等方面取得大量的成果,并努力建立起合理的完整的理论模型,以分析结构在外部荷载作用下的反应。近年来混凝土结构的耐久性引起各国学者的高度重视。与之相关的课题,诸如混凝土的碳化、混凝土中的碱骨料反应、混凝土的冻融破坏、钢筋的锈蚀、钢筋锈蚀

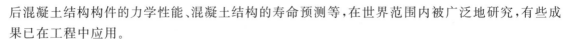

后混凝土结构构件的力学性能、混凝土结构的寿命预测等,在世界范围内被广泛地研究,有些成果已在工程中应用。

2.结构的设计理论和既有结构的性能评估的研究发展

混凝土结构基本理论主要有两方面的工程应用,一是结构的设计,即已知荷载、设计结构构件;二是既有结构的性能评估,即已知结构构件,确定其能承受的外部荷载。

1894 年,Coignet 和 De Tedeskko 在他们提供给法国土木工程师协会的论文中拓展了 Koenen 的理论,提出钢筋混凝土构件的容许应力设计法。由于该方法以弹性力学为基础,在数学处理上比较简单,一经提出便很快为工程界所接受。尽管混凝土的弹性性能以及钢筋混凝土结构的极限强度理论早已被人们所认识,却很难动摇容许应力设计法在工程设计中应用。直到 1976 年美国和英国的房屋结构设计规范仍以容许应力法为主。1995 年出版的美国混凝土结构房屋规范中还将容许应力设计法作为可供选择的设计方法之一而列入附录。以弹性理论为基础的容许应力法认为截面应力分布是线性的。这就很难考虑钢筋混凝土结构的一个基本特征:钢筋与混凝土之间以及超静定结构各截面之间的应力或内力重分布,也无法深入考虑抗震设计所必须考虑的延性。而钢筋混凝土结构的极限状态则是一个更广泛的概念,它除了承载能力的极限状态外,还包括其他的极限状态。虽然容许应力法在一定条件下也可用于极限设计,但容许应力法无法涵盖极限状态的所有内容。另外,容许应力法只能在构件的强度上打折扣,很难用统计数学的方法来分析结构的可靠度。这些原因使得混凝土结构的设计从容许应力设计法发展到极限状态设计法成为必然。

1932 年苏联学者提出按破损阶段计算的方法,该方法以截面所能抵抗的破坏内力为依据进行设计计算。1939 年,苏联据此制定相应的设计规范。1952 年我国东北人民政府工业部率先颁布的《建筑物结构设计暂行标准》就是按破损内力设计理论制定的。破损内力设计实际上是从容许应力设计法到极限状态设计法的一种过渡。

最早按极限状态设计钢筋混凝土结构的国家是的苏联。我国房屋建筑工程领域先直接引用苏联的标准,然后以此为基础,于 1966 年增加我国自己的部分研究成果,颁布了按极限状态法进行设计的《钢筋混凝土结构设计规范》(BJG 21—66);1974 年又对此进行了修订,出版了《钢筋混凝土结构设计规范》(TJ 10—74);1989 年又根据《建筑结构设计统一标准》(GBJ 68—84)制定《钢筋混凝土结构设计规范》(GBJ 10—89)。现行规范《混凝土结构设计规范》(GB 50010—2010)的设计方法和之前没有区别,均将荷载和材料的强度看成是随机变量,采用基于近似概率的极限状态设计法。

对于一些重大的混凝土结构,如海洋石油平台、核电站的安全壳,一般采用基于全开概率的极限状态设计法。考虑环境作用下混凝土结构性能会不断退化以能预知结构耐久性为目标的混凝土结构的全寿命设计理论正成为土木工程领域新的研究热点,但离工程应用还有相当的距离。既有混凝土结构的性能评估一般认为是拟建结构设计的逆过程,很长时间以来人们也一直这样去做。可是,既有结构是已经存在的客观实体,有着与拟建结构不同的显著特点:①一些在设计阶段按随机变量处理的永久荷载可以按确定量考虑。结构自重是最常见的永久荷载,在设计阶段考虑它的随机性,是由于存在材料、施工等方面的不确定因素的影响,但是结构一旦建成,这些不确定因素的影响便成为历史,结构自重在客观上是确定的。②对拟建结构而言,截面的几何尺寸、材料性能等参量皆为随机变量,而对既有结构而言,则是这些随机变量的一次具体实现,理论上这些量也都是确定量,大部分是可测的。③既有结构的使用历史也为人们提供了大量的有用信息，比如结构所承受过的最大荷载以及在该荷载下的使用性能，等等。国内外对既有结构的性能评估已做了大量的工作。国外已将部分成果写入规范，如美国相关规范规定：如果构件的尺寸和材料的强度均通过实测获得，则可提高设计验算公式中的强度折减系数，以此来验算既有结构的承载力。笔者对既有结构目标使用期内的荷载和结构抗力概率模型进行了分析研究，提出了基于近似概率的既有结构构件安全性分析方法，并被上海市地方标准《既有建筑物结构检测与评定标准》(DG/TJ 08—804—2005)所采纳。

3. 结构的全寿命维护

结构全寿命维护涵盖结构检测、监测、既有结构性能评估、结构维修、结构加固和结构改造等多方面的内容。20世纪90年代以来，国内外大量学者在上述相关领域进行了卓有成效的研究，形成了较完善的结构全寿命维护理论体系，并将研究成果应用于工程实践。目前，国内已在国家、行业、协会和地方等不同层次上制定了相应的标准、规范。

四、混凝土结构在模型试验技术和计算机仿真技术方面的发展

结构试验在混凝土结构理论的诞生和发展过程中起着不可估量的作用，目前世界各国的混凝土结构设计规范都是以大量的试验数据为基础而建立起来的。体形特殊、结构复杂的混凝土结构物往往还要通过整体结构的模型试验来验证设计理论、改进设计方法。随着试验设备的不断改进、数据采集系统的不断完善、结构模型试验理论的不断完备，混凝土结构的试验已从单纯的材料性能试验发展至今天的材料、构件和结构试验并用，试验中的加载方式也由单纯的静力加载发展至静力、伪静力、拟动力和动力等多种方式，但是结构试验尤其是大型结构的试验往往需要耗费大量的人力和财力，同样的试验很难重复做多次，且缩尺模型试验具有"失真"效应，若能建立一种通过计算分析来模拟足尺模型试验的方法，作为辅助的研究手段，则能弥补实体试验的不足，对混凝土结构的发展与应用将产生积极作用。

20世纪60年代以来，计算机仿真技术(又称计算机模拟技术)已由最初的数值模拟以及数值模拟结果的图形显示，发展成今天的与信息论、控制论、模拟论、人工智能、多媒体技术等现代科学相关的一门高新科技学科。应用计算机仿真技术可进行试验模拟、灾害预测、事故再现、方案优化、结构性能评估等难以进行甚至由于当时条件的限制而不可能进行的一些工作。近年来计算机仿真技术在混凝土结构工程中的应用日益普遍，国内外很多学者已在这方面做了大量的工作，如：日本东京大学的学者用离散单元法对钢筋混凝土框架结构在遭遇强烈地震作用时的倒塌过程进行了计算机仿真分析；清华大学的江见鲸等对混凝土结构的破坏过程进行过模拟；同济大学曾对混凝土基本构件、钢筋混凝土杆系结构在不同外界干扰作用下的破坏过程以及钢筋混凝土框架结构在单调荷载作用下、地震作用下的倒塌反应进行过计算机仿真分析，同济大学开发的高层建筑混凝土框架结构模拟地震试验的计算机仿真软件的仿真效果可把结构在地震作用下的变形和开裂情况直观地显示出来。

任务 5 混凝土结构的应用

混凝土结构可应用于土木工程中的各个领域。混凝土结构的应用范围已由工业与民用建筑、交通设施、水利水电建筑和基础工程扩大到了近海工程、海底建筑、地下建筑、核电站安全壳

等领域,甚至已开始构思并实验用于月面建筑,随着轻质高强材料的使用,在大跨度、高层建筑中应用的混凝土结构越来越多。

在房屋建筑中混凝土结构占有相当大的比例。1990 年建成的美国芝加哥 S. Wacker Drive 大楼,65 层,高 296 m,为当时建成的世界上最高的混凝土建筑。朝鲜平壤的柳京饭店,105 层,高 319.8 m,也为混凝土结构。另外,蒙特利尔奥林匹克体育馆、悉尼歌剧院均为混凝土结构。在我国混凝土结构的房屋更加普遍,如建造于 20 世纪初的上海外滩建筑群中就有很多混凝土结构的房屋。近年来,尽管钢结构得到很大的发展,但超过 100 m 高的高层建筑中绝大多数是混凝土结构或为混凝土和钢的组合结构,如 88 层高的上海金茂大厦采用的就是钢-混凝土混合结构。

隧道、桥梁、高速公路、城市高架公路、地铁等大都采用混凝土结构(见图 0-4),如在上海建成的内环线浦西段高架公路,与之相连的南浦大桥、杨浦大桥的塔架,以及轨道交通 1 号线、2 号线、3 号线、穿越黄浦江的多条隧道等。

图 0-4　混凝土结构应用于桥梁、高速公路、城市高架公路等

混凝土结构还可应用于建造大坝、拦海闸墩、渡槽、港口等工程设施。如 1962 年建造的瑞士大狄克桑期坝,高 285 m。核电站的安全壳、热电厂的冷却塔、储水池、储气罐、海洋石油平台等一般也为混凝土结构。自从 1953 年联邦德国斯图加特大学的教授为斯图加特设计了一座钢筋混凝土电视塔以来,许多国家相继建成一批混凝土高塔。其中加拿大多伦多电视塔高达 553.33 m。我国自 1986 年以来也建造了一些混凝土结构的电视塔,其中不少高度超过 300 m。相信未来混凝土结构还会得到更广泛的应用。

任务 **6** 学习本课程须注意的问题

本教材由混凝土结构、砌体结构和钢结构三部分组成。重点内容是混凝土结构。

本课程主要讲述各种混凝土构件、砌体结构和钢结构的受力性能、截面设计计算方法和构造等基本理论,属于专业基础课。通过本课程的学习,并通过课程设计和毕业设计等实践性教学环节,使学生初步具有运用这些理论知识正确进行混凝土结构、砌体结构和钢结构设计和解决实际技术问题的能力。

学习本课程时,建议注意下面一些问题。

混凝土结构、砌体结构和钢结构课程的实践性很强,因此要加强课程作业、课程设计和毕业设计等实践性教学环节的学习,并在学习过程中逐步熟悉和正确运用我国颁布的一些设计规范,诸如,《混凝土结构设计规范》(GB 50010—2010)、《砌体结构设计规范》(GB 50003—2011)、《建筑可靠性统一设计标准》(GB 50068—2018)、《建筑结构荷载规范》(GB 50009—2012)、《建筑抗震设计规范》(GB 50011—2010)、《高层建筑混凝土结构技术规程》(JGJ 3—2010)、《公路钢筋混凝土及预应力混凝土桥涵设计规范》(JTG 3362—2018)等。以下简称《混凝土结构设计规范》(GB 50010—2010)为《混凝土结构设计规范》,《公路钢筋混凝土及预应力混凝土桥涵设计规范》(JTG 3362—2018)为《公路桥规》。混凝土结构、钢结构是一门发展很快的学科,要多注意它的新动向和新成就,以扩大知识面。要保证结构安全、可靠,单靠定量的理论分析还不够,还要辅以定性的结构措施。这些结构措施均为前人经验的总结,虽然暂不能对其进行定量描述,但他们背后都隐藏着深刻的道理,对常识性的构造规定应该知道,对构造规定要着眼于理解,切忌死记硬背。要深刻理解重要的概念,熟练掌握设计计算的基本功。教学大纲中对要求深刻理解的一些重要概念作了具体的规定。注意深刻理解往往不是一步到位的,而是随着学习内容的展开,逐步加深的,学习时不能硬记构造条文,要注意理论联系实际,积累一定的感性认识。

混凝土结构的基本理论相当于钢筋混凝土及预应力混凝土的材料力学,它是以实验为基础的,因此除课堂学习以外,还要加强实验的教学环节,以进一步理解学习内容和训练实验的基本技能,当有条件时,可进行简支梁正截面受弯承载力、简支梁斜截面受剪承载力、偏心受压短柱正截面受压承载力的实验。学生通过混凝土结构课程的学习,能够掌握由钢筋及混凝土两种材料所组成的结构构件的基本力学性能的计算分析方法及混凝土结构构件的基本构造措施,了解该课程与先修力学课程的区别和联系,在结构设计和结构性能评估两方面获得解决实际工程问题的能力,为后续专业设计课程的学习打下良好的理论基础。为了能更有效地学习本课程,学生应注意本课程与相关先修课程尤其是"材料力学"的异同点,正确运用已有的力学知识解决实际问题。此外混凝土结构理论大都在试验研究的基础之上,目前还缺乏完善的、统一的理论体系,很多公式不能由严密的逻辑推导得出,只能由实验结果回归而成。学习和应用时要注意思维方式的转变,归纳和演绎法并用。突出重点,注意对学习难点的学习,对学习中的难点要找出它的根源,以利于化解。项目3是混凝土结构的重点内容,把它学好了能为后面各项目的学习打下良好的基础,学习项目4后就要回头来复习项目3,以加深对受弯构件正截面受弯承载力的理解。

本课程的内容多、符号多、计算公式多、构造规定也多,学习时要遵循教学大纲的要求,贯彻"少而精"的原则,突出重点内容的学习。要求熟练掌握的设计计算内容也在教学大纲中有明确的规定,它们是本课程的基本功。熟练掌握是指正确、快捷,为此本教材各项目后给出的习题要求认真完成,应该是先复习教学内容,搞懂例题后再做习题,切忌边做题边看例题。习题的正确答案往往不是唯一的,这也是本课程与一般数学、力学课程所不同的。

项目小结

（1）建筑结构按所用的主要材料分为混凝土结构、砌体结构和钢结构，其中混凝土结构包括素混凝土结构、钢筋混凝土结构、预应力混凝土结构和钢骨架混凝土结构等。实际工程中，应用较多的是钢筋混凝土结构和预应力混凝土结构。

（2）把混凝土和钢筋这两种力学性能不同的材料科学合理地结合在一起形成钢筋混凝土结构，不仅可充分发挥材料的特性，而且可满足建筑结构预定的功能要求。

（3）钢筋和混凝土能够结合在一起共同工作的主要原因是两者在接触面存在着良好的黏结力，且具有相近的温度线膨胀系数。

（4）钢筋混凝土结构具有材料利用合理、耐久性与耐火性较好、现浇结构抗震能力强等优点，但缺点是结构自重大、抗裂性差、施工受季节气候影响大、不易维修。

（5）钢筋混凝土的发展方向是采用轻质、高强、高性能的混凝土和高强、高延性、不松弛的钢筋与钢丝等新型结构材料。

（6）混凝土结构的发展方向大体上包括材料方向、体系方向、理论研究方向、模型试验技术和计算机仿真技术方向等。

（1）本课程主要包括哪些内容？建筑结构包括哪些结构类型？

（2）钢筋混凝土结构中钢筋和混凝土是如何共同工作的？

（3）钢筋混凝土结构有哪些优点和缺点？

（4）混凝土结构发展的研究方向除了混凝土结构体系方向还包括哪些研究方向？

（5）学习本课程要注意哪些问题？

项目 1

建筑结构计算的基本原则

学习目标

知识目标

(1) 熟悉荷载分类及荷载代表值。

(2) 掌握建筑结构极限状态的定义及分类。

(3) 掌握承载能力极限状态和正常使用极限状态设计方法。

能力目标

根据构件具体受力情况,进行构件的承载能力极限状态和正常使用极限状态设计。

知识链接

结构上的荷载与荷载效应

结构上的"作用"是指能使结构或构件产生效应(内力、变形、裂缝等)的各种原因的总称,分为直接作用和间接作用两类。

1. 直接作用

直接作用是指直接以力的不同集结形式(集中力或均匀分布力)施加在结构上的作用,通常也称为荷载。例如结构构件的自重、楼面和屋面上的人群及物品重量、风压力、雪压力、积水、积灰等。

2. 间接作用

间接作用是指能够引起结构外加变形和约束变形,从而产生内力效应的各种原因。例如地震、地基变形、混凝土的收缩和徐变变形、温度变化等。

任务 1 荷载的分类及荷载代表值

一、荷载的分类

结构上的荷载,按其随时间的变异性和出现的可能性不同,分为以下三类。

1. 永久荷载

永久荷载指在结构设计使用期间,其作用值不随时间变化或其变化幅度与平均值相比可以忽略不计的荷载。例如结构自重、土压力、预应力等荷载,永久荷载又称为恒荷载。

2. 可变荷载

可变荷载指在结构设计使用期间,其作用值随时间而变化,且其变化幅度与平均值相比不可忽略的荷载。例如楼面活荷载、屋面活荷载、积灰荷载、吊车荷载、风荷载、雪荷载等,可变荷载又称为活荷载。

3. 偶然荷载

偶然荷载指在结构设计使用期间可能出现,但不一定出现,而一旦出现,其持续时间很短且量值很大的荷载。例如地震、爆炸、撞击力等。

二、荷载的代表值

《建筑结构荷载规范》(GB 50009—2012)(以下简称《荷载规范》)给出四种荷载的代表值:标准值、组合值、频遇值、准永久值及组合值。永久荷载以其标准值作为代表值;对于可变荷载,应根据设计要求采用标准值、组合值、频遇值、准永久值作为代表值。

1. 荷载标准值

荷载标准值是指结构在正常使用情况下,在其设计基准期(50年)内可能出现的具有一定保证率的最大荷载值。它是建筑结构进行各类极限状态设计时采用的基本代表值。

1) 永久荷载标准值

永久荷载标准值,如结构自重,由于其变异性不大,可按结构构件的设计尺寸与材料单位体积的自重计算确定。对常用材料和构件的自重可参照《荷载规范》附录 A 采用。表 1-1 列出部分常用材料和构件的自重,供学习时查用。

表 1-1 部分常用材料和构件的自重

序 号	名 称	自 重	备 注
1	素混凝土/(kN/m³)	22～24	振捣或不振捣
2	钢筋混凝土/(kN/m³)	24～25	
3	水泥砂浆/(kN/m³)	20	
4	石灰砂浆、混合砂浆/(kN/m³)	17	
5	浆砌普通砖/(kN/m³)	18	
6	浆砌机砖/(kN/m³)	19	

续表

序 号	名 称	自 重	备 注
7	水磨石地面/(kN/m²)	0.65	10 mm 面层,20 mm 水泥砂浆打底
8	贴瓷砖墙面/(kN/m²)	0.5	包括水泥砂浆打底,共厚 25 mm
9	岩棉/(kN/m²)	0.5～2.5	
10	沥青混凝土/(kN/m²)	20	

2）可变荷载标准值

《荷载规范》给出各种可变荷载的标准值的取值,可以直接查表。表 1-2 列出部分民用建筑楼面均布活荷载标准值,供学习时查用。

表 1-2　部分民用建筑楼面均布活荷载标准值及其组合值、频遇值和准永久值系数

项次	类 别	标准值/(kN/m²)	组合值系数 ψ_c	频遇值系数 ψ_f	准永久值系数 ψ_q
1	(1)住宅、宿舍、旅馆、办公楼、医院病房、托儿所、幼儿园	2.0	0.7	0.5	0.4
	(2)教室、试验室、阅览室、会议室、医院门诊室	2.0	0.7	0.6	0.5
2	食堂、餐厅、一般资料档案室	2.5	0.7	0.6	0.5
3	(1)礼堂、剧场、影院、有固定座位的看台	3.0	0.7	0.5	0.3
	(2)公共洗衣房	3.0	0.7	0.6	0.5
4	(1)商店、展览厅、车站、港口、机场大厅及其旅客等候室	3.5	0.7	0.6	0.5
	(2)无固定座位的看台	3.5	0.7	0.5	0.3
5	(1)健身房、演出舞台	4.0	0.7	0.6	0.5
	(2)舞厅	4.0	0.7	0.6	0.3
6	(1)书库、档案库、贮藏室	5.0	0.9	0.9	0.8
	(2)密集柜书库	12.0	0.9	0.9	0.8
7	厨房: (1)一般的 (2)餐厅的	2.0 4.0	0.7	0.6 0.7	0.5 0.7
8	浴室、厕所、盥洗室: (1)第 1 项中的民用建筑 (2)其他民用建筑	2.0 2.5	0.7 0.7	0.5 0.6	0.4 0.5
9	走廊、门厅、楼梯: (1)宿舍、旅馆、医院病房、托儿所、幼儿园、住宅 (2)办公楼、教室、餐厅、医院门诊部 (3)当人流有可能密集时	2.0 2.5 3.5	0.7 0.7 0.7	0.5 0.6 0.5	0.4 0.5 0.3
10	阳台: (1)一般情况 (2)当人群有可能密集时	2.5 3.5	0.7 0.7	0.6 0.6	0.5 0.5

注:①本表所列各项活荷载适用于一般使用条件,当使用荷载较大或情况特殊时,应按实际情况采用。

②本表中各项荷载不包括隔墙自重和二次装修荷载。对于固定隔墙的自重应按恒荷载考虑,当隔墙位置可灵活布置时,非固定隔墙的自重可取每延米长墙重(kN/m)的 1/3 作为楼面活荷载的附加值(kN/m²)计入,附加值不小于 1.0 kN/m²。

2. 可变荷载频遇值

可变荷载频遇值是指结构上偶尔出现的较大荷载,它与时间有较密切的关联,即在规定的设计基准期内,具有较短的总持续时间或较少的发生次数的特性,这使结构的破坏性有所减缓。可变荷载频遇值应取可变荷载标准值乘以荷载频遇值系数。

3. 可变荷载准永久值

可变荷载准永久值是指在结构上经常作用的可变荷载,即在规定的期限内,该部分可变荷载具有较长的总持续时间,对结构的影响类似于永久荷载。可变荷载准永久值应取可变荷载标准值乘以荷载准永久值系数。表1-2列出部分可变荷载组合值系数、频遇值系数和准永久值系数,可供查用。

三、荷载的设计值

由于荷载是随机变量,考虑其有超过荷载标准值的可能性,以及不同变异性的荷载可能造成结构计算时可靠度不一致的不利影响,因此,在承载能力极限状态设计中将荷载标准值乘以一个大于1的调整系数,此系数称为荷载分项系数。

荷载分项系数是在各种荷载标准值已经给定的前提下,按极限状态设计中得到的各种结构构件所具有的可靠度分析,并考虑工程经验确定的。考虑到永久荷载标准值与可变荷载标准值的保证率不同,故它们采用不同的分项系数。

以 γ_G 和 γ_Q 分别表示永久荷载及可变荷载的分项系数,其取值应按表1-3的规定采用。

表 1-3 荷载分项系数

荷载类别	荷载特征	荷载分项系数 γ_G 或 γ_Q
永久荷载	当其效应对结构不利时: 对由可变荷载效应控制的组合 对由永久荷载效应控制的组合	1.20 1.35
	当其效应对结构有利时: 一般情况 对结构的倾覆、滑移或漂浮验算	1.0 0.9
可变荷载	一般情况	1.4
	对标准值>4 kN/m² 的工业房屋楼面活荷载	1.3

荷载标准值与荷载分项系数的乘积称为荷载设计值,其数值大体相当于结构在非正常使用情况下荷载的最大值,它比荷载的标准值具有更大的可靠度。一般情况下,在承载能力极限状态设计中,应采用荷载的设计值。

四、作用效应

作用效应是指作用引起的结构或构件的内力、变形等。如结构由于各种作用引起内力(如轴力、弯矩、剪力等)和变形(如挠度、转角、裂缝等),则内力和变形称为作用效应。

一般情况下,作用效应 S 与荷载 Q 之间,可近似按线性关系考虑,即:

$$S=CQ \tag{1-1}$$

式中　C——荷载效应系数；

　　　Q——某种荷载代表值；

　　　S——与荷载 Q 相应的作用效应。

例如，承受均布荷载 q 作用的简支梁，计算跨度为 l，由结构力学方法计算可知，其跨中最大弯矩值为 $M=\dfrac{1}{8}ql^2$。那么，弯矩 M 相当于作用效应 S，q 相当于荷载 Q，$\dfrac{1}{8}l^2$ 则相当于荷载效应系数 C。

任务 2　建筑结构概率极限状态设计法

一、结构的功能要求

建筑结构要解决的基本问题是，力求以较为经济的手段，使所要建造的结构具有足够的可靠度，以满足各种预定功能的要求。

结构在规定的设计使用年限内应满足的功能有：

（1）在正常施工和正常使用时，能承受可能出现的各种作用；

（2）在正常使用时具有良好的工作性能；

（3）在正常维护下具有足够的耐久性；

（4）在设计规定的偶然事件（如地震、火灾、爆炸、撞击等）发生时及发生后，仍能保持必需的整体稳定性。

上述"各种作用"是指使结构产生内力或变形的各种原因，如施加在结构上的集中荷载或分布荷载，以及引起结构外加变形或约束变形的原因，例如地震、地基沉降、温度变化等。

二、结构的极限状态

结构能满足功能要求而良好地工作，称为"可靠"或"有效"，反之则结构"不可靠"或"失效"。区分结构工作状态的有效与失效的标志是"极限状态"。若结构或结构的一部分超过某一特定状态，就不能满足设计规定的某一功能要求，此特定状态便称为该功能的极限状态。

我国《混凝土结构设计规范》(GB 50010—2010)规定，承重结构应按下列两类极限状态进行设计。

（1）承载能力极限状态，包括：构件和连接的强度破坏、疲劳破坏和因过度变形而不适于继续承载，结构和构件丧失稳定，结构转变为机动体系和结构倾覆。

（2）正常使用极限状态，包括：影响结构、构件和非结构构件正常使用或耐久性能的局部损坏（包括组合结构中混凝土裂缝）。

承载能力极限状态与正常使用极限状态相比较，前者可能导致人身伤亡和大量财产损失，故其出现的概率应当很低，而后者对生命的危害较小，故允许出现的概率可高些，但仍应给予足够的重视。

三、结构的可靠度

结构和结构构件的工作状态可以用作用效应 S 和结构抗力 R 的关系式来描述：

$$Z=g(R,S)=R-S \tag{1-2}$$

R 和 S 都是非确定性的随机变量,故 $Z=g(R,S)$ 亦是一个随机变量函数。实际工程中,结构所处的工作状态可能出现以下三种情况:

(1) 当 $Z>0$ 时,即 $R>S$,表示结构能够完成预定功能,结构处于可靠状态;

(2) 当 $Z<0$ 时,即 $R<S$,表示结构不能完成预定功能,结构处于失效状态;

(3) 当 $Z=0$ 时,即 $R=S$,表示结构处于极限状态。

可见,结构要满足功能要求,就不应超过极限状态,则结构可靠工作的基本条件为:

$$Z\geqslant0 \tag{1-3}$$

或

$$R\geqslant S \tag{1-4}$$

结构的可靠度是指结构在规定的时间内,在规定的条件下,完成预定功能(安全性、适用性、耐久性)的可能性,用概率来表示,也称可靠概率,以 P_s 表示。可见,可靠度是对结构可靠性的一种定量描述,即概率度量。

结构的可靠性和结构的经济性常常是相互矛盾的。科学的设计方法是要用最经济的方法,合理地实现所必需的可靠性。结构的可靠度与结构的使用年限长短有关。

应当指出,结构的设计使用年限并不等于建筑结构的使用寿命。当结构的使用年限超过设计使用年限时,并不意味着结构已不能使用,而是指结构的可靠度降低了,结构的可靠度可能较设计预期值减小,其继续使用年限需经鉴定确定。

结构能够完成预定功能的概率称为"可靠概率",相对地,结构不能完成预定功能的概率称为"失效概率",以 P_f 表示。显然,P_s 和 P_f 两者的关系为

$$P_s+P_f=1 \tag{1-5}$$

或

$$P_s=1-P_f \tag{1-6}$$

一般采用结构的失效概率 P_f 来度量结构的可靠性,只要失效概率 P_f 足够小,则结构的可靠性必然高。

四、极限状态设计表达式

用结构的失效概率 P_f 来度量结构的可靠性,其物理意义明确,已为国际上所公认。但是计算 P_f 在数学上比较复杂,计算工程量大且过程烦琐,需要大量的统计数据,若统计资料不足,计算会出现困难。考虑到多年来的设计习惯和使用上的简便,我国《建筑结构可靠度设计统一标准》采用以概率理论为基础的极限状态设计法,采用分项系数的实用设计表达式进行设计。

1. 承载能力极限状态设计表达式

1) 设计表达式

对持久设计状况、短暂设计状况和地震设计状况,当用内力的形式表达时,结构构件应采用下列承载能力极限状态设计表达式:

$$\gamma_0 S \leqslant R \tag{1-7}$$

式中　γ_0——结构重要性系数;

S——承载能力极限状态下作用组合的效应设计值:对持久设计状况和短暂设计状况应按作用的基本组合计算,对地震设计状况应按作用的地震组合计算;

R ——结构构件的抗力设计值。

2）结构重要性系数 γ_0

实用设计表达式中引入结构重要性系数 γ_0，是考虑到结构的安全等级差异，其可靠度应作相应的提高或降低，其数值是按结构构件的安全等级、设计使用年限并考虑工程经验确定的。

在持久设计状况和短暂设计状况下，对安全等级为一级的结构构件，γ_0 不应小于 1.1；对安全等级为二级的结构构件，γ_0 不应小于 1.0；对安全等级为三级的结构构件，γ_0 不应小于 0.9；针对地震设计状况下，γ_0 应取 1.0。

3）荷载效应的基本组合设计值 S

当结构上同时作用有多种可变荷载时，要考虑荷载效应的组合问题。荷载效应组合是指在所有可能同时出现的各种荷载组合下，确定结构或构件内产生的总效应；其最不利组合是指所有可能产生的荷载组合中，对结构构件产生总效应最为不利的一组。荷载效应组合分为基本组合与偶然组合两种情况。

按承载能力极限状态设计时，应考虑荷载效应的基本组合，对偶然作用下的结构应按荷载效应的偶然组合进行计算。

《荷载规范》规定，对于基本组合，荷载组合的效应设计值 S 应从由可变荷载效应控制的组合和由永久荷载效应控制的组合中取最不利值确定：

（1）由可变荷载效应控制的组合

$$S = \gamma_G S_{Gk} + \gamma_{Q1} S_{Q1k} + \sum_{i=2}^{n} \gamma_{Qi} \psi_{ci} S_{Qik} \tag{1-8}$$

（2）由永久荷载效应控制的组合

$$S = \gamma_G S_{Gk} + \sum_{i=1}^{n} \gamma_{Qi} \psi_{ci} S_{Qik} \tag{1-9}$$

式中　　γ_G ——永久荷载的分项系数，应按表 1-3 采用；

γ_{Q1}、γ_{Qi} ——分别为第一个和第 i 个可变荷载分项系数，应按表 1-3 采用；

S_{Gk} ——按永久荷载标准值 G_k 计算的荷载效应值；

S_{Q1k}、S_{Qik} ——在基本组合中按起控制作用的第一个可变荷载标准值 Q_{1k} 计算的荷载效应值及按第 i 个可变荷载标准值 Q_{ik} 计算的荷载效应值；

ψ_{ci} ——第 i 个可变荷载的组合值系数，按表 1-2 采用。

（3）对于一般排架、框架结构，式（1-8）可采用下列简化设计表达式：

$$S = \gamma_G S_{Gk} + \psi \sum_{i=1}^{n} \gamma_{Qi} S_{Qik} \tag{1-10}$$

式中　　ψ ——简化设计表达式中采用的可变荷载组合系数，一般情况下可取 $\psi = 0.90$，当只有一个可变荷载时，取 $\psi = 1.0$。

在以上各式中，$\gamma_G S_{Gk}$ 和 $\gamma_Q S_{Qk}$ 分别称为永久荷载效应设计值和可变荷载效应设计值，相应的 $\gamma_G G_k$ 和 $\gamma_Q Q_k$ 分别称为永久荷载设计值和可变荷载设计值。

当按荷载效应的偶然组合进行设计时，具体的设计表达式及各系数取值，应符合有关专门规范的规定。

4）结构构件的抗力设计值 R

结构构件的抗力设计值（即承载力设计值）的大小，取决于截面的几何尺寸、截面材料的种类、用量与强度等多种因素。它的一般形式为：

$$R = R(f_c, f_y, \alpha_k, \cdots)/\gamma_{Rd} \tag{1-11}$$

式中　　$R(\cdot)$ ── 结构构件的抗力函数；

　　　　γ_{Rd} ── 结构构件的抗力模型不定性系数；静力设计取 1.0，对不确定性较大的结构构件根据具体情况取大于 1.0 的数值；抗震设计应用承载力抗震调整系数 γ_{RE} 代替 γ_{Rd}。

　　　　f_c、f_y ── 混凝土、钢筋的强度设计值；

　　　　α_k ── 几何参数的标准值，当几何参数的变异性对结构性能有明显的不利影响时，应增减一个附加值。

2. 正常使用极限状态设计表达式

正常使用极限状态的设计，主要是验算结构构件的变形、抗裂度或裂缝宽度等，以便满足结构适用性和耐久性的要求。当结构或结构构件达到或超过正常使用极限状态时，其后果是结构不能正常使用，但危害程度不及承载能力极限状态引起的结构破坏造成的损失大，故对其可靠度的要求可适当降低。因此，按正常使用极限状态设计时，材料强度取标准值，对于荷载组合值，不需要乘以荷载分项系数，也不再考虑结构重要性系数 γ_0。

对于正常使用极限状态，钢筋混凝土构件、预应力混凝土构件应分别按荷载的准永久组合并考虑长期作用的影响或标准组合并考虑长期作用的影响，采用下列极限状态设计表达式进行验算：

$$S \leqslant C \tag{1-12}$$

式中　　S ── 正常使用极限状态的荷载组合的效应设计值；

　　　　C ── 结构构件达到正常使用要求所规定的限值（如变形、应力、裂缝宽度和自振频率等），按规范的有关规定采用。

可变荷载的最大值并非长期作用于结构上，而且由于混凝土的徐变等特性，裂缝和变形将随着时间的推移而发展，因此，在计算正常使用极限状态的荷载组合效应值 S 时，应根据不同的设计目的，分别按荷载的标准组合和准永久组合进行设计。

（1）对于荷载的标准组合，荷载组合的效应设计值 S 应按下式计算：

$$S = S_{Gk} + S_{Q1k} + \sum_{i=2}^{n} \psi_{ci} S_{Qik} \tag{1-13}$$

（2）对于荷载的准永久组合，荷载组合的效应设计值 S 应按下式计算：

$$S = S_{Gk} + \sum_{i=1}^{n} \psi_{qi} S_{Qik} \tag{1-14}$$

式中　　ψ_{qi} ── 第 i 个可变荷载的准永久值系数，按表 1-2 采用。

例 1-1　某办公楼钢筋混凝土矩形截面简支梁，安全等级为二级，计算跨度 $l_0 = 6$ m，作用在梁上的永久荷载（含自重）标准值 $g_k = 15$ kN/m，可变荷载标准值 $q_k = 6$ kN/m，试分别计算按承载能力极限状态设计时的跨中弯矩设计值。

解　（1）均布荷载标准值 g_k 和 q_k 作用下梁跨中弯矩标准值

永久荷载作用下：

$$M_{Gk} = \frac{1}{8} g_k l_0^2 = \frac{1}{8} \times 15 \times 6^2 \text{ kN} \cdot \text{m} = 67.5 \text{ kN} \cdot \text{m}$$

可变荷载作用下：

$$M_{Qk} = \frac{1}{8} q_k l_0^2 = \frac{1}{8} \times 6 \times 6^2 \text{ kN} \cdot \text{m} = 27 \text{ kN} \cdot \text{m}$$

（2）按承载能力极限状态设计时梁跨中弯矩设计值：

安全等级为二级，取 $\gamma_0 = 1.0$。

按可变荷载效应控制的组合计算：

取 $\gamma_G = 1.2, \gamma_Q = 1.4$

$$M = \gamma_0 (\gamma_G M_{Gk} + \gamma_{Q1} M_{Q1k}) = 1.0 \times (1.2 \times 67.5 + 1.4 \times 27) \text{ kN} \cdot \text{m} = 118.8 \text{ kN} \cdot \text{m}$$

按永久荷载效应控制的组合计算：

取 $\gamma_G = 1.35, \gamma_Q = 1.4$；查表 1-2 得 $\psi_c = 0.7$。

$$M = \gamma_0 (\gamma_G M_{Gk} + \gamma_{Q1} \psi_c M_{Q1k}) = 1.0 \times (1.35 \times 67.5 + 1.4 \times 0.7 \times 27) \text{ kN} \cdot \text{m}$$
$$= 117.6 \text{ kN} \cdot \text{m}$$

该梁按承载能力极限状态设计时跨中弯矩设计值取较大值，即 $M = 118.8 \text{ kN} \cdot \text{m}$。

（1）什么是结构功能的极限状态？极限状态的分类及相应的特征是什么？

（2）什么是结构上的"作用"？举例说明荷载与作用有何不同？

（3）什么是荷载代表值？永久荷载和可变荷载的代表值分别是什么？

（4）写出按承载能力极限状态和正常使用极限状态设计时各种荷载组合的实用设计表达式，并解释公式中各符号的含义。

（5）建筑结构的安全等级是根据什么划分的？结构重要性系数如何取值？

项目 2

建筑结构材料

学习目标

知识目标

(1) 掌握建筑钢材的力学性能。

(2) 掌握混凝土材料的力学性能。

(3) 掌握砌体材料的力学性能,熟悉砌体材料的种类。

能力目标

(1) 理解立方体抗压强度、轴心抗压强度的作用。

(2) 掌握钢材的各种性能。

(3) 熟练查阅各种砌体材料强度值。

知识链接

混凝土发展简史

混凝土的发展虽然只有100多年的历史,却走过了不平凡的历程。1824年英国工程师阿斯普丁(Aspdih)获得第一份水泥专利,标志着水泥的发明。这以后水泥以及混凝土才开始广泛应用到建筑上。19世纪中后期在上海建成了我国第一家水泥厂,当时称水泥为"洋灰"。19世纪中叶法国人约瑟夫·莫尼哀制造出钢筋混凝土花盆,并在1867年获得了专利权。在1867年巴黎世博会上,莫尼哀展出了用钢筋混凝土制作的花盆、枕木,另一名法国人兰特姆展出了用钢筋混凝土制造的小瓶、小船。1928年,美国人Freyssinet发明了一种新型钢筋混凝土结构形式——预应力钢筋混凝土,并于二次世界大战后被广泛地应用于工程实践。钢筋混凝土和预应力钢筋混凝土解决了混凝土抗压强度高但抗折、抗拉强度较低的问题。19世纪中叶钢材在建筑业中的应用,使高层建筑与大跨度桥梁的建造成为可能。早期混凝土组分简单(水泥、砂、石子、水),强度等级低,施工劳动强度巨大,靠人工搅拌或小型自落实搅拌机搅拌,施工速度慢,质量控制粗糙。高性能混凝土外加剂的广泛应用,是混凝土发展史上又一座里程碑。外加剂不但可以减少用水量、实现大流动性,使混凝土施工变得省力、省时、经济。1962 年日本的服部健一首先将萘磺酸盐甲醛缩合物($n≈10$)用于混凝土分散剂,1964 年日本花王石碱公司将这一分散剂作为产品销售。1971—1973 年,德国研制成功了超塑化剂,流态混凝土出现,混凝土垂直泵送高度达到 310 m。混凝土外加剂大大改善了混凝土的性能,使混凝土泵送成为可能。20 世纪末期出现了集中搅拌的专业混凝土企业,使施工中混凝土的搅拌供料有保证。1978 年在江苏省常州市,中国建成第一家混凝土搅拌站。十一届三中全会后,我国确立了改革开放的基本国策,城市建设突飞猛进,混凝土搅拌站在沿海地区如雨后春笋般大量涌现。

任务 1 建筑钢材

一、钢筋

1. 钢筋的种类

目前我国钢筋混凝土结构及预应力混凝土结构中采用的钢筋按生产加工工艺的不同,可分为热轧钢筋、中高强钢丝、钢绞线和冷加工钢筋等。

《混凝土规范》规定,在钢筋混凝土结构中使用的钢筋为热轧钢筋。热轧钢筋是由低碳钢、普通低合金钢在高温状态下轧制而成,按强度不同可分为以下几种级别:①HPB300 级,为热轧光圆钢筋,用代号Φ表示,;②HRB335 级,为热轧带肋钢筋,用代号Φ表示;HRBF335 级,为细晶粒热轧带肋钢筋,用代号ΦF表示;③HRB400 级,为热轧带肋钢筋用代号Φ表示;HRBF400 级,为细晶粒热轧带肋钢筋,用代号ΦF表示;RRB400 级,余热处理带肋钢筋,用代号ΦR表示;④HRB500 级,为热轧带肋钢筋,用代号Φ表示;HRBF 500 级,为细晶粒热轧带肋钢筋,用代号ΦF表示。

在混凝土结构中使用的钢筋,按外形可分为光面钢筋和变形钢筋两类,钢筋的形式如图 2-1 所示。光面钢筋俗称"圆钢",光面钢筋的截面呈圆形,其表面光滑无凸起的花纹;变形钢筋也称带肋钢筋,是在钢筋表面轧成肋纹,如月牙纹或人字纹。

2. 钢筋的力学性能

1) 钢筋的应力-应变曲线

钢筋按其力学性能的不同,可分为有明显屈服点的钢筋和没有明显屈服点的钢筋两大类。有明显屈服点的钢筋常称为软钢,在工程中常用的热轧钢筋就属于软钢;没有明显屈服点的钢筋则称为硬钢,消除应力钢丝、中强度钢丝、钢绞线就属于硬钢。

图 2-2 所示是有明显屈服点的钢筋通过拉伸试验得到的典型的应力-应变关系曲线。由图可见,在曲线到达 a 点之前,应力 σ 与应变 ε 的比值为常数,其关系符合虎克定律,a 点所对应的应力称为比例极限;曲线到达 b 点后,钢筋开始进入屈服阶段,该点称为屈服上限,c 点称为屈服下限,屈服上限为开始进入屈服阶段时的应力,呈不稳定状态;到达屈服下限时,应变增长,应力基本不变,所对应的钢筋应力则称为"屈服强度"。此后应力基本不增加而应变急剧增长,曲线

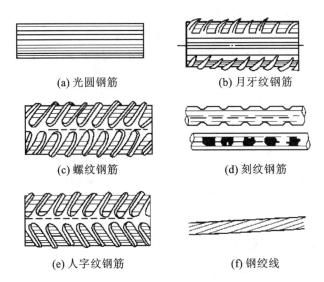

(a) 光圆钢筋　　　　　　　　(b) 月牙纹钢筋

(c) 螺纹钢筋　　　　　　　　(d) 刻纹钢筋

(e) 人字纹钢筋　　　　　　　(f) 钢绞线

图 2-1　钢筋的形式

大致呈水平状态到 d 点, c 点到 d 点的水平距离称为屈服台阶;过 d 点以后,曲线又开始上升,即应力又随应变的增加而增加,直至达到最高点 e,此阶段称为强化阶段, e 点所对应的应力称为钢筋的极限抗拉强度 σ_{b}。过 e 点后,钢筋的薄弱处断面显著缩小,试件出现颈缩现象,当达到 f 点时,试件被拉断。

　　对于有明显屈服点的钢筋,由于钢筋达到屈服时,将产生很大的塑性变形,钢筋混凝土构件会出现很大的变形及过宽的裂缝,以至于不能满足正常使用要求。所以在进行钢筋混凝土结构构件计算时,对于有明显屈服点的钢筋,取其屈服强度作为结构设计的强度指标。各种级别钢筋的屈服强度标准值见表 2-1。

表 2-1　钢筋强度标准值、设计值和弹性模量(N/mm²)

种类	符号	公称直径 /mm	抗拉强度 设计值 f_{y}	抗压强度 设计值 f_{y}'	屈服强度 标准值 f_{yk}	弹性模量 E_{s}
HPB300	Φ	6~22	270	270	300	2.1×10^5
HRB335	Φ	6~50	300	300	335	2.0×10^5
HRBF335	Φ$^\mathrm{F}$					
HRB400	Φ	6~50	360	360	400	2.0×10^5
HRBF400	Φ$^\mathrm{F}$					
RRB400	Φ$^\mathrm{R}$					
HRB500	Φ	6~50	435	410	500	2.0×10^5
HRBF500	Φ$^\mathrm{F}$					

　　无明显屈服点的硬钢的应力-应变曲线如图 2-3 所示,硬钢没有明显的屈服台阶,钢筋的强度很高,但变形很小,脆性也大。对于无明显屈服点的钢筋,设计时一般取经过加载和卸载后永

久残余应变为 0.2％时所对应的应力值作为强度设计指标,称为"条件屈服强度",以 $\sigma_{0.2}$ 表示,其值相当于极限抗拉强度 σ_p 的 0.85 倍。

2) 钢筋的塑性性能

混凝土结构中,钢筋除了要有足够的强度外,还应具有一定的塑性变形能力。伸长率和冷弯性能是反映钢筋塑性性能的基本指标。

伸长率是指规定标距(如 $l_1=5d$ 或 $l_1=10d$,d 为钢筋直径)钢筋试件作拉伸试验时,拉断后的伸长值与拉伸前的原长之比,以 δ_5、δ_{10} 表示。

$$\delta=\frac{l_2-l_1}{l_1}\times100\% \tag{2-1}$$

式中 δ——伸长率(％);

l_1——试件受力前的标距长度;

l_2——试件拉断后的标距长度。

伸长率越大,钢筋的塑性性能越好,拉断前有明显的预兆。伸长率小的钢筋塑性差,其破坏突然发生,呈脆性性质。软钢的伸长率较大,而硬钢的伸长率很小。

冷弯是将钢筋围绕规定直径($D=1d$ 或 $D=3d$,d 为钢筋直径)的辊轴进行弯曲,要求弯到规定的冷弯角度 α(180°或 90°)时,钢筋的表面不出现裂缝、起皮或断裂(见图 2-4)。冷弯试验是检验钢筋韧性和材质均匀性的有效手段,可以间接反映钢筋的塑性性能和内在质量。

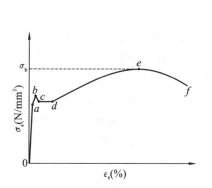

图 2-2 有明显屈服点钢筋的
应力-应变曲线

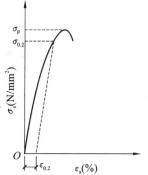

图 2-3 无明显屈服点钢筋的
应力-应变曲线

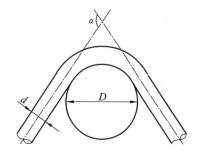

图 2-4 钢筋的冷弯试验
α—冷弯角度;D—辊轴直径;
d—钢筋直径

3. 钢筋的设计指标

《混凝土规范》规定,钢筋的强度标准值应具有不小于 95％的保证率。热轧钢筋的强度标准值根据屈服强度确定;预应力钢绞线和钢丝的强度标准值根据极限抗拉强度确定。普通钢筋的强度标准值、强度设计值和钢筋的弹性模量按表 2-1 采用。

二、钢结构材料

钢是以铁和碳为主要成分的合金,其中铁是最基本的元素,碳和其他元素所占比例甚少,但却左右着钢材的物理和化学性能。钢材的性能与其化学成分、组织构造、冶炼和成型方法等内在因素密切相关,同时也受到荷载类型、结构形式、连接方法和工作环境等外界因素的影响。

1. 钢材的破坏形式

钢材有两种完全不同的破坏形式:塑性破坏和脆性破坏。

塑性破坏的主要特征:破坏前具有较大的塑性变形,常在钢材表面出现明显的相互垂直交错的锈迹剥落线。当构件中的应力达到抗拉强度后才会发生破坏,破坏后的断口呈纤维状,色泽发暗。由于塑性破坏前总有较大的塑性变形发生,且变形持续时间较长,容易被发现和抢修加固,因此不致发生严重后果。

脆性破坏的主要特征:破坏前塑性变形很小或根本没有塑性变形,而突然迅速断裂。破坏后的断口平直,呈有光泽的晶粒状或有人字纹。由于破坏前没有任何预兆,破坏速度又极快,无法察觉和补救,而且一旦发生常引发整个结构的破坏,后果非常严重,因此在钢结构的设计、施工和使用过程中,要特别注意防止这种破坏的发生。

2. 影线钢结构材料力学性能的因素

1)化学成分的影响

碳是各种钢中的重要元素之一,在碳素结构钢中碳是铁以外的最主要元素。碳是形成钢材强度的主要成分,随着含碳量的提高,钢的强度逐渐增高,而塑性和韧性下降,冷弯性能、焊接性能和抗锈蚀性能等也变劣。碳素钢按碳的含量区分,小于0.25%的为低碳钢,介于0.25%和0.6%之间的为中碳钢,大于0.6%的为高碳钢。含碳量超过0.3%时,钢材的抗拉强度很高,但却没有明显的屈服点,且塑性很小。

硫是有害元素,常以硫化铁的形式夹杂于钢中。当温度达800~1000 ℃时,硫化铁会熔化使钢材变脆,因而在进行焊接或热加工时,有可能引发热裂纹,称为热脆。此外,硫还会降低钢材的冲击韧性、疲劳强度、抗锈蚀性能等。

磷可提高钢的强度和抗锈蚀能力,但却严重地降低了钢的塑性、韧性、冷弯性能和焊接性能,特别是在温度较低时促使钢材变脆,称为冷脆。因此,磷的含量也要严格控制,随着钢材牌号和质量等级的提高,含磷量的限值由0.045%依次降至0.025%。但是当采取特殊的冶炼工艺时,磷可作为一种合金元素来制造含磷的低合金钢,此时其含量可达0.12%~0.13%。

锰是有益元素,在普通碳素钢中,它是一种弱脱氧剂,可提高钢材强度,消除硫对钢的热脆影响,改善钢的冷脆倾向,同时不显著降低塑性和韧性。锰还是我国低合金钢的主要合金元素,其含量为0.8%~1.8%。但锰对焊接性能不利,因此含量也不宜过多。

硅是有益元素,在普通碳素钢中,它是一种强脱氧剂,常与锰共同除氧,生产镇静钢。适量的硅,可以细化晶粒,提高钢的强度,而对塑性、韧性、冷弯性能和焊接性能无显著不良影响。硅的含量在一般镇静钢中为0.12%~0.30%,在低合金钢中为0.2%~0.55%。过量的硅会恶化钢的焊接性能和抗锈蚀性能。

钒、铌、钛等元素在钢中形成微细碳化物,适量加入能起细化晶粒和弥散强化作用,从而提高钢材的强度和韧性,又可保持良好的塑性。

铝是强脱氧剂,还能细化晶粒,可提高钢的强度和低温韧性,在要求低温冲击韧性合格的低合金钢中,其含量不小于0.015%。

铬、镍是提高钢材强度的合金元素,用于Q390及以上牌号的钢材中,但其含量应受限制,以免影响钢材的其他性能。

铜和钼等其他合金元素,可在金属基体表面形成保护层,提高钢对空气的抗腐蚀能力,同时保持钢材具有良好的焊接性能。在我国的焊接结构用耐候钢中,铜的含量为0.20%~0.40%。镧、铈等稀土元素可提高钢的抗氧化性,并改善其他性能,在低合金钢中其含量按0.02%~0.20%控制。

氧和氮属于有害元素。氧与硫类似可使钢热脆,氮的影响和磷类似,因此其含量均应严格控制。但当采用特殊的合金组分匹配时,氮可作为一种合金元素来提高低合金钢的强度和抗腐蚀能力,如在九江长江大桥中已成功使用的 15MnVN 钢,就是 Q420 钢中的一种含氮钢,氮含量控制在 0.010%～0.020%。

氢是有害元素,呈极不稳定的原子状态溶解在钢中,其溶解度随温度的降低而降低,常在结构疏松区域、孔洞、晶格错位和晶界处富集,生成氢分子,产生巨大的内压力,使钢材开裂,称为氢脆。氢脆属于延迟性破坏,在有拉应力作用下,常需要经过一定孕育发展期才会发生。在破裂面上常可见到白点,称为氢白点。含碳量较低且硫、磷含量较少的钢,氢脆敏感性低。钢的强度等级越高,对氢脆越敏感。

2) 钢材的焊接性能

钢材的焊接性能受含碳量和合金元素含量的影响。当含碳量在 0.12%～0.20% 范围内时,碳素钢的焊接性能最好;含碳量超过上述范围时,焊缝及热影响区容易变脆。一般 Q235A 钢的含碳量较高,且含碳量不作为交货条件,因此这一牌号通常不能用于焊接构件。而 Q235B、C、D 钢的含碳量控制在上述的适宜范围之内,是适合焊接使用的普通碳素钢牌号。

钢材焊接性能的优劣除了与钢材的碳含量有直接关系之外,还与母材厚度、焊接方法、焊接工艺参数以及结构形式等条件有关。

3) 钢材的硬化

钢材的硬化有三种情况:时效硬化、冷作硬化(或应变硬化)和应变时效硬化。

在高温时溶于铁中的少量氮和碳,随着时间的增长逐渐由固溶体中析出,生成氮化物和碳化物,散存在铁素体晶粒的滑动界面上,对晶粒的塑性滑移起到遏制作用,从而使钢材的强度提高,塑性和韧性下降,这种现象称为时效硬化(也称老化)。产生时效硬化的过程一般较长,但在振动荷载、反复荷载及温度变化等情况下,会加速发展。

在冷加工(或一次加载)使钢材产生较大的塑性变形的情况下,卸载后再重新加载,钢材的屈服点提高,塑性和韧性降低的现象,称为冷作硬化。

在钢材产生一定数值的塑性变形后,铁素体晶体中的固溶氮和碳将更容易析出,从而使已经冷作硬化的钢材又发生时效硬化现象,称为应变时效硬化。这种硬化在高温作用下会快速发展,人工时效就是据此提出来的,方法是:先使钢材产生 10% 左右的塑性变形,卸载后再加热至250 ℃,保温一小时后在空气中冷却。进行人工时效后的钢材进行冲击韧性试验,可以判断钢材的应变时效硬化倾向,确保结构具有足够的抗脆性破坏能力。

3. 建筑钢的种类、规格和选用

1) 建筑用钢的种类

我国的建筑用钢主要为碳素结构钢和低合金高强度结构钢两种,优质碳素结构钢在冷拔碳素钢丝和连接用紧固件中也有应用。

(1) 碳素结构钢。

按国家标准《碳素结构钢》(GB/T 700—2006)生产的钢材共有 Q195、Q215、Q235、Q255 和 Q275 几种。板材厚度不大于 16 mm 的 Q235 钢,其塑性、韧性均较好,该牌号钢材又根据化学成分和冲击韧性的不同划分为 A、B、C、D 共 4 个质量等级,按字母顺序由 A 到 D,表示质量等级由低到高。除 A 级外,其他三个级别的含碳量均在 0.20% 以下,焊接性能也很好。因此,规范将 Q235 牌号的钢材选为承重结构用钢。Q235 钢的化学成分和脱氧方法、拉伸和冲击试验结果均应符合表 2-2 的规定。

表 2-2　Q235 的拉伸试验和冲击试验结果要求

牌号	等级	拉伸试验													冲击试验	
		屈服点/MPa						抗拉强度/MPa	伸长率/(%)						温度/℃	V型冲击功/J
		钢板厚度(直径)/mm							钢板厚度(直径)/mm							
		≤16	>16~40	>40~60	>60~100	>100~150	>150		≤16	>16~40	>40~60	>60~100	>100~150	>150		
		不小于							不小于							≥
Q235	A	235	225	215	205	195	185	375~460	26	25	24	23	22	21	—	
	B														20	27
	C														0	
	D														−20	

"F"代表沸腾钢,"b"代表半镇静钢,符号"Z"和"TZ"分别代表镇静钢和特种镇静钢。在具体标注时"Z"和"TZ"可以省略。例如 Q235B 代表屈服点为 235 MPa 的 B 级镇静钢。

(2) 低合金高强度结构钢。

按国家标准《低合金高强度结构钢》(GB/T 1591—2018)生产的钢材共有 Q295、Q345、Q390、Q420 和 Q460 等 5 种牌号。其中 Q345、Q390 和 Q420 均按化学成分和冲击韧性各划分为 A、B、C、D、E 共 5 个质量等级,字母顺序越靠后的钢材质量越高。这三种牌号的钢材均有较高的强度和较好的塑性、韧性、焊接性能,被规范选为承重结构用钢。这三种低合金高强度钢的牌号命名与碳素结构钢类似,只是前者的 A、B 级为镇静钢,C、D、E 级为特种镇静钢,故可不加脱氧方法的符号。这三种牌号的钢材的化学成分和拉伸、冲击、冷弯试验结果应符合表 2-3 的规定。

表 2-3　部分低合金高强度钢的力学性能要求

牌号	质量等级	屈服点/MPa				抗拉强度/MPa	伸长率/(%)	冲击功(纵向)/J				180°弯曲试验 d=弯心直径 a=试样厚度	
		钢板厚度(直径)/mm						+20℃	0℃	−20℃	−40℃	钢板厚度/mm	
		≤16	>16~35	>35~50	>50~100			不小于				≤16	>16~100
Q345	A	345	325	295	275	470~630	21					d=2a	d=3a
	B	345	325	295	275	470~630	21					d=2a	d=3a
	C	345	325	295	275	470~630	22	34	34	34	27	d=2a	d=3a
	D	345	325	295	275	470~630	22					d=2a	d=3a
	E	345	325	295	275	470~630	22					d=2a	d=3a

续表

牌号	质量等级	屈服点/MPa				抗拉强度/MPa	伸长率/(%)	冲击功(纵向)/J				180°弯曲试验 d＝弯心直径 a＝试样厚度	
		钢板厚度(直径)/mm						+20 ℃	0 ℃	−20 ℃	−40 ℃	钢板厚度/mm	
		≤16	>16～35	>35～50	>50～100			不小于				≤16	>16～100
Q390	A	390	370	350	330	490～650	19					d＝2a	d＝3a
	B	390	370	350	330	490～650	19					d＝2a	d＝3a
	C	390	370	350	330	490～650	20	34	34	34	27	d＝2a	d＝3a
	D	390	370	350	330	490～650	20					d＝2a	d＝3a
	E	390	370	350	330	490～650	20					d＝2a	d＝3a
Q420	A	420	400	380	360	520～680	18					d＝2a	d＝3a
	B	420	400	380	360	520～680	18					d＝2a	d＝3a
	C	420	400	380	360	520～680	19	34	34	34	27	d＝2a	d＝3a
	D	420	400	380	360	520～680	19					d＝2a	d＝3a
	E	420	400	380	360	520～680	19					d＝2a	d＝3a

（3）优质碳素结构钢。

优质碳素结构钢与碳素结构钢的主要区别在于钢中含杂质元素较少,磷、硫等有害元素的含量均不大于 0.035％,其他缺陷的限制也较严格,具有较好的综合性能。按照国家标准《优质碳素结构钢》(GB/T 699—2015)生产的钢材共有两大类,一类为普通含锰量的钢,另一类为较高含锰量的钢,两类的钢号均用两位数字表示,它表示钢中的平均含碳量的万分数,前者数字后不加 Mn,后者数字后加 Mn,如 45 号钢,表示平均含碳量为 0.45％的优质碳素钢;45Mn 号钢,则表示同样碳量但锰的含量较高的优质碳素钢,可按不热处理和热处理(正火、淬火、回火)状态交货,用作压力加工用钢(热压力加工、顶锻及冷拔坯料)和切削加工用钢。由于优质碳素结构钢的价格较高,钢结构中使用较少,仅用经热处理的优质碳素结构钢冷拔高强钢丝或制作高强螺栓、自攻螺钉等。

2）钢材规格

钢结构所用钢材主要为热轧成型的钢板和型钢,以及冷加工成型的冷轧薄钢板和冷弯薄壁型钢等。为了减少制作工作量和降低造价,钢结构的设计和制作者应对钢材的规格有较全面的了解。

（1）钢板。

钢板有厚钢板、薄钢板、扁钢(或带钢)之分。厚钢板常用做大型梁、柱等实腹式构件的翼缘和腹板,以及节点板等;薄钢板主要用来制造冷弯薄壁型钢;扁钢可用做焊接组合梁、柱的翼缘板及各种连接板、加劲肋等,钢板截面的表示方法为在符号"—"后加"宽度×厚度",如−200×20 等。钢板的供应规格如下:

厚钢板:厚度 4.5～60 mm,宽度 600～3000 mm,长度 4～12 m;

薄钢板:厚度 0.35～4 mm,宽度 500～1500 mm,长度 0.5～4 m;

扁钢:厚度 4～60 mm,宽度 12～200 mm,长度 3～9 m。

（2）热轧型钢。

常用的有角钢、工字钢、槽钢等，见图 2-5(a)～图 2-5(f)。

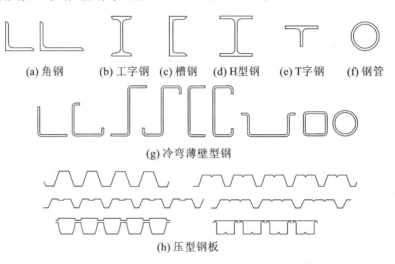

(a) 角钢　　(b) 工字钢　(c) 槽钢　(d) H型钢　(e) T字钢　　(f) 钢管

(g) 冷弯薄壁型钢

(h) 压型钢板

图 2-5　热轧型钢及冷弯薄壁型钢

角钢分为等边（也叫等肢）的和不等边（也叫不等肢）的两种，主要用来制作桁架等格构式结构的杆件和支撑等连接杆件。角钢型号的表示方法为在符号"L"后加"长边宽×短边宽×厚度"（对不等边角钢，如 L125×80×8），或加"边长×厚度"（对等边角钢，如 L125×8）。目前我国生产的角钢最大边长为 200 mm，角钢的供应长度一般为 4～19 m。

工字钢有普通工字钢、轻型工字钢和 H 型钢三种。普通工字钢和轻型工字钢的两个主轴方向的惯性矩相差较大，不宜单独用作受压构件，而宜用作腹板平面内受弯的构件或由工字钢和其他型钢组成的组合构件或格构式构件。宽翼缘 H 型钢平面内外的回转半径较接近，可单独用作受压构件。

普通工字钢的型号用符号"I"后加截面高度的厘米数来表示，20 号以上的工字钢，又按腹板的厚度不同，分为 a、b 或 a、b、c 等类别，例如 I20a 表示高度为 200 mm，腹板厚度为 a 类的工字钢。轻型工字钢的翼缘要比普通工字钢的翼缘宽而薄，回转半径较大。普通工字钢的型号为 10～63 号，轻型工字钢为 10～70 号，供应长度均为 5～19 m。

H 型钢与普通工字钢相比，其翼缘板的内外表面平行，便于与其他构件连接。H 型钢的基本类型可分为宽翼缘（HW）、中翼缘（HM）及窄翼缘（HN）三类。还可剖分成 T 型钢供应，代号分别为 TW、TM、TN。H 型钢和相应的 T 型钢的型号分别为代号后加"高度×宽度×腹板厚度×翼缘厚度"，例如 HW400×400×13×21 和 TW200×400×13×21 等。宽翼缘和中翼缘 H 型钢可用于钢柱等受压构件，窄翼缘 H 型钢则适用于钢梁等受弯构件。目前国内生产的最大型号 H 型钢为 HN700×300×13×24。供货长度可与生产厂家协商，长度大于 24 m 的 H 型钢不成捆交货。

槽钢有普通槽钢和轻型槽钢两种，适于作檩条等双向受弯的构件，也可用其组成组合或格构式构件。槽钢的型号与工字钢相似，例如 [32a 指截面高度 320 mm，腹板较薄的槽钢。目前国内生产的最大型号为 [40c。供货长度为 5～19 m。

钢管有无缝钢管和焊接钢管两种。由于回转半径较大，常用作桁架、网架、网壳等平面和空间格构式结构的杆件;在钢管混凝土柱中也有广泛的应用。型号可用代号"D"后加"外径×壁厚"表示,如 D180×8 等得。国产热轧无缝钢管的最大外径可达 630 mm,供货长度为 3～12 m。焊接钢管的外径可以做得更大,一般由施工单位卷制。

(3)冷弯薄壁型钢。

冷弯薄壁型钢为采用 1.5～6 mm 厚的钢板经冷弯和辊压成型的型材(见图 2-5g)和采用 0.4～1.6 mm 的薄钢板经辊压成型的压型钢板(见图 2-5h),其截面形式和尺寸均可按受力特点合理设计,能充分利用钢材的强度,节约钢材,在国内外轻钢建筑结构中被广泛地应用。近年来,冷弯高频焊接圆管和方、矩形管的生产和应用在国内有了很大的进展,冷弯型钢的壁厚已达 12.5 mm(部分生产厂可达 22 mm,国外为 25.4 mm)。

任务 2 混凝土

一、混凝土的强度

混凝土是用水泥、水、细骨料(如砂子)、粗骨料(如碎石、卵石)等原料按一定配合比例拌和,需要时掺入外加剂和矿物混合材料,经过均匀搅拌后入模浇筑,并经养护硬化后制成的人工石材。

混凝土强度的大小不仅与组成材料的质量和配合比有关,而且与混凝土试件的形状、尺寸、龄期和试验方法等因素有关。因此,在确定混凝土的强度指标时必须以统一规定的标准试验方法为依据。

1. 混凝土的立方体抗压强度和强度等级

混凝土的立方体抗压强度是衡量混凝土强度大小的基本指标,是评价混凝土强度等级的标准。我国《混凝土结构设计规范(2015 版)》(GB 50010—2010)规定:以边长为 150 mm 的立方体试件,按标准方法制作,在标准条件下(温度在 20 ℃±3 ℃,相对湿度≥90%)养护 28 天后,按照标准试验方法进行加载试压,测得的具有 95% 保证率的抗压强度作为混凝土的立方体抗压强度标准值,用符号 $f_{cu,k}$ 表示,其单位为 N/mm²。

《混凝土结构设计规范》规定的混凝土强度等级,是根据混凝土立方体抗压强度标准值确定的,用符号 C 表示,共分为 14 个强度等级,分别以 C15、C20、C25、C30、C35、C40、C45、C50、C55、C60、C65、C70、C75、C80 表示。符号 C 后面的数字表示以 MPa 为单位的立方体抗压强度标准值。例如:C30 表示混凝土立方体抗压强度的标准值 $f_{cu,k}$=30 MPa。规范规定钢筋混凝土结构中混凝土强度等级不应低于 C20;当采用强度等级 400 MPa 及以上的钢筋时,混凝土强度等级不应低于 C25;预应力混凝土结构中的混凝土强度等级不宜低于 C40,且不应低于 C30。

试验表明,影响混凝土抗压强度的因素很多,不仅与水泥标号、水灰比、养护条件、试件尺寸等有关,而且与试验方法有直接关系。

试验表明混凝土的立方体尺寸越小,测得的抗压强度越高。实际工程中如采用边长为 200 mm 或 100 mm 的立方体试块,需将其立方体抗压强度实测值分别乘以换算系数 1.05 或 0.95,换算成标准试件的立方体抗压强度标准值。

试验方法对立方体抗压强度有较大影响,如试件表面是否涂润滑剂。不涂润滑剂时强度高,其主要原因是垫板通过接触面上的摩擦力约束混凝土试块的横向变形,形成"套箍"作用。而涂润滑剂后试件与压力板之间的摩擦力将大大减小,使抗压强度降低,而且两种情况的破坏形态也不一样(见图 2-6)。我国规定的标准试验方法是不涂润滑剂。此外,加载速度对立方体抗压强度也有影响,加载速度越快,测得的强度越高,通常加载速度约为 $0.3 \sim 0.8$ MPa/s。

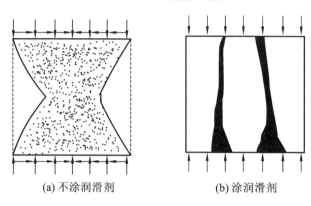

(a) 不涂润滑剂   (b) 涂润滑剂

图 2-6   混凝土立方体试块的破坏情况

2. 混凝土的轴心抗压强度

在实际工程中,钢筋混凝土构件,例如梁、柱的长度常比其横截面尺寸大得多。为更好地反映混凝土在实际构件中的受力情况,可采用混凝土的棱柱体试件测定其轴心抗压能力,所对应的抗压强度称为混凝土的轴心抗压强度,也称棱柱体抗压强度,用符号 f_c 表示。

混凝土轴心抗压强度实验采用 150 mm$\times150$ mm$\times300$ mm 的棱柱体作为标准试件。测试的方法与立方体抗压强度的测试方法相同。大量的试验数据表明,混凝土的轴心抗压强度与其立方体抗压强度之间存在一定的关系。根据试验结果分析,混凝土的轴心抗压强度标准值与其立方体抗压强度标准值的关系可按下式确定:

$$f_{ck} = 0.88\alpha_{c1}\alpha_{c2}f_{cu,k} \tag{2-1}$$

式中 α_{c1}——棱柱体抗压强度与立方体抗压强度之比,对于 C50 及以下强度等级的混凝土取 $\alpha_{c1} = 0.76$,对于 C80 混凝土,取 $\alpha_{c1} = 0.82$,中间按线性插值;

α_{c2}——考虑 C40 以上混凝土脆性的折减系数。对于 C40 混凝土取 $\alpha_{c2} = 1.00$,对于 C80 混凝土取 $\alpha_{c2} = 0.87$,中间按线性插值;

0.88——考虑实际结构中混凝土强度与试件混凝土强度之间的差异等因素而确定的修正系数。

3. 混凝土的轴心抗拉强度

混凝土的轴心抗拉强度也是混凝土的一个基本强度指标,用符号 f_t 表示。混凝土的抗拉强度远小于其抗压强度,一般只有抗压强度的 $5\% \sim 10\%$。混凝土的轴心抗拉强度是确定混凝土构件的抗裂度的重要指标。

《普通混凝土力学性能试验方法标准》(GB/T 50081—2002)中规定,混凝土轴心抗拉强度一般采用 150 mm 的立方体作为标准试件来确定,采用经换算的具有 95% 保证率的混凝土劈裂受拉试件的抗拉强度。其值也可用混凝土立方体抗压强度标准值表示,并考虑结构构件混凝土与标准试件混凝土的强度差异影响。

混凝土轴心抗拉强度标准值按下式计算:

$$f_{tk}=0.88\times0.395f_{cu,k}^{0.55}(1-1.645\delta)^{0.45}\times\alpha_{c2} \tag{2-2}$$

式中　δ——混凝土强度变异系数。

二、混凝土的变形

混凝土的变形可分为两类,一类为由荷载作用引起的受力变形,包括一次短期荷载、长期荷载和重复荷载作用下的变形;另一类为由非外力因素引起的体积变形,主要为混凝土的收缩和温度变化产生的变形等。

1. 混凝土受压时的应力-应变曲线

混凝土在一次加荷下的应力-应变关系是混凝土最基本的力学性能之一,是对结构进行理论分析的基础,通常采用高宽比 $h/b=3\sim4$ 的棱柱体试件来测定混凝土受压时的应力-应变关系,关系曲线如图 2-7 所示。曲线分为上升段、下降段两部分。

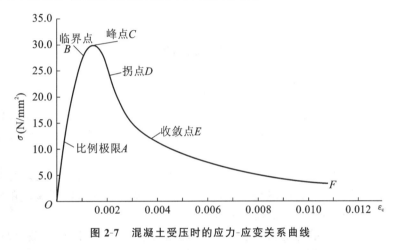

图 2-7　混凝土受压时的应力-应变关系曲线

上升段 OC 又可分为三段:在 OA 段($\sigma\leqslant0.3f_c$),混凝土处于弹性工作阶段,应力、应变为线性关系,A 点为比例极限。此阶段可将混凝土视为理想的弹性体,其内部的微裂缝尚未发展,水泥凝胶体的黏性流动很小,主要是骨料和水泥石受压后的弹性变形。

在 AB 段($0.3f_c<\sigma<0.8f_c$),混凝土逐渐显现非弹性性质,塑性变形增大,应力-应变曲线弯曲,应变增长速度比应力增长快,内部的微裂缝开始发展但仍处于稳定状态。

在 BC 段($0.8f_c<\sigma<1.0f_c$),混凝土塑性变形急剧增大,裂缝发展进入不稳定阶段。C 点的应力达到峰值应力,即轴心抗压强度 f_c,所对应的应变 ε_0 称为峰值应变,其值在 $0.0015\sim0.0025$ 之间波动,常取 $\varepsilon_0=0.002$。

曲线过 C 点以后,进入下降段。试件的承载力随应变的增加而降低,试件表面出现纵向裂缝,试件宏观上已经破坏,但由于骨料间的咬合力及摩擦力块体还能承受一定荷载。在应变达到 $0.0004\sim0.0006$ 时,应力下降减缓,之后趋向于稳定的残余应力。

由图 2-7 可以看出,混凝土的应力-应变关系不是直线,这说明它不是弹性材料,而是弹塑性材料。实验表明随着混凝土强度等级的提高,混凝土的极限应变 ε_{cu} 却明显减少,说明混凝土强度越高,其脆性越明显,延性也就越差。

2. 混凝土在长期荷载作用下的变形——徐变

混凝土在不变荷载长期作用下,其应变随时间而继续增长的现象称为混凝土的徐变。混凝土的徐变对钢筋混凝土结构的影响,在大多数情况下是不利的,徐变会使构件的变形大大增加。

对于长细比较大的偏心受压构件,徐变会使偏心距增大而降低构件的承载力;在预应力混凝土构件中,徐变会造成预应力损失,尤其是构件长期处于高应力状态下,对结构的安全不利,徐变的急剧增加会导致混凝土的最终破坏。

产生徐变的原因,一般认为有两方面:一是在应力不太大时($\sigma < 0.5 f_c$),由混凝土中一部分尚未形成结晶体的水泥凝胶体的黏性流动而产生的塑性变形;二是在应力较大时($\sigma \geq 0.5 f_c$),由混凝土内部微裂缝在荷载作用下不断发展和增加而导致应变的增加。

影响混凝土徐变的因素主要有:

① 应力的大小是最主要的因素,应力越大,徐变也越大;

② 水泥用量越多,水灰比越大,徐变越大。

③ 养护温度高、湿度大、时间长,则徐变小。

④ 加载时混凝土的龄期越短徐变越大。加强养护使混凝土尽早结硬或采用蒸汽养护可减小徐变。

⑤ 材料质量和级配越好,弹性模量高,则徐变小。

⑥ 与水泥的品种有关,用普通硅酸盐水泥配制的混凝土较用矿渣水泥、火山灰水泥配制的混凝土其徐变相对要大。

3. 混凝土的体积变形

混凝土的体积变形主要是指混凝土的收缩与膨胀。混凝土在空气中硬结时体积减小的现象称为收缩。当混凝土在水中硬结时,其体积略有膨胀。一般来说,混凝土的收缩值比膨胀值大得多。

混凝土的收缩随时间而增长,第一年可完成一半左右,两年后趋于稳定。对钢筋混凝土构件来讲,收缩是不利的。收缩会使混凝土中产生拉应力,进而导致构件开裂。在预应力混凝土结构中收缩将导致预应力损失,降低构件的抗裂能力。

试验表明,混凝土的收缩与下列因素有关:水泥用量越多,水灰比越大,收缩越大;骨料的弹性模量大,则收缩小;在结硬过程中,养护条件好,收缩小;使用环境湿度越大,收缩越小。

三、混凝土的设计指标

在钢筋混凝土结构中,混凝土的轴心抗压强度是进行受弯构件、受压构件承载力计算时的设计指标;混凝土的轴心抗拉强度是计算钢筋混凝土及预应力混凝土构件的抗裂度和裂缝宽度以及构件斜截面受剪承载力、受扭承载力时的主要强度指标。

各种强度等级的混凝土强度标准值、强度设计值以及弹性模量见表2-4。

表 2-4 混凝土强度标准值、设计值和弹性模量（MPa）

强度种类与弹性模量		混凝土强度等级												
		C15	C20	C25	C30	C35	C40	C45	C50	C55	C60	C65	C70	C75	C80
强度标准值	轴心抗压 f_{ck}	10.0	13.4	16.7	20.1	23.4	26.8	29.6	32.4	35.5	38.5	41.5	44.5	47.4	50.2
	轴心抗拉 f_{tk}	1.27	1.54	1.78	2.01	2.20	2.39	2.51	2.64	2.74	2.85	2.93	2.99	3.05	3.11
强度设计值	轴心抗压 f_c	7.2	9.6	11.9	14.3	16.7	19.1	21.1	23.1	25.3	27.5	29.7	31.8	33.8	35.9
	轴心抗拉 f_t	0.91	1.10	1.27	1.43	1.57	1.71	1.80	1.89	1.96	2.04	2.09	2.14	2.18	2.22
弹性模量 $E_c (\times 10^4)$		2.20	2.55	2.80	3.00	3.15	3.25	3.35	3.45	3.55	3.60	3.65	3.70	3.75	3.80

任务 3 砌体材料

块材是砌体的主要部分,目前我国常用的块材可以分为砖、砌块和石材三大类。

1. 砖

砖的种类包括烧结普通砖、烧结多孔砖、蒸压灰砂砖以及蒸压粉煤灰砖。我国标准砖的尺寸为 240 mm×115 mm×53 mm。块体的强度等级符号以"MU"表示,单位为 Mpa(N/mm²)。《砌体规范》将砖的强度等级分成五级:MU30、MU25、MU20、Mu15、Mu 10。

划分砖的强度等级,一般根据标准试验方法所测得的抗压强度确定,对于某些砖,还应考虑其抗折强度的要求。

砖的质量除按强度等级区分外,还应满足抗冻性、吸水率和外观质量等要求。

2. 砌块

常用的混凝土小型空心砌块包括单排孔混凝土和轻骨料混凝土,其强度等级分为五级 MU20、MU15、MU10、MU7.5 和 MU5。

砌块的强度等级是根据单个砌块的抗压破坏荷载,按毛截面计算的抗压强度确定的。

3. 石材

天然石材一般多采用花岗岩、砂岩和灰岩等几种。表观密度大于 18 kN/m³ 者以用于基础砌体为宜,而表观密度小于 18 kN/m³ 者则用于墙体更为适宜。石材强度等级为七级,即 Mu100、MU80、MU60、Mu50、MU40、MJ30 和 MU20。

石材的强度等级是根据边长为 70 mm 立方体试块测得的抗压强度确定的,如采用其他尺寸立方体作为试块,则应乘以规定的换算系数。

砂浆是由无机胶结料、细骨料和水组成。胶结料有水泥、石灰和石膏等。砂浆的作用是将块材连接成整体而共同工作,保证砌体结构的整体性;还可找平块体接触面,使砌体受力均匀;此外,砂浆填满块体缝隙,减小了砌体的透气性提高了砌体的隔热性能,对砂浆的基本要求是强度、流动性(可塑性)和保水性。

按组成材料的不同,砂浆可分为水泥砂浆、石灰砂浆及混合砂浆。

(1)水泥砂浆:由水泥、砂和水拌和而成,它具有强度高、硬化快、耐久性好的特点,但和易性差,水泥用量大,适用于砌筑受力较大或潮湿环境中的砌体。

(2)石灰砂浆:由石灰、砂和水拌和而成,它具有保水性、流动性好的特点,但强度低,耐久性差,只适用于低层建筑和不受潮的地上砌体中。

(3)混合砂浆:由水泥、石灰、砂和水拌和而成,它的保水性和流动性比水泥砂浆好,便于施工,强度高于石灰砂浆,适用于砌筑一般墙、柱砌体。

砂浆的强度等级是用 70.7 mm 的立方体标准试块,在温度为 20±3 ℃和相对湿度若是水泥砂浆在 90%以上,混合砂浆在 60%～80%的环境下硬化,龄期为 28d 的抗压强度确定的。砂浆的强度等级以符号"M"表示,单位为 MPa(N/mm²)。《砌体规范》将砂浆强度等级分为五级:M15、M10、M7.5、M5、M2.5。

(4) 砌块专用砂浆由水泥、砂、水及根据需要掺入的掺和料和外加剂等组成,按一定比例,采用机械拌和制成,专门用于砌筑混凝土砌块。强度等级以符号"Mb"表示。当验算施工阶段砂浆尚未硬化的新砌砌体承载力时,砂浆强度应取为零。

三、砌体种类

1. 砖砌体

在房屋建筑中,砖砌体被大量用于建筑物的承重墙、隔墙或砖柱。承重墙的厚度是根据承载力要求和稳定性要求确定的,但外墙还应满足隔热和保温的要求;隔墙的厚度一般由刚度和稳定性控制。

一般砖墙均砌成实心,其厚度为 90 mm、120 mm、180 mm、240 mm、370 mm、490 mm,其中 240 mm厚以上砖墙常用的组砌方法是一顺一丁、三顺一丁,有时也可采用梅花丁砌法,如图2-8所示。

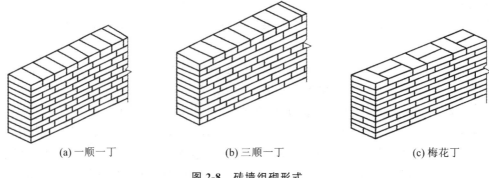

(a) 一顺一丁　　　　　　(b) 三顺一丁　　　　　　(c) 梅花丁

图 2-8　砖墙组砌形式

为了提高砌体的隔热和保温性能,也可做成由砖砌外叶墙、内叶墙和中间连续空腔组成的空心砌体,在空心部位填充隔热保温材料,墙内叶和外叶之间用防锈金属拉结件连接,称为"夹心墙"。

2. 砌块砌体

目前常用的砌块砌体是混凝土中、小型空心砌块砌体。由于砌块孔洞率大,故墙体自重较轻。砌块砌体常用于住宅、办公楼、学校等建筑物的承重墙和框架等骨架结构房屋的围护墙及隔墙。

3. 石砌体

石砌体一般分为料石砌体、毛石砌体和毛石混凝土砌体,如图 2-9 所示。料石砌体除用于山区建造房屋外,有时也用于砌筑拱桥、石坝等。毛石砌体和毛石混凝土砌体一般用于砌筑房屋的基础或挡土墙。与料石和毛石砌体不同,毛石混凝土砌体不是用砂浆砌筑,而是先铺垫120 mm～150 mm 厚混凝土,再铺砌一层毛石,然后在毛石上又铺一层混凝土,经充分振捣,把石块盖没,这样逐层铺砌毛石和浇捣混凝土。石材价格低廉,可就地取材,但自重大,隔热性能差,作外墙时厚度一般较大,在产石的山区应用较为广泛。

4. 配筋砌体

为提高砌体的承载力、减小构件的截面尺寸,可在砌体内配置适量的钢筋形成配筋砌体。常用的配筋砌体有横向配筋砖砌体和组合砌体。在砖柱或墙体的水平灰缝内配置一定数量的钢筋网,称为横向配筋砖砌体。在竖向灰缝内或在预留竖槽内配置纵向钢筋和浇筑混凝土,形成组合砌体,也称为纵向配筋砌体。

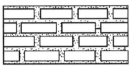
(a) 料石砌体

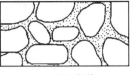
(b) 毛石砌体

(c) 毛石混凝土砌体

图 2-9　石砌体的类型

四、砖砌体的抗压强度

1. 砖砌体的受压破坏过程

砌体是由两种性质不同的材料(块材和砂浆)复合而成,它的受压破坏特征不同于单一材料组成的构件。砖砌体在建筑物中主要用作受压构件,因此,了解其受压破坏过程就显得十分重要。根据国内外对砖砌体进行的大量试验研究表明,轴心受压砖砌体在短期荷载作用下的破坏过程大致经历了以下三个阶段,如图 2-10 所示。

第一阶段:从加载至单砖开裂(见图 2-10(a))。此时所加荷载约为极限荷载的 $50\%\sim70\%$,砌体中某些单块砖开裂后,若荷载维持不变,则裂缝不会继续扩展。

第二阶段:从单砖裂缝发展为贯穿若干皮砖的连续裂缝,并有新的单砖裂缝出现(见图 2-10(b))。此阶段所加荷载约为极限荷载的 $80\%\sim90\%$。

第三阶段:破坏阶段。在裂缝贯穿若干皮砖后,若再继续增加荷载,将使裂缝急剧扩展而上下贯通,把砌体分割成若干半砖小柱体(见图 2-10(c))。最后,小柱体失稳破坏或压碎,导致整个砌体破坏。

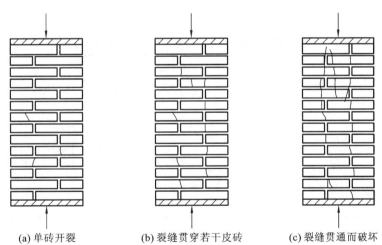

(a) 单砖开裂　　　　　(b) 裂缝贯穿若干皮砖　　　　　(c) 裂缝贯通而破坏

图 2-10　砖砌体受压的三个阶段

在实际工程中,砌体承受的压力是长期的。在长期荷载作用下,当砌体承受的压力达到极限荷载的 $80\%\sim90\%$ 时,即使荷载不再增加,砌体的裂缝也会发展,最终可能导致破坏。

2. 影响砌体抗压强度的因素

1) 块材和砂浆的强度等级

砌体的抗压强度随着块材和砂浆强度等级的提高而提高,其中块材的强度是影响砌体抗压强度的主要因素。由于砌体的开裂乃至破坏是由块材裂缝引起的,所以,当块材强度等级高,其

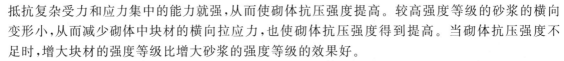

抵抗复杂受力和应力集中的能力就强,从而使砌体抗压强度提高。较高强度等级的砂浆的横向变形小,从而减少砌体中块材的横向拉应力,也使砌体抗压强度得到提高。当砌体抗压强度不足时,增大块材的强度等级比增大砂浆的强度等级的效果好。

2)块材的形状和尺寸

块材的形状规则程度明显地影响砌体的抗压强度。块材表面不平整,几何形状不规则或块材厚薄不匀导致砂浆厚薄不匀,增加了块材在砌体中受弯、受剪、局部受压的概率而使块材过早开裂,使砌体抗压强度降低;当块材厚度增加,其抗弯、抗剪、横向抗拉能力提高,相应地会使砌体抗压强度提高。

3)砌筑时砂浆的保水性、流动性以及灰缝的厚度

砌筑时砂浆的保水性好,砂浆的水分不易被块材吸收,保证了砂浆硬化的水分条件。因而砂浆的强度高,黏结性好,从而提高砌体的抗压强度;而铺砌砂浆的流动性好,则易于摊铺均匀,减少了由于砂浆不均匀而导致的砖内弯、剪应力,也使砌体抗压强度提高。但需注意流动性过高的砂浆硬化后的变形大,砌体强度反而会降低,所以不主张为了提高流动性而增加用水量或塑化剂用量。灰缝越厚,越容易铺砌均匀,但同时也增加了砂浆受力后的横向变形,使块材横向受拉的应力加大。故水平灰缝的厚度不宜过大,也不宜过小。砖砌体的灰缝一般以 8~12 mm 为宜。

4)砌筑质量

砌筑质量对砌体抗压强度有显著的影响。砌筑质量好的砌体,其组砌方式合理,砂浆厚度均匀,饱满度高,砌体整体性好,因而砌体抗压强度高。

3. 砌体抗压强度的设计指标

龄期为 28 天的以毛截面计算的各类砌体抗压强度设计值,当施工质量控制等级为 B 级时,应根据块材和砂浆的强度等级分别按表 2-5～表 2-11 采用。

表 2-5　烧结普通砖和烧结多孔砖砌体的抗压强度设计值(MPa)

砖强度等级	砂浆强度等级					砂浆强度
	M15	M10	M7.5	M5	M2.5	
MU30	3.94	3.27	2.93	2.59	2.26	1.15
MU25	3.60	2.98	2.68	2.37	2.06	1.05
MU20	3.22	2.67	2.39	2.12	1.84	0.94
MU15	2.79	2.31	2.07	1.83	1.60	0.82
MU10	—	1.89	1.69	1.50	1.30	0.67

注:当烧结多孔砖的孔洞率大于 30% 时,表中数值乘以 0.9。

表 2-6　混凝土普通砖和混凝土多孔砖砌体的抗压强度设计值(MPa)

砌块强度等级	砂浆强度等级					砂浆强度
	Mb20	Mb15	Mb10	Mb7.5	Mb5	
MU30	4.61	3.94	3.27	2.93	2.59	1.15
MU25	4.21	3.60	3.98	2.68	2.37	1.05
MU20	3.77	3.22	2.67	2.39	2.12	0.94
MU15	—	2.79	2.31	2.07	1.83	0.82

表 2-7　蒸压灰砂普通砖和蒸压粉煤灰普通砖砌体的抗压强度设计值（MPa）

砖强度等级	砂浆强度等级				砂浆强度
	Ms15	Ms10	Ms7.5	Ms5	
MU25	3.60	2.98	2.68	2.37	1.05
MU20	3.22	2.67	2.39	2.12	0.94
MU15	2.79	2.31	2.07	1.83	0.82

表 2-8　单排孔混凝土砌块和轻骨料混凝土砌块对孔砌筑砌体的抗压强度设计值（MPa）

砌块强度等级	砂浆强度等级					砂浆强度
	Mb20	Mb15	Mb10	Mb7.5	Mb5	
MU20	6.30	5.68	4.95	4.44	3.94	2.33
MU15	—	4.61	4.02	3.61	3.20	1.89
MU10	—	—	2.79	2.50	2.22	1.31
MU7.5	—	—	—	1.93	1.71	1.01
MU5	—	—	—	—	1.19	0.70

注：① 对独立柱或厚度为双排组砌的砌块砌体，应按表中数值乘以 0.7；
　　② 对 T 形截面砌体、柱，应按表中数值乘以 0.85。

表 2-9　双排孔或多排孔轻骨料混凝土砌块砌体的抗压强度设计值（MPa）

砌块强度等级	砂浆强度等级			砂浆强度
	Mb10	Mb7.5	Mb5	
MU10	3.08	2.76	2.45	1.44
MU7.5	—	2.13	1.88	1.12
MU5	—	—	1.31	0.78
MU3.5	—	—	0.95	0.56

注：① 表中砌块为火山渣、浮石和陶料轻骨料混凝土砌块；
　　② 对厚度方向为双排组砌的轻骨料混凝土砌块砌体的抗压强度设计值，应按表中数值乘以 0.8。

表 2-10　毛料石砌体的抗压强度设计值（MPa）

砌块强度等级	砂浆强度等级			砂浆强度
	M7.5	M5	M2.5	
MU100	5.42	4.80	4.18	2.13
MU80	4.85	4.29	3.73	1.91
MU60	4.20	3.71	3.23	1.65
MU50	3.83	3.39	2.95	1.51
MU40	3.43	3.04	2.64	1.35
MU30	2.97	2.63	2.29	1.17
MU20	2.42	2.15	1.87	0.95

注：对细料石砌体、粗料石砌体和干砌勾缝石砌体表中数值分别乘以调整系数 1.4、1.2 和 0.8。

表 2-11　毛石砌体的抗压强度设计值(MPa)

砌块强度等级	砂浆强度等级			砂浆强度
	M7.5	M5	M2.5	
MU100	1.27	1.12	0.98	0.34
MU80	1.13	1.00	0.87	0.30
MU60	0.98	0.87	0.76	0.26
MU50	0.90	0.80	0.69	0.23
MU40	0.80	0.71	0.62	0.21
MU30	0.69	0.61	0.53	0.18
MU20	0.56	0.51	0.44	0.15

五、砌体强度设计值的调整

在某些特定情况下,砌体强度设计值需加以调整。《砌体规范》规定,下列情况的各类砌体,其强度设计值应乘以调整系数γ_a:

(1) 有吊车的房屋砌体、跨度不小于 9 m 的梁下烧结普通砖砌体以及跨度不小于 7.5 m 的梁下其他砖砌体和砌块砌体,$\gamma_a=0.9$。

(2) 构件截面面积 A 小于 0.3 m² 时,$\gamma_a=A+0.7$(式中 A 以 m² 为单位);砌体局部受压时,$\gamma_a=1$。对配筋砌体构件,当其中砌体截面面积小于 0.2 m² 时,$\gamma_a=A+0.8$。

(3) 各类砌体,当用水泥砂浆砌筑时,抗压强度设计值的调整系数 0.9;对于抗拉、抗弯、抗剪强度设计值,$\gamma_a=0.8$。对配筋砌体构件,砌体采用水泥砂浆砌筑时,仅对砌体的强度设计值乘以上述调整系数。

(4) 当验算施工中的构件时,$\gamma_a=1.1$。

(5) 当施工质量控制等级为 C 级时,$\gamma_a=0.89$。

思考与习题

(1) 混凝土的强度等级是如何确定的?混凝土的基本强度指标有哪些?其相互关系如何?

(2) 混凝土受压时的应力-应变曲线有何特点?

(3) 我国建筑结构用钢筋有哪些种类?热轧钢筋的级别有哪些?

(4) 块材和砂浆在砌体中有何作用?常用的块材和砂浆是如何分类的?

(5) 配筋砌体有哪些种类?各有何特点?

(6) 影响砌体抗压强度的主要因素有哪些?

钢筋混凝土受弯构件

学习目标

知识目标

（1）熟悉受弯构件的构造。

（2）掌握双筋矩形截面正截面承载力的计算方法。

（3）掌握受弯构件斜截面承载力的计算方法。

（4）熟悉变形和裂缝宽度的验算方法。

能力目标

（1）能够计算双筋矩形截面的承载力。

（2）能够根据承载力的要求对截面进行配筋设计。

知识链接

　　钢筋混凝土受弯构件是指仅承受弯矩和剪力作用的构件。在工业和民用建筑结构中，钢筋混凝土受弯构件是用量最大、应用最为普遍的一种构件。如建筑物中大量的梁、板都是典型的受弯构件。一般建筑中的楼、屋盖板和梁、楼梯，多层及高层建筑钢筋混凝土框架结构的横梁，厂房建筑中的大梁、吊车梁、基础梁等都是按受弯构件设计的。

　　受弯构件由于荷载作用引起的破坏有两种可能：一种是由弯矩引起的破坏，破坏截面与构件的纵轴线垂直，称为正截面破坏（见图 3-1(a)）；另一种是由弯矩和剪力共同作用而引起的破坏，破坏截面是倾斜的，称为斜截面破坏（见图 3-1(b)）。因此，在进行受弯构件设计时，需要进行正截面受弯承载力计算、斜截面受剪承载力计算。为了保证正常使用，还要进行构件变形和裂缝宽度的验算。除此之外，还需采取一系列构造措施，才能保证构件的各个部位都具有足够的抗力，才能使构件具有必要的适用性和耐久性。

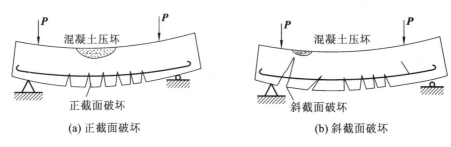

(a) 正截面破坏   (b) 斜截面破坏

图 3-1 受弯构件的截面破坏形式

任务 **1** 构造要求

一、截面形式和尺寸

1. 截面形式

梁的截面形式主要有矩形、T 形、工字形、倒 L 形、十字形、花篮形等,如图 3-2(a)所示。板的形式一般为矩形板、空心板、槽形板等,如图 3-2(b)所示。

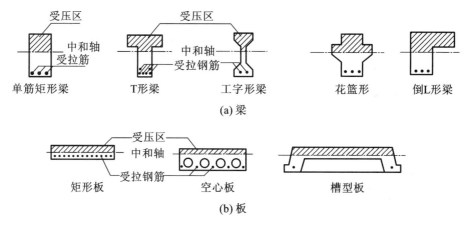

(a) 梁

(b) 板

图 3-2 常用梁、板截面形式

2. 梁、板截面尺寸

现浇梁、板的截面尺寸宜按下述采用:

(1) 矩形截面梁的高宽比 h/b 一般取 2.0～3.5;T 形截面梁的 h/b 一般取 2.5～4.0(此处 b 为梁肋宽)。矩形截面的宽度或 T 形截面的肋宽 b 一般取 100 mm、120 mm、150 mm、(180 mm)、200 mm、(220 mm)、250 mm 和 300 mm,300 mm 以上的级差为 50 mm;括号中的数值仅用于木模。

(2) 梁高 h 采用 250 mm、300 mm、350 mm、…、750 mm、800 mm、900 mm、1000 mm 等尺寸。800 mm 以下的级差为 50 mm,以上的为 100 mm。

(3) 现浇板的宽度一般较大,设计时可取单位宽度($b=1000$ mm)进行计算。现浇钢筋混凝土板的厚度除应满足各项功能要求外,还应满足表 3-1 的要求。

表 3-1　现浇钢筋混凝土板的最小厚度

板的类别		最小厚度/mm
单向板	屋面板	60
	民用建筑楼板	60
	工业建筑楼板	70
	行车道下的楼板	80
双向板		80
悬臂板(根部)	悬臂长度不大于 500 mm	60
	悬臂长度 1200 mm	100
无梁楼板		150
现浇空心楼盖		200

二、受弯构件的钢筋构造

钢筋混凝土梁(板)正截面承受弯矩作用时,中和轴以上受压,中和轴以下受拉(见图 3-2),故在梁(板)的受拉区配置纵向受拉钢筋,此种构件称为单筋受弯构件;如果同时在截面受压区也配置受力钢筋,则此种构件称为双筋受弯构件。

截面上配置钢筋的多少,通常用配筋率来衡量,所谓配筋率是指所配置的钢筋截面面积与规定的混凝土截面面积的比值(化为百分数表达)。对于矩形截面和 T 形截面,其受拉钢筋的配筋率 ρ 表示为:

$$\rho = \frac{A_s}{bh_0} \tag{3-1}$$

式中　A_s——截面纵向受拉钢筋全部截面积;

　　　b——矩形截面宽度或 T 形截面梁肋宽度;

　　　h_0——截面的有效高度(见图 3-3),$h_0=h-a_s$,这里 h 为截面高度,a_s 为纵向受拉钢筋全部截面的重心至受拉边缘的距离。

图 3-3 中的 c 被称为混凝土保护层厚度。混凝土保护层是具有足够厚度的混凝土层,取钢筋边缘至构件截面表面之间的最短距离。设置保护层是为了保护钢筋不直接受到大气的侵蚀和其他环境因素作用,也是为了保证钢筋和混凝土有良好的黏结力。混凝土保护层的有关规定见表 3-2。

表 3-2　混凝土保护层的最小厚度(mm)

环境类别	环境条件	构件名称	混凝土强度等级		
			≤C20	C25~C45	≥C50
一	室内正常环境	板、墙、壳	20	15	—
		梁	30	25	—
		柱	30	—	—

续表

环境 类别	环境条件	构件名称	混凝土强度等级		
			≤C20	C25～C45	≥C50
二 a	室内潮湿环境；非严寒和非 寒冷地区露天环境	板、墙、壳	—	20	—
		梁、柱		30	—
二 b	严寒和寒冷地区露天环境	板、墙、壳	—	25	20
		梁、柱	—	35	30

注：板、墙、壳中分布钢筋的保护层厚度不应小于表中相应数值减 10 mm，且不应小于 10 mm；梁、柱中箍筋和构造钢筋的保护层厚度不应小于 15 mm。

1. 板的钢筋

板内钢筋一般有纵向受力钢筋和分布钢筋两种，如图 3-4 所示。

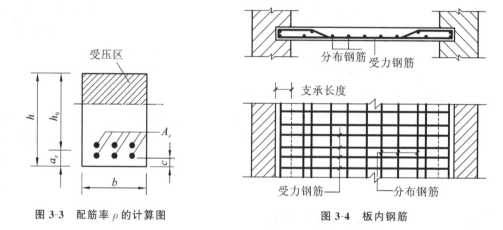

图 3-3　配筋率 ρ 的计算图　　　　图 3-4　板内钢筋

1）受力钢筋

梁式板的受力钢筋沿板的短跨方向布置在截面受拉一侧，用来承受弯矩产生的拉力。

板的纵向受力钢筋的常用直径为 6～12 mm。一般采用 HRB400 级、HRB335 级钢筋。

为了正常地分担内力，板中受力钢筋的间距不宜过稀，但为了绑扎方便和保证浇捣质量，板的受力钢筋间距也不宜过密。钢筋的间距一般在 70～200 mm，当板厚 h 大于 150 mm 时，钢筋间距不宜大于 250 mm，且不大于 1.5h。

2）分布钢筋

分布钢筋垂直于板的受力钢筋方向，在受力钢筋内侧按构造要求配置，即按照设计规范规定选择。分布钢筋的作用，一是固定受力钢筋的位置，形成钢筋网；二是将板上荷载有效地传到受力钢筋上去；三是防止温度或混凝土收缩等原因引起的沿跨度方向的裂缝。

分布钢筋宜采用 HPB235、HRB335 和 HRB335 级钢筋，常用直径为 6 mm、8 mm。单位长度上分布钢筋的截面面积不应小于单位宽度上的受力钢筋截面面积的 15%，且不宜小于该方向板截面面积的 0.15%；分布钢筋的间距不宜大于 250 mm，温度变化较大或集中荷载较大时，分布钢筋的截面面积应适当增加，其间距不宜大于 200 mm。

2. 梁的配筋

梁内的钢筋有纵向受力钢筋(主钢筋)、弯起钢筋、箍筋、架立钢筋等,构成钢筋骨架(见图 3-5),有时还配置纵向构造钢筋及相应的拉筋等。

1) 纵向受力钢筋

纵向受力筋的作用主要是承受由弯矩在梁内产生的拉力,所以纵向受力筋布置在梁的受拉区一侧。纵向受力筋的数量需要通过计算确定。可选择的钢筋直径一般为 $12 \sim 25$ mm,一般不宜大于 28 mm。在同一根梁内主钢筋宜用相同直径的钢筋,当采用两种以上直径的钢筋时,为了便于施工识别,直径相差不宜小于 2 mm,但直径也不可相差太大。

为了保证钢筋周围的混凝土浇筑密实,避免钢筋锈蚀而影响结构的耐久性,以及钢筋和混凝土之间具有足够的黏结强度,梁的纵向受力钢筋间必须留有足够的净间距(见图 3-6)。我国规范规定:梁上部纵向受力筋净距不得小于 30 mm 或 $1.5d$(d 为受力钢筋的最大直径);梁下部纵向受力筋净距不得小于 25 mm 或 d;各层钢筋之间的净距应不小于 25 mm 或 d。

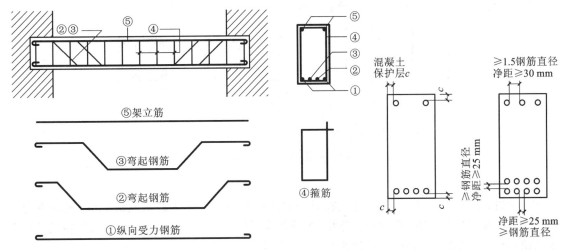

图 3-5　梁内钢筋　　　　　　　　图 3-6　混凝土保护层和梁主钢筋净距

钢筋的根数与直径有关,直径较大则根数较少;反之,直径较细,则根数较多。但直径较大,裂缝的宽度也会增大,根数过多,又不能满足净距要求,所以,需综合考虑再确定。但一般不应少于两根,只有当梁宽小于 100 mm 时,可取一根。

纵向受力钢筋的层数,与梁的宽度、混凝土保护层厚度、钢筋根数、直径、间距等因素有关,通常要求将钢筋沿梁的宽度均匀布置,尽可能排成一排,若根数较多,难以排成一排,可排成两排。同样数量的钢筋,单排比双排的抗弯能力强。

2) 架立钢筋

架立钢筋设置在受压区外缘两侧,并平行于纵向受力钢筋,一般需配置 2 根。其作用一是固定箍筋位置以形成梁的钢筋骨架,二是承受因温度变化和混凝土收缩而产生的拉应力,防止发生裂缝。受压区配置的纵向受压钢筋可兼作架立钢筋。

架立钢筋的直径与梁的跨度有关:当梁的跨度小于 4 m 时,其直径不宜小于 8 mm;当跨度为 $4 \sim 6$ m 时,直径不宜小于 10 mm;当跨度大于 8 m 时,直径不宜小于 12 mm。

3) 弯起钢筋

弯起钢筋在跨中是纵向受力钢筋的一部分,在靠近支座的弯起段弯矩较小处则用来承受弯矩和剪力共同产生的主拉应力,即作为受剪钢筋的一部分。

钢筋的弯起角度一般为 45°,梁高 h 大于 800 mm 时可采用 60°。实际工程中第一排弯起钢筋的弯终点距支座边缘的距离通常取为 50 mm(见图 3-7)。

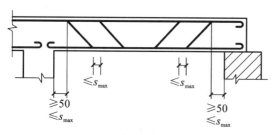

图 3-7 弯起钢筋的布置

4)箍筋

箍筋主要用来承受由剪力和弯矩在梁内引起的主拉应力,并通过绑扎或焊接把其他钢筋联系在一起,形成空间骨架。

箍筋应根据计算确定。箍筋的最小直径与梁高 h 有关,当梁的截面高度 h 不大于 800 mm 时,不宜小于 6 mm;当 h 大于 800 mm 时,不宜小于 8 mm;梁支座处的箍筋一般从梁边(或墙边)50 mm 处开始设置。当梁与钢筋混凝土梁或柱整体连接时,支座内可不设置箍筋。梁内箍筋宜采用 HPB235、HRB335、HRB400 级钢筋。

箍筋分开口和封闭两种形式,肢数有单肢、双肢和四肢(见图 3-8)。

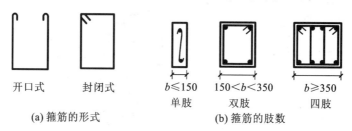

图 3-8 箍筋的形式和肢数(mm)

5)纵向构造钢筋及拉筋

当梁的截面高度较大时,为了防止在梁的侧面产生垂直于梁轴线的收缩裂缝,同时也为了增强钢筋骨架的刚度,增强梁的抗扭作用,当梁的腹板高度 h_w 不小于 450 mm 时,应在梁的两个侧面沿高度配置纵向构造钢筋,并用拉筋固定,如图 3-9 所示。

每侧纵向构造钢筋(不包括梁的受力钢筋和架立钢筋)的截面面积不应小于腹板截面面积 bh_w 的 0.1%,且其间距不宜大于 200 mm。此处 h_w 的取值为:矩形截面取截面有效高度,T 形截面取有效高度减去翼缘高度,工字形截面取腹板净高,如图 3-10 所示。纵向构造钢筋一般不必做弯钩。

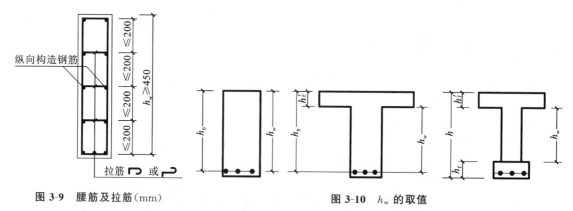

图 3-9 腰筋及拉筋(mm)   图 3-10 h_w 的取值

拉筋直径一般与箍筋相同,间距常取为箍筋间距的两倍。

任务 2 正截面承载力计算

1. 受弯构件正截面的受弯性能

图 3-11 所示为一钢筋混凝土简支梁,其设计的混凝土强度等级为 C25。为消除剪力对正截面受弯的影响,采用两点对称加载方式,使两个对称集中力之间的截面,在忽略自重的情况下,只受纯弯矩而无剪力,这一梁段称为纯弯区段。在长度为 $l_0/3$ 的纯弯区段内和支座截面上布置仪表,以观察加载后梁的受力全过程。荷载逐级施加,由零开始直至梁正截面受弯破坏。

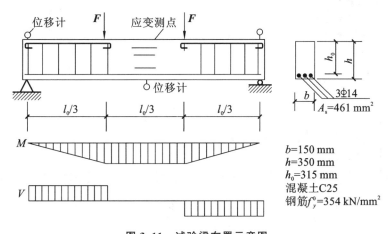

图 3-11　试验梁布置示意图

图 3-12 所示为中国建筑科学研究院做的钢筋混凝土梁弯矩与截面曲率关系实测结果。图中纵坐标为梁跨中截面的弯矩实验值 M,横坐标为梁跨中截面曲率实验值 φ。可以看出,从加载开始至梁最后破坏,正截面受弯的全过程可以划分为三个阶段。

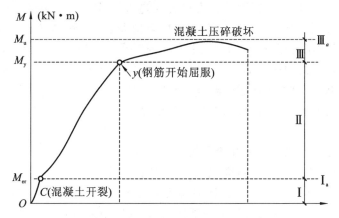

图 3-12　适筋梁弯矩-挠度关系试验曲线

(1)第Ⅰ阶段:混凝土开裂前的未裂阶段。

刚开始加载时,由于弯矩很小,沿梁高测量到的各个纤维应变也小,且沿梁截面高度为直线变化,梁的工作情况与匀质弹性体梁相似,应力与应变成正比,受压区和受拉区混凝土应力分布图形为三角形,如图3-13(a)所示。

当荷载逐渐增加,截面弯矩增加,截面受拉边缘混凝土的拉应变达到极限拉应变(见图3-13(a)),截面达到即将开裂的临界状态(Ⅰ$_a$状态),此时相应的弯矩值称为开裂弯矩M_{cr}。截面受拉区混凝土出现明显的受拉塑性,应力呈曲线分布,但受压区压应力较小,仍处于弹性状态,应力为直线分布。

第Ⅰ阶段末(Ⅰ$_a$状态)可作为受弯构件抗裂度的计算依据。

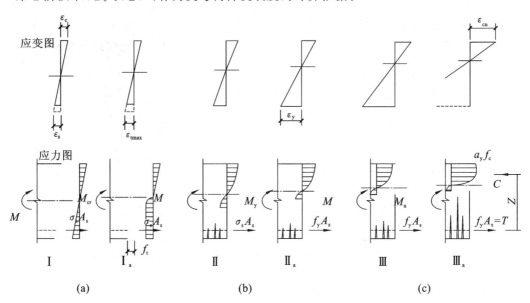

图 3-13 梁在各受力阶段的应力、应变图
C—受压区合力;T—受拉区合力

(2)第Ⅱ阶段(带裂缝工作阶段):混凝土开裂后至钢筋屈服前的裂缝阶段。

受拉区混凝土一旦开裂,正截面的受力过程便进入第Ⅱ阶段。裂缝截面中,已经开裂的受拉区混凝土退出工作,拉力转由钢筋承担,钢筋应力增大很多。随着荷载的增加,钢筋的应力和应变不断增长,裂缝逐渐开展,中性轴随之上升。同时受压区混凝土的应力和应变也不断加大,受压区混凝土出现明显的塑性变形,应力图形逐渐呈曲线分布(见图3-13(b))。第Ⅱ阶段相当于梁使用时的应力状态,可作为使用阶段验算变形和裂缝开展宽度的依据。

当钢筋达到应力屈服强度时,标志着第Ⅱ阶段结束,此时梁承担的弯矩记为M_y,称为屈服弯矩。

(3)第Ⅲ阶段(破坏阶段):钢筋开始屈服至截面破坏的破坏阶段。

在该阶段,钢筋应力保持屈服强度f_y不变,即钢筋总拉力不变,而其应变ε_s急剧增大,裂缝显著开展,中性轴迅速上移。由于受压区混凝土的总压力C与钢筋的总拉力保持平衡,受压区高度的减少将使混凝土的压应力和压应变迅速增大,混凝土受压时的塑性特征表现得更为充分(见图3-13(c)),受压区应力图形更趋丰满。同时,受压区高度的减少使钢筋拉力与混凝土压力C之间的力臂有所增大,截面弯矩比屈服弯矩M_y也略有增加。弯矩增大直至极限弯矩值M_u

时,称为第Ⅲ阶段末,用Ⅲₐ表示。此时,梁边缘纤维压应变达到(或接近)混凝土受弯时的极限压应变 ε_{cu},标志着梁截面已开始破坏。

第Ⅲ阶段末(Ⅲₐ状态)可作为正截面受弯承载力计算的依据。

表 3-3　适筋梁受弯正截面工作三个阶段的主要特征

受力阶段 主要特点		第Ⅰ阶段	第Ⅱ阶段	第Ⅲ阶段
习惯称呼		未裂阶段	带裂缝工作阶段	破坏阶段
外观表象		没裂缝、挠度很小	开裂、挠度和裂缝发展	钢筋屈服、混凝土压碎
混凝土 应力图形	受压区	呈直线分布	应力呈曲线分布,最大值在受压区边缘处	受压区高度更为减小,曲线丰满,最大值不在受压区边缘
	受拉区	前期为直线,后期呈近似矩形的曲线	大部分混凝土退出工作	混凝土全部退出工作
纵向受拉钢筋应力		$\sigma \leqslant 20 \sim 30 \ N/mm^2$	$20 \sim 30 \ N/mm^2 \leqslant \sigma \leqslant f$	$\sigma = f$
计算依据		抗裂验算	裂缝宽度及变形验算	正截面受弯承载力计算

2. 受弯构件正截面的破坏形态

钢筋混凝土受弯构件有两种破坏性质:一种是塑性破坏(延性破坏),指的是结构或构件在破坏前有明显变形或其他征兆;另一种是脆性破坏,指的是结构或构件在破坏前无明显变形或其他征兆。根据试验研究,钢筋混凝土受弯构件的破坏性质与配筋率 ρ、钢筋强度等级、混凝土强度等级有关。对常用的热轧钢筋和普通强度混凝土,破坏形态主要受到配筋率 ρ 的影响。因此,按照钢筋混凝土受弯构件的配筋情况及相应破坏时的性质可得到正截面破坏的三种形态:适筋破坏、超筋破坏和少筋破坏,如图 3-14 所示。与这三种破坏形态相对应的梁分别称为适筋梁、超筋梁和少筋梁。

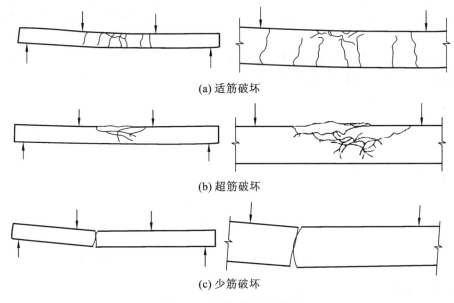

(a) 适筋破坏

(b) 超筋破坏

(c) 少筋破坏

图 3-14　梁的三种破坏形态

1）适筋破坏

当 $\rho_{\min}<\rho<\rho_{\max}$ 时发生适筋破坏。其破坏特点为：纵向受拉钢筋先屈服，受压区边缘混凝土随后压碎。其破坏始自受拉区钢筋的屈服。在钢筋应力达到屈服强度之初，受压区混凝土边缘纤维的应变未达到极限应变。从钢筋屈服到受压区混凝土压碎的过程中，钢筋要经历较大的塑性变形，随之引起裂缝急剧开展和梁挠度的激增，具有明显的破坏预兆，属于延性破坏类型。

2）超筋破坏

当 $\rho>\rho_{\max}$ 时发生超筋破坏，该类型的梁称为"超筋梁"。其破坏特点为：混凝土受压区边缘先压碎，纵向受拉钢筋不屈服，在没有明显预兆的情况下由于受压区混凝土被压碎而突然破坏，破坏时裂缝开展不宽，延伸不高，梁的挠度不大，属于脆性破坏类型。由于超筋梁内钢筋配置过多，在梁破坏时钢筋应力低于屈服强度，钢筋没有充分发挥作用，还造成钢材的浪费，且破坏前没有预兆，故在设计中是不允许采用超筋梁的。

3）少筋破坏

当 $\rho<\rho_{\min}$ 时发生少筋破坏。其破坏特点为：受拉区混凝土一旦开裂，裂缝处的受拉钢筋拉应力迅速达到屈服强度，并进入强化阶段，甚至钢筋被拉断；受拉区裂缝往往只有一条，不仅宽度较大，而且沿截面高度延伸很高，此时受压区混凝土还未压坏，而裂缝宽度已很大。由于破坏很突然，故属于脆性破坏。设计中也不允许采用少筋梁。

二、受弯构件正截面承载力计算的基本原则

1. 基本假定

根据上述适筋受弯构件正截面的受力性能及破坏特征，在正截面承载力计算中采用下面四个假定：

（1）平截面假定，即变形前的平面变形后仍保持为平面。

（2）不考虑混凝土的抗拉强度。

在裂缝截面处，受拉区混凝土已大部分退出工作，但在靠近中和轴处，仍有一部分混凝土承担着拉应力。由于其拉应力较小，且内力偶臂也不大，因此，所承担的内力矩是不大的，在计算中可忽略不计。

（3）混凝土受压时的应力-应变曲线（见图3-15）。

（4）钢筋的应力-应变曲线（见图3-16）。

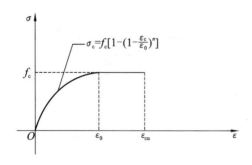

图 3-15　混凝土应力-应变设计曲线

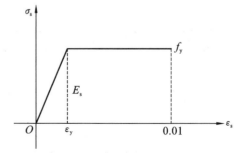

图 3-16　钢筋应力-应变设计曲线

2. 受压区混凝土等效应力图形

为简化计算，《混凝土结构设计规范》（GB 50010—2010）规定可以将受压区混凝土的应力图

形简化为等效的矩形应力图形,如图 3-17 所示。进行等效代换的条件是:

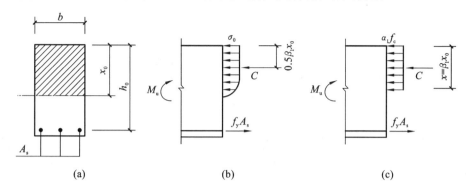

图 3-17　受弯构件理论应力图与等效应力图

(1) 等效应力图形的压力合力与理论应力图形的压力合力大小相等;

(2) 两图形中受压区合力作用点位置不变。

图 3-17 中 α_1 为矩形应力图形中混凝土的抗压强度与混凝土轴心抗压强度的比值,β_1 为等效受压区高度 x 与实际受压区高度 x_0 的比值。根据等效代换的条件并利用基本假设,理论上可以得出等效应力图形中的参数 α_1 和 β_1。为简化计算,规范规定:混凝土强度在 C50 及以下时,取 $\alpha_1=1.0$、$\beta_1=0.8$。其他强度等级的混凝土按表 3-4 中的数值取用。

表 3-4　等效矩形应力图形系数 α_1、β_1 取值

	≤C50	C55	C60	C65	C70	C75	C80
α_1	1.00	0.99	0.98	0.97	0.96	0.95	0.94
β_1	0.80	0.79	0.78	0.77	0.76	0.75	0.74

3. 相对界限受压区高度与最小配筋率

1) 相对界限受压区高度 ξ_b(适筋与超筋的界限)

受弯构件发生适筋破坏时纵向受力钢筋首先屈服,然后受压区混凝土被压碎;发生超筋破坏时纵向受力钢筋并不屈服,破坏由混凝土被压碎导致。因此,当梁的钢筋等级和混凝土强度等级确定以后,可以找到某个特定的配筋率,使配有这个特定配筋率的梁发生介于适筋梁和超筋梁之间的破坏,即在钢筋屈服的同时混凝土被压碎,称为"界限破坏"。通过图 3-18 来求相对界限受压区高度。设界限破坏时中和轴高度为 x_{cb},显然有 $x<x_{cb}$ 时为适筋破坏,$x>x_{cb}$ 时为超筋破坏。定义相对界限受压区高度为 ξ_b,由图 3-18 有:

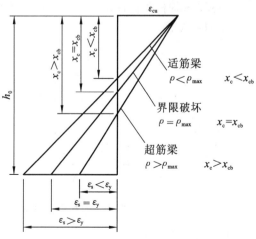

$$\xi_b=\frac{x}{h_0}=\frac{\beta x_{cb}}{h_0}=\frac{\beta\varepsilon_{cu}}{\varepsilon_{cu}+\varepsilon_y}=\frac{\beta}{1+\frac{\varepsilon_y}{\varepsilon_{cu}}} \quad (3-2)$$

故

$$\xi_b=\frac{\beta}{1+\frac{f_y}{\varepsilon_{cu}E_s}} \quad (3-3)$$

为了防止将构件设计成超筋构件,要求构件

图 3-18　界限破坏时截面平均应变示意图

截面的相对受压区高度 ξ 不得超过其相对界限受压区高度 ξ_b，即

$$\xi \leqslant \xi_b \tag{3-4}$$

ξ_b 的取值见表 3-5。

表 3-5　相对界限受压区高度 ξ_b 的取值

钢筋种类 \ 混凝土强度等级	≤C50	C55	C60	C65	C70	C75	C80
HPB235	0.641	0.606	0.594	0.584	0.575	0.565	0.555
HRB335	0.550	0.541	0.531	0.522	0.512	0.503	0.493
HRB400	0.518	0.508	0.499	0.490	0.481	0.472	0.463

2）最小配筋率 ρ_{min}

为了避免发生少筋梁破坏，必须确定钢筋混凝土受弯构件的最小配筋率 ρ_{min}。

最小配筋率是少筋梁与适筋梁的界限。当梁的配筋率由 ρ_{min} 逐渐减小，梁的工作特性也从钢筋混凝土结构逐渐向素混凝土结构过渡，所以，ρ_{min} 可按采用最小配筋率 ρ_{min} 的钢筋混凝土梁在破坏时，正截面承载力 M_u 等于同样截面尺寸、同样材料的素混凝土梁正截面开裂弯矩标准值的原则确定。

由上述原则的计算结果，同时考虑到温度变化、混凝土收缩应力的影响以及过去的设计经验，规范规定：

（1）受弯构件、偏心受拉、轴心受拉构件，其一侧纵向受拉钢筋的配筋率不应小于 0.2% 和 $0.45\dfrac{f_t}{f_y}$ 中的较大值；

（2）卧置于地基上的混凝土板，板的受拉钢筋的最小配筋率可适当降低，但不应小于 0.15%。

三、单筋矩形截面受弯构件的正截面受弯承载力计算

1. 基本计算公式

根据受弯构件正截面承载力计算的基本原则，可以得到单筋矩形截面受弯构件正截面承载力计算简图（见图 3-19）。

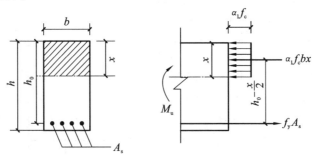

图 3-19　单筋矩形截面受弯构件正截面承载力计算简图

由力的平衡条件，得

$$\alpha_1 f_c b x = f_y A_s \tag{3-5}$$

由力矩平衡条件,得

$$M \leqslant M_u = f_y A_s \left(h_0 - \frac{x}{2} \right) \tag{3-6}$$

或

$$M \leqslant M_u = \alpha_1 f_c b x \left(h_0 - \frac{x}{2} \right) \tag{3-7}$$

式中 M——弯矩设计值;

M_u——正截面受弯承载力设计值。

将 $\xi = x/h_0$ 带入以上各式,上述三式可写成:

$$f_y A_s = \alpha_1 f_c b h_0 \xi \tag{3-8}$$

$$M \leqslant M_u = f_y A_s h_0 (1 - 0.5\xi) \tag{3-9}$$

或

$$M \leqslant M_u = \alpha_1 f_c b h_0^2 \xi (1 - 0.5\xi) \tag{3-10}$$

2. 适用条件

(1) $\xi \leqslant \xi_b (x \leqslant \xi_b h_0)$;

(2) $A_s \geqslant A_{min} = \rho_{min} bh$。

适用条件(1)是为了防止发生超筋破坏。当 $\xi = \xi_b$ 时,由式(3-10)可得单筋矩形截面的最大受弯承载力 $M_{u,max}$ 为:

$$M_{u,max} = \alpha_1 f_c b h_0^2 \xi_b (1 - 0.5\xi_b) \tag{3-11}$$

适用条件(2)是为了防止发生少筋破坏。

单筋矩形截面受弯构件正截面承载力计算包括截面设计和截面复核两类问题。

3. 截面设计

截面设计是指根据截面上的弯矩设计值,选定材料、确定截面尺寸和配筋的计算。设计时,应满足承载力 M_u 大于等于弯矩设计值 M,即确定钢筋数量后的截面承载力至少要等于弯矩计算值 M,所以在利用基本公式进行截面设计时,一般按 $M = M_u$ 进行计算。截面设计方法及计算步骤如下。

已知:弯矩设计值 M、混凝土和钢筋的强度等级,截面尺寸 $b \times h$,求受拉钢筋截面面积 A_s。一般步骤为:

(1) 选择混凝土强度等级和钢筋级别,确定截面有效高度 h_0;

(2) 由公式(3-10)或直接利用下式求解相对受压区高度 ξ:

$$\xi = 1 - \sqrt{1 - \frac{M}{0.5\alpha_1 f_c b h_0^2}} \tag{3-12}$$

(3) 验算不会发生超筋破坏的条件,即 $\xi \leqslant \xi_b$ 是否成立。不满足,应加大截面尺寸或提高混凝土强度等级。

(4) 由公式(3-8)计算配筋量 A_s。

(5) 验算 $A_s \geqslant \rho_{min} bh$ 是否满足,不满足,按照 $A_s = \rho_{min} bh$ 配置钢筋。

例 3-1 已知:钢筋混凝土矩形截面梁的尺寸为 $b \times h = 200 \text{ mm} \times 500 \text{ mm}$,弯矩设计值 $M = 120 \text{ kN} \cdot \text{m}$,选用混凝土强度等级 C25,钢筋为 HRB335,Ⅰ类环境条件,安全等级为二级。试进行配筋计算。

解 查附表1得到:C25混凝土 $f_c=11.9$ N/mm²,$f_t=1.27$ N/mm²;HRB335级钢筋 $f_y=300$ N/mm²。

采用绑扎钢筋骨架,按一层钢筋布置,

假设 $a_s=35$ mm,则有效高度 $h_0=h-a_s=500-35$ mm=465 mm

(1)计算 ξ 并校核适用条件:

$$\xi=1-\sqrt{1-\frac{M}{0.5\alpha_1 f_c b h_0^2}}=1-\sqrt{1-\frac{120\times10^6}{0.5\times11.9\times200\times465\times465}}$$
$$=0.2695<\xi_b=0.55$$

不会发生超筋破坏。

(2)计算钢筋面积并校核配筋率:

$$A_s=\frac{\xi f_c b h_0}{f_y}=\frac{0.2695\times11.9\times200\times465}{300}\text{ mm}^2=994.18\text{ mm}^2$$
$$>0.2\%bh=200\text{ mm}^2$$
$$>\left(\frac{45 f_t}{f_y}\right)\%bh=\left(\frac{45\times1.27}{300}\right)\%\times200\times500\text{ mm}^2=190.5\text{ mm}^2$$

所以选 $2\phi22+1\phi18$,$A_s=1014.5$ mm²。

4. 截面复核

截面复核是指已知截面尺寸、混凝土强度和钢筋在截面上的布置,要求计算截面的承载力 M_u 或复核控制截面承受某个弯矩设计值 M 是否安全。步骤如下:

已知:弯矩设计值 M,截面尺寸 b、h,材料强度等级,受拉钢筋的面积 A_s,求受弯承载力 M_u。

(1)检查钢筋布置是否符合规范要求。

(2)计算配筋率 ρ,且应满足 $\rho\geqslant\rho_{min}$。

(3)由公式(3-8)计算 ξ;

(4)若 $\xi\geqslant\xi_b$,取 $\xi=\xi_b$;

(5)由公式(3-9)或公式(3-10)计算得到 M_u;

(6)验算是否满足 $M\leqslant M_u$。是,满足正截面承载力要求;否则,截面不安全,需对截面进行修改。

例3-2 已知矩形截面梁的尺寸 $b\times h=250$ mm×500 mm,混凝土强度等级为C20,钢筋采用HRB400级,一类环境类别。试求:若此梁承受的弯矩设计值 $M=160$ kN·m,截面配置的受拉钢筋为 $4\phi20$,试复核该截面是否安全?

解 (1)设计参数:

查表得:C20混凝土,$f_c=9.6$ N/mm²,$f_t=1.1$ N/mm²;HRB400级钢筋 $f_y=360$ N/mm²。

受拉钢筋选用 $4\phi20$($A_s=11\ 257$ mm²)。

$$a_s=40\text{ mm},h_0=h-a_s=500-40\text{ mm}=460\text{ mm}$$

(2)验算最小配筋率:

$$\rho_1=\frac{A_s}{bh}=\frac{1256}{250\times500}=1\%>\rho_{min}=0.45\frac{1.1}{360}=0.1375\%$$

同时 $\rho>0.2\%$ 满足要求。

(3)计算受压区高度 x

$$x = \frac{f_y A_s}{f_c b} = \frac{360 \times 1256}{9.6 \times 250} \text{ mm} = 188.4 \text{ mm} < \xi_b h_0 = 0.518 \times 460 \text{ mm} = 238.28 \text{ mm}$$

满足适筋要求。

(3)计算受弯承载力 M_u

$$M_u = f_y A_s \left(h_0 - \frac{x}{2} \right) = 360 \times 1256 \times (460 - 0.5 \times 188.4) \times 10^{-6} \text{ kN} \cdot \text{m}$$

$$= 165.4 \text{ kN} \cdot \text{m} > M = 160 \text{ kN} \cdot \text{m}$$

因此配筋满足正截面承载力要求。

四、双筋矩形截面受弯构件的正截面受弯承载力计算

双筋截面是指同时配置受拉和受压钢筋的截面(见图3-20),压力由混凝土和受压钢筋共同承担,拉力由受拉钢筋承担。

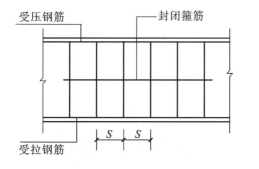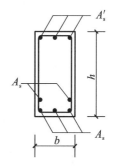

图 3-20 双筋矩形截面示意

一般来说,采用受压钢筋协助混凝土承受压力是不经济的,但当出现下列情况时需采用双筋截面:

(1)弯矩很大,而梁截面尺寸受到限制,并且混凝土强度等级不能提高,按单筋矩形截面计算 $\xi > \xi_b$ 时;

(2)在不同荷载组合情况下,梁截面承受正、负弯矩。

(3)配置受压钢筋可以提高截面的延性,在抗震结构中要求框架梁必须配置一定比例的受压钢筋。

1.计算公式

双筋矩形截面受弯构件正截面承载力计算简图如图3-21所示。

由力的平衡条件,可得:

$$\alpha_1 f_c b x + f_y' A_s' = f_y A_s \qquad (3-13)$$

由对受拉钢筋合力点取矩的力矩平衡条件,可得:

$$M \leq M_u = \alpha_1 f_c b x \left(h_0 - \frac{x}{2} \right) + f_s' A_s' (h_0 - a_s') \qquad (3-14)$$

式中 A_s'——受压区纵向受力钢筋的截面面积;

a_s'——从受压区边缘到受拉区纵向受力钢筋合力作用点之间的距离。对于梁,当受压钢筋按一排布置时,可取 $a_s' = 35$ mm;当受拉钢筋按两排布置时,可取 $a_s' = 60$ mm。

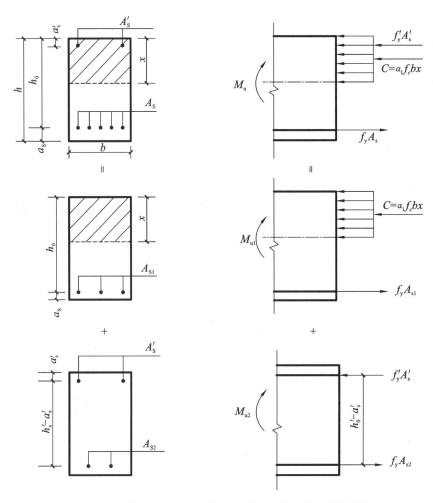

图 3-21　双筋矩形截面受弯构件正截面受弯承载力计算简图

2. 适用条件

(1) $\xi \leqslant \xi_b$(防止发生超筋脆性破坏)。

(2) $x \geqslant 2a'_s$(保证受压钢筋达到抗压强度设计值)。

当不满足条件(2)时,可对受压钢筋 A'_s 取矩,正截面受弯承载力按下式计算:

$$M_u = f_y A_s (h_0 - a'_s) \tag{3-15}$$

双筋截面一般不会出现少筋破坏情况,故不必验算最小配筋率的条件。

双筋矩形截面受弯构件正截面承载力计算内容也包括截面设计和截面复核两类问题。

3. 截面设计

在双筋截面的配筋计算中,可能遇到下列两种情况。

(1) 已知:弯矩设计值 M、截面尺寸 $b \times h$、混凝土和钢筋的强度等级,求受压钢筋面积 A'_s 和受拉钢筋面积 A_s。

在计算公式中,有 A_s、A'_s 及 x 三个未知数,其解是不定的,故尚需补充一个条件才能求解。在截面尺寸及材料强度已知的情况下,只有引入 $(A_s + A'_s)$ 最小为最优解。为充分利用混凝土受压区对正截面受弯承载力的贡献,增加附加条件:$\xi = \xi_b$。

计算的一般步骤如下:

① 判断是否需要采用受压钢筋。

若 $M > \alpha_1 f_c \xi_b (1 - 0.5 \xi_b) b h_0^2$，需要采用双筋，否则单筋即可。

② 令: $\xi = \xi_b$，则有

$$A_s' = \frac{M - \alpha_1 f_c b x \left(h_0 - \dfrac{x}{2} \right)}{f_y' (h_0 - a_s')} = \frac{M - \alpha_1 f_c b \xi_b h_0 \left(h_0 - \dfrac{\xi_b h_0}{2} \right)}{f_y' (h_0 - a_s')} \tag{3-16}$$

③ 求 A_s。

$$A_s = \frac{f_y' A_s' + \alpha_1 f_c b h_0 \xi_b}{f_y} \tag{3-17}$$

(2) 已知:弯矩设计值 M、截面尺寸 $b \times h$、混凝土和钢筋的强度等级、受压钢筋面积 A_s'，求受拉钢筋面积 A_s。

由于 A_s' 已知，所以只有充分利用 A_s' 才能使内力臂最大，从而算出的 A_s 才会最小。在计算公式中，仅 A_s 及 x 两个未知数，可直接联立求解。用计算公式求解。计算步骤如下:

① 由公式(3-14)可以求得

$$x = h_0 - \sqrt{h_0^2 - 2 \frac{M - f_y' A_s' (h_0 - a_s')}{\alpha_1 f_c b}} \tag{3-18}$$

② 当 $2a_s' \leqslant x \leqslant \xi_b h_0$ 时

$$A_s = \frac{f_y' A_s' + \alpha_1 f_c b x}{f_y} \tag{3-19}$$

③ 当 $x \leqslant 2a_s'$ 时，则取 $x = 2a_s'$

$$A_s = \frac{M}{f_y (h_0 - a_s')} \tag{3-20}$$

④ 当 $x > \xi_b h_0$ 时，则说明给定的受压钢筋面积 A_s' 太少，此时按 A_s 和 A_s' 未知计算。

例 3-3 已知矩形梁的截面尺寸 $b \times h = 200 \text{ mm} \times 400 \text{ mm}$，I 类环境条件，安全等级为二级。梁承受的弯矩设计值 $M = 150 \text{ kN} \cdot \text{m}$，混凝土强度等级为 C25，钢筋采用 HRB335 级。试确定该梁截面的纵向受力钢筋。

解 查表得到:C25 混凝土 $f_c = 11.9 \text{ N/mm}^2$，$f_t = 1.27 \text{ N/mm}^2$；HRB335 级钢筋 $f_y = f_y' = 300 \text{ N/mm}^2$。

采用绑扎钢筋骨架，按一层钢筋布置，假设 $a_s = 35 \text{ mm}$，则有效高度 $h_0 = h - a_s = 400 - 35 \text{ mm} = 365 \text{ mm}$，可得

$$\alpha_1 f_c \xi_b (1 - 0.5 \xi_b) b h_0^2 = 11.9 \times 0.55 \times (1 - 0.55/2) \times 200 \times 365^2 \text{ kN} \cdot \text{m}$$
$$= 126.4 \text{ kN} \cdot \text{m} < M = 150 \text{ kN} \cdot \text{m}$$

在不允许加大截面的情况下，应该采用双筋截面梁。

假设双排布置受拉钢筋，$a_s = 60 \text{ mm}$，$h_0 = 340 \text{ mm}$，可得

$$A_s' = \frac{M - \alpha_1 f_c b \xi_b h_0^2 \left(1 - \dfrac{\xi_b}{2} \right)}{f_y' (h_0 - a_s')} = \frac{150 \times 10^6 - 109.7 \times 10^6}{300(340 - 35)} \text{ mm}^2 = 440.4 \text{ mm}^2$$

$$A_s = \frac{f_y' A_s' + \alpha_1 f_c b h_0 \xi_b}{f_y} = \left(\frac{11.9 \times 200 \times 340 \times 0.55}{300} + 440.4 \right) \text{ mm}^2 = 1923.9 \text{ mm}^2$$

所以选用受拉钢筋为 4Φ25(1963 mm²，两排布置);受压钢筋为 2Φ18(509 mm²)。

4. 截面复核

已知：弯矩设计值 M，截面尺寸 b、h，材料强度等级，受压钢筋面积 A_s' 和受拉钢筋面积 A_s，以及截面钢筋布置，求截面承载力 M_u 并判断截面是否安全。

计算的一般步骤如下：

① 由式(3-13)得

$$x = \frac{f_y A_s - f_y' A_s'}{\alpha_1 f_c b} \tag{3-21}$$

② $2a_s' \leqslant x \leqslant \xi_b h_0$ 时，

$$M_u = f_y' A_s' (h_0 - a_s') + \alpha_1 f_c b x \left(h_0 - \frac{x}{2} \right) \tag{3-22}$$

③ 当 $x < 2a_s'$ 时，取 $x = 2a_s'$，有

$$M_u = A_s f_y (h_0 - a_s') \tag{3-23}$$

④ 当 $x > \xi_b h_0$ 时，则说明双筋梁的破坏始自受压区，取 $x = \xi_b h_0$，有

$$M_u = f_y' A_s' (h_0 - a_s') + \alpha_1 f_c b \xi_b h_0 \left(h_0 - \frac{\xi_b h_0}{2} \right) \tag{3-24}$$

⑤ 当 $M \leqslant M_u$ 时，构件截面安全，否则为不安全。

例 3-4 已知矩形梁的截面尺寸 $b \times h = 200\ \text{mm} \times 400\ \text{mm}$，Ⅱ类环境条件，混凝土强度等级为 C30，钢筋采 HRB335 级，受拉钢筋为 3Φ25 的钢筋，$A_s = 1473\ \text{mm}^2$，受压钢筋为 2Φ16 的钢筋，$A_s' = 402\ \text{mm}^2$，承受弯矩设计值 $M = 90\ \text{kN·m}$，试验算此截面是否安全。

解 查表得到：C30 混凝土 $f_c = 14.3\ \text{N/mm}^2$；HRB335 级钢筋 $f_y = f_y' = 300\ \text{N/mm}^2$。

混凝土保护层最小厚度为 35 mm，故 $a_s = (35 + 25/2)\text{mm} = 47.5\ \text{mm}$，$a_s' = (35 + 16/2)\text{mm} = 43\ \text{mm}$，则有效高度 $h_0 = h - a_s = 400 - 47.5 = 352.5\ \text{mm}$。

$$x = \frac{f_y A_s - f_y' A_s'}{\alpha_1 f_c b} = \frac{300 \times 1473 - 300 \times 402}{1.0 \times 14.3 \times 200}\ \text{mm}$$

$$= 112.3\ \text{mm}$$

$$< \xi_b h_0 = 0.55 \times 352.5\ \text{mm} = 194\ \text{mm}$$

$$> 2a_s' = 2 \times 43\ \text{mm} = 86\ \text{mm}$$

将 $x = 112.3\ \text{mm}$ 带入(式 3-22)，则有：

$$M = f_y' A_s' (h_0 - a_s') + \alpha_1 f_c b x \left(h_0 - \frac{x}{2} \right)$$

$$= \left[300 \times 402 \times (352.5 - 43) + 1.0 \times 14.3 \times 200 \times 112.3 \left(352.5 - \frac{112.3}{2} \right) \right]\ \text{N·mm}$$

$$= 132.51 \times 10^6\ \text{N·mm} > 90 \times 10^6\ \text{N·mm}$$

故此截面安全。

注意：凡是正截面承载力复核题，都必须求出混凝土受压区高度 x 的值，在偏心受压、偏心受拉构件中也是这样。

任务 3 斜截面承载力计算

一、概述

受弯构件在荷载作用下,各截面除产生弯矩外,一般同时还有剪力。在受弯构件设计中,首先应使构件的截面具有足够的抗弯承载力,即进行前文所讲的正截面抗弯承载力计算。此外,在剪力和弯矩共同作用的剪弯区段还会产生斜向裂缝,并可能发生斜截面的剪切或弯曲破坏。此时剪力 V 将成为影响构件的性能的主要因素。斜截面破坏往往带有脆性破坏的性质,缺乏明显的预兆,因此在实际工程中应当避免,在设计时必须进行斜截面承载力的计算。

为了防止构件发生斜截面强度破坏,通常需要在梁内设置与梁轴线垂直的箍筋,也可同时设置与主拉应力方向平行的斜向钢筋来共同承担剪力。斜向钢筋通常由正截面强度不需要的纵向钢筋弯起而成,称为弯起钢筋。箍筋和弯起钢筋统称为腹筋。腹筋、纵向钢筋和架立钢筋构成钢筋骨架,如图 3-22 所示。有腹筋和纵向钢筋的梁称为有腹筋梁;仅配纵向钢筋的梁称为无腹筋梁。

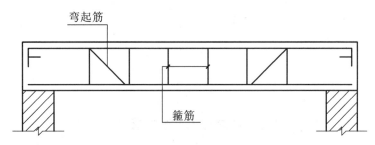

图 3-22 有腹筋梁配筋图

二、受弯构件斜截面受力特性

1. 无腹筋梁的斜截面受力特性

无腹筋梁是指不配腹筋的梁。

1) 斜裂缝出现前

当荷载较小时,裂缝没有产生,此时,梁可以视为匀质弹性梁,可以用力学方法分析剪弯段内各点的应力状态,进而分析主拉应力和主压应力。

2) 斜裂缝出现后

荷载继续增加,主拉应力达到混凝土的抗拉强度时,在剪弯段内出现斜裂缝。无腹筋梁可能出现两种斜裂缝,弯剪斜裂缝和腹剪斜裂缝。弯剪斜裂缝(见图 3-23(a)):由于弯矩较大即正应力较大,先在梁底出现垂直裂缝,然后向上逐渐发展变弯,随着荷载的增加,斜裂缝向上发展到受压区。特点为裂缝下宽上窄。腹剪斜裂缝(见图 3-23(b)):当梁腹部剪应力较大时,如当梁的腹板很薄或集中荷载到支座距离很小时,因梁腹主拉应力达到抗拉强度而先在中和轴附近出现大致与中和轴成45°倾角的斜裂缝。随着荷载的增加,斜裂缝分别向支座和集中荷载作用点延伸,特点为裂缝中间宽两头细。出现斜裂缝后,引起剪弯段内的应力重分布,这时已不可能将梁视为均质弹性体,截面上的应力不能用一般的材料力学公式计算。

由于斜裂缝的出现,梁在剪弯段内的应力状态发生很大变化,主要表现有:

① 在斜裂缝出现前,剪力主要由梁全截面承担,开裂后则主要由剪压区承担,受剪面积的减小,使剪应力和压应力明显增大。

② 与斜裂缝相交处的纵向钢筋应力,由于斜裂缝的出现而突然增大。

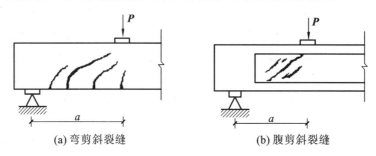

| (a) 弯剪斜裂缝 | (b) 腹剪斜裂缝 |

图 3-23　斜裂缝形态

3) 破坏阶段

随着荷载的继续增加,靠近支座的一条斜裂缝很快发展延伸到加载点,形成临界斜裂缝。斜裂缝不断开展,使骨料咬合作用和纵筋的销栓作用减小。此时,无腹筋梁如同拱结构,纵向钢筋成为拱的拉杆(见图 3-24)。最终,斜裂缝顶上的混凝土在剪应力和正应力作用下达到混凝土的极限强度时,梁沿斜截面发生破坏。

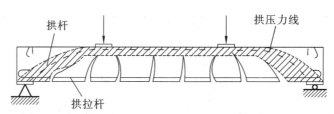

图 3-24　无腹筋梁受力机理

2. 有腹筋梁斜截面受力特性

有腹筋梁是指配有腹筋(箍筋或弯起钢筋)的梁。有腹筋梁受力性能与无腹筋梁相比,主要是在斜裂缝出现后有显著的不同。在有腹筋梁中,当斜裂缝出现以后,形成了一种"桁架"的受力模型(见图 3-25),斜裂缝间的混凝土相当于压杆,梁底纵筋相当于拉杆,箍筋则相当于垂直受拉腹杆。箍筋可以将压杆的内力通过"悬吊"作用传递到上部压杆的部分。

腹筋的作用如下:

(1)腹筋可以直接承担部分剪力;

(2)腹筋能限制斜裂缝的开展和延伸,增大混凝土剪压区的截面面积,提高混凝土剪压区的抗剪能力;

(3)箍筋还可提高斜裂缝交界面骨料的咬合和摩擦作用,延缓沿纵筋的黏结劈裂裂缝的发展,防止

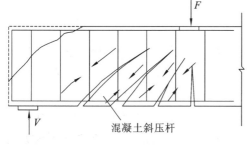

图 3-25　有腹筋梁受力机理

混凝土保护层的突然撕裂,提高纵向钢筋的销栓作用。

因此腹筋将使梁的受剪承载力有较大的提高。

三、斜截面破坏的主要形态

1. 剪跨比 λ 的概念

试验证明集中荷载与支座的距离对剪弯段内梁的受力影响很大,通常把集中荷载位置至支座之间的距离 a 称为剪跨,定义其与截面有效高度 h_0 的比值为剪跨比 λ,即

$$\lambda = a/h_0 \tag{3-25}$$

显然,集中荷载作用处梁截面的剪跨比等于该截面的弯矩值与截面的剪力值和有效高度乘积之比,即

$$\lambda = \frac{M}{V \cdot h_0} \tag{3-26}$$

因此进行推广,任一截面的剪跨比可以定义为该截面的弯矩值与截面的剪力值和有效高度乘积之比。

2. 配箍率

有腹筋梁的破坏形态不仅与剪跨比有关,还与配箍率 ρ_{sv} 有关(见图 3-26)。

配箍率 ρ_{sv} 按下式计算:

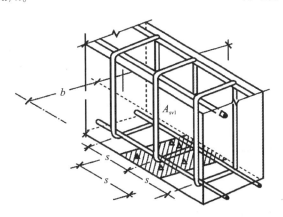

图 3-26 配箍率计算图示

$$\rho_{sv} = \frac{A_{sv}}{bs} = \frac{nA_{sv1}}{bs} \tag{3-27}$$

式中　A_{sv}——配置在同一截面内箍筋各肢的截面面积总和,$A_{sv}=nA_{sv1}$,这里 n 为同一截面内箍筋的肢数;

　　　　A_{sv1}——单肢箍筋的截面面积;

　　　　s——箍筋的间距;

　　　　b——梁宽。

3. 斜截面破坏形态

斜截面主要有三种破坏形态:斜压、剪压和斜拉破坏(见图 3-27)。

1) 斜拉破坏(见图 3-27(a))

当剪跨比 λ 较大(一般 λ>3)且箍筋配置较少、间距过大时,斜裂缝一旦出现,便迅速向集中荷载作用点延伸,并很快形成临界斜裂缝,梁随即破坏。斜拉破坏是拱体混凝土被拉坏,整个破坏过程急速而突然,破坏荷载与出现斜裂缝时的荷载相当接近,破坏前梁的变形很小,并且往往只有一条斜裂缝,这种破坏具有明显的脆性。

2) 剪压破坏(见图 3-27(b))

当剪跨比适中(一般 1<λ≤3)或箍筋配置数量、间距合适时,常发生剪压破坏。其特征是当加载到一定阶段时,斜裂缝中的某一条发展成为临界斜裂缝;临界斜裂缝向荷载作用点缓慢发展,剪压区高度逐渐减小,最后剪压区混凝土被压碎,梁丧失承载能力。这种破坏有一定的预兆,破坏荷载较出现斜裂缝时的荷载变高,破坏时箍筋屈服。但与适筋梁的正截面破坏相比,剪

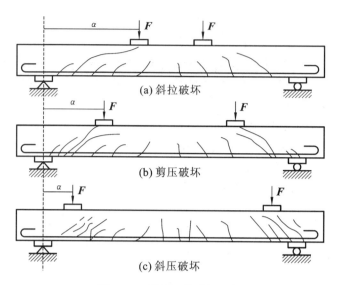

图 3-27 斜截面的破坏形态

压破坏仍属于脆性破坏。

3）斜压破坏（见图 3-27(c)）

这种破坏发生在剪跨比很小（一般 $\lambda \leqslant 1$）或腹板宽度较窄的 T 形和工字形截面梁上。其破坏过程是：首先在荷载作用点与支座间梁的腹部出现若干条平行的斜裂缝（即腹剪型斜裂缝）；随着荷载的增加，梁腹被这些斜裂缝分割为若干斜向"短柱"，最后因混凝土短柱被压碎而破坏。这实际上是拱体混凝土被压坏。

斜压破坏的破坏荷载很高，但变形很小，钢筋不会屈服，亦属于脆性破坏。

除上述主要的斜截面剪切破坏形态外，还有可能发生纵向钢筋在梁端锚固不足而引起的锚固破坏（即拱拉杆破坏）或混凝土局部受压破坏；也有可能发生斜截面弯曲破坏。进行受弯构件设计时，应使斜截面破坏呈剪压破坏，避免斜拉、斜压和其他形式的破坏。

四、影响斜截面受剪承载力的主要因素

1. 剪跨比

随着剪跨比 λ 的增加，梁的破坏形态按斜压（$\lambda<1$）、剪压（$1<\lambda<3$）和斜拉（$\lambda>3$）的顺序演变，其受剪承载力则逐步减弱。当 $\lambda>3$ 时，剪跨比的影响将不明显。

2. 混凝土强度等级

斜截面剪切破坏的几种主要形态都与混凝凝土强度有关。斜拉破坏主要取决于混凝土的抗拉强度，剪压破坏和斜压破坏则主要取决于混凝土的抗压强度。因此，在剪跨比和其他条件相同时，斜截面抗剪承载力随混凝土强度的提高而增大。试验表明，二者大致呈线性关系。

3. 腹筋的数量

箍筋和弯起钢筋可以有效地提高斜截面的承载力。试验证明，配有适量箍筋的梁，其斜截面抗剪承载力随配箍率和箍筋强度的增大而提高。

4. 纵筋配筋率

在其他条件相同时，纵向配筋率越大，斜截面抗剪承载力也越大。这是因为，纵筋配筋率越

大,则破坏时的剪压区高度越大,从而提高了混凝土的抗剪能力;并且,穿越斜裂缝的纵筋可以抑制斜裂缝的开展,增大大斜裂面间的骨料咬合作用,纵筋本身的横截面也能承受少量剪力。

5. 斜截面上的骨料咬合力

斜裂缝处的骨料咬合力对无腹筋梁的斜截面受剪承载力影响较大。

6. 截面形状与尺寸

1) 截面形状

试验表明,受压区翼缘的存在对提高斜截面承载力有一定的作用。因此,T 形和工字形截面梁的抗剪承载力与矩形截面梁相比要高一些。但需注意,对梁腹混凝土的斜压破坏,翼缘的存在不能提高其抗剪强度。

2) 截面尺寸

截面尺寸对无腹筋梁的受剪承载力有较大的影响。截面尺寸大的梁相对抗剪强度较低。

五、斜截面受剪承载力的计算公式

1. 基本假设

梁的三种斜截面破坏形态,都是属于脆性破坏,在工程设计时都应设法避免。对于斜压破坏,通常采用控制截面最小尺寸来避免;对于斜拉破坏,则用满足最小配箍率及构造要求来避免;对于剪压破坏,因其承载力变化幅度较大,必须通过计算,使构件满足一定的斜截面受剪承载力来避免。我国规范中的基本计算公式就是根据剪压破坏形态的受力特征而建立的。采用理论与试验相结合的方法,同时引入一些试验参数,得到半理论半经验的实用计算公式。

假设梁的斜截面受剪承载力 V_u 由斜裂缝上端剪压区混凝土的抗剪能力 V_c、与斜裂缝相交的箍筋的抗剪能力 V_{sv} 以及和斜裂缝相交的弯起钢筋的抗剪能力 V_{sb} 三部分所组成(见图 3-28),由隔离体平衡条件 $\sum Y = 0$ 得:

$$V_u = V_{cs} + V_{sb} = V_c + V_{sv} + V_{sb} \quad (3\text{-}28)$$

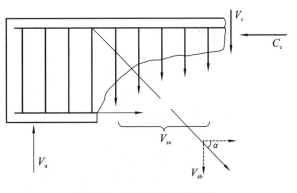

2. 计算公式

(1) 当仅配有箍筋时,斜截面受剪承载力计算公式为

$$V_u = V_c + V_{sv} = V_{cs} \quad (3\text{-}29)$$

图 3-28 受剪承载力的组成

① 对矩形、T 形和工字形截面的一般受弯构件(指除下面情况②以外的受弯构件),斜截面受剪承载力计算公式为

$$V \leqslant V_{cs} = 0.7 f_t b h_0 + 1.25 f_{yv} \frac{A_{sv}}{s} h_0 \quad (3\text{-}30)$$

式中　V——构件斜截面上的最大剪力设计值;

V_{cs}——构件斜截面上混凝土和箍筋的受剪承载力设计值;

A_{sv}——配置在同一截面内箍筋各肢的全部截面面积,$A_{sv} = n A_{sv1}$;

n——在同一截面内箍筋肢数;

A_{sv1}——单肢箍筋的截面面积;

s——沿构件长度方向的箍筋间距;

f_t——混凝土轴心抗拉强度设计值；

f_{yv}——箍筋抗拉强度设计值；

b——矩形截面的宽度或 T 形截面和工字形截面的腹板宽度。

② 对集中荷载作用下(包括作用有多种荷载,其中集中荷载对支座截面或节点边缘所产生的剪力值占总剪力值的 75% 以上的情况)的矩形、T 形和工字形截面的独立梁,斜截面受剪承载力计算公式为

$$V \leqslant V_{cs} = \frac{1.75}{\lambda + 1} f_t b h_0 + f_{yv} \frac{A_{sv}}{s} h_0 \qquad (3\text{-}31)$$

式中 λ——计算截面的计算剪跨比,可取 $\lambda = a/h_0$,a 为集中荷载作用点至支座截面或节点边缘的距离;当 $\lambda < 1.5$ 时,取 $\lambda = 1.5$;当 $\lambda > 3$ 时,取 $\lambda = 3$,此时,在集中荷载作用点与支座之间的箍筋应均匀配置。

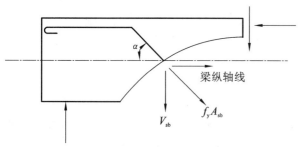

图 3-29 弯起钢筋承担

(2) 同时配置箍筋和弯起钢筋的梁。

弯起钢筋所能承担的剪力为弯起钢筋的总拉力在垂直于梁轴方向的分力(见图 3-29),即 $V_{sb} = 0.8 f_y A_{sb} \sin\alpha_s$。系数 0.8 是考虑弯起钢筋在破坏时可能达不到其屈服强度的应力不均匀系数。因此,对于配有箍筋和弯起钢筋的矩形、T 形和工字形截面的受弯构件,其受剪承载力按下列公式计算:

$$V \leqslant V_u = V_{cs} + V_{sb} = V_{cs} + 0.8 f_y A_{sb} \sin\alpha_s \qquad (3\text{-}32)$$

式中 V——剪力设计值；

V_{cs}——构件斜截面上的混凝土和箍筋的受剪承载力设计值；

f_y——弯起钢筋的抗拉强度设计值；

A_{sb}——同一弯起平面内弯起钢筋的截面面积；

α_s——弯起钢筋与构件纵轴线之间的夹角,一般情况下取 $\alpha_s = 45°$,梁截面高度较大时($h \geqslant 800$ mm),取 $\alpha_s = 60°$。

3. 公式适用范围

上述公式是以剪压破坏为模式建立的,不适用于斜拉破坏及斜压破坏,因此应采取措施防止发生斜压及斜拉这两种严重脆性的破坏形态,因此我国规范规定了公式的上、下限值。

1) 上限值——最小截面尺寸

当梁的截面尺寸较小而剪力过大时,会使梁发生斜压破坏,而箍筋并不屈服。显然,这种梁的承载力取决于混凝土的抗压强度和截面尺寸,靠多配置腹筋并不能提高其承载力。而一般只要构件截面尺寸不太小,就可以防止斜压破坏。因此,规范规定,对矩形、T 形和工字形截面的一般受弯构件,其截面尺寸应满足下列条件:

当 $h_w/b \leqslant 4$ 时

$$V \leqslant 0.25\beta_c f_c b h_0 \qquad (3\text{-}33a)$$

当 $h_w/b \geqslant 6$ 时

$$V \leqslant 0.2\beta_c f_c b h_0 \qquad (3\text{-}33b)$$

当 $4 < h_w/b < 6$ 时,按直线内插法取用。

式中　V——构件斜截面上的最大剪力设计值；

　　　β_c——高强混凝土的强度折减系数，当混凝土强度等级不大于 C50 级时，取 $\beta_c=1.0$；当混凝土强度等级为 C80 时，取 $\beta_c=0.8$，其间按线性内插法取值；

　　　h_w——截面腹板高度，如图 3-30 所示规定采用；

　　　b——矩形截面的宽度或 T 形截面和工字形截面的腹板宽度。

设计中，如不满足式(3-33)时，应加大截面尺寸或提高混凝土强度等级，直到满足。

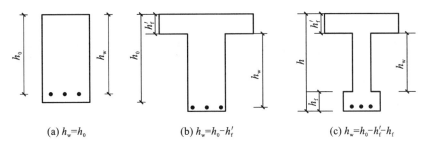

图 3-30　梁的腹板高度取值

2) 下限值——最小配箍率和最大箍筋间距

若箍筋的配筋率过小或箍筋间距过大，在 λ 较大时一旦出现斜裂缝，箍筋可能会迅速屈服甚至拉断，斜裂缝急剧开展，导致发生斜拉破坏。此外，若箍筋直径过小，也不能保证钢筋骨架的刚度。因此，为防止斜拉破坏，梁中箍筋间距不宜大于表 3-6 中的规定，直径不宜小于表 3-7 的规定，也不应小于 $d/4$（d 为纵向受压钢筋的最大直径）。并且，当 $V>0.7f_tbh_0$ 时，配箍率尚应满足最小配箍率要求，即

$$\rho_{sv}=\frac{nA_{sv1}}{bs}\geqslant\rho_{svmin}=0.24f_t/f_{yv} \tag{3-34}$$

表 3-6　梁中箍筋最大间距 s(mm)

梁高 h	$V>0.7fbh$	$V\leqslant0.7fbh$
$150<h\leqslant300$	150	200
$300<h\leqslant500$	200	300
$500<h\leqslant800$	250	350
$h>800$	300	500

表 3-7　梁中箍筋最小直径(mm)

梁高 h	箍筋直径
$h\leqslant800$	6
$h>800$	8

注：梁中配有计算需要的纵向受压钢筋时，箍筋直径尚不应小于 $d/4$（d 为纵向受压钢筋的最大直径）。

六、斜截面受剪承载力的设计计算

1. 计算位置

计算斜截面受剪承载力时，计算位置按下列规定采用：

(1) 支座边缘截面，通常支座边缘截面的剪力最大（见图 3-31(a)中 1—1 截面）；

(2) 腹板宽度改变处截面,当腹板宽度减小时,受剪承载力降低(见图 3-31(a)中 2—2 截面);

(3) 箍筋直径或间距改变处截面,箍筋直径减小或间距增大,受剪承载力降低(见图 3-31(b)中 3—3 截面);

(4) 弯起钢筋弯起点处的截面,未设弯起钢筋的受剪承载力低于弯起钢筋的区段(见图 3-31(b)中 4—4 截面)。

由此,斜截面受剪承载力的计算是按需要分段进行计算的,计算时应取区段内的最大剪力为该区段的剪力设计值。

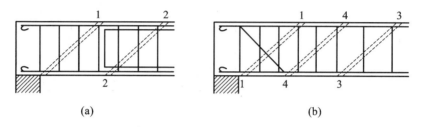

图 3-31 斜截面受剪承载力的计算位置

2. 设计计算步骤

受弯构件的设计一般先由梁的高跨比、高宽比等构造要求确定截面尺寸、混凝土强度等级,由正截面受弯构件承载力计算纵向钢筋用量,然后进行斜截面受剪承载力设计计算。受弯构件斜截面受剪承载力计算也包括截面设计和截面校核两类问题。斜截面承载力截面复核类似正截面承载力截面复核,这里不做赘述。截面设计的步骤为:

(1) 截面尺寸验算,按公式(3-33)进行最小截面尺寸验算,防止斜压破坏。

(2) 可否仅按构造配箍,若 $V \leqslant 0.7 f_t b h_0$ 或 $V \leqslant \dfrac{1.75}{\lambda+1.0} f_t b h_0$ 则按表 3-6 和表 3-7 的要求配置箍筋;否则应该按计算配置腹筋。

(3) 按计算配置腹筋。情形一:仅配置箍筋,按照下式计算箍筋

$$\frac{nA_{sv}}{s} \geqslant \frac{V-0.7 f_t b h_0}{1.25 f_{yv} h_0} \text{(一般情况)} \tag{3-35}$$

$$\frac{nA_{sv}}{s} \geqslant \frac{V-\dfrac{1.75}{\lambda+1} f_t b h_0}{f_{yv} h_0} \text{(集中荷载为主)} \tag{3-36}$$

式中,有箍筋肢数 n、单肢箍筋截面面积 A_{sv1}、箍筋间距 s 三个未知量,设计时一般首先假定出箍筋肢数 n 和箍筋直径 d,然后求得箍筋间距 s。最后需验算是否满足最小配箍率[式(3-34)]、最大箍筋间距(表 3-6)和最小箍筋直径(表 3-7)的要求。

情形二:配置箍筋和弯起钢筋

当剪力较大时,仅靠箍筋和混凝土抵抗剪力,可能会使箍筋直径很大、间距很小,造成施工困难,并且不经济。为此,当纵向钢筋多于两根,可以对靠近支座处不再抵抗弯矩的纵向钢筋进行弯起,承受一部分剪力。但需注意,梁两侧的下部纵向钢筋不得弯起。一般先根据经验和构造要求配置箍筋,确定 V_{cs},对 $V > V_{cs}$ 区段,按下式计算确定弯起钢筋的截面面积:

$$A_{sb} = \frac{V-V_{cs}}{0.8 f_y \sin\alpha} \tag{3-37}$$

(4) 最后绘出配筋图。

任务 4 变形及裂缝宽度验算

结构构件要同时满足承载能力极限状态和正常使用极限状态,前面的计算只是保证了前者。钢筋混凝土受弯构件正常使用时是带裂缝工作的,因此需要保证裂缝宽度不能超过规范规定的限值;由于开裂会造成构件刚度下降从而加大变形,因此需要进行构件的变形验算。这两个部分属于结构构件满足正常使用极限状态的内容。

一、变形验算

对于受弯构件,变形验算主要是指受弯构件的挠度验算。

1. 验算公式

进行受弯构件的挠度验算时,要求满足下面的条件:

$$a_{f,max} \leqslant a_{f,lim} \tag{3-38}$$

式中 $a_{f,max}$——受弯构件按荷载效应的标准组合并考虑荷载长期作用影响计算的挠度最大值;

$a_{f,lim}$——受弯构件的挠度限值。

2. 挠度计算

受弯构件的挠度可以根据构件的刚度采用力学方法确定。例如,承受均布荷载 $g_k + q_k$ 的简支弹性梁,其跨中挠度为

$$a_f = \frac{5(g_k + q_k)l_0}{384EI} = \frac{5M_k l_0^2}{48EI} \tag{3-39}$$

式中 EI——匀质弹性材料梁的抗弯刚度。

对于匀质弹性材料梁,EI 是个常量,不随荷载大小和时间变化,但钢筋混凝土受弯构件是带裂缝工作的,截面刚度随裂缝的出现和开展是降低的,与荷载大小有关,而且由于受压混凝土的徐变、混凝土的收缩等原因截面刚度随时间是缓慢降低的,因此钢筋混凝土梁的挠度与弯矩的关系是非线性的,不能用 EI 这个常量来表示构件的刚度。于是引入短期刚度 B_s 表示钢筋混凝土梁在荷载短期效应组合作用下的截面抗弯刚度;引入长期刚度 B 表示荷载长期效应组合影响的截面抗弯刚度。

1)短期刚度 B_s 的计算

在荷载标准效应组合作用下,考虑混凝土受拉区的开裂和受压区的塑性变形,根据试验和理论推导,受弯构件短期刚度 B_s 的计算公式如下:

$$B_s = \frac{E_s A_s h_0^2}{1.15\psi + 0.2 + \frac{6\alpha_E \rho}{1 + 3.5\gamma_f'}} \tag{3-40}$$

式中 ψ——裂缝间纵向受拉钢筋应变不均匀系数,计算同前。

ρ 为纵向受拉钢筋配筋率;γ_f' 为 T 形、工字形截面的受压翼缘面积与腹板有效面积之比,计算公式为

$$\gamma_f' = \frac{(b_f' - b)h_f'}{bh_0} \tag{3-41}$$

式中,b'_f,h'_f分别为截面受压翼缘的宽度和高度,当$h'_f>0.2h_0$时,取$h'_f=0.2h_0$。

2)长期刚度B的计算

受弯构件的长期刚度可按下式计算

$$B=\frac{M_k}{M_q(\theta-1)+M_k}B_s \qquad (3-42)$$

式中,M_k按荷载效应标准组合算得,M_q按荷载效应准永久组合算得。在效应标准组合中荷载取标准值,在效应准永久组合中恒荷载取标准值,活荷载取标准值乘以准永久值ψ_q。

根据试验结果,对于荷载长期作用下的挠度增大系数θ,建议按下式计算:

$$\theta=2.0-0.4\rho'/\rho \qquad (3-43)$$

式中,$\rho(\rho=A_s/bh_0)$和$\rho'(\rho'=A'_s/bh_0)$分别为纵向受拉和受压钢筋的配筋率,当$\rho'/\rho>1$时,取$\rho'/\rho=1$。对翼缘位于受拉区的倒T形截面,θ应在式(3-43)的基础上增大20%。

3)最小刚度原则

钢筋混凝土受弯构件沿构件长度方向的各个截面的弯矩大小是不相等的,因此沿构件长度方向各个截面的刚度也是不相等的。在计算挠度时,采用各同号弯矩区段内最大弯矩处的刚度作为计算刚度,显然该处刚度最小,称之为最小刚度原则,即在简支梁中取最大正弯矩截面的刚度为全梁的弯曲刚度,而在外伸梁、连续梁或框架梁中,则分别取最大正弯矩截面和最大负弯矩截面的刚度作为相应正、负弯矩区段的弯曲刚度。

二、裂缝宽度验算

裂缝按其形成的原因可分两大类:一类是由荷载作用在构件上产生的主拉应力超过混凝土的抗拉强度引起的裂缝;另一类是由材料收缩、温度变化、钢筋锈蚀膨胀以及地基不均匀沉降等非荷载原因引起的裂缝。一般,裂缝往往是几种因素共同作用的结果。非荷载引起的裂缝十分复杂,目前主要是通过构造措施(如加强配筋、设变形缝等)进行控制。本节所讨论的裂缝仅指荷载引起的正截面裂缝。

1. 裂缝最大宽度

根据试验结果以及理论推导,并考虑长期作用影响得到受弯构件裂缝最大宽度的计算公式如下:

$$\omega_{max}=1.9\psi\frac{\sigma_{sk}}{E_s}\left(1.9c+0.08\frac{d_{eq}}{\rho_{te}}\right) \qquad (3-44)$$

式中 ψ——钢筋应变不均匀系数。

$$\psi=1.1-\frac{0.65f_{tk}}{\rho_{te}\sigma_{sk}} \qquad (3-45)$$

注意当$\psi<0.2$时,取$\psi=0.2$;当$\psi>1.0$时,取$\psi=1.0$。对直接承受重复荷载的构件,$\psi=1.0$。

σ_{sk}——在荷载效应标准组合作用下,构件裂缝截面处纵向受拉钢筋的应力,即

$$\sigma_{sk}=\frac{M_k}{0.87h_0A_s} \qquad (3-46)$$

c——最外层纵向受拉钢筋外边缘至受拉区底边的距离(mm),当$c<20$时,取$c=20$;当$c>65$时,取$c=65$;

ρ_{te}——有效配筋率,是指按有效受拉混凝土截面面积 A_{te} 计算的纵向受拉钢筋的配筋率,即

$$\rho_{te} = A_s / A_{te}$$

有效受拉混凝土截面面积 A_{te} 按下列规定取用:$A_{te}=0.5bh+(b_f-b)h_f$,b_f、h_f 分别为受拉翼缘的宽度和高度;当 $\rho_{te}<0.01$ 时,取 $\rho_{te}=0.01$。

d_{eq}——受拉区纵向钢筋的等效直径

$$d_{eq} = \frac{\sum n_i d_i^2}{\sum n_i v_i d_i} \tag{3-47}$$

n_i 为受拉区第 i 种纵向钢筋根数,d_i 为受拉区第 i 种钢筋的公称直径;

v——纵向受拉钢筋相对黏结特征系数,对变形钢筋,取 $v=1.0$;对光面钢筋,取 $v=0.7$。

2. 裂缝宽度验算

$$\omega_{max} \leqslant \omega_{lim} \tag{3-48}$$

式中　ω_{max}——按荷载效应标准组合并考虑长期作用影响计算的最大裂缝宽度;

　　　ω_{lim}——最大裂缝宽度限值。

三、减少挠度和裂缝宽度的有效措施

1. 影响受弯构件刚度的因素

影响受弯构件刚度的因素有弯矩、纵筋配筋率与弹性模量、截面形状和尺寸、混凝土强度等级等,在长期荷载作用下刚度还随时间而降低。在上述因素中,梁的截面高度的影响最大。提高受弯构件的弯曲刚度的措施有以下几种:①提高混凝土强度等级;增加纵向钢筋的数量;②选用合理的截面形状(如 T 形、工字形等);③增加梁的截面高度,此为最有效的措施。

2. 影响裂缝宽度的主要因素

1)纵向钢筋的应力

裂缝宽度与钢筋应力近似呈线性关系。

2)纵筋的直径

当构件内受拉纵筋截面相同时,采用细而密的钢筋,则会增大钢筋表面积,因而使黏结力增大,裂缝宽度变小。

3)纵筋表面形状

带肋钢筋的黏结强度较光面钢筋大得多,可减小裂度宽度。

4)纵筋配筋率

构件受拉区的纵筋配筋率越大,裂缝宽度越小。

3. 减小裂缝宽度的措施

(1)增大钢筋截面积;

(2)在钢筋截面面积不变的情况下,采用较小直径的钢筋;

(3)采用变形钢筋;

(4)提高混凝土强度等级;

(5)增大构件截面尺寸;

(6)减小混凝土保护层厚度。

(1) 已知某钢筋混凝土矩形梁截面尺寸 $b \times h = 200 \text{ mm} \times 450 \text{ mm}$，混凝土强度等级为 C20，配置 HRB335 钢筋 3ϕ16。该梁承受的最大弯矩设计值 $M = 65 \text{ kN} \cdot \text{m}$，试复核截面是否安全？

(2) 已知一矩形梁截面尺寸 $b \times h = 200 \text{ mm} \times 500 \text{ mm}$，弯矩设计值 $M = 216 \text{ kN} \cdot \text{m}$，混凝土强度等级 C25，Ⅰ类环境类别，在受压区配有 3ϕ20 的受压钢筋，试计算受拉钢筋截面面积 A_s。（采用 HRB335 钢筋）。

(3) 已知一矩形梁截面尺寸 $b \times h = 120 \text{ mm} \times 500 \text{ mm}$，承受弯矩设计值 $M = 216 \text{ kN} \cdot \text{m}$，混凝土强度等级 C20，已配 HRB335 受拉钢筋 6ϕ20，试复核该梁是否安全？若不安全，则重新设计，但不改变截面尺寸和混凝土强度等级（$a_s = 60 \text{ mm}$）。

(4) 某矩形截面钢筋混凝土简支梁，Ⅰ类环境类别，$b \times h = 200 \text{ mm} \times 500 \text{ mm}$，计算跨度 $l_0 = 6.0 \text{ mm}$，板传来的永久荷载及梁的自重标准值为 $g_k = 7.86 \text{ kN/m}$，板传来的楼面活荷载标准值 $q_k = 9.3 \text{ kN/m}$，混凝土强度等级为 C25，经正截面承载力计算在受拉区配置 2ϕ20 和 1ϕ16（$A_s = 829.1 \text{ mm}^2$）的 HRB335 钢筋。裂缝控制等级为三级，试验算裂缝宽度。

钢筋混凝土受压构件

学习目标

知识目标

(1) 熟悉受压构件的类型及构造。

(2) 掌握轴心受压构件承载力计算方法。

(3) 掌握偏心受压构件承载力计算方法。

能力目标

(1) 能够计算轴心受压构件和偏心受压构件的承载力。

(2) 能够根据承载力的要求对截面进行配筋设计。

知识链接

以承受轴向压力为主的构件称为受压构件。例如，单层厂房柱、拱、屋架上弦杆，多层和高层建筑中的框架柱、剪力墙、筒体，烟囱的筒臂，桥梁结构中的桥墩、桩等。

按照纵向压力作用位置的不同，受压构件可分为轴心受压和偏心受压两种情况。当纵向压力的作用线与构件截面形心轴线重合时称为轴心受压，不重合时称为偏心受压。偏心受压又可分为单向偏心受压和双向偏心受压两种类型(见图 4-1)。

钢筋混凝土构件由两种材料组成，混凝土是非匀质材料，受配筋位置的准确性以及纵向压力作用点可能存在的初始偏心与构件可能发生的纵向弯曲等因素的影响，在实际工程中，不存在理想的轴心受压构件。但为了方便，不考虑混凝土的不匀质性及钢筋不对称布置的影响，近似地用轴向压力的作用点与构件正截面形心的相对位置来划分受压构件的类型。当轴向压力作用点只对构件截面一个主轴有偏心距时，为单向偏心受压构件；当轴向压力作用点对构件截面的两个主轴都有偏心距时，为双向偏心受压构件。

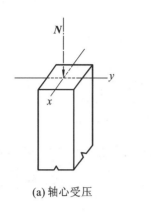
(a) 轴心受压

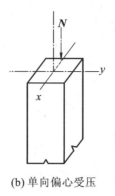
(b) 单向偏心受压

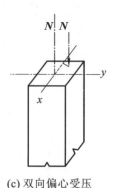
(c) 双向偏心受压

图 4-1　受压构件的类型

任务 1 构造要求

构造问题是构件设计中的重要问题,诸如构件截面形式和截面尺寸、材料强度等级等,也是设计中应首先考虑的问题。

1. 截面形式和截面尺寸

为便于制作模板,轴心受压构件的截面一般采用正方形或矩形,有时也采用圆形或多边形。偏心受压构件的截面以矩形为主。但为了节约混凝土和减轻柱的自重,特别是在装配式结构(如单层工业厂房排架)中,预制柱也常采用工字形截面。

截面尺寸不宜选得过小。方形和矩形截面的边长尺寸一般不小于 250 mm。同时为避免矩形截面轴心受压构件长细比过大,承载力降低过多,常取 $l_0/h \leqslant 25$、$l_0/b \leqslant 30$(其中 l_0 为柱的计算长度,h 为柱长边尺寸,b 为柱短边尺寸)。此外,为了施工支模方便,柱截面尺寸宜采用整数,800 mm 及以下的,宜取 50 mm 的倍数,800 mm 以上的,可取 100 mm 的倍数。对于工字形截面,其翼缘厚度不应小于 120 mm,腹板宽度不宜小于 100 mm。

2. 材料的选择

混凝土强度等级对受压承载力有较大影响,为了减小构件的截面尺寸,节省钢材,宜采用较高强度等级的混凝土,一般采用 C20~C40 等。对于高层建筑的底层柱,必要时可采用高强度等级的混凝土。

纵向钢筋一般采用 HRB400 级、HRB335 级和 RRB400 级钢筋,不宜采用高强度钢筋,这是由于它与混凝土共同受压时,不能充分发挥其高强度的作用。

箍筋一般采用 HPB235 级、HRB335 级钢筋,也可采用 HRB400 级钢筋。

3. 纵向钢筋

轴心受压构件、偏心受压构件全部受压钢筋的最小配筋率为 0.6%,同时,一侧钢筋的最小配筋率为 0.2%。在无焊接接头区域内纵筋的最大配筋率不宜大于 5%。纵筋配置过多,非但不经济、不便于施工,而且当混凝土发生徐变或收缩时,还会因纵筋产生内力重分布而使混凝土被拉裂。根据工程经验,配筋率控制在 0.8%~1.2% 较为经济,而常用配筋率多在 1%~2% 之间。

轴心受压构件的纵向受力钢筋应沿截面的四周均匀布置,钢筋根数不得少于 4 根。钢筋直径不宜小于 12 mm,通常为 16～32 mm。为了减少钢筋在施工时可能产生的纵向弯曲,宜采用较粗的钢筋。

偏心受压构件的纵向受力钢筋按计算要求设置在弯矩作用方向的两对边。当截面高度 $h\geqslant$ 600 mm 时,在侧面(垂直弯矩平面方向)应设置直径 10～16 mm、间距不大于 300 mm 的构造钢筋并应设置复合箍筋或拉筋。

圆柱中纵向钢筋宜沿周边均匀布置,根数不宜少于 8 根。

4. 箍筋

箍筋(见图 4-2、图 4-3)的主要作用是与纵筋形成钢筋骨架和抵抗剪力,而且还能限制纵筋压屈外凸,提高核心混凝土的抗压强度以及增强构件的延性等。箍筋根据受压构件截面形状和配置方式的不同分为普通箍筋(方形、矩形或多边形)和螺旋式箍筋(螺旋形或横向焊接网片)两类。

柱中应当采用封闭式箍筋,以保证钢筋骨架的整体刚度,并保证构件在破坏阶段时箍筋对纵向钢筋和混凝土的侧向约束作用。

箍筋的间距 s 不应大于 400 mm,且不应大于构件横截面的短边尺寸,也不应大于 15d(绑扎骨架)或 20d(焊接骨架)(d 为纵向受力钢筋的最小直径)。

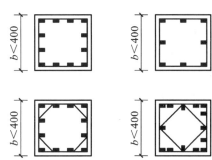

图 4-2 轴心受压柱的箍筋

箍筋直径不应小于 $d/4$(d 为纵筋最大直径),且不应小于 6 mm。

当柱截面短边尺寸大于 400 mm 且纵筋多于 3 根时或当柱截面短边尺寸不大于 400 mm,但各边纵筋多于 4 根时,应设置复合箍筋。

设置柱内箍筋时,宜使纵筋每隔 1 根位于箍筋的转折点处。

当纵筋配筋率超过 3% 时,箍筋直径不应小于 8 mm,其间距不应大于 10d(d 为纵筋最小直径),且不应大于 200 mm;箍筋末端应做成 135° 弯钩且弯钩末端平直段长度不应小于箍筋直径的 5 倍,或将箍筋焊成封闭环式。

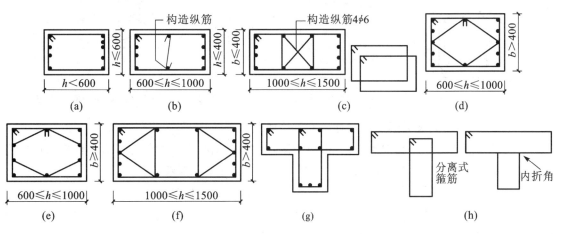

图 4-3 偏心受压柱的箍筋和附加箍筋(mm)

任务 2 轴心受压构件的承载力计算

一、轴心受压构件的破坏特征

轴心受压构件的截面多为正方形,根据需要也可做成矩形、圆形、环形和多边形等多种形状,配筋由纵向受力钢筋和箍筋绑扎或焊接形成钢筋骨架。根据箍筋的配置方式不同,轴心受压构件可分为配置普通箍筋柱和配置螺旋箍筋(或环式焊接箍筋)柱两大类(见图4-4)。后者又称为螺旋式或焊接环式间接钢筋柱。

根据构件的长细比(构件的计算长度 l_0 与构件截面回转半径 i 之比)的不同,轴心受压构件可分为短构件(对一般截面 $l_0/i \leqslant 28$;对矩形截面,$l_0/b \leqslant 8$,b 为截面宽度)和中长构件。习惯上将前者称为短柱,后者称为长柱。

轴心受压短柱(见图4-5)破坏前常在构件的中部出现细微裂缝进而发展为明显的纵向裂缝。混凝土和钢筋之间,由于内力重分布的结果,使得混凝土在达到极限压应变之前,具有明显屈服点的钢筋便达到屈服强度,无明显屈服点的钢筋也能达到其抗压强度设计值。

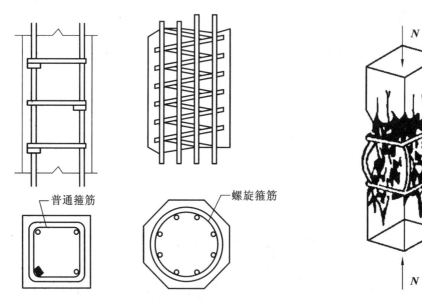

图 4-4 普通箍筋柱和螺旋箍筋柱　　　　图 4-5 轴心受压短柱的破坏形态

轴心受压长柱,其破坏形式可能有如下两种情况。

一种为强度破坏。因长细比较大,由初始偏心或偶然偏心产生的附加弯矩将伴随构件的挠曲变形而加大,使构件接近于偏心受压的工作状态,最后发生强度破坏。

另一种为失稳破坏。因长细比过大,由初始偏心或偶然偏心而使构件丧失稳定而破坏。

以上两种破坏的结果,均导致长柱的极限承载能力 N_u^l 低于短柱的极限承载能力 N_u^s,采用稳定系数 φ,来定量地反映这种承载能力的降低程度,即:

$$\varphi = N_u^l / N_u^s$$

稳定系数 φ,主要与构件的长细比有关,而与混凝土的强度等级、配筋率等关系不大。其具体取值见表 4-1。

表 4-1　钢筋混凝土轴心受压构件的稳定系数 φ

l/b	≤8	10	12	14	16	18	20	22	24	28
l/d	≤7	8.5	10.5	12	14	15.5	17	19	21	24
l/i	≤28	35	42	43	55	62	69	76	83	97
φ	1.0	0.98	0.95	0.92	0.87	0.81	0.75	0.70	0.65	0.56
l/b	30	32	34	36	38	40	42	44	46	50
l/d	26	28	29.5	31	33	34.5	36.5	38	40	43
l/i	104	111	118	125	132	139	146	153	160	174
φ	0.52	0.48	0.44	0.40	0.36	0.32	0.29	0.26	0.23	0.19

二、配普通箍筋的轴心受压柱

1. 轴心受压构件的承载力计算公式

钢筋混凝土轴心受压构件,当配置的箍筋满足构造要求时,在考虑长柱承载力降低和可靠度的调整因素后,规范给出轴心受压构件承载力计算公式如下:

$$N \leqslant N_u = 0.9\varphi(f_c A + f_y' A_s') \tag{4-1}$$

式中　N——轴向压力设计值;

　　　N_u——轴向受压极限承载力;

　　　0.9——可靠度调整系数;

　　　φ——钢筋混凝土轴心受压构件的稳定系数,按表 4-1 取用;

　　　f_c——混凝土轴心抗压强度设计值;

　　　A——构件截面面积;

　　　f_y'——纵向受压钢筋的抗压强度设计值;

　　　A_s'——全部纵向钢筋的截面面积。

当纵向普通钢筋的配筋率 ρ 大于 3% 时,式(4-1)中 A 应改用 $(A-A_s')$。

2. 截面设计与截面复核

1) 截面设计

截面设计即根据构造要求初选材料强度等级和截面尺寸,并已求得截面上的轴力设计值 N 和柱的计算长度。求截面配筋。

此时,可先由构件的长细比求稳定系数 φ,然后根据式(4-1)求 $N_u=N$ 时所需的纵向钢筋的截面面积:

$$A_s' = \frac{\dfrac{N}{0.9\varphi} - f_c A}{f_y'}$$

纵筋面积一旦求得,便可对照构造要求选配纵筋。至于轴心受压柱的箍筋,则完全根据构造配置。

2）截面复核

已知构件计算长度、截面尺寸、材料强度等级和纵向配筋情况。求柱的极限承载力（轴向压力设计值）。

此时，可先由构件的长细比求稳定系数 φ，然后根据公式（4-1）求截面的极限承载力 N_u。

若在已知条件中还有轴向力设计值 N，要求判断是否安全时，可再看 N 和 N_u 是否满足公式（4-1）。满足时为安全，否则为不安全，应予加强。

例 4-1　某层钢筋混凝土轴心受压柱，截面尺寸 $b \times h = 400 \text{ mm} \times 400 \text{ mm}$，采用 C30 混凝土，纵筋用 HRB400 级，箍筋用 HPB235 级；并已求得构件的计算长度 $l_0 = 3.9 \text{ m}$，柱底截面的轴心压力设计值（包括自重）为 $N = 2410 \text{ kN}$，试根据计算和构造要求选配纵筋。

解

（1）材料强度：

C30 混凝土，$f_c = 14.3 \text{ N/mm}^2$，HRB400 级纵筋，$f'_y = 360 \text{ N/mm}^2$

（2）稳定系数 φ：

由长细比 $l_0/b = 3900/400 = 9.75 > 8$ 查表 4-1，得 $\varphi = 0.983$。

（3）求 A'_s 并检验 ρ'：

$$A'_s = \frac{\dfrac{N}{0.9\varphi} - f_c A}{f'_y} = \frac{\dfrac{2410 \times 10^3}{0.9 \times 0.983} - 14.3 \times 400 \times 400}{360} = 1211 \text{ mm}^2$$

如果采用 4Φ20，$A'_s = 1256 \text{ mm}^2$

$$\rho' = \frac{A'_s}{A} = \frac{1256}{400 \times 400} = 0.0079 < 0.03$$

故上述 A 的计算中没有减去 A'_s 是正确的。

$\rho' = 0.79\% > 0.6\%$，满足最小配筋率要求。

选用 4Φ20。

三、螺旋箍筋柱简介

当柱承受很大轴心压力，且柱截面尺寸由于建筑上及使用上的要求受到限制，若设计成普通箍筋的柱，即使提高了混凝土强度等级并增加了纵筋配筋量也不足以承受该轴心压力时，可考虑采用螺旋箍筋或焊接环筋以提高承载力。这种柱的截面形状一般为圆形或多边形。图 4-6 所示为配螺旋式和焊接环式间接钢筋的钢筋混凝土轴心受压构件。下面以配有螺旋式间接钢筋的柱（简称螺旋箍筋柱）为例说明这类柱的计算和构造。

1. 受力特点

螺旋箍筋可约束其内部混凝土的横向变形，使之处于三向受压状态，从而间接地提高混凝土的纵向抗压强度。当混凝土纵向压缩时横向产生膨胀，该变形受到螺旋箍筋的约束，在箍筋中产生拉力而在混凝土中产生侧向压力。当构件的压应变超过无约束混凝土的极限应变后，尽管箍筋以外的表层混凝土会开裂甚至剥落而退出工作，但箍筋以内的混凝土（核心混凝土）尚能继续承受更大的压力，直至箍筋屈服。显然，混凝土抗压强度的提高程度与箍筋的约束力的大小有关。为了使箍筋对混凝土有足够大的约束力，箍筋应为圆形，当为圆环时要进行焊接。箍筋的级别一般仍采用Ⅰ级，间距较密。由于此种箍筋间接地起到了纵向受压钢筋的作用，故又称为间接钢筋。

2. 截面承载力的计算

螺旋箍筋所包围的核心混凝土因处于三向受压状态,可利用圆柱体混凝土周围加液压所得近似关系进行计算(见图4-7):

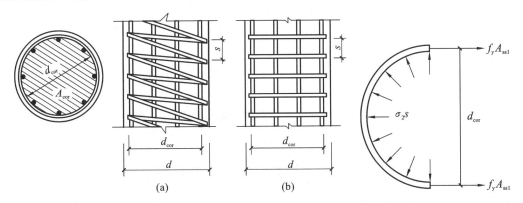

图 4-6 配螺旋式和焊接环式间接钢筋截面   图4-7 螺旋箍筋隔离体的受力图

$$f_{c1} = f_c + \beta\sigma_2 \tag{4-2}$$

式中 f_{c1}——被约束后的混凝土轴心抗压强度;

   σ_2——当螺旋箍筋屈服时,柱的核心混凝土受到的径向压应力值。

在螺旋箍筋间距 s 范围内,利用 σ_2 的合力与钢筋的拉力平衡,可得:

$$\sigma_2 = \frac{2f_y A_{ss1}}{s d_{cor}} = \frac{2f_y A_{ss1} d_{cor}\pi}{4\frac{\pi d_{cor}^2}{4}s} = \frac{f_y A_{ss0}}{2A_{cor}} \tag{4-3}$$

$$A_{ss0} = \frac{\pi d_{cor} A_{ss1}}{s} \tag{4-4}$$

式中 A_{ss1}——螺旋式(或焊接环式)单根间接钢筋的截面面积;

   s——沿构件轴线方向的间接钢筋间距;

   d_{cor}——构件的核心直径,算至间接钢筋(箍筋)内表面;

   f_y——间接钢筋的抗拉强度设计值;

   A_{ss0}——螺旋式(或焊接环式)间接钢筋的换算截面面积,见式(4-4);

   A_{cor}——构件的核心截面面积,$A_{cor} = \frac{\pi}{4}d_{cor}^2$。

根据轴向力平衡条件,对采用螺旋式(或焊接环式)间接钢筋的钢筋混凝土轴心受压构件,其正截面受压承载力公式可表达如下:

$$N_u = (f_c + \beta\sigma_2)A_{cor} + f_y' A_s'$$

$$N_u = f_c A_{cor} + \frac{\beta}{2}f_y A_{ss0} + f_y' A_s' \tag{4-5}$$

将 $2\alpha = \beta/2$ 代入上式,同时考虑可靠度的调整系数 0.9 后,规范规定螺旋式(或焊接环式)间接钢筋柱的承载力计算公式为:

$$N_u = 0.9(f_c A_{cor} + 2\alpha f_y A_{ss0} + f_y' A_s') \tag{4-6}$$

式中 α——间接钢筋对混凝土约束的折减系数,当混凝土强度等级小于等于 C50 时取 1.0;当混凝土强度等级为 C80 时取 0.85,其间按线性内插法确定。

为了防止混凝土保护层过早剥落,规定按式(4-6)算出的构件受压承载力设计值不应超过同样材料和截面的普通箍筋受压构件的 1.5 倍。

当遇到下列任意一种情况时，不应计入间接钢筋的影响，而应按式(4-1)进行计算：

（1）当 $l_0/d>12$ 时；

（2）当按式(4-6)算得的受压承载力小于按式(4-1)算得的受压承载力时；

（3）当间接钢筋的换算面积 A_{ss0} 小于纵向普通钢筋的全部截面面积的 25％时。

3. 构造要求

在计算中考虑间接钢筋的作用时，其螺距(或环形箍筋间距)s 不应大于 80 mm 及 $d_{cor}/5$，同时亦不应小于 40 mm。

螺旋箍筋柱的截面尺寸常做成圆形或正多边形(如正八边形)，纵向钢筋不宜少于 8 根并沿截面周边均匀布置。

任务 3 偏心受压构件的承载力计算

当纵向压力 N 平行于纵向形心轴但不通过截面形心(偏心压力)，或者在构件截面上同时作用有轴心压力 N 和弯矩 M 时，即为偏心受压构件。

实际上，当截面同时作用有压力 N 和弯矩 M 时，只要将此轴心压力 N 平移到距截面形心 $e_0=\dfrac{M}{N}$ 的位置，即可用这个当量的偏心压力 N 替代轴心压力 N 和弯矩 M 的作用(见图 4-8)。偏心受压构件的截面，多为矩形和工字形等。

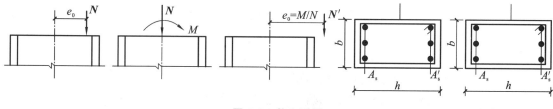

图 4-8 偏心受压

一、偏心受压构件的受力性能

1. 偏心受压构件的破坏形态

钢筋混凝土偏心受压构件随着偏心距的大小及纵向钢筋配筋情况的不同，有以下两种主要破坏形态。

1）受拉破坏——大偏心受压破坏

当偏心压力的相对偏心距 e_0/h 较大，(h 为平行于弯矩作用平面的截面边长)，且受拉钢筋配置得不太多时，会发生这种破坏。在偏心压力的作用下，截面靠近偏心压力 N 的一侧(钢筋为 A_s')受压，另一侧(钢筋为 A_s)受拉。随着荷载增大，受拉区混凝土先出现横向裂缝，裂缝的开展使受拉钢筋 A_s 的应力增长较快，首先达到屈服点。中和轴向受压边移动，受压区混凝土压应变迅速增大，最后，受压区钢筋 A_s' 屈服，混凝土达到极限压应变 ε_{cu} 而压碎导致构件破坏(见图 4-9)。其破坏形态与双筋矩形截面梁的破坏形态相似。

许多大偏心受压短柱试验都表明，当偏心距较大，且受拉钢筋配筋率不高时，偏心受压构件的破坏是受拉钢筋首先到达屈服强度然后受压混凝土压坏。临近破坏时有明显的预兆,裂缝显著开展,称为受拉破坏,属于延性破坏。构件的承载能力取决于受拉钢筋的强度和数量。

2)受压破坏——小偏心受压破坏

当偏心压力的相对偏心距 e_0/h 较小,或者虽然 e_0/h 较大,但受拉钢筋配置得过多时,构件常发生受压破坏。

发生小偏心受压破坏的截面应力状态有两种类型。第一种是当偏心距很小时,构件全截面受压。此时距轴向力较近一侧的混凝土压应力较大,另一侧的压应力较小,构件的破坏由受压较大一侧的混凝土压碎而引起,该侧的钢筋达到受压屈服强度。只要偏心距不是过小,另一侧的钢筋虽处于受压状态但不会屈服(见图 4-10(b))。

第二种是当偏心距较小或偏心距较大但受拉钢筋配置过多时,截面处于大部分受压而小部分受拉的状态。随着荷载的增加,受拉区虽有裂缝发生但开展较为缓慢;构件的破坏也是由于受压区混凝土的压碎而引起,而且压碎区域较大;破坏时,受压一侧的纵向钢筋一般都能达到屈服强度,但受拉钢筋不会屈服(见图 4-10(c))。

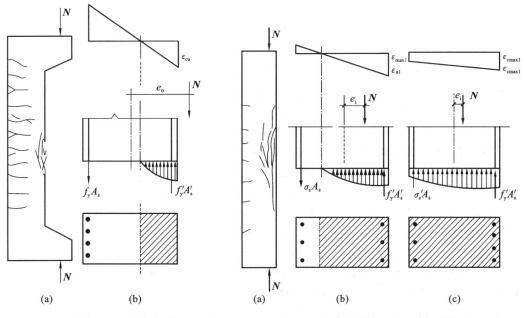

图 4-9　大偏心受压破坏形态　　　　　图 4-10　小偏心受压破坏形态

总而言之,小偏心受压构件的破坏一般是受压区边缘混凝土的应变达到极限压应变,受压区混凝土被压碎;同一侧的钢筋压应力达到屈服强度,而另一侧的钢筋,不论受拉还是受压,其应力均达不到屈服强度,破坏前构件横向变形无明显的急剧增长,这种破坏被称为"受压破坏",属于脆性破坏。其正截面承载力取决于受压区混凝土抗压强度和受压钢筋强度。

2. 大、小偏心受压的界限

如上所述,大偏心受压破坏的主要特征是受拉纵筋首先屈服,然后受压区混凝土达到极限压应变;而小偏心受压破坏的主要特征是受压较大一侧混凝土先被压碎。其本质区别是受拉钢筋能否达屈服强度。由此,界限破坏的特征即为当受拉钢筋达到屈服强度的同时,受压区混凝土最外边缘压应变也达到极限压应变。这和适筋梁与超筋梁的界限破坏特征完全相同。所以,仍然可以采用 ξ_b 作为判断截面属于大偏心受压还是小偏心受压的界限指标。即:

当 $\xi \leqslant \xi_b$ 时,截面属于大偏心受压;

当 $\xi > \xi_b$ 时,截面属于小偏心受压。

ξ 为相对受压区高度,即 $\xi = \dfrac{x}{h_0}$,ξ_b 亦为相对界限受压区高度。ξ_b 的具体取值与受弯构件完全相同。

3. 轴向压力的偏心距

(1) 轴向压力对截面重心的偏心距 e_0

$$e_0 = M/N$$

(2) 附加偏心距 e_a,在实际工程中,由于材质的不均匀性,荷载作用位置的不确定性以及施工的偏差等因素,必定产生客观存在的附加偏心距。我国规范规定:在偏心受压构件的正截面承载力计算中,应计入轴向压力在偏心方向存在的附加偏心距 e_a,其值应取 20 mm 和偏心方向截面最大尺寸的 1/30 两者中的较大值。

(3) 初始偏心距 e_i,偏心受压构件承载力计算中,在原有轴向压力对截面重心的偏心距 e_0 的基础上,再考虑了附加偏心距 e_a 后的偏心距 e_i,称为初始偏心距。即:

$$e_i = e_0 + e_a \tag{4-7}$$

4. 偏心受压构件的纵向弯曲

1) 纵向弯曲对偏心受压柱的影响

钢筋混凝土受压构件在承受偏心力作用后,将产生纵向弯曲变形,即会产生侧向变形(变位)。对于长细比较小的短柱,因其侧向挠度小,产生的纵向弯曲很小,计算时一般可忽略其影响,该类型构件的破坏是由于材料破坏所引起的。而对于长细比较大的柱(如矩形截面柱 $l_0/h > 5.0$),侧向挠度产生的附加弯矩不能忽略,对于中长柱($5 < l_0/h \leqslant 30$),由于 a_f(柱高中点处的水平位移,又称侧向挠度)随 N 的增大而增大,故 M 较 N 增长更快,二者不成线性关系。因此产生的附加弯矩 N_{af}(即为二阶弯矩,又称二阶效应)使得偏心受压构件控制截面所受的实际弯矩为 $N_{ei} + N_{af}$,亦即相当于截面上作用一个偏心压力 N,其偏心距为 $e_i + a_f$,这就势必会降低构件截面的承载能力。长细比较大的柱,其正截面受压承载力与短柱相比降低更多,但中长柱的破坏仍属于材料破坏。

2) 偏心距增大系数 η

当柱的长细比很大时(细长柱),构件的破坏已不是由于构件的材料破坏所引起,而是由于构件纵向弯曲失去平衡引起破坏,称为失稳破坏。

为此,对于偏心受压构件,采用偏心距增大系数 η(即将初始偏心距 e_i 乘以大于 1.0 的系数 η),来考虑因纵向弯曲产生二阶弯矩而导致承载能力降低的不利影响。即取:

$$\eta = 1 + \dfrac{1}{1400 e_0/h_0}(l_0/h)^2 \zeta_1 \zeta_2 \tag{4-8}$$

式中 l_0——构件的计算长度;

e_0——轴向力对截面重心轴的偏心距;

h_0——截面的有效高度;

h——截面的高度;

ζ_1——截面曲率修正系数,$\zeta_1 = 0.5 f_c A/N$;A 为构件截面面积;当 $\zeta_1 > 1.0$ 时,取 $\zeta_1 = 1.0$;

ζ_2——构件长细比的影响系数,$\zeta_2 = 1.15 - 0.01 l_0/h$,当 $l_0/h \leqslant 15$ 时,取 $\zeta_2 = 1.0$。

对于偏心受压短柱,可取 $\eta = 1.0$。当偏心受压构件的长细比 $l_0/i \leqslant 17.5$ 时,按短柱考虑,i 为截面的最小回转半径。对于矩形截面,当 $l_0/h > 5.1$ 时,可按短柱考虑。

二、矩形截面偏心受压构件正截面承载力的计算

与受弯构件相似,偏心受压构件的正截面承载力计算采用下列基本假定:

(1) 截面应变分布符合平截面假定;

(2) 不考虑混凝土的抗拉强度;

(3) 受压混凝土的极限压应变 $\varepsilon_{cu}=0.0033\sim0.003$。

1. 大偏心受压构件的受压承载力计算简图、计算公式及适用条件

大偏心受压构件的受压承载力计算简图、计算公式及适用条件:根据拉压破坏的破坏特征,并参照受弯构件取受压区混凝土压应力图形为简化后的等效矩形应力图形,其平均压应力为 $\alpha_1 f_c$,受压区高度 $x=\beta_1 x_c$。其中,α_1 为等效矩形应力图形的应力值与 f_c 的比值;β_1 为等效矩形应力图形受压区高度 x 与曲线应力图形高度(中和轴高度)x_c 的比值。当混凝土强等级小于等于 C50 时,α_1 取 1.0,β_1 取 0.8;当混凝土强度等级为 C80 时,α_1 取 0.94,β_1 取 0.74;其间按线性内插法取用。于是便得出如图 4-11 所示的大偏心受压构件的受压承载力计算图形。

由静力平衡条件,可以建立大偏心受压构件受压承载力计算的基本公式:

$$N\leqslant\alpha_1 f_c bx+f'_y A'_s-f_y A_s \tag{4-9}$$

$$Ne\leqslant\alpha_1 f_c bx\left(h_0-\frac{x}{2}\right)+f'_y A'_s(h_0-a'_s) \tag{4-10}$$

式中　N——轴向压力设计值;

e——偏心压力至 A_s 合力点的距离,由计算图形可知

$$e=\eta e_i+\frac{h}{2}-a_s \tag{4-11}$$

η——偏心受压构件考虑纵向弯曲影响的偏心距增大系数,按式(4-8)计算;

e_i——初始偏心距,按式(4-7)计算。

基本公式(4-11)、(4-12)的适用条件是:

(1)　　　　　　　　$\xi=\dfrac{x}{h_0}\leqslant\xi_b$ 或 $x\leqslant\xi_b h_0$

ξ_b——相对界限受压区高度,取值与受弯构件完全相同。

(2)　　　　　　　　　　　$x\geqslant 2a'_s$

当 $x<2a'_s$ 时,可近似取 $x=2a'_s$ 得出相应的近似承载力计算公式:

$$Ne'=f_y A_s(h_0-a'_s) \tag{4-12}$$

式中　e'——偏心压力至 A'_s 合力点的距离,由计算图形可知

$$e'=\eta e_i-\frac{h}{2}+a'_s \tag{4-13}$$

(3) 全部纵筋配筋率:

$$\rho=\frac{A_s+A'_s}{bh}\geqslant\rho_{min}=0.6\% $$

2. 小偏心受压构件的受压承载力计算简图、计算公式及适用条件

根据受压破坏的破坏特征可知,截面破坏时,受压较大一侧的纵筋 A'_s 能够达到抗压强度设计值 f'_y;而另一侧纵筋 A_s 可能受拉,也可能受压,但其应力 σ_s 一般较小。受压较大一侧边缘混凝土亦能达到极限压应变 ε_{cu}。所以受压区混凝土压应力图形,也可参照受弯构件,仍取等效矩

形应力图形,其平均抗压强度仍取 $\alpha_1 f_c$,受压区计算高度仍取 $x=\beta_1 x_c$(x_c 为截面受压区边缘至中和轴的高度)。由此可得出如图 4-12 所示的小偏心受压构件的受压承载力计算图形。

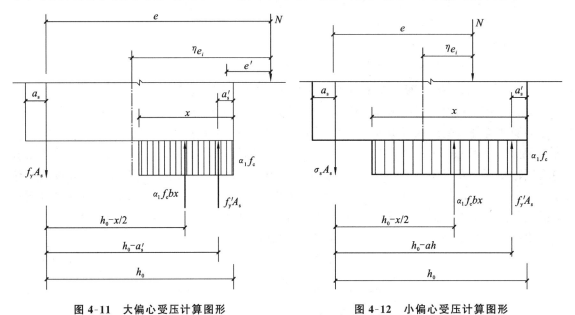

图 4-11　大偏心受压计算图形　　　　　**图 4-12　小偏心受压计算图形**

由静力平衡条件,可以建立小偏心受压构件受压承载力计算的基本公式:

$$N \leqslant \alpha_1 f_c bx + f'_y A'_s - \sigma_s A_s \qquad (4\text{-}14)$$

$$Ne \leqslant \alpha_1 f_c bx \left(h_0 - \frac{x}{2}\right) + f'_y A'_s (h_0 - a'_s) \qquad (4\text{-}15)$$

或

$$Ne \leqslant \alpha_1 f_c bx \left(\frac{x}{2} - a'_s\right) - \sigma_s A'_s (h_0 - a'_s) \qquad (4\text{-}16)$$

式中

$$e = \eta e_i + \frac{h}{2} - a_s$$

$$e' = \eta e_i + \frac{h}{2} - a'_s$$

根据大量试验资料的分析,采用以下直线方程计算 σ_s

$$\sigma_s = \frac{\xi - 0.8}{\xi_b - 0.8} f_y \qquad (4\text{-}17)$$

σ_s 计算值为正号时,表示拉应力;为负号时,表示压应力。其取值是:

$$-f'_y \leqslant \sigma_s \leqslant f_y \qquad (4\text{-}18)$$

可知,当 $\xi = \xi_b$,即界限破坏时,$\sigma_s = f_y$;而当 $\xi = 0.8$,即实际受压区高度 $x_a = h_0$ 时,$\sigma_s = 0$。

还需说明的是,上述介绍的小偏压公式仅适用于压力近侧先压坏的一般情况。当压力偏心距很小,且压力近侧的纵筋多于压力远侧时,构件的压坏有可能先发生在压力远侧(见图 4-13)。

计算分析表明,当压力远侧仅按最小配筋率配筋时,构件的极限承载力仅为 $f_c bh_0$。为防止此种破坏,我国规范作出规定,对非对称配筋的受压构件,当 $N > f_c bh_0$ 时,尚应按下列公式进行验算:

$$Ne' \leqslant \alpha_1 f_c bh \left(h'_0 - \frac{h}{2}\right) + f'_y A_s (h'_0 - a_s) \qquad (4\text{-}19)$$

式中　e'——轴力作用点至受压钢筋合力点的距离,这里取 $e'=h/2-e'_i-a'_s$;因为在这种情况下,轴向力作用点和截面重心靠近,故在计算中不应考虑偏心距增大系数,且须将初始偏心距取为 $e'=e_0-e_a$。

　　h'_0——压力近侧钢筋合力点到压力远侧边缘的距离,$h'_0=h-a'_s$。

3. 对称配筋矩形截面偏心受压构件正截面承载力的计算方法

偏心受压构件的截面配筋形式可分为对称配筋($f'_yA'_s=f_yA_s$)和非对称配筋($f'_yA'_s\neq f_yA_s$)两种。在实际工程中,对同一个控制截面,除承受轴向压力外,由于荷载作用方向可能发生改变,往往要分别承受正弯矩和负弯矩的作用,亦即在正弯矩作用下的受压钢筋,在负弯矩作用下,将变成受拉钢筋。为便于设计和施工,偏心受压构件大多数按对称配筋进行设计。

其计算步骤可归纳如下:

第一步:暂时先按大偏心受压构件判别大、小偏心。为此:

(1) 求 x,由式(4-11),且 $f'_yA'_s=f_yA_s$,则:

$$x=\frac{N}{\alpha_1 f_c b}$$

(2) 求 $\xi=\dfrac{x}{h_0}$。

(3) 判别大、小偏心:

若 $\xi\leqslant\xi_b$,且 $x\geqslant 2a'_s$,则截面属于大偏心受压的一般情况;

若 $\xi>\xi_b$,则截面属于小偏心受压;

若 $\xi\geqslant\xi_b$,则截面属于大偏心受压的特殊情况(A'_s不能屈服)。

第二步:求轴向压力的偏心距。

(1) 轴向压力对截面重心的偏心距 $e_0=M/N$。

(2) 附加偏心距 e_a,其值取 20 mm 和 $h/30$(h 为偏心方向截面最大尺寸)两者中的较大值。

(3) 初始偏心距 e_i,$e_i=e_0+e_a$。

第三步:求偏心距增大系数 η。

(1) 求受压构件的计算长度 l_0,按按图 4-14 取用。

(2) 求构件的长细比 l_0/h,当 $l_0/h\leqslant 5$ 时,可不考虑纵向弯曲影响,即取 $\eta=1.0$。

(3) 求 η

$$\eta=1+\frac{1}{1400e_i/h_0}(l_0/h)^2\zeta_1\zeta_2$$

第四步之一:若 $\xi\leqslant\xi_b$,且 $x\geqslant 2a'_s$,则按大偏心受压构件承载力计算公式求 A'_s,并取 $A_s=A'_s$。为此:

(1) 求 e

$$e=\eta e_i+\frac{h}{2}-a_s$$

(2) 求 A'_s 和 A_s

$$A'_s=\frac{Ne-\alpha_1 f_c bx\left(h_0-\dfrac{x}{2}\right)}{f'_y(h_0-a'_s)}$$

取 $A_s=A'_s$。

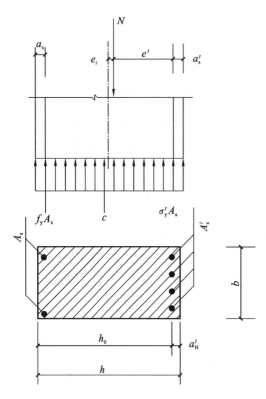

图 4-13　在压力侧破坏的小偏心受压情况

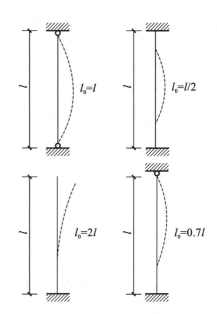

图 4-14　受压构件的计算长度

（3）选配纵筋,按构造要求。

第四步之二:若 $\xi > \xi_b$,则按小偏心受压构件承载力计算公式求 A_s',并取 $A_s = A_s'$,为此:

（1）求 e

$$e = \eta e_i + \frac{h}{2} - a_s$$

（2）重新求 ξ

$$\xi = \frac{N - \xi_b \alpha_1 f_c b h_0}{\dfrac{Ne - 0.43 \alpha_1 f_c b h_0^2}{(\beta_1 - \xi_b)(h_0 - a_s')} + \alpha_1 f_c b h_0} + \xi_b$$

（3）求 A_s' 和 A_s

$$A_s = A_s' = \frac{Ne - \xi(1 - 0.5\xi)\alpha_1 f_c b h_0^2}{f_y'(h_0 - a_s')}$$

（4）选配纵筋,其选配方法与构造要求同大偏心受压构件。

第四步之三:$\xi \geqslant \xi_b$,但 $x < 2a_s'$。则:

（1）求 e'

$$e' = \eta e_i - \frac{h}{2} + a_s'$$

（2）求 A_s' 和 A_s

$$A_s = A_s' = \frac{Ne'}{f_y(h_0 - a_s')}$$

（3）选配纵筋,其选配方法与构造要求同大偏心受压构件。

第五步:垂直于弯矩平面(弯矩作用平面外)的受压承载力校核。

当构件因两个方向的截面尺寸不相等或者支承条件不同而使得构件两方向计算长度 l_0 不相同时,其长细比也会不相同。如果轴力设计值 N 较大,弯矩作用平面内的偏心距 e_0 较小,而且垂直于弯矩作用平面的长细比 l_0/b 又较大时,有可能是垂直于弯矩平面的受压承载力起控制作用,故需校核垂直于弯矩作用平面的受压承载力。

垂直于弯矩平面的受压承载力,可按轴心受压构件的受压承载力计算公式(4-1)进行校核。在此,取 $M=0$。在确定纵向弯曲系数 φ 值时,需采用截面两个方向长细比中的较大值,一般按长细比 l_0/b 查得,b 为矩形截面短边尺寸。

例 4-2 某矩形截面混凝土柱,$b=400$ mm,$h=600$ mm,承受轴向压力设计值 $N=1000$ kN,$M=470$ kN·m,柱的计算长度 $l_0=7.0$ m,采用 C25($f_c=11.9$ N/mm²)混凝土,HRB335 级钢筋($f_y=f_y'=300$ N/mm²,$\xi_b=0.55$),取 $a_s=a_s'=40$ mm。若采用对称配筋,试求纵向钢筋截面面积。

解 $h_0=h-a_s=(600-40)\text{mm}=560$ mm

(1)求 η 和 e

$$e_0=M/N=470\,000/1000\ \text{mm}=470\ \text{mm}$$

e_a 取 20 mm 及 $h/30=600/30$ mm=20 mm 中较大值,故 $e_a=20$ mm;$e_i=e_0+e_a=470+20=490$ mm;

$$\zeta_1=\frac{0.5f_cA}{N}=\frac{0.5\times11.9\times400\times600}{1\,000\,000}=1.43>1.0\ \text{取}\ 1.0;$$

$$l_0/h=7.0/0.6=11.67<15,\ \zeta_2=1.0$$

$$\eta=1+\frac{1}{1400e_i/h_0}(l_0/h)^2\zeta_1\zeta_2$$

$$e=\eta e_i+\frac{h}{2}-a_s=(1.111\times490+600/2-40)\ \text{mm}=804\ \text{mm}$$

(2)$\xi=\dfrac{N}{f_cbh_0}=\dfrac{1\,000\,000}{11.9\times400\times560}=0.357<\xi_b=0.55$

$x=\xi h_0=0.357\times560\ \text{mm}=199.92\ \text{mm}>2a_s'=80\ \text{mm}$ 为大偏心受压。

(3)配筋计算

$$A_s=A_s'=\frac{Ne-\xi(1-0.5\xi)\alpha_1f_cbh_0^2}{f_y'(h_0-a_s')}$$

$$=\frac{1\,000\,000\times804-0.357\times(1-0.5\times0.357)\times11.9\times400\times560^2}{300\times(560-40)}\ \text{mm}^2=2327\ \text{mm}^2$$

$$\rho=\frac{A_s+A_s'}{bh_0}=\frac{2327+2327}{400\times560}=2.08\%\geqslant\rho_{min}=0.6\%$$

(4)配筋选择

弯矩作用平面方向,每侧选用 $2\phi28+3\phi22$($A_s=2370$ mm²);垂直弯矩作用平面,按构造配筋。

三、偏心受压构件斜截面受剪承载力

在实际工程中,偏心受压构件除同时承受轴向力和弯矩作用外,还会受到剪力作用。当剪力较小时,可不考虑其斜截面的强度问题,但当剪力较大时,还应计算其斜截面受剪承载力。试验表明,轴向力 N 不太大时,对构件斜截面受剪承载力起有利作用,当 N/f_cbh 在 0.3～0.5 范围内时,轴向压力 N 对抗剪强度的有利影响达到峰值;若轴向压力 N 更大,则构件的抗剪强度反而会随着 N 的增大而逐渐下降。

1. 偏心受压构件斜截面承载力的计算公式

$$V \leqslant \frac{1.75}{\lambda+1}f_t bh_0 + f_{yv}\frac{A_{sv}}{s}h_0 + 0.07N \tag{4-20}$$

式中　λ——偏心受压构件计算截面的剪跨比;

　　　N——与剪力设计值 V 相应的轴心压力设计值,当 $N>0.3f_cA$ 时,取 $N=0.3f_cA$,其中 A 为截面面积。

2. 计算剪跨比的取值

(1) 对各类结构的框架柱,宜取 $\lambda=M/(Vh_0)$;对框架结构中的框架柱,当其反弯点在层高范围内时,可取 $\lambda=H_n/(2h_0)$。当 $\lambda<1$ 时,取 $\lambda=1$;当 $\lambda>3$ 时,$\lambda=3$;此处,M 为为计算截面上与剪力设计值 V 相应的弯矩设计值,H_n 为柱净高。

(2) 对其他偏心受压构件,当承受均布荷载时,取 $\lambda=1.5$;当承受的集中荷载对支座截面或节点边缘所产生的剪力值占总剪力值75%以上时,取 $\lambda=a/h_0$。当 $\lambda<1.5$ 时,取 $\lambda=1.5$;当 $\lambda>3$ 时,取 $\lambda=3$。此处,a 为集中荷载至支座或节点边缘的距离。

3. 公式的适用条件

为了防止箍筋充分发挥作用之前产生由混凝土的斜向压碎引起的斜压型剪切破坏,框架柱截面应满足下列条件。

$$V \leqslant 0.25\beta_c f_c bh_0 \tag{4-21}$$

当满足式(4-21)时,框架柱可不进行斜截面抗剪强度计算,仅需按构造要求配置箍筋,即

$$V \leqslant \frac{1.75}{\lambda+1.5}f_c bh_0 + 0.07N \tag{4-22}$$

思考与习题

(1) 已知某轴心受压柱计算高度为 4.2 m,纵筋采用 HRB335 级,混凝土采用 C30 级,承受轴向压力 $N=920$ kN,柱截面尺寸 $b \times h=400$ mm $\times$ 400 mm,试确定纵筋数量。

(2) 某矩形截面偏心受压柱,$b \times h=500$ mm $\times$ 800 mm,$a_s=a'_s=400$ mm,$l_0=12.5$ mm,混凝土采用 C30 级,纵向钢筋采用 HRB335 级,承受轴向压力 $N=1800$ kN,设计弯矩 $M=1080$ kN·m,采用对称配筋,试求 A_s、A'_s。

钢筋混凝土受扭构件扭曲截面的性能与计算

学习目标

（1）掌握钢筋混凝土纯扭构件承载力计算及构造要求。

（2）掌握钢筋混凝土剪扭构件、弯扭构件、弯剪构件承载力计算及构造要求。

任务 1 工程实例及受扭构件的配筋形式

扭转是构件的基本受力方式之一。图 5-1（a）所示的框架边梁和图 5-1（b）所示的雨棚梁就是两个典型的构件受扭的例子。本项目先研究纯扭的情况，但实际上受扭构件大多还要受到弯矩和剪力的作用，有的甚至还要受到轴力的作用。因此，本项目还要研究构件复合受扭的情况。

在钢筋混凝土结构发展的早期，对多数构件是不计扭矩的影响的，只对不考虑扭矩就会产生破坏的情况才进行构件的抗扭设计。为了区分这两种不同的情况，人们引入了平衡扭转和协调扭转这两个概念。当构件所受扭矩的大小与该构件的扭转刚度无关时，相应的扭转就称为平衡扭转。如图 5-1（b）所示的雨棚梁就是典型的平衡扭转情况。显然，无论该雨棚梁的抗扭刚度如何变化，其承受的扭矩是不变的（此处仅考虑等截面构件）。当构件所受扭矩的大小取决于与该构件的扭转刚度时，相应的扭转就称为协调扭转。如图 5-1（a）所示的框架边梁就是典型的协调扭转情况。在这种情况下，如果边梁因开裂而引起扭转刚度的降低，则其承受的扭矩也会降低。因此，边梁即使不进行受扭承载力设计，结构的承载力仍然是足够的，但要以构件的开裂和较大的变形为代价。

常见的矩形截面（及由矩形组合而成的截面）构件中的抗扭钢筋为箍筋和纵筋。箍筋必须封闭且沿矩形的外围设置，端部设 135°弯钩，弯钩端部平直段长度不应小于 10 倍箍筋直径，纵筋则应在箍筋的四角放置，并尽可能沿箍筋均匀布置，如图 5-2 所示。

在超静定结构中，考虑协调扭转而配置的箍筋，其间距不宜大于 $0.75b$，其中 b 为梁腹板的宽度。沿截面周边布置的受扭纵向钢筋的间距不应大于 200 mm 和截面短边长度;除应在梁截面四角设置受扭纵向钢筋外,其余受扭纵向钢筋宜沿截面周边均匀对称布置。受扭纵向钢筋应按受拉钢筋锚固在支座内。

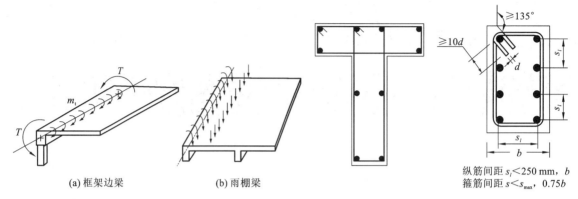

(a) 框架边梁　　　　　　(b) 雨棚梁

图 5-1　构件受扭实例

纵筋间距 $s_l<250$ mm,b
箍筋间距 $s<s_{max}$,$0.75b$

图 5-2　受扭构件截面配筋

任务 2 纯扭构件的试验研究结果

　　虽然实际的受扭构件一般都是受弯剪扭复合作用的,但对受纯扭构件的研究仍是有意义的。首先,这种研究能在单纯扭转的状态下揭示构件的受扭特性,抓住了主要特点。其次,早期的受扭构件的设计也是以纯扭构件的研究结果为依据的。试件为配有纵筋和箍筋的矩形截面构件,两端加有扭矩,使其处于纯扭状态。试件开裂前,其性能符合弹性扭转理论。钢筋的应力很小,扭矩-扭转角之间呈线性关系。初始裂缝发生在截面长边的中点附近,其方向与构件轴线呈45°角。此裂缝在后来的加载中向两端发展成螺旋状,并仍与构件轴线成45°。同时出现许多新的螺旋形裂缝。长边的裂缝方向与构件轴线基本上成45°,而短边的裂缝方向则较不规则。

　　开裂后,试件的抗扭刚度大幅下降,扭矩-扭转角曲线出现明显的转折。在开裂后的试件中,混凝土受压,纵筋和箍筋则均受拉,形成了新的受力机制。随着扭矩的继续增加,此受力机制基本保持不变,而混凝土和钢筋的应力则不断增加,直至试件破坏。开裂时构件的扭矩-扭转角曲线有明显的转折并呈现"屈服平台"。这是因为在螺旋形裂缝出现而形成扭曲裂面之后,原来的平衡状态不再成立,代之以在扭面平衡的机理上建立的新的平衡。这种新的平衡机理的建立必须在一定的变形过程中完成,这就形成了曲线上的屈服台阶。这说明受扭构件在开裂后其平衡的机理有根本的改变。

　　随着纵筋和箍筋配筋量的不同,试件呈现出不同的破坏模式。当纵筋和箍筋的配置量适中时,纵筋和箍筋首先达到屈服强度,然后混凝土被压碎而破坏。这种试件呈现较好的延性,与适筋梁类似,称为低配筋构件或适筋构件。

　　当纵筋配得较少而箍筋配得较多时,破坏时纵筋屈服而箍筋不屈服。反之,当箍筋配得较少、纵筋配得较多时,破坏时箍筋屈服而纵筋不屈服。这两种类型的构件统称为部分超配筋构件。部分超配筋构件也有一定的延性,但其延性比低配筋构件(或适筋构件)小。

　　当纵筋和箍筋均配得很多时,则破坏时二者均不会屈服。构件的破坏始于混凝土的压坏,属脆性破坏。这种构件称为超配筋构件,与超筋梁相类似。

当纵筋和箍筋均配得过少时,一旦裂缝出现,构件随即破坏。这是因为纵筋和箍筋无法与混凝土一起形成开裂后新的承载机制。它们迅速屈服甚至进入强化段,但仍无力阻止构件的迅速开裂和破坏。这种构件称为少配筋构件,与少筋梁类似。

少配筋构件和超配筋构件在设计中应予以避免。

高强混凝土(f_{cu}=77.2~91.9 N/mm²)构件受纯扭时,在未配抗扭腹筋的情况下,其破坏过程和破裂面形态基本上与普通混凝土构件一致,但斜裂缝比普通混凝土构件陡,破裂面较平整,骨料大部分被拉断。其开裂荷载比较接近破坏荷载,脆性破坏的特征比普通混凝土构件更明显。配有抗扭钢筋的高强混凝土构件受纯扭时,其裂缝发展及破坏过程与普通混凝土构件基本一致,但斜裂缝的倾角比普通混凝土构件略大。

除了上述破坏形式之外,受扭构件还可能出现拐角脱落的破坏形式。根据空间桁架模型,受压腹杆在截面拐角处相交会产生一个把拐角推离截面的径向力,如果没有密配的箍筋或刚性的角部纵筋来承受此径向力,则当此力足够大时,拐角就会脱落。对不同的箍筋间距进行试验表明,当扭转剪应力较大时,只有使箍筋间距≤100 mm才能可靠地防止这类破坏。使用较粗的角部纵筋也能防止此类破坏。

任务 3 纯扭构件的开裂扭矩

为了避免形成少配筋构件,配筋构件的抗扭承载力至少应大于素混凝土构件的抗扭承载力。而素混凝土构件的抗扭承载力也就是它的开裂扭矩。因此,需要计算构件的开裂扭矩以作为确定最小抗扭配筋的依据。

由于钢筋在构件开裂前的应力很小,故在开裂扭矩的计算中可不计钢筋的作用。对于弹性材料,应按弹性理论计算开裂扭矩;对于塑性材料,则应按塑性理论计算开裂扭矩。混凝土在受拉破坏时,其应力-应变关系呈软化特性,并有一下降段,其性能介于弹性材料和塑性材料之间。因此,开裂扭矩的计算有两类方法。一类是基于弹性理论,得出结果后,再考虑混凝土的塑性,把弹性开裂扭矩予以适当的放大。另一类是基于塑性理论,得出结果后,再考虑混凝土塑性的不足,把塑性极限扭矩予以适当的折减。美国规范用的是前一类方法,我国规范用的则是后一类方法。

一、基于弹性理论的方法

截面的弹性扭剪应力分布如图 5-3 所示。最大剪应力发生在长边中点,其值为

$$\tau_{max}=\frac{T}{\alpha'b^2h} \tag{5-1}$$

式中 b,h——截面的短边边长和长边边长;

α'——形状因子,其值约为 1/4。

试验观察表明,沿翘曲截面的扭转破坏表现为截面一侧受拉,而截面的另一侧则受压,这更像沿此斜面的弯曲破坏。假定此斜面为与构件轴线成45°角的平面,则三扭矩 T 可分解为沿此截面的弯矩 T_b 和扭矩 T_t。从而有

$$T_b=T\cos45° \tag{5-2}$$

关于 $\alpha—\alpha$ 轴的截面模量为

$$W = \frac{1}{6} b^2 h \csc 45° \tag{5-3}$$

从而,混凝土中的最大弯曲拉应力为

$$\sigma_{tb} = \frac{T_b}{W} = \frac{3T}{b^2 h} \tag{5-4}$$

当应力 σ_{tb} 达到混凝土在相应应力状态下的抗拉强度时,构件即开裂破坏。从图 5-3 可以看出,截面长边中点处的混凝土处于纯剪应力状态,该点混凝土不但承受主拉应力 σ_{tb} 的作用还在与其垂直的方向受数值相等的主压应力作用。从前面学过的混凝土在双向受力时的强度曲线可知,在纯剪应力状态下混凝土的抗拉强度约降低 15%,即此时混凝土的表观抗拉强度为 0.85f_t,其中,f_t 为混凝土的单轴抗拉强度。根据以上分析,可得构件的开裂扭矩为

$$T_{cr,e} = 0.83 \frac{f_t b^2 h}{3} \tag{5-5}$$

上述结果也可看成是对弹性理论结果的修正,即把式(5-8)中的形状因子由原来的 1/4 改为 1/3,使计算的开裂扭矩大于按弹性理论算出的结果。对于 I 形和 T 形截面,其开裂扭矩可取为各矩形块的开裂扭矩之和(偏保守)。因此,将截面划分成矩形块的方式应使得 $\sum b^2 h$ 达到最大值。相应的开裂扭矩为

$$T_{cr,e} = 0.85 f_t \frac{\sum b^2 h}{3} \tag{5-6}$$

二、基于塑性理论的方法

1. 矩形截面

假定截面完全进入塑性状态,则根据塑性理论的砂堆比拟原理,将截面的扭剪应力划分成四个部分,在其中的每个部分,均匀作用着沿图示方向的剪应力 τ_{max}。由平衡条件,可得出这些剪应力合成极限扭矩为

$$T_{cr} = \tau_{max} \frac{b^2}{6} (3h - b) \tag{5-7}$$

式中,h、b 分别表示截面的长边和短边长度。纯扭构件的弹性切应力分布如图 5-4 所示。

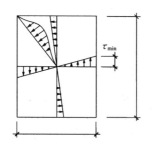 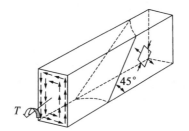 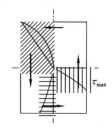

图 5-3 截面的弹性扭剪应力分布　　　　**图 5-4 纯扭构件弹性切应力分布**

对于理想塑性材料,取 τ_{max} 为相应情况的抗拉强度,则可得到塑性极限扭矩即开裂扭矩为

$$T_{cr,p} = f_t W_t \tag{5-8}$$

式中　f_t——混凝土的抗拉强度;

W_t——矩形截面的塑性抵抗矩,按式(5-9)计算。

$$W_t = \frac{b^2}{6} (3h - b) \tag{5-9}$$

混凝土并不是理想塑性材料,因此,其抗拉强度应适当降低。试验表明,对于高强混凝土,降低系数为 0.7;对低强混凝土,降低系数接近 0.8。偏于安全,相应的开裂扭矩计算公式为

$$T_{cr} = 0.7 f_t W_t \qquad (5-10)$$

对于矩形截面,W_t 按式(5-9)计算;对于一般形状的截面,W_t 为截面受扭的塑性抵抗矩。

2. 由矩形组成的截面的受扭塑性抵抗矩

上面介绍的都是关于矩形截面的结果。对于 T 形、I 形和箱形截面这类组合截面,其塑性极限扭矩可通过砂堆比拟法得出。若把这类截面看成由若干个矩形截面组合而成,则从砂堆比拟可明显看出,这种组合截面的塑性极限扭矩大于其所包含的各矩形截面的塑性极限扭矩之和,因为在各矩形的连接处所能堆住的砂子显然多于各矩形分离时所能堆住的砂子。

由若干矩形组成的截面的砂堆比拟如图 5-5 的左图所示。显然,要计算这种砂堆的体积是很复杂的。为了方便计算,采用图 5-5 右图所示的简化图形,即用连接处的砂堆体积 1′2′3′ 去补充端部所缺的砂堆体积 1 2 3。由此可得翼缘上砂堆的体积为

$$V_f = \varphi' \frac{h_f'}{3}(b_f - b) \qquad (5-11)$$

式中,φ' 为砂堆的斜率。可以证明,若 V 为砂堆的体积,φ' 为砂堆的斜率,则抗扭塑性抵抗矩 $W_t = 2V/\varphi'$。因此,可得图 5-5 所示翼缘的塑性抵抗矩 W_{tf} 为

$$W_{tf} = \frac{h_f^2}{2}(b_f - b) \qquad (5-12)$$

试验表明,翼缘挑出部分的有效长度不应超过翼缘厚度的 3 倍。

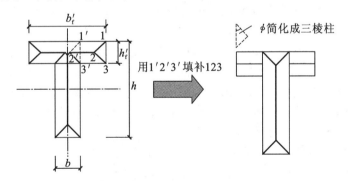

图 5-5 复杂截面的简化砂堆比拟

由若干矩形组成的截面塑性抵抗矩为各矩形的塑性抵抗矩之和:

$$W_t = \sum W_{ti} \qquad (5-13)$$

抗扭构造钢筋(最小抗扭钢筋量)的配置应保证截面的极限扭矩大于其开裂扭矩。

例 5-1 一 T 形截面的截面尺寸为 $b_f' = 650$ mm,$h_f' = 120$ mm,$b = 250$ mm,$h = 500$ mm。混凝土 $f_t = 1.5$ N/mm^2。求弹性开裂扭矩、塑性开裂扭矩和实际的开裂扭矩。

解 (1)弹性开裂扭矩。

由式(5-6)得

$$T_{cr,e} = 0.85 f_t \frac{\sum x^2 y}{3} = 0.85 \times 1.5 \times \frac{2 \times 120^2 \times 200 + 250^2 \times 500}{3} = 1.5729 \times 10^7 \text{ N} \cdot \text{mm}$$

(2)塑性开裂扭矩。

由式(5-13)可得

$$W_t = W_{tw} + W_{tf} = \frac{250^2}{6} \times (3 \times 500 - 250) + \frac{120^2}{2} \times (650 - 250) = 1.59 \times 10^7 \text{ mm}^3$$

由式(5-8)得塑性开裂扭矩为

$$T_{cr,p} = 1.5 \times 1.59 \times 10^7 = 2.385 \times 10^7 \text{ N} \cdot \text{mm}$$

(3) 实际的开裂扭矩。

由式(5-10)得

$$T_{cr} = 0.7 T_{cr,p} = 0.7 \times 2.385 \times 10^7 = 1.6695 \times 10^7 \text{ N} \cdot \text{mm}$$

可见,弹性开裂扭矩小于实际的开裂扭矩,而后者又小于塑性开裂扭矩。

任务 4 矩形截面纯扭构件抗扭承载力计算

● ● ●

抗扭承载力或极限扭矩的计算有基于空间桁架模型的方法和基于极限平衡的斜弯理论。

一、空间桁架模型

早期提出的空间桁架模型是 E. Rasch 在 1929 年提出的定角(45°角)空间桁架模型。实际上,斜裂缝的角度是随纵筋和箍筋的比率而变化的。人为地把角度定在 45°,相当于给构件加上了额外的约束,使得计算结果偏于不安全。由于最终计算公式中的系数是根据实验结果并考虑安全性而定出的,故采用定角并不会导致明显的不安全。但由于定角的做法没有反映纵筋和箍筋的比率对破坏时斜裂缝角度的影响和对极限扭矩的影响,故定角的做法至少导致了安全度的不均匀。

1968 年 P. Lampert 和 B. Thuerlimann 提出了变角度空间桁架模型,该模型采用如下基本假定:①极限状态下原实心截面构件简化为箱形截面构件,如图 5-6(a)所示,此时,箱形截面的混凝土被螺旋形裂缝分成一系列倾角为 α 的斜压杆,与纵筋和箍筋共同组成空间桁架;②纵筋和箍筋构成桁架的拉杆;③不计钢筋的销栓作用。在上述假定下,引入剪力流的概念,对混凝土斜压杆只考虑其平均压应力,则问题就变为静定问题了。

根据闭口薄壁杆件理论,由扭矩 T 在截面侧壁中产生的剪力流 q(见图 5-6(b))可表示为

$$q = \tau t_d = \frac{T_u}{2A_{cor}} \tag{5-14}$$

式中　A_{cor}——由截面侧壁中线所围的面积,此处取为由位于截面角部纵筋中心连线所围的面积;

　　　τ——扭剪应力;

　　　t_d——箱形截面侧壁的厚度。

取箱形截面侧壁含有一完整斜裂缝的侧板 $ABCD$ 为隔离体,如图 5-6(c)所示。图中示出了剪力流 q 所引起的桁架杆件的力。斜压杆的平均压应力为 σ_c,斜压杆的总压力为 N_c。N_c 的水平分量由钢筋的拉力平衡,N_c 的竖向分量由隔离体右侧的剪力平衡,于是有

$$F_1 + F_2 = q h_{cor} \cot\alpha \tag{5-15}$$

同样对其他三个侧板进行类似的分析可得:

$$F'_1 + F'_4 = q b_{cor} \cot\alpha \tag{5-16}$$

$$F_4 + F_3 = q h_{cor} \cot\alpha \tag{5-17}$$

$$F'_3 + F'_2 = q b_{cor} \cot\alpha \tag{5-18}$$

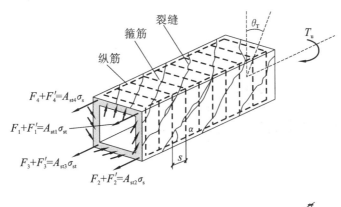

(a) 变角桁架

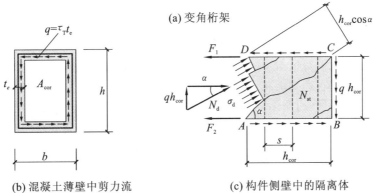

(b) 混凝土薄壁中剪力流　　　　(c) 构件侧壁中的隔离体

图 5-6　变角度空间桁架模型

对所有侧板求出的纵筋的拉力之和为

$$F_1+F_1'+F_2+F_2'+F_3+F_3'+F_4+F_4'=q\cot\alpha \cdot 2(b_{cor}+h_{cor})=qu_{cor}\cot\alpha \qquad (5\text{-}19)$$

式中，$u_{cor}=2(b_{cor}+h_{cor})$ 为剪力流路线所围成面积 A_{cor} 的周长。

若纵筋用量适中，破坏前已屈服。于是有

$$A_{stl}f_y=qu_{cor}\cot\alpha \qquad (5\text{-}20)$$

式中，A_{stl} 为所有纵向受力钢筋的总截面积。

把该隔离体 $ABCD$ 沿斜裂缝切开，考虑上半部分的平衡，设 N_{st} 为单个箍筋的拉力，s 为箍筋间距，则有

$$\frac{N_{st}h_{cor}\cot\alpha}{s}=qh_{cor} \qquad (5\text{-}21)$$

若箍筋用量适中，破坏前也已屈服，于是有

$$A_{stl}f_{yv}\frac{h_{cor}\cot\alpha}{s}=qh_{cor} \qquad (5\text{-}22)$$

式中，A_{stl} 为单根抗扭箍筋的截面积。

由式(5-22)可知，若各侧壁的箍筋面积 A_{stl} 相同，则各侧壁的斜压杆倾角 α 也相同。

在式(5-20)和式(5-22)中消去 q 得

$$\cot\alpha=\sqrt{\frac{f_y A_{stl} s}{f_{yv} A_{stl} u_{cor}}}=\sqrt{\xi} \qquad (5\text{-}23)$$

其中

$$\xi = \frac{f_y A_{stl} s}{f_{yv} A_{stl} u_{cor}} \tag{5-24}$$

为受扭构件纵筋与箍筋的配筋强度比。当截面的纵筋配置不对称时,可按较少一侧配筋的对称截面计算。

由于开裂前钢筋基本上不起作用,故初始斜裂缝基本是呈 45°的。但达到承载力极限状态时,临界斜裂缝的倾角 α 却是由配筋强度比 ξ 控制的。这说明当 $\xi \neq 1$ 时,开裂后随着扭矩的增加,斜裂缝及斜压杆的倾角都在不断变化,直至达到临界斜裂缝的倾角 α。在式(5-20)和式(5-22)中消去 α 有

$$q = \sqrt{\frac{A_{stl} f_y A_{stl} f_{yv}}{s u_{cor}}} \tag{5-25}$$

将其代入式(5-14)得

$$T_u = 2A_{cor}\sqrt{\xi}\,\frac{A_{stl} f_{yv}}{s} \tag{5-26}$$

式(5-26)反映了配筋对抗扭承载力的影响。对任意形状的薄壁构件均可导出类似的公式。

上面的结论是假定在达到承载力极限状态时,纵筋和箍筋均屈服而得出的。当 ξ 过大或过小时,纵筋或箍筋就达不到屈服强度。试验结果表明,当 α 为 30°~60°,也即按式(5-24)算得的 ξ 为 3~0.333,构件破坏时,若纵筋和箍筋用量适当,则两种钢筋均能达到屈服强度。为了进一步限制构件在使用荷载作用下的裂缝宽度,一般 α 应满足下列条件:

$$3/5 \leqslant \tan\alpha \leqslant 5/3 \tag{5-27}$$

或

$$0.36 \leqslant \xi \leqslant 2.778 \tag{5-28}$$

为了避免形成超配筋构件,必须限制钢筋的最大用量。

二、斜弯理论

1959 年,H. H. Jieccur 根据受弯、剪、扭作用的钢筋混凝土构件试验结果,提出了受扭构件的斜弯破坏计算模型。此理论亦称扭曲破坏面极限平衡理论。该理论的不足之处在于对非矩形截面不容易确定破坏扭面,而空间桁架模型则可以更容易地应用于异形截面构件的抗扭分析。

三、《混凝土结构设计规范》的计算方法

《混凝土结构设计规范》(GB 50010—2010)采用的矩形截面钢筋混凝土纯扭构件的抗扭承载力计算公式为

$$T_u = 0.35 f_t W_t - 1.2\sqrt{\xi}\,\frac{f_{yv} A_{stl} A_{cor}}{s} \tag{5-29}$$

式中,右边第一项为混凝土的抵抗扭矩,第二项为钢筋的抵抗扭矩;A_{cor} 取箍筋内皮所包围的面积,可用截面尺寸减去保护层厚度算得。

构件破坏时的最大抗扭承载力的计算公式如下。

(1)当 $h_0/b \leqslant 4$ 时,为

$$T_{u,max} = 0.2\beta_c f_c W_t \tag{5-30}$$

(2)当 $h_0/b = 6$ 时,为

$$T_{u,max} = 0.16\beta_c f_c W_t \tag{5-31}$$

（3）当 $4<h_0/b<6$ 时，按线性内插法确定。

式中，β_c 为混凝土强度影响系数：当混凝土强度等级不超过 C50 时，$\beta_c=1.0$；当混凝土强度等级为 C80 时，取 $\beta_c=0.8$；其间按线性内插法确定。

受扭构件的最小抗扭承载力为

$$T_{u,min}=0.7f_tW_t \tag{5-32}$$

式（5-29）假定构件的极限扭矩为混凝土的抵抗扭矩与钢筋的抵抗扭矩之和，由混凝土的塑性极限扭矩公式和变角空间桁架模型极限扭矩公式得出总极限扭矩公式的基本形式，再根据试验结果，确定出混凝土项的系数 0.35 和钢筋项的系数 1.2。式（5-29）中系数的取值还可作如下解释。钢筋项的系数按变角空间桁架模型应为 2，规范中却取此系数为 1.2。这是因为：①式（5-29）中已有第一项考虑了混凝土的抵抗扭矩；②规范公式中的 A_{cor} 是按箍筋内表面计算的，而变角空间桁架模型中的 A_{cor} 则是按截面四角纵筋中心的连线来计算的；③建立规范公式时，还考虑了少量的部分超配筋构件的试验结果。式（5-10）是对未开裂构件导出的，在承载力极限状态时，构件已严重开裂，故取钢筋混凝土构件中混凝土部分的抗扭强度为开裂扭矩的一半，即取式（5-29）中混凝土项的系数为 0.35。国内的试验表明，配筋强度比 ξ 在 0.5～2.0 的范围内时，纵筋和箍筋的应力在构件破坏时均可达到屈服强度。规范则偏于安全地规定 ξ 的取值范围为 $0.6 \leqslant \xi \leqslant 1.7$。当 $\xi>1.7$ 时，按 $\xi=1.7$ 计算。

受扭构件纵向钢筋的配筋率 ρ_{tl} 定义为

$$\rho_{tl}=\frac{A_{stl}}{bh} \tag{5-33}$$

式中　b——矩形截面的宽度、T 形或 I 形截面的腹板宽度；

　　　h——截面高度；

　　　A_{stl}——全部受扭纵筋的面积。

构件受纯扭时，其纵向钢筋的最小配筋率为

$$\rho_{tl,min}=0.85\frac{f_t}{f_y} \tag{5-34}$$

箍筋的最小配箍率为

$$\rho_{st,min}=\frac{A_{st}}{bs}=0.28\frac{f_t}{f_{yv}} \tag{5-35}$$

式中，$A_{st}=2A_{stl}$。

任务 5　I 形、T 形及箱形截面纯扭构件抗扭承载力计算

与开裂扭矩的计算方法类似，一个保守的计算由若干个矩形组合而成的（开口）截面的抗扭承载力的方法，就是取组合截面的抗扭承载力为各矩形的抗扭承载力之和，即取

$$T_u=\sum_{i=0}^{n}T_{ui} \tag{5-36}$$

式中，T_{ui} 为第 i 个矩形的抗扭承载力。

显然，把一个组合截面分解为若干个矩形截面的方法不是唯一的。在各种可能的分解方法中，能使 T_u 取最大值的方法就是最优的方法。常见的最优分解方法如图 5-7 所示。当截面含有闭口环状部分时，截面分解时应把此闭口环状部分作为一个整体。T 形和 I 形截面翼缘挑出

部分的有效长度不应大于其厚度的 3 倍。组合截面分解后,各部分所承担的扭矩与其抗扭刚度(受扭弹性或塑性抵抗矩)成正比。

截面分解为腹板、受压翼缘和受拉翼缘后,腹板、受压翼缘和受拉翼缘的受扭塑性抵抗矩 W_{tw}、W'_{tf}、W_{tf} 可分别按式(5-9)和式(5-12)计算,即有

$$W_{tw}=\frac{b^2}{6}(3h-b) \tag{5-37}$$

$$W'_{tf}=\frac{h'^2_f}{2}(b'_f-b) \tag{5-38}$$

$$W_{tf}=\frac{h^2_f}{2}(b_f-b) \tag{5-39}$$

式中　h——截面高度;

　　　b——腹板宽度;

　　　h'_f、h_f——受压翼缘、受拉翼缘的高度;

　　　b'_f、b_f——受压翼缘、受拉翼缘的宽度,如图 5-7 所示。

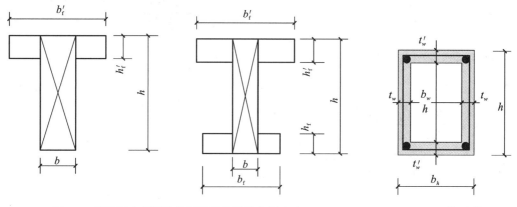

图 5-7　常见组合截面的抗扭计算的最优分解方法　　　　图 5-8　箱形截面

截面总的受扭塑性抵抗矩为

$$W_t=W_{tw}+W'_{tf}+W_{tf} \tag{5-40}$$

对图 5-8 所示的箱形截面,其抗扭承载力的计算公式为

$$T_u=0.35W_t\left(\frac{2.5t_w}{b_h}\right)f_t+1.2\sqrt{\xi}\frac{A_{stl}f_{yv}}{s}A_{cor} \tag{5-41}$$

若 $\frac{2.5t_w}{b_h}>1.0$,取 $\frac{2.5t_w}{b_h}=1.0$。其中,W_t 按下式计算。

$$W_t=\frac{b^2_h}{6}(3h_h-b_h)-\frac{(b_h-2t_w)^2}{6}[3h_w-(b_h-2t_w)] \tag{5-42}$$

任务 6　纯扭构件抗扭承载力计算公式的应用

一、基于承载力的构件截面设计

此类问题一般是已知截面尺寸(b、h、h_0 或 b、h、h_0、h'_f、b'_f 或 b、h、h_0、h_f、b_f、h'_f、b'_f 或 b_h、h_h、t_w、

t'_w)、材料强度(f_c、f_t、f_y、f_{yv})及作用在构件上的扭矩 T，求配筋 A_{st}、A_{stl} 及 s。为了保证构件在给定扭矩 T 的作用下不发生破坏，应要求扭曲截面的抗扭承载力不低于其所受到的扭矩，既 $T_u \geqslant T$。因此，按下列步骤进行分析。

（1）验算截面尺寸 $T \leqslant (0.16 \sim 0.2)\beta_c W_t f_c$，以避免出现超筋破坏，若不满足应增大截面尺寸。

（2）当 $T \leqslant T_{u,min}$ 时，可不进行受扭承载力计算，仅需按构造配置箍筋和纵筋。

（3）若是 T 形或 I 形截面，将截面分成若干个矩形，求每个矩形所承担的扭矩。

（4）选定 $\xi = 1.0 \sim 1.3$。

（5）由 $T = T_u$，根据相应的承载力计算公式求 A_{stl}/s。

（6）验算 $\rho_{st} = \dfrac{A_{st}}{b_s} \geqslant 0.28\dfrac{f_t}{f_y}$。若不满足，取 $\dfrac{A_{st}}{b_s} = 0.28\dfrac{f_t}{f_y}$。

（7）由 ξ、A_{stl} 根据式(8-24)求 A_{stl}。

（8）验算 $\rho_{stl} = \dfrac{A_{stl}}{bh} \geqslant 0.85\dfrac{f_t}{f_y}$。若不满足，取 $\dfrac{A_{stl}}{bh} = 0.85\dfrac{f_t}{f_y}$。

注意： 纵向受力钢筋 A_{stl} 除应在四角布置外还应沿截面周边均匀布置，否则亦可能会出现局部超筋，对设计可能会造成不安全的结果。

例 5-2 一钢筋混凝土矩形截面梁，截面尺寸为 $b \times h = 250\text{ mm} \times 500\text{ mm}$，承受设计扭矩 $T = 12\text{ kN} \cdot \text{m}$。混凝土为 C20($f_c = 9.6\text{ N/m}^2$，$f_t = 1.10\text{ N/mm}^2$)，纵筋用 HRB335 级钢筋($f_y = 300\text{ N/mm}^2$)，箍筋用 HPB300 级钢筋($f_{yv} = 270\text{ N/mm}^2$)。求纵筋和箍筋用量。

解 截面塑性抵抗矩为

$$W_t = \frac{250^2}{6} \times (3 \times 500 - 250) = 1.302 \times 10^7 \text{ mm}^3$$

（1）验算截面限制条件。

按式(5-30)，有

$$0.2f_c W_t = 0.2 \times 9.6 \times 1.302 \times 10^7 = 2.500 \times 10^7 \text{ mm} = 2500\text{ kN} \cdot \text{m} > T = 12\text{ kN} \cdot \text{m}$$

故满足条件。

（2）验算是否按计算配筋。

按式(5-32)，有

$$0.7f_t W_t = 0.7 \times 1.10 \times 1.302 \times 10^7 = 1.003 \times 10^7 \text{ N} \cdot \text{mm} = 10.03\text{ kN} \cdot \text{m} < T$$

故需按计算配筋。

（3）计算箍筋。

取配筋强度比 $\xi = 1.0$，$A_{cor} = 450 \times 200 = 90\,000\text{ mm}^2$。由 $T = T_u$，根据式(5-29)得

$$\frac{A_{stl}}{s} = \frac{T - 0.35f_t W_t}{1.2\sqrt{\xi} f_{yv} A_{cor}}$$

$$= \frac{12 \times 10^6 - 0.35 \times 1.10 \times 1.302 \times 10^7}{1.2 \times 1 \times 270 \times 90\,000} = 0.240\text{ mm}$$

采用 $\phi 6$，$A_{stl} = 28.27\text{ mm}^2$，则

$$s = \frac{28.27}{0.240} = 117.79\text{ mm}$$

故 $\phi 6@100$。

检验最小配箍率,由式(5-35),有

$$\rho_{st}=\frac{56.54}{250\times100}=0.00226>0.28\times\frac{1.1}{270}=0.00114$$

故满足条件。

(4)计算纵筋。

按式(8-24)配筋强度比 ξ 的定义,再由 $u_{cor}=2\times(450+200)=1300$ mm,得

$$A_{stl}=\frac{\xi f_{yv}u_{cor}}{f_y}\cdot\frac{A_{stl}}{s}=\frac{1.0\times270\times1300}{300}\times0.240=280.80\ mm^2$$

考虑到构造要求,有 $6\phi10(A_{stl}=471\ mm^2)$。

例 5-3 一钢筋混凝土 T 形截面梁如图 5-9 所示,$b=250$ mm,$h=500$ mm,$b'_f=500$ mm,$h'_f=150$ mm,承受扭矩 $T=14.59$ kN·m。混凝土为 C20($f_c=9.6$ N/mm²,$f_t=1.10$ N/mm²),纵筋 HRB335 级钢筋($f_y=300$ N/mm²),箍筋用 HPB300 级钢筋($f_{yv}=270$ N/mm²)。求纵筋和箍筋的用量。

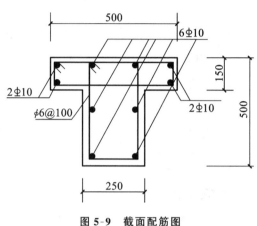

图 5-9 截面配筋图

解 (1)求截面塑性抵抗矩。

腹板部分为

$$W_{tw}=\frac{b^2}{6}(3h-b)=\frac{250^2}{6}\times(3\times500-250)$$
$$=1.302\times10^7\ mm^3$$

翼缘部分为

$$W'_{tw}=\frac{h'^2_f}{2}(b'_f-b)=\frac{150^2}{2}\times(500-250)=1.302\times10^7\ mm^3$$

(2)验算截面限制条件。

$$0.2f_cW_t=0.2\times9.6\times1.583\times10^7=3.040\times10^7\ N\cdot mm$$
$$=30.40\ kN\cdot m>T=14.59\ kN\cdot m$$

故满足条件。

(3)验算是否按计算配筋。

$0.7f_yW_t=0.7\times1.10\times1.583\times10^7=1.219\times10^7\ N\cdot mm=12.19\ kN\cdot m<T=14.59\ kN\cdot m$

故需按计算配筋。

(4)分配扭矩。

腹板承受的扭矩为

$$T_w=\frac{W_{tw}}{W_t}T=\frac{1.302\times10^7}{1.583\times10^7}\times14.59=12.00\ kN\cdot m$$

翼缘承受的扭矩为

$$T'_f=\frac{W'_{tf}}{W_t}T=\frac{2.813\times10^6}{1.583\times10^7}\times14.59=2.59\ kN\cdot m$$

(5)腹板箍筋和纵筋的计算与例 5-2 相同,配筋的计算也相同。

(6)翼缘箍筋和纵筋的计算。取配筋强度比 $\xi=1.0$,则

$$A_{cor} = 100 \times 200 = 20\ 000\ mm^2$$

由 $T = T_u$，根据式(5-29)得

$$\frac{A_{stl}}{s} = \frac{T'_f - 0.35 f_t W'_{tf}}{1.2 \sqrt{\xi} f_{yv} A_{cor}}$$

$$= \frac{2.59 \times 10^6 - 0.35 \times 1.10 \times 2.813 \times 10^6}{1.2 \times 1 \times 270 \times 20\ 000} = 0.233\ mm$$

考虑到腹板的箍筋，翼缘中使用φ6@100。由于翼缘的短边长为 150 mm，故最小配箍率的要求显然满足。

计算翼缘中的纵筋。按配筋强度比 ξ 的定义，再由 $u_{cor} = 2 \times (100 + 200) = 600\ mm$，得

$$A_{stl} = \frac{\xi f_{yv} u_{cor}}{f_y} \cdot \frac{A_{stl}}{s} = \frac{1.0 \times 270 \times 600}{300} \times 0.233 = 125.83\ mm^2$$

使用 $4\phi10 (A_{stl} = 314\ mm^2)$。构件的截面配筋如图 5-9 所示。

二、既有构件抗扭承载力计算

已知截面尺寸（b、h、h_0 或 b、h、h_0、h'_f、b'_f 或 b、h、h_0、h_f、b_f、h'_f、b'_f 或 b_h、b_h、h_h、t_w、t'_w），材料强度（f_c、f_t、f_y、f_{yv}），求 T_u。对既有构件进行抗扭承载力计算时，可分以下两种情况考虑。

（1）矩形或箱形截面，其抗扭承载力计算按下列步骤进行。

① 按纵筋均匀布置或按双轴对称布置的原则，确定抗扭纵筋的截面积。

② 验算 $\dfrac{A_{stl}}{bs} \geqslant 0.28 \dfrac{f_t}{f_{yv}}$，$\dfrac{A_{stl}}{bh} \geqslant 0.85 \dfrac{f_t}{f_y}$。若不满足其中的一项，对矩形截面取 $T_u = 0.7 f_t W_t$，对箱形截面取 $T_u = 0.7 f_t (\dfrac{2.5 t_w}{b_n}) W_t$。若两项均能满足，继续下面的计算。

③ 求 ξ。若 $\xi > 1.7$，取 $\xi = 1.7$。

④ 由承载力计算公式求 T_u，且应满足 $T_u \leqslant (0.16 \sim 0.2) \beta_c W_t f_c$。

（2）I 形和 T 形截面的抗扭承载力计算。

将截面分成若干矩形，求 T_{ui}，则 $T_u = \displaystyle\sum_{i=1}^{n} T_{ui}$。其具体步骤和矩形截面类似，不予赘述。

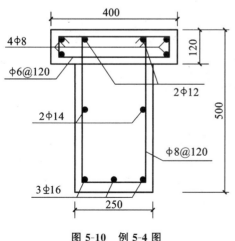

图 5-10 例 5-4 图

例 5-4 已知 T 形截面构件如图 5-10 所示，其截面尺寸为 $b'_f = 400\ mm$，$h'_f = 100\ mm$，$b = 250\ mm$，$h = 500\ mm$。混凝土 $f_c = 13.5\ N/mm^2$，HRB335 纵筋 $f_y = 335\ N/mm^2$，箍筋和部分纵筋采用 HPB300 钢筋 $f_y (f_{yv}) = 300\ N/mm^2$。求该截面受纯扭时的承载力。

解 （1）腹板的受扭塑性抵抗矩为

$$W_{tw} = \frac{b^2}{6}(3h - b) = \frac{250^2}{6}(3 \times 500 - 250)$$

$$= 1302.1 \times 10^4\ mm^3$$

（2）翼缘的受扭塑性抵抗矩为

$$W'_{tf} = \frac{h'^2_f}{2}(b'_f - b) = \frac{120^2}{2}(400 - 250) = 108 \times 10^4\ mm^3$$

（3）截面总的受扭塑性抵抗矩为

$$W_t = W_{tw} + W'_{tf} = (1302.1 + 108) \times 10^4 = 1410.1 \times 10^4\ mm^3$$

（4）腹板的抗扭承载力 T_{wu}。

腹板部分的纵筋配置是不对称的,只有其对称的部分才对受扭起贡献。故纵筋为 $4\phi12+2\phi14$,纵筋面积 $A_{stl}=452+308=760$ mm²,单肢箍筋的面积为 $A_{stl}=50.3$ mm²,箍筋间距 $s=120$ mm,$b_{cor}=200$ mm,$h_{cor}=450$ mm,所以 $A_{cor}=200\times450=90\ 000$ mm²,$u_{cor}=2\times(200+450)=1300$ mm,得

$$\frac{A_{st}}{bs}=\frac{2\times50.3}{250\times120}=0.0034>0.28\frac{f_t}{f_{yv}}=0.28\times\frac{1.5}{300}=0.0014$$

$$\frac{A_{stl}}{bh}=\frac{760}{250\times500}=0.0061>0.85\frac{f_t}{f_y}=0.85\times\frac{1.5}{300}=0.0043$$

$$\xi=\frac{f_y A_{stl}s}{f_{yv}A_{st}u_{cor}}=\frac{300\times760\times120}{300\times50.3\times1300}=1.3947<1.7$$

$$T_{wu}=0.35f_t W_{tw}+1.2\sqrt{\xi_W}\frac{f_{yv}A_{stl}A_{cor}}{s}$$

$$=0.35\times1.5\times1302.1\times10^4+1.2\times\sqrt{1.3947}\times\frac{300\times50.3\times90000}{120}$$

$$=2.2875\times10^7\ \text{N}\cdot\text{mm}$$

（5）翼缘的抗扭承载力 T_{fu}。

纵筋为 $4\phi8$,纵筋面积 $A'_{stl}=201$ mm²。箍筋间距 $s'=120$ mm。$b'_{cor}=350$ mm,$h'_{cor}=70$ mm,所以 $A'_{cor}=70\times350=24\ 500$ mm²,$u'_{cor}=2(350+70)=840$ mm。得

$$\frac{A_{st}}{b's'}=\frac{2\times50.3}{120\times120}=0.0070>0.28\frac{f_t}{f_{yv}}=0.28\times\frac{1.5}{300}=0.0014$$

$$\frac{A'_{stl}}{b'h'}=\frac{201}{120\times400}=0.0042<0.85\frac{f_t}{f_y}=0.85\times\frac{1.5}{300}=0.0043$$

$$\xi'=\frac{f_y A'_{stl}s'}{f_{yv}A_{st}u'_{cor}}=\frac{300\times201\times120}{300\times50.3\times840}=0.5709$$

得

$$T_{fu}=0.7f_t W'_{tf}=0.7\times1.5\times108\times10^4=1.134\times10^6\ \text{N}\cdot\text{mm}$$

（6）全截面的抗扭承载力。

$$T_u=T_{wu}+T_{fu}=2.2875\times10^7+1.134\times10^6=2.401\times10^7\ \text{N}\cdot\text{mm}=24.01\ \text{kN}\cdot\text{m}$$

任务 7 弯剪扭构件的试验研究结果

受扭构件一般是受弯剪扭复合作用的。受复合内力作用的截面,其分析是较复杂的。截面受弯矩 M,剪力 V 和扭矩 T 作用时,对 M,V 和 T 的任一组合比例,都会得到一个独特的截面破坏结果。因此,一个截面的所有破坏情况的总和,在 M、V、T 三维空间中描绘出一个该截面的破坏曲面。该曲面是一个封闭曲面,曲面内部的点代表未达到破坏的状态,曲面上的点代表破坏状态,曲面外部的点一般是不可达到的。

通过试验研究,可得到破坏曲面的形状。对相同的一组试件,以不同的 M、V、T 的比例加载至破坏。每做一个试件的试验,就得到破坏曲面上的一点。当点足够多时,就得到破坏曲面的大致形状。试验中,通常以扭弯比 $\psi=T/M$ 和扭剪比 $x=T/(Vb)$ 来控制构件的受力状态,其中

b 是截面的宽度。

对不同的扭弯比和扭剪比，截面表现出 3 种破坏形态，分别称为第Ⅰ、Ⅱ、Ⅲ类型破坏。

第Ⅰ类型破坏(弯型破坏)发生在扭弯比 ψ 较小且剪力不起控制作用的条件下。此时弯矩是主要的，且配筋量适当，扭转斜裂缝首先在弯曲受拉的底面出现，然后发展到两侧面。弯曲受压的顶面无裂缝。构件破坏时与螺旋形裂缝相交的纵筋和箍筋均受拉，并达到屈服强度，构件顶部受压，如图 5-11(a)所示。

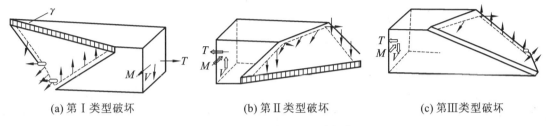

(a) 第Ⅰ类型破坏   (b) 第Ⅱ类型破坏   (c) 第Ⅲ类型破坏

图 5-11　弯剪扭弯构件的破坏类型

第Ⅱ类型破坏(扭型破坏)发生在扭弯比 ψ 和扭剪比 χ 均较大并且构件顶部纵筋少于底部纵筋的条件下。此时由于弯矩较小，其在构件顶部引起的压应力也较小，而构件顶部的纵筋也少于底部。综合作用的结果，使得在构件顶部弯矩引起的压应力不足以抵消由于配筋较少而造成的较大的钢筋拉应力，并且这种构件顶部"受压"钢筋的拉应力比构件底部"受拉"钢筋的拉应力还要大。这使得扭转斜裂缝首先出现在构件顶部，并向两侧面扩展，而构件底部则受压。其破坏情况如图 5-11(b)所示。

第Ⅲ类型破坏(剪扭型破坏)发生在弯矩较小而由剪力和扭矩起控制的条件下。此时剪力和扭矩均引起截面的剪应力。这两种剪应力叠加的结果，使得截面一侧的剪应力增大，而截面另一侧的剪应力减小。因此，扭转斜裂缝首先在剪应力较大的侧面出现，然后向顶面和底面扩展，构件的另一侧面则受压。破坏时与螺旋形裂缝相交的纵筋和箍筋均受拉并达到屈服强度。其破坏情况如图 5-11(c)所示。除上述三种破坏形态外，当剪力很大且扭矩较小时，将会发生剪型破坏形态，与剪压破坏相近。

任务 8　弯剪扭构件截面的承载力

弯剪扭构件截面承载力的计算模型仍可采用变角度空间桁架模型和斜弯理论，但较烦琐。实际工作中常采用根据试验结果和变角度空间桁架模型分析得出的半经验半理论公式来处理。

一、弯扭构件的承载力

此种情况可用空间桁架模型和斜弯理论进行分析。在计算抗弯承载力时，假定内力臂沿杆件为常量并等于桁架弦杆间的距离，并且此内力臂不随配筋量而变化。采用桁架模型和斜弯理论都可推导出抛物线型的弯扭相关曲线。桁架模型能准确计算扭矩，因为该模型采用了正确的扭转内力臂；斜弯理论中若采用合适的内力臂则对于纯弯情况是准确的。在此基础上可推导出与试验结果符合较好的下列相关曲线。

当纵筋的屈服发生在弯曲受拉边时，相关曲线为

$$\left(\frac{T_u}{T_{u0}}\right)^2 = r\left(1 - \frac{M_u}{M_{u0}}\right)$$

当纵筋的屈服发生在弯曲受压边时,相关曲线为

$$\left(\frac{T_u}{T_{u0}}\right)^2 = 1 + r\frac{M_u}{M_{u0}}$$

式中 T_u,M_u——极限扭矩和极限弯矩;

        T_{u0},M_{u0}——纯扭时的极限扭矩和纯弯时的极限弯矩;

        r——受拉筋屈服力与受压筋屈服力之比,按下式计算。

$$r = \frac{A_s f_y}{A'_s f'_y} \tag{5-43}$$

纵筋的屈服发生在弯曲受拉边或受压边时的相关曲线如图 5-12 所示。在受压钢筋受拉屈服的区段,弯矩的增加能减小受压钢筋所受的拉力,从而能延缓受压钢筋的受拉屈服,使抗扭承载力得到提高。在受拉钢筋屈服的区段,弯矩的增加只会加速受拉筋的屈服,从而减小受扭承载力。显然,这些关系都是在破坏始于钢筋屈服的条件下推导出来的。因此,构件的截面不能太小或者配筋不能太多,以保证钢筋屈服前混凝土不至于压坏。

当剪力很小时,我国《混凝土结构设计规范》(GB 50010—2010)规定可不考虑弯矩和扭矩之间的耦合,按纯弯矩和纯扭矩分别计算其抗弯和抗扭承载力。

二、剪扭构件的承载力

由前面的分析可知,受剪和受扭承载力计算公式的形式分别为

$$V_u = V_c + V'_s \tag{5-44}$$

$$T_u = T_c + T_s \tag{5-45}$$

式中 V'_s,T_s——钢筋对抗剪和抗扭的贡献;

        V_c,T_c——混凝土对抗剪和抗扭的贡献。

如果简单把受扭和受剪分别计算,则截面混凝土的作用就被重复考虑了。为避免这种不合理的情况,应考虑混凝土受剪扭复合作用时的相关性。在此基础上,受剪承载力和受扭承载力的计算公式中仍可取混凝土项和钢筋项相叠加的形式。下面进行详细讨论。

1. 分布荷载为主的情况

矩形截面梁受均布荷载作用,以及 I 形和 T 形截面梁受任意荷载作用都属于这种情况。此时式(5-44)和式(5-45)中的钢筋对抗剪的贡献 V_s 和钢筋对抗扭的贡献 T_s 分别取前面抗剪和抗扭公式中的相应项,即

$$V_s = 1.25 f_{yv}\frac{A_{sv}}{s}h_0 \tag{5-46}$$

$$T_s = 1.2\sqrt{\xi}\,\frac{f_{yv}A_{stl}A_{cor}}{s} \tag{5-47}$$

式(5-44)和式(5-45)中 V_c 和 T_c 的表达式中应考虑剪扭相关。试验研究表明,无腹筋构件和有腹筋构件的剪扭相关曲线均服从 1/4 圆的规律,如图 5-13 所示。但是采用 1/4 圆的相关关系会增加计算的复杂性。为了简化计算且与 1/4 圆较为符合,假定混凝土承载力的剪扭相关关系如图 5-13 中的折线所示,并取单独受剪和单独受扭时混凝土的承载力,分别为 $0.7 f_t b h_0$ 和 $0.35 f_t W_t$,则式(5-44)和式(5-45)中 V_c 和 T_c 可分别表示为

$$V_c = 0.7(1.5 - \beta_t)f_t b h_0 \tag{5-48}$$

$$T_c = 0.35\beta_t f_t W_t \tag{5-49}$$

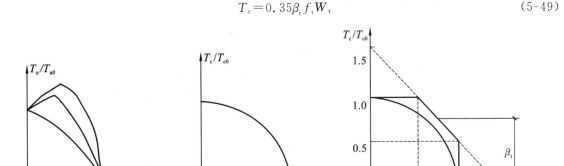

图 5-12　弯剪扭相关曲线　　　　　　图 5-13　混凝土承载力剪扭相关曲线

式中，β_t 为剪扭构件混凝土受扭承载力降低系数。由图 5-22 所示的三折线关系，记 T_c 和 T_{c0} 分别为剪扭构件和纯扭构件的混凝土的受扭承载力，记 V_c 和 V_{c0} 分别为剪扭和无扭矩作用时构件的混凝土的受剪承载力，可得

$\dfrac{V_c}{V_{c0}} \leqslant 0.5$ 时，有

$$\frac{T_c}{T_{c0}} = 1.0 \tag{5-50}$$

$\dfrac{T_c}{T_{c0}} \leqslant 0.5$ 时，有

$$\frac{V_c}{V_{c0}} = 1.0 \tag{5-51}$$

$\dfrac{V_c}{V_{c0}} > 0.5$ 且 $\dfrac{T_c}{T_{c0}} > 0.5$ 时，有

$$\frac{T_c}{T_{c0}} + \frac{V_c}{V_{c0}} = 1.5 \tag{5-52}$$

在式（8-52）中，令

$$\beta_t = \frac{T_c}{T_{c0}} \tag{5-53}$$

则有

$$\frac{V_c}{V_{c0}} = 1.5 - \beta_t \tag{5-54}$$

对式（5-54）略作处理，并引入式（5-53）可得

$$\beta_t = \frac{1.5}{1 + \dfrac{V_c/V_{c0}}{T_c/T_{c0}}} \tag{5-55}$$

在式（5-55）中，取 $T_{c0} = 0.35 f_t W_t$，取 $V_{c0} = 0.7 f_t b h_0$，则得 β_t 的计算公式为

$$\beta_t = \frac{1.5}{1 + 0.5 \dfrac{V_c W_t}{T_c b h_0}} \tag{5-56}$$

按上述公式算出的混凝土受扭承载力降低系数 β_t 的值若小于 0.5 时，则取 $\beta_t = 0.5$，即不考虑扭矩对混凝土受剪承载力的影响。若算出的 β_t 的值大于 1.0 时，则取 $\beta_t = 1.0$，即不考虑剪力

对混凝土受扭承载力的影响。

2. 集中荷载为主的情况

矩形截面独立构件受集中荷载作用时属于这种情况(包括作用有多种荷载,且其中集中荷载对支座截面或节点边缘所产生的剪力值占总剪力值 75% 以上的情况)。此时式(5-44)和式(5-45)中的钢筋对抗扭的贡献 T_s 仍与前述相同。而钢筋对抗剪的贡献 V_s 则相应地取为

$$V_s = f_{yv} \frac{A_{stl}}{s} h_0 \qquad (5-57)$$

式(5-44)和式(5-45)中的 V_c 和 T_c 相应地取

$$V_c = \frac{1.75}{\lambda + 1}(1.5 - \beta_t) f_t b h_0 \qquad (5-58)$$

$$T_c = 0.35 \beta_t f_t W_t \qquad (5-59)$$

式中,β_t 为集中荷载为主时的受扭承载力降低系数。显然 β_t 同样满足式(5-55)。在式(5-55)中,取 $T_{c0} = 0.35 f_t W_t$,取 $V_{c0} = [1.75/(\lambda+1)] f_t b h_0$,则 β_t 的计算公式为

$$\beta_t = \frac{1.5}{1 + 0.2(\lambda + 1) \dfrac{V_c W_t}{T_c b h_0}} \qquad (5-60)$$

三、弯剪扭构件的承载力计算

1. 计算原则

对弯剪扭构件的承载力的计算一般将弯、扭构件分开计算。剪、扭构件应考虑混凝土部分的相关性。对 I 形和 T 形截面,一般可将截面的翼缘视为纯扭构件,截面的腹板视为剪扭构件。

2. 最小配箍率

从理论上来说,弯剪扭构件的最小配箍率应考虑剪扭相互作用的影响,如可取如下的表达式:

$$\rho_{svt,min} = 0.02[1 + 1.75(2\beta_t - 1)]\frac{f_c}{f_{yv}} \geqslant 0.28 \frac{f_t}{f_{yv}} \qquad (5-61)$$

当 $\beta_t < 0.5$ 时,取 $\beta_t = 0.5$,此时式(5-61)给出受剪构件的最小配箍率。当 $\beta_t > 1$ 时,取 $\beta_t = 1$,此时式(5-61)给出受纯扭构件的最小配箍率。

为了简化,并根据实践经验,最小配箍率也可按式(5-62)取用。

$$\rho_{svt,min} = 0.28 \frac{f_t}{f_{yv}} \qquad (5-62)$$

3. 纵筋最小配筋率

弯剪扭构件的纵筋最小配筋率取受弯构件纵筋最小配筋率与受扭构件纵筋最小配筋率之和。其中,受扭构件纵筋最小配筋率取为

$$\rho_{tl,min} = \frac{A_{stl,min}}{bh} = 0.6 \sqrt{\frac{T_u}{V_u b}} \cdot \frac{f_t}{f_y} \qquad (5-63)$$

上式中,当 $T_u/(V_u b) > 2.0$ 时,取 $T_u/(V_u b) = 2.0$;b 为梁截面的腹板宽度。

4. 截面的最大剪扭承载力

弯剪扭构件在破坏时混凝土不首先被压碎,其剪扭承载力应满足以下条件。

(1)当 $h_w/b \leqslant 4$ 时,有

$$\frac{V_u}{bh_0} + \frac{T_u}{0.8W_t} \leqslant 0.25\beta_c f_c \tag{5-64}$$

(2) 当 $h_w/b \leqslant 6$ 时,有

$$\frac{V_u}{bh_0} + \frac{T_u}{0.8W_t} \leqslant 0.2\beta_c f_c \tag{5-65}$$

(3) 当 $4 < h_w/b < 6$ 时,按线性内插法确定。

式中:b 为截面的腹板宽度;h_w 为截面的腹板高度。其中,h_w 对矩形截面取有效高度;对 T 形截面取有效高度减去翼缘高度;对 I 形截面取腹板净高。

5. 截面的最小剪扭承载力

当剪扭钢筋用量小于最小钢筋用量时,截面的剪扭承载力为

$$\frac{V_u}{bh_0} + \frac{T_u}{W_t} = 0.7f_t \tag{5-66}$$

任务 9 弯剪扭构件承载力计算公式的应用

一、基于承载力的构件截面设计

此类问题一般是已知截面尺寸(b、h、h_0 或 b、h、h_0、h_f'、b_f' 或 b、h、h_0、h_f、b_f、h_f'、b_f' 或 b_h、h_h、t_w、t_w')、材料强度(f_c、f_t、f_y、f_{yv})及作用在构件上的弯矩 M、剪力 V 和扭矩 T,求纵筋和箍筋的用量。为了保证构件在给定的外力作用下不发生破坏,应要求截面的抗弯、抗剪、抗扭承载力大于相应的内力,即 $M_u \geqslant M$,$V_u \geqslant V$,$T_u \geqslant T$。根据弯剪扭构件承载力的计算原则,对受弯构件单独进行计算,对扭剪构件应考虑混凝土部分的相关性。下面以矩形截面弯、剪、扭构件为例,介绍截面设计的具体步骤。

(1) 验算截面尺寸:若 $\frac{V}{bh_0} + \frac{T}{0.8W_t} \leqslant (0.2 \sim 0.25)\beta_c f_c$,截面尺寸满足要求,否则应增大截面尺寸。

(2) 验算是否需要计算配置扭剪钢筋:若 $\frac{V}{bh_0} + \frac{T}{W_t} \leqslant 0.7f_t$,可按构造要求(最小配筋率、最小配箍率)配筋,否则应按计算要求配置钢筋。

(3) 计算 β_t。设计时可用 V 和 T 代替式(5-56)和式(5-60)中的 V_c 和 T_c,于是可用这两个公式求 β_t。

(4) 分别按照扭、剪的承载力计算公式,按 $T = T_u$ 及 $V = V$ 的原则求相应的配筋。

(5) 按照单筋矩形截面的设计方法求受弯纵筋的数量。

(6) 分别验算受弯纵筋、受扭纵筋和扭剪箍筋是否大于最小配筋(箍)率。若不满足应按最小配筋(箍)率进行配筋。

(7) 进行截面配筋。

注意:受弯纵筋应布置在弯曲受拉区,受扭纵筋应沿截面周边均匀布置。

例 5-5 构件截面同例 5-2。已知构件承受扭矩 $T = 12$ kN·m,弯矩 $M = 90$ kN·m

以及均布荷载的剪力 $V=90$ kN。求纵筋和箍筋的配置。

解 （1）验算截面限制条件。

$$\frac{V}{bh_0}+\frac{T}{0.8W_t}=\frac{90\,000}{250\times465}+\frac{12\times10^6}{0.8\times1.302\times10^7}=1.926\ \text{N/mm}^2$$

$$<0.25\beta_c f_c=0.25\times1.0\times9.6=2.4\ \text{N/mm}^2$$

故满足条件。

（2）验算是否需计算配置剪扭钢筋。

$$\frac{V}{bh_0}+\frac{T}{W_t}=1.696\ \text{N/mm}^2>0.7f_t=0.7\times1.1=0.77\ \text{N/mm}^2$$

故需要配置抗扭钢筋。

（3）计算抗扭钢筋。

$$\beta_t=\frac{1.5}{1+0.5\dfrac{VW_T}{Tbh_0}}=\frac{1.5}{1+0.5\times\dfrac{90\,000\times1.302\times10^7}{12\times10^6\times250\times465}}=1.056>1.0$$

故取 $\beta_t=1.0$，即不考虑剪力对混凝土受扭承载力的影响。取 $\xi=1.0$，于是由例 5-2 的结果，有

$$\frac{A_{stl}}{s}=0.240\ \text{mm},\quad A_{stl}=280.80\ \text{mm}^2$$

（4）计算抗剪钢筋。

由式（5-44）、式（5-46）和式（5-48），根据 $V=V_u$ 有

$$V=0.7(1.5-\beta_t)f_t bh_0+1.25 f_{yv}\frac{A_{sv}}{s}h_0$$

从而

$$\frac{A_{sv}}{s}=\frac{nA_{svl}}{s}=\frac{V-0.7(1.5-\beta_t)f_t bh_0}{1.25 f_{yv}h_0}$$

$$=\frac{90\,000-0.7\times(1.5-1.0)\times1.1\times250\times465}{1.25\times270\times465}=0.288$$

取 $n=2$，则

$$\frac{A_{svl}}{s}=\frac{0.288}{2}=0.144$$

（5）计算抗弯纵向钢筋。

按单筋矩形截面，有

$$f_c bx=f_y A_s,\quad M=f_c bx\left(h_0-\frac{1}{2}x\right)$$

代入数据，得

$$9.6\times250x=300A_s$$

$$90\times10^6=9.6\times250x\times(465-0.5x)$$

解得

$$x=89.20\ \text{mm},\quad A_s=713.61\ \text{mm}^2$$

（6）总的纵筋和箍筋用量。

① 总的纵筋和箍筋用量计算值。

$$顶部纵筋截面积=\frac{1}{3}A_{stl}=\frac{280.80}{3}\ \text{mm}^2=93.60\ \text{mm}^2$$

中部纵筋截面积＝93.60 mm²

$$底部纵筋截面积=\frac{1}{3}A_{stl}+A_s=(93.60+713.61)\ mm^2=807.21\ mm^2$$

$$箍筋的用量=\frac{A_{stl}}{s}+\frac{A_{svl}}{s}=(0.240+0.144)\ mm=0.384\ mm$$

② 验算最小配筋率。

$$A_{s,min}=0.002bh=0.002\times250\times500=250\ mm^2$$

$$\frac{45f_t}{100f_y}bh=\frac{45\times1.1}{100\times300}\times250\times500\ mm^2=206.3\ mm^2$$

所以,受弯纵筋最小配筋面积为 250 mm²＜A_s=713.61 mm²,故满足条件。

在式(5-63)中分别用 T 和 V 代替 T_u 和 V_u 有

$$A_{stl,min}=0.6\sqrt{\frac{T}{Vb}}\cdot\frac{f_t}{f_y}\cdot bh=0.6\times\sqrt{\frac{12}{90\times0.25}}\times\frac{1.1}{300}\times250\times500=200.83\ mm^2$$

此受扭纵筋分三层配置,每层为 200.83/3 mm²=66.94 mm²＜93.60 mm²,故满足条件。

验算剪扭箍筋最小配箍率:

$$\frac{A_{sv}}{bs}=\frac{2}{b}\left(\frac{A_{stl}}{s}+\frac{A_{svl}}{s}\right)=\frac{2}{250}\times0.384=0.003\ 072$$

$$>0.28\frac{f_t}{f_{yv}}=0.28\times\frac{1.1}{270}=0.001\ 141,故满足条件。$$

最小配筋率全部满足,可按计算和构造要求配筋。

③ 配筋。

顶部纵筋取 2Φ10(面积为 157 mm²),中部纵筋也取 2Φ10,底部纵筋取 4Φ16(面积为 804 mm²,误差小于 5%)。箍筋用Φ8(单肢面积 50.3 mm²),间距 $s=\frac{50.3}{0.384}=130.99$ mm,取 $s=125$ mm,即箍筋为Φ8@125。截面的配筋如图 5-14 所示。

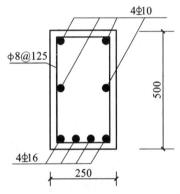

图 5-14 例 5-5 配筋图

二、既有弯剪扭构件的承载力计算

此类问题一般是已知截面尺寸(b、h、h_0 或 b、h、h_0、h'_f、b'_f或 b、h、h_0、h_f、b_f、h'_f、b'_f或 b_h、h_h、t_w、t'_w)、材料强度(f_c、f_t、f_y、f_{yv}),荷载的作用方式,求 M_u、V_u、T_u。下面以矩形截面构件为例来介绍,具体计算步骤如下。

(1) 根据配筋情况确定抗弯和抗扭纵筋:A_s 和 A_{stl}。

(2) 根据抗弯纵筋 A_s 确定截面的抗弯承载力 M_u。

(3) 选定 ξ 值。由 ξ 的计算公式确定抗扭箍筋 A_{stl}。

(4) 根据总的箍筋用量和已确定的 A_{stl} 确定抗剪箍筋 A_{stl}。

(5) 假定 β_t,0.5≤β_t≤1.0。

(6) 由式(5-48)和式(5-49)初步求 V_c 和 T_c。

(7) 由式(5-44)和式(5-45)求 V_u 和 T_u。

(8) 验算 $\frac{V_u}{bh_0}+\frac{T_u}{0.8W_t}\leq(0.2\sim0.25)\beta_c f_c$。若不满足应调整计算结果,重新进行计算。

(9) 验算 $A_{stl}\geq0.6\sqrt{\frac{T_u}{V_u b}\frac{f_t}{f_y}}bh$。若不满足,不考虑纵筋对抗扭承载力的贡献重新计算。

(10) 验算 $A_{svt} \geqslant 0.28 \dfrac{f_t}{f_{yv}} bs$。若不满足,则不考虑箍筋对扭剪承载力的贡献重新计算。

例 5-6 已知构件的截面尺寸、材料强度和配筋均同例 5-5,剪力主要由均布荷载引起,求该构件的抗弯、抗扭和抗剪承载力 M_u,T_u 和 V_u。

解 (1)计算 M_u。

由图 5-14 可知

$$A_s = (804-157) \text{ mm}^2 = 647 \text{ mm}^2 > 0.2\% \times bh = 250 \text{ mm}^2$$

$$A_s = (804-157) \text{ mm}^2 = 647 \text{ mm}^2 > 0.45 \frac{f_t}{f_y} bh = 206.3 \text{ mm}^2$$

故满足条件。

由 $9.6 \times 250x = 300 \times 647$,得

$$x = 80.875 \text{ mm}$$

$$\xi_b = \frac{0.8}{1 + \dfrac{f_y}{0.0033 E_s}} = \frac{0.8}{1 + \dfrac{300}{0.0033 \times 2.0 \times 10^5}} = 0.55$$

$$x = 80.875 \text{ mm} < \xi_b h_0 = 0.55 \times 465 = 255.75$$

故满足条件。

$$M_u = f_c bx \left(h_0 - \frac{x}{2} \right) = 9.6 \times 250 \times 80.875 \times \left(465 - \frac{80.875}{2} \right) \text{ N} \cdot \text{mm}$$

$$= 82\,407\,581 \text{ N} \cdot \text{mm} = 82.408 \text{ kN} \cdot \text{m}$$

(2)计算 V_c 和 T_c。

选定 $\xi = 1.3$,由图 5-14 知,$A_{stl} = 3 \times 157 \text{ mm}^2 = 471 \text{ mm}^2$

由 $\xi = \dfrac{f_y A_{stl} S}{f_{yv} A_{stl} u_{cor}}$,得

$$A_{stl} = \frac{f_u A_{stl} s}{f_{yv} u_{cor} \xi} = \frac{300 \times 471 \times 125}{270 \times 1300 \times 1.3} \text{ mm}^2 = 38.708 \text{ mm}^2$$

$A_{svl} = (50.3-38.708) \text{ mm}^2 = 11.592 \text{ mm}^2$,$A_{sv} = 2 \times 11.592 \text{ mm}^2 = 23.184 \text{ mm}^2$

假定 $\beta_t = 1.0$,则

$$V_c = 0.7(1.5-\beta_t) f_t bh_0 = 0.7 \times 0.5 \times 1.1 \times 250 \times 465 \text{ N} = 4476 \times 10^4 \text{ N}$$

$$T_c = 0.35 \beta_t f_t W_t = 0.35 \times 1.0 \times 1.1 \times 1.302 \times 10^7 \text{ N} \cdot \text{mm} = 5.013 \times 10^6 \text{ N} \cdot \text{mm}$$

(3) 求 V_u,T_u。

$$V_u = V_c + V_s = \left(4.476 \times 10^4 + 1.25 \times 270 \times \frac{23.184}{125} \times 465 \right) \text{ N} = 73\,868 \text{ N} = 73.868 \text{ kN}$$

$$T_u = \left(T_c + T_s = 5.013 \times 10^6 + 1.2 \times \sqrt{1.3} \times \frac{270 \times 38.708 \times 90\,000}{125} \right) \text{ N} \cdot \text{mm}$$

$$= 15\,308\,559 \text{ N} \cdot \text{mm} = 15.309 \text{ kN} \cdot \text{m}$$

(4)最大承载力和最小配筋(箍)率验算。

$$\frac{V_u}{bh_0} + \frac{T}{0.8 W_t} = \left(\frac{73868}{250 \times 465} + \frac{15.309 \times 10^6}{0.8 \times 1.302 \times 10^7} \right) \text{ mm}^2 = 2.105 \text{ N/mm}^2$$

$$< 0.25 \beta_c f_c = 0.25 \times 1.0 \times 9.6 \text{ N/mm}^2 = 2.4 \text{ N/mm}^2$$

故满足条件。

$$\frac{T_u}{V_u b} = \frac{15.309 \times 10^6}{73\ 868 \times 250} = 0.829$$

$$A_{stl} = 471\ \text{mm}^2 > 0.6 \times \sqrt{0.829} \times \frac{1.1}{300} \times 250 \times 500\ \text{mm}^2 = 250\ \text{mm}^2$$

故满足条件。

$$A_{svt} = 100.6\ \text{mm}^2 > 0.28 \times \frac{1.1}{270} \times 250 \times 125\ \text{mm}^2 = 35.6\ \text{mm}^2$$

故满足条件。

将其与例 5-5 的结果进行比较发现,由于例 5-5 中的实际抗扭纵筋的用量大于计算抗扭纵筋的用量,因此本例中计算获得的实际配筋构件的抗扭承载力大于例 5-5 中的扭矩。相应的抗剪承载力低于例 5-5 中的剪力。另外,由于 ξ 和 β_t 的值均是任意选定的,因此本例求出的 V_u 和 T_u 不是唯一解。

任务 10 有轴向力作用时构件扭曲截面的承载力计算

一、轴向压力、弯矩、剪力和扭矩共同作用下矩形截面构件受剪扭承载力

由图 5-5 所示的受扭构件的裂缝发展情况可知,受扭构件的破坏源于扭剪应力过大而产生的斜裂缝。与受剪构件类似,轴向压力在一定程度上可抑制斜裂缝的发生与发展,但压力过大又会使构件的破坏形态发生变化。试验研究表明,轴向压力对纵筋的应变的影响显著;轴向压力能使混凝土较好的参加工作,同时又能改善裂缝处混凝土的咬合作用和纵向钢筋的销栓作用。因此,在一定程度上,轴向力能提高构件的抗剪承载力。《混凝土结构设计规范(2015 年版)》(GB 50010—2010)考虑了这一有利因素,提出了如下的有轴向压力 N_c 作用时复合受力状态下矩形截面构件受剪扭承载力的计算公式。

$$V_u = (1.5 - \beta_t)\left(\frac{1.75}{\lambda + 1} f_t b h_0 + 0.07 N_c\right) + f_{yv} \frac{A_{sv}}{s} h_0 \tag{5-67}$$

$$T_u = \beta_t\left(0.35 f_t + 0.07 \frac{N_c}{A}\right) W_t + 1.2\sqrt{\xi} f_{yv} \frac{A_{stl} A_{cor}}{s} \tag{5-68}$$

式中 λ——计算截面的剪跨比;

      β_t——按式(5-56)计算,不考虑轴向力的影响;

      N_c——构件所受的轴向压力,若 $N_c > 0.3 f_c A$,取 $N_c = 0.3 f_c A$。

截面设计时,当 $T \leqslant (0.175 f_t + 0.035 N_c/A) W_t$ 时,可以不考虑扭矩的影响。

二、轴向拉力、弯矩、剪力和扭矩共同作用下矩形截面构件受剪扭承载力

与轴向压力的影响效果相反,轴向拉力会削弱构件的受剪扭承载力。考虑到轴向拉力的不利影响,《混凝土结构设计规范(2015 年版)》(GB 50010—2010)提出了如下的有轴向拉力 N_t 作用时复合受力状态下矩形截面构件受剪扭承载力的计算公式。

$$V_u = (1.5 - \beta_t)\left(\frac{1.75}{\lambda + 1} f_t b h_0 - 0.2 N_t\right) + f_{yv} \frac{A_{sv}}{s} h_0 \tag{5-69}$$

$$T_u = \beta_t\left(0.35 f_t - 0.2 \frac{N_t}{A}\right) W_t + 1.2\sqrt{\xi} f_{yv} \frac{A_{stl} A_{cor}}{s} \tag{5-70}$$

计算 β_t 时不考虑轴向拉力的影响。当式(5-69)右边的计算值小于 $f_{yv}\dfrac{A_{sv}}{s}h_0$ 时,取 $f_{yv}\dfrac{A_{sv}}{s}$ h_0;当式(8-70)右边的计算值小于 $1.2\sqrt{\xi}f_{yv}\dfrac{A_{stl}A_{cor}}{s}$ 时,取 $1.2\sqrt{\xi}f_{yv}\dfrac{A_{stl}A_{cor}}{s}$。

项目小结

由于混凝土是弹塑性材料,故纯扭构件的开裂扭矩可按塑性理论的计算结果乘以小于1的系数得到。

根据受扭箍筋和受扭纵筋的配筋量不同,受扭构件的破坏形式分为适筋破坏、少筋破坏、超筋破坏及部分超筋破坏。为了防止少筋和超筋破坏,应分别满足受扭钢筋的最小配筋率和截面限制条件。对于部分超筋破坏,《混凝土结构设计规范(2015年版)》(GB 50010—2010)通过控制受扭纵筋和箍筋的配筋强度比来控制;对于适筋破坏则通过设计计算来避免。对于弯剪扭构件,其纵向钢筋根据弯扭构件的计算配置,而箍筋则按剪扭构件的计算配置。

受扭箍筋必须做成封闭式,其末端135°弯钩后的直线段长度不应小于 $10d$,且应符合箍筋最小直径和最大间距等构造要求。受扭纵筋应沿截面周长均匀布置,同时应符合梁中纵向受力钢筋的有关构造要求。

(1) 在实际工程中哪些构件中有扭矩作用?

(2) 矩形截面纯扭构件从加荷直至破坏的过程分哪几个阶段? 各有什么特点?

(3) 矩形截面纯扭构件的裂缝与同一构件的剪切裂缝有哪些相同点和不同点?

(4) 矩形截面纯扭构件的裂缝方向与作用扭矩的方向有什么对应关系?

(5) 纯扭构件的破坏形态和破坏特征是什么?

(6) 什么是平衡扭转? 什么是协调扭转? 试举出各自的实际例子。

(7) 矩形截面受扭塑性抵抗矩 W_t 是如何导出的? 对T形和I形截面如何计算 W_t?

(8) 什么是配筋强度比? 配筋强度比的范围为什么要加以限制? 配筋强度比不同时对破坏形式有何影响?

(9) 矩形截面纯扭构件的第 l 条裂缝出现在什么位置?

(10) 高强混凝土纯扭构件的破坏形式与普通混凝土纯扭构件的破坏形式相比有何不同?

(11) 拐角脱落破坏形式的机理是什么? 如何防止出现这种破坏形式?

(12) 什么是部分超配筋构件?

(13) 最小抗扭钢筋量应依据什么确定?

(14) 变角空间桁架模型的基本假定有哪些?

(15) 弯扭构件的抗弯-抗扭承载力相关曲线是怎样的? 它随纵筋配置的不同如何变化?

(16) 抗扭承载力计算公式中的 β_t 的物理意义是什么? 其表达式表示了什么关系? 此表达式的取值考虑了哪些因素?

(17) 受扭构件中纵向钢筋和箍筋的布置应注意什么?

(18) 受扭箍筋和受剪箍筋的受力情况和构造要求是否相同? 为什么?

(19) 轴向压力和轴向拉力对复合受力构件的剪扭承载力各有何影响？为什么？

(20) 已知一矩形截面弯剪扭构件，$b \times h = 250 \text{ mm} \times 600 \text{ mm}$，$h_0 = 565 \text{ mm}$，$b_{cor} \times h_{cor} = 200 \text{ mm} \times 550 \text{ mm}$，承受正弯矩设计值 $M = 260 \text{ kN} \cdot \text{m}$，剪力设计值 $V = 200 \text{ kN}$，扭矩设计值 $T = 20 \text{ kN} \cdot \text{m}$；采用 C30 混凝土，$f_c = 14.3 \text{ N/mm}^2$，$f_t = 1.43 \text{ N/mm}^2$；纵筋采用 HRB335 级钢筋 $f_y = 300 \text{ N/mm}^2$，箍筋采用 HPB235 级钢筋 $f_{yv} = 210 \text{ N/mm}^2$，求该截面的配筋。

(21) 有一矩形截面雨棚梁，宽 360 mm，高 240 mm，承受负弯矩设计值 $M = -30 \text{ kN} \cdot \text{m}$，剪力设计值 $V = 45 \text{ kN}$，扭矩设计值 5.3 kN · m，环境类别为一类，混凝土强度等级为 C25，$f_c = 11.9 \text{ N/mm}^2$，$f_t = 1.27 \text{ N/mm}^2$，纵筋和箍筋都采用 HRB335 级钢筋 $f_y = 300 \text{ N/mm}^2$，求配筋。（提示：计算 W_t 时应取 $b = 240 \text{ mm}$，$h = 360 \text{ mm}$。）

(22) 有一矩形截面框架边梁，$b \times h = 400 \text{ mm} \times 500 \text{ mm}$，支座截面承受负弯矩设计值 $M = -180 \text{ kN} \cdot \text{m}$，剪力设计值 $V = 130 \text{ kN}$，抗扭设计值 $T = 50 \text{ kN} \cdot \text{m}$，钢筋保护层厚度 $C = 25 \text{ mm}$，混凝土强度等级为 C30，纵筋采用 HRB400 级钢筋 $f_y = 360 \text{ N/mm}^2$，箍筋采用 HRB335 级钢筋，$f_y = 300 \text{ N/mm}^2$，求截面配筋。

项目 6 预应力混凝土构件

学习目标

知识目标

（1）了解预应力混凝土的相关基本知识。

（2）掌握预应力混凝土的张拉控制预应力与预应力损失知识。

（3）熟悉预应力混凝土构件的构造要求。

能力目标

（1）了解预应力混凝土的相关基本知识。

（2）掌握预应力混凝土的张拉工艺及要求。

（3）掌握预应力混凝土的构件的构造要求。

知识链接

对于大多数构件来说，提高材料强度可以减少截面尺寸，节约材料和减轻构件自重，这是降低工程造价的重要途径。但是，在普通钢筋混凝土构件中，提高钢筋的强度却收不到预期的效果。这是因为混凝土出现裂缝时的极限拉应变将会变得很小，仅为 $0.1 \times 10^{-3} \sim 0.15 \times 10^{-3}$。

因此，使用不允许开裂的构件，受拉钢筋的应力仅为 $20 \sim 30 \text{ N/mm}^2$。即使使用允许开裂的构件，当裂缝宽度达到最大限度 $W_{lim} = 0.2 \sim 0.3 \text{ mm}$ 时，钢筋的应力也不过达到 250 N/mm^2 左右。由此可见，在普通钢筋混凝土构件中采用高强度钢筋是不能充分发挥其作用的。另一方面，通过增强混凝土强度等级来增加其极限拉应变的作用也极其有限。

钢筋混凝土构件最大缺点就是抗裂性能差，预应力混凝土是改善构件抗裂性能的有效途径。为了充分发挥高强度钢筋的作用，提高构件的承载能力及构件的刚度和抗裂度，在工程中，一般采用预应力混凝土构件。所谓预应力混凝土构件是指在结构承受外荷载之前,预先对混凝土受拉区施加压力(一般由配置受力的预应力钢筋,通过张拉或其他方法建立预加应力),由此产生预压应力来抵消或减小外荷载产生混凝土拉应力的混凝土构件,使其在正常使用情况下不裂或开裂得较晚(裂缝宽度较小)。

由此可见,采用预应力结构有以下几个方面原因。

(1)要求控制裂缝等级。普通钢筋混凝土构件抗裂性能较差,在正常使用情况下往往会开裂,甚至会产生较宽的裂缝。采用预应力混凝土结构能够满足这种要求(不出现裂缝或裂缝宽度不超过允许的极限值)。

(2)要求结构为高强度轻质材料,以减小截面,减轻自重。在工程结构中,特别是对大跨度及承受重型荷载的构件,应采用预应力混凝土结构,以提高刚度、减小截面、降低造价、减少变形和对裂缝加以控制,并能充分发挥高强度材料的作用。

(3)要求控制构件的刚度和变形。有些结构物对于变形控制亦有较高要求,如工业厂房中的吊车梁,桥梁中的大跨度梁式构件等,采用预应力结构可以提高抗裂度或减小裂缝宽度,变形也易于控制。同时,由于预加压力的偏心作用而使构件产生的反拱,还可以抵消或减小使用荷载所产生的变形。

下面以简支梁为例,说明预应力混凝土的工作原理。

梁承受荷载以前,预先在荷载作用下的受拉区施加一对大小相等、方向相反的压力,在这一对偏心压力作用下,梁的下边缘将产生预压应力,梁的上边缘将产生预拉应力(或预加应力)。设梁的跨中截面正应力图形如图 6-1(a)所示,梁承受荷载后,跨中截面正应力图形如图 6-1(b)所示。显然,将图 6-1(a)和(b)的正应力图形进行叠加就得到梁的最后跨中截面应力图形,如图 6-1(c)所示。由于两种应力图形符号相反,所以叠加后的受拉区边缘的拉应力将大大减小。若拉应力小于混凝土的抗拉强度,则梁不会开裂,若超过混凝土的抗拉强度,梁虽然开裂,但裂缝宽度较未施加预应力的梁会小得多。

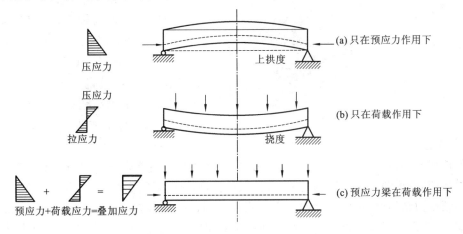

图 6-1　预应力混凝土梁的工作原理

由此可见,预应力混凝土构件具有以下优点。

(1)可以提高构件的抗裂度,容易满足裂缝规定的限值。

(2)可以充分发挥高强度钢筋和高强度混凝土的作用。

(3)由于提高了构件的抗裂度,从而构件刚度也获得了提高。

(4)改善了混凝土结构的受力性能,为大跨度混凝土结构的应用提供了可能性。

任务 1 预应力混凝土的材料及张拉工具

一、预应力混凝土材料

预应力技术应用近百年来,预应力结构应用的材料取得了很大进展。预应力混凝土结构材料主要分为预应力筋、混凝土及锚固系统等。

1. 预应力筋

预应力筋应具有较高的强度,才有可能在混凝土中建立起比较高的张拉应力,使得预应力混凝土构件的抗裂能力得以提高。同时,预应力筋必须具有一定的塑性,以保证在低温或冲击荷载作用下能可靠地工作。此外,预应力筋还需要具有良好的可焊性和墩头等加工性能。目前我国常用的预应力钢筋主要包括:预应力钢丝、钢绞线和预应力螺纹钢筋等三大类。同时,非钢材预应力筋也得到了很大发展。

1) 预应力钢丝与钢绞线

预应力钢丝是指现行国家标准《预应力混凝土用钢丝》(GB/T 5223—2014)中规定的用拉力或消除应力的低松弛光圆、螺旋肋和刻痕钢丝。冷拉钢丝是指用盘条通过拔丝或轧辊经冷加工而成的产品,以盘卷供货的钢丝。消除应力钢丝是指按下述一次性连续处理方法之一生产的钢丝:①钢丝在塑性变形下(轴应变)进行的短时热处理,得到的应是低松弛钢丝;②钢丝通过矫正工序后在适当温度下进行的短时热处理,得到的应是普通松弛钢丝。《混凝土结构设计规范》规定选用中强度预应力钢丝和消除应力钢丝。

图 6-2 钢绞线

钢绞线是由多根高强度钢丝以另一根直径稍粗的钢丝为轴心,用绞盘按同一个方向绞丝而成,如图 6-2 所示。常用的是由 7 根 $\phi 4$ 或 $\phi 5$ 钢丝绞成。经绞制的钢丝呈螺旋形,其弹性模量比单根钢丝要低。钢绞线与混凝土黏结较好,比钢筋及钢丝束柔软,运输及施工方便,先张法与后张法均可使用,但多用于后张法的大型构件中。

钢筋徐变与松弛变形是与时间有关的函数,是钢材塑性性能表现。钢筋徐变是在钢筋应力不变情况下,其变形随时间增加的现象;松弛是在钢筋长度不变情况下,其应力随着时间降低的现象。预应力结构中,预应力徐变发生在张拉至锚固这段较短的时间内,通过适当的超张拉就可克服,因此影响不大。松弛发生在钢筋张拉锚固以后,会引起预应力损失,影响较大。

目前,高强钢丝与钢绞线的发展方向是高强度、低松弛以及大直径、大束。为了提高预应力钢材的耐久性与防腐蚀性,又开发出了高强度镀锌钢丝和采用环氧涂层的钢绞线。

2) 预应力螺纹钢筋

预应力螺纹钢筋的各种性能按现行国家标准《预应力混凝土用螺纹钢筋》(GB/T 20065—2016)的规定给出。其直径一般为 18 mm、25 mm、32 mm、40 mm、50 mm 等。

预应力混凝土用螺纹钢筋以屈服强度划分级别,其代号为"PSB"加上规定屈服强度最小值。

例如，PSB 830 表示屈服强度最小值为 830 MPa 的钢筋。钢筋的公称直径为 18～50 mm。

3）无黏结预应力筋

无黏结预应力筋特点是构件中预应力筋始终没有与其周围混凝土黏结在一起，在构件变形时无黏结应力筋可以在孔道内自由滑动。制作无黏结预应力筋时，先将要求的数根钢丝编束，然后涂以防腐润滑油脂，再在外围包裹塑料套管。这样，在铺设钢筋时，同时铺设无黏结预应力筋，浇捣混凝土，待混凝土硬化达到设计强度后即可直接张拉锚固。

4）非钢材预应力筋

在某些环境下预应力构件对抗腐蚀性要求很高，如海港工程，在这些环境下使用预应力钢筋构件就不能很好地满足抗腐蚀要求，因此近年来非钢材预应力筋得到了较快发展。非钢材预应力筋主要是纤维加劲塑料，各种纤维加劲塑料表面形态可以是光滑、螺纹形或网状表面，截面形状包括棒形、绞线形及编织物形等。

预应力混凝土对预应力筋的要求如下。

（1）强度高。强度越高，可建立的预应力越大。构件在制作和使用过程中，预应力筋将出现各种应力损失。如果钢筋强度不高，则达不到预期的预应力效果。

（2）与混凝土间有足够的黏结强度。在先张法构件中预应力筋与混凝土之间必须有较高的黏结自锚强度，若采用光面高强钢丝，表面应经过"刻痕"或"压波"等措施处理后方可使用。

（3）具有足够塑性。钢材强度越高，其塑性越低。塑性用拉断钢筋时的伸长率来度量，即要求具有一定伸长率以保证不发生脆性断裂。当构件处于低温或受到冲击荷载作用时，更应注意塑性和抗冲击韧性的要求。

（4）具有良好的加工性能，以满足对钢筋焊接、墩粗的加工要求。

2．混凝土

预应力混凝土构件中，对混凝土有下列要求。

1）轻质，高强

预应力混凝土结构的预应力钢筋强度一般都比较高，因此对混凝土的要求也比较高。混凝土强度越高，不仅会减少混凝土结构的用量，减轻自重，而且施加的预应力也可以越大，有利于控制构件的裂缝及变形，并能减小由于混凝土徐变引起的预应力损失。《混凝土结构设计规范》规定：预应力混凝土结构的混凝土强度等级不宜低于 C40，且不应低于 C30。

混凝土减轻自重的主要途径是采用轻质集料。采用轻质集料混凝土的密度可以降至 10～20 N/mm³。轻质集料原料大致有三种：①天然轻集料，如火山渣和多孔凝灰岩；②工业废料轻集料，如矿渣、粉煤灰等；③人工轻集料，如珍珠岩经过加工而成的材料等。

2）收缩，徐变小

预应力结构中控制截面混凝土受力从预压到消压甚至受拉直至开裂，其受力幅度比较宽。对于全预应力混凝土，构件长期处于压应力状态，徐变的影响较为严重，这就要求混凝土由于徐变产生的变形要尽量少，而且要比较稳定，减少预应力损失。

3）快硬，早强

由于预应力构件施工工期的要求，希望混凝土快硬、早强，尽快能施加预应力，提高施工效率。

二、预应力筋的锚具与夹具

锚具和夹具是锚固及张拉预应力筋时所用的工具，是保证预应力混凝土施工安全、结构可靠的关键性设备。一般在构件制成后能够取下并重复利用的称为夹具(或称为工具锚)。留在构件端部,与构件连成一个整体共同受力,不再取下的称为锚具(或叫工作锚)。对锚具的要求应保证安全可靠,其本身应有足够的强度及刚度,使预应力筋尽可能不产生滑移,以保证预应力得到可靠传递,减少预应力损失,并尽可能使构造简单,节省钢材及造价。先张法预应力结构中,张拉钢筋时要用张拉夹具夹住钢筋,张拉完毕后要用锚固夹具将钢筋临时锚固在台座上。后张法预应力结构中则要用锚具来张拉及锚固钢筋,这种锚具是永久性的锚固装置。

锚具形式很多,选择哪一种锚具与构件外形、预应力筋品种、规格和数量有关,同时还要与张拉设备相配套。从不同角度来分类,可将锚具分为以下几种。

(1) 按所锚固的预应力筋类型来分类,可分为锚固粗钢筋的锚具、锚固平行钢筋(丝)束的锚具及锚固钢绞线束的锚具等几种。对于粗钢筋,一般是一个锚具锚住一根钢筋,对于钢丝束和钢绞线,则一个锚具须同时锚住若干根钢丝或钢绞线。

(2) 按锚固和传递预拉力的原理来分类,可分为依靠承压力的锚具,依靠摩擦力的锚具及依靠黏结力的锚具等几种。

下面介绍几种常用的锚具形式。

1) 夹片式锚具

夹片式锚具主要由垫板、锚环和夹片等组成,根据所锚固的钢绞线的根数,锚环上设有不同数量的锥形圆孔。每个孔中由 2 片(或 3 片)夹片组成的楔形锚塞夹持 1 根钢绞线,按楔子的作用原理,在钢绞线回缩时将其拉紧,从而达到锚固的目的。

目前,国内常用的夹片式锚具有 QM、XYM 和 XM 等型号。如图 6-3 所示为 XYM 型夹片式锚具的示意图。夹片式锚具主要用于锚固 $7\phi4(d=12.7\text{ mm})$ 和 $7\phi5(d=15.2\text{ mm})$ 的预应力钢绞线,与张拉端锚具配套的还有固定端锚具。

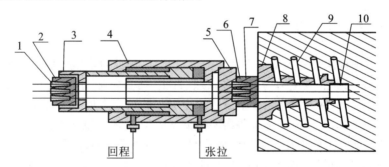

图 6-3 XYM 型夹片式锚具图

1—工具夹片;2—工具锚环;3—过渡套;4—千斤顶;5—限位板;6—工作夹片;
7—工作锚环;8—锚垫板;9—螺旋筋;10—波纹管

2) 墩头锚具

墩头锚具由锚杯、锚圈和墩头组成,如图 6-4 所示。其工作原理是将预应力筋穿过锚杯的孔眼后,用墩头机将钢丝或钢筋端部镦粗,再将千斤顶拉杆旋入锚杯内螺纹,然后进行张拉。当锚杯和钢丝或钢筋一起伸长达到设计值时,将锚圈旋向构件直至顶紧构件表面,这样预应力筋的拉力通过锚圈传向构件。固定端的墩头锚具的构造示意图如图 6-4 所示。

3) 螺丝杆锚具

在单根预应力筋一端对焊一根短螺丝杆,再套以垫板和螺帽形成螺丝杆锚具,如图 6-5 所示,张拉时将张拉设备与螺丝杆相连,张拉终止时旋紧螺帽,将预应力钢筋锚固在构件上。这种锚具适用于锚固粗的预应力钢筋。

螺丝杆锚具构造简单,操作方便,安全可靠,适用于小型预应力混凝土构件的制作。

4) YJM 型锚具

YJM 型锚具是由带有锥形内孔锚环和一组合成锥形夹片组成,夹片数量与被锚固钢筋数量相等。每组锚具可锚固 3～6 根 $\phi12$ 光圆钢筋、$\phi12$ 螺纹钢筋或 $7\phi4$、$7\phi5$ 钢绞线,如图 6-6 所示。

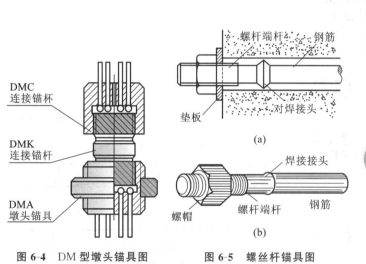

图 6-4 DM 型墩头锚具图   图 6-5 螺丝杆锚具图

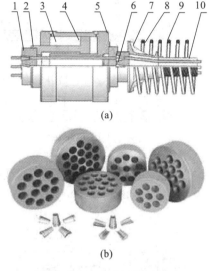

图 6-6 YJM 型锚具
1—工具夹片;2—工具环;3—活塞;4—油缸;
5—限位板;6—工作夹片;7—工作锚环;
8—锚垫板;9—螺旋筋;10—钢绞线

任务 2 张拉控制应力的方法

一、施加预应力的方法

混凝土施加预应力,一般通过张拉钢筋,利用受张拉钢筋回弹来挤压混凝土,使得混凝土受到预压应力,根据张拉钢筋与混凝土浇筑的先后关系,分为先张法和后张法两种。

1. 先张法

先张拉钢筋,后浇筑混凝土的方法称为先张法,如图 6-7 所示。先张法主要工序为:在台座(或钢模)上张拉钢筋至预定长度→将预应力筋临时固定在台座(或钢模)上→支模、绑扎一般钢筋(非预应力筋)→浇筑混凝土→待混凝土达到一定强度后(约为设计强度的 75% 以上),切断或放松钢筋→利用钢筋弹性回缩挤压混凝土,使构件受到预应力。先张法是通过钢筋与混凝土间的黏结力来传递预应力的。

2. 后张法

先浇筑混凝土并预留孔道,待混凝土结硬后在构件上张拉钢筋的方法称为后张法,如图 6-8

所示。后张法主要工序为:浇筑混凝土构件,并在构件中预留孔道(直线形或曲线形)→待混凝土达到预期强度(不宜低于设计强度的75%)后,将预应力筋穿入孔道,利用构件本身作为受力台座进行张拉(一端锚固,另一端张拉或两端同时张拉),同时对混凝土构件进行预压→张拉完毕后,将张拉端钢筋用工作锚具固定在构件上(此种锚具将永远留在构件内),使构件保持预压状态→在孔道内进行压力灌浆,使预应力钢筋与孔壁之间产生黏结力。后张法是通过构件两端的工作锚具来施加预应力的。

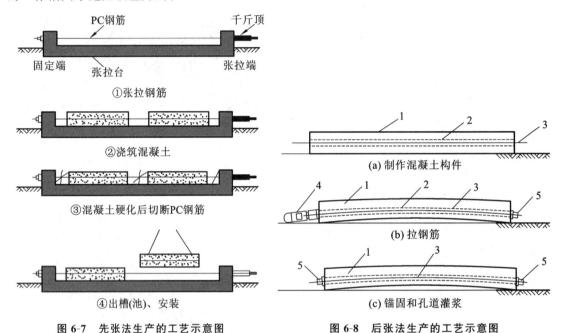

图 6-7　先张法生产的工艺示意图

图 6-8　后张法生产的工艺示意图
1—混凝土构件;2—预留孔道;3—预应力钢筋;
4—千斤顶;5—锚具

先张法与后张法相比,二者的特点介绍如下。

(1)先张法工艺比较简单,不需要永久性工作锚具,但是需要台座(或钢模)设施,适用于在预制构件厂成批生产配直线预应力筋的中小型构件,其优点为生产效率高,施工工艺及程序较简单。

(2)后张法工艺较为复杂,需要对每个构件安装永久性的工作锚具,耗钢量较大且成本较高,但是不需要台座,适用于在现场成型的大型构件、在现场分阶段张拉的大型构件以至整个结构,后张法的预应力筋可按照设计需要做成曲线或折线形状以适应荷载的分布状况。采用后张法预应力筋布置灵活,施加预应力时可以整束张拉,也可以单根张拉。

二、预应力混凝土分类及裂缝控制

1.预应力混凝土分类

根据制作、设计和施工的特点,预应力混凝土可以分为以下几种类型。

1)按施工方法分类

根据张拉钢筋与混凝土浇筑的先后顺序不同,分为先张法和后张法。

2)根据预应力混凝土构件被施加预应力程度分类

• Ⅰ级——全预应力混凝土:在全部荷载效应最不利组合作用下,混凝土不出现拉应力。

- Ⅱ级——有限预应力混凝土:在全部荷载效应最不利组合作用下,混凝土允许出现低于抗压强度的拉应力;在长期持续荷载效应作用下,不得出现拉应力。
- Ⅲ级——部分预应力混凝土:在全部荷载效应最不利组合作用下,混凝土允许开裂,但是裂缝宽度不超过规定值。
- Ⅳ级——普通钢筋混凝土。

3)根据预应力度分类

《部分预应力混凝土结构设计建议》按照预应力度将混凝土结构划分为全预应力混凝土结构、部分预应力混凝土结构和钢筋混凝土结构三类。其中,部分预应力包括国际分类法的Ⅱ级有限预应力混凝土和Ⅲ级部分预应力混凝土。

在预应力混凝土发展初期,设计时要求在全部使用荷载作用下,全部纵向钢筋均加以张拉,张拉时钢筋应力较高;混凝土永远处于受压状态,且不允许出现拉应力,即要求为"全预应力混凝土",常应用于抗裂性能或抗腐蚀性能要求较严的结构,如吊车梁、核电站安全壳或其他处于严重侵蚀环境中的结构。但实践表明,这虽然对提高构件抗裂性是有利的,但有以下缺点。

(1)要求对构件施加预应力较大,徐变损失大。

(2)所需设备费用较高。

(3)对梁这类构件,由于在拉区施加预应力,一旦可变荷载不存在时,可能产生过大反拱,导致地面、桥面不平等问题。

部分预应力混凝土结构是介于全预应力混凝土结构和钢筋混凝土结构二者之间广阔领域的预应力混凝土结构。而部分预应力混凝土结构又分为 A 类构件和 B 类构件。A 类构件是指在正常使用极限状态构件预压受拉区混凝土的正截面拉应力不超过规定的限值。B 类构件则是指混凝土正截面拉应力允许超过规定的限值,但当出现裂缝时,其裂缝宽度不超过允许的限值。

对于抗裂要求不太高结构则可以采用部分预应力混凝土,预应力混凝土中不仅可以允许出现拉应力,甚至可允许出现宽度不超过限值裂缝。有时在最不利荷载效应组合(包括长、短期作用荷载)作用下出现裂缝,而在长期荷载效应作用下,裂缝还可以重新闭合。与钢筋混凝土相比,在正常使用状态下,部分预应力混凝土结构一般是不出现裂缝,即使在偶然最大荷载出现时,混凝土梁会开裂,但当荷载移除后,裂缝就能很快闭合。尽管与全预应力混凝土相比,其抗裂性较低,刚度较小,部分预应力混凝土构件仍是目前预应力混凝土结构的一种发展趋势。

4)有黏结预应力和无黏结预应力

有黏结预应力是指预应力筋全长其周围均与混凝土黏结,握裹在一起的预应力混凝土结构。先张法预应力结构及预留孔道穿筋压浆的后张预应力结构均属此类。

无黏结预应力是指预应力筋伸缩、滑动自由,不与周围混凝土黏结的预应力混凝土结构,其通常与后张预应力工艺相结合。

传统的有黏结预应力混凝土当采用曲线配筋时,尤其是对于超静定预应力混凝土结构采用后张法施工时,预应力筋预留和张拉后孔道灌浆都比较困难和麻烦。因此,一种无需预留孔道、无需灌浆、完全靠锚固传递预压力的无黏结预应力混凝土结构从传统的后张预应力方法中衍生出来。

无黏结预应力混凝土构件采用工厂专门制作的无黏结钢绞线,这种钢绞线是在普通钢绞线外表涂一层油脂,然后外包一层 0.8 mm 厚的塑料套管(PE 管),使套管和钢绞线之间可以相对滑动。制作时只需要将这种无黏结钢绞线像普通钢筋一样放入模板内,浇筑混凝土并在结硬以后再张拉钢绞线,张拉完毕后不必压力灌浆。采用这种方法施工相当方便,但是钢绞线极限应力比有黏结情况略低。无黏结预应力混凝土的优点是:①无需预留孔道,无需灌浆,因此施工简便,工期短,造价也较低;②预应力筋不仅可以更换还可以单独防腐,其今后将会更加广泛地应用于实际工程中。

无黏结预应力混凝土有两种形式。一种是预应力筋仍可设置在混凝土体内,但与混凝土没有黏结在一起,预应力筋在孔道两个锚固点间可以自由滑动,因此,无黏结预应力筋在混凝土梁体中实际上起着拉杆的作用。其受力具有内部超静定结构特性,这种形式主要用于房屋结构。另一种是预应力筋设置在混凝土体外,也称为体外无黏结预应力混凝土。这种形式施工最简便,多用于桥梁结构与跨径较大房屋结构,用于箱型结构最合适。

2. 预应力混凝土结构裂缝控制等级

《混凝土结构设计规范》(GB 50010—2010)根据结构构件是在室内正常环境中工作还是在露天或室内高湿度环境中工作,将采用预应力钢丝、钢绞线及预应力螺纹钢筋的预应力混凝土结构构件抗裂性分为严格要求不出现裂缝、一般要求不出现裂缝和允许出现裂缝三类,其裂缝控制等级分别属于一级、二级和三级。

任务 3 张拉控制应力与预应力损失

一、张拉控制应力

张拉控制应力是指在张拉预应力筋时所达到的规定应力,用 σ_{con} 表示。预应力钢筋张拉控制应力的数值应根据设计与施工经验确定。

显然,把张拉控制应力 σ_{con} 取得高些,预应力的效果就会更好一些,这不仅可以提高构件的抗裂性能和减小挠度,而且可以节约钢材。因此,把张拉控制应力 σ_{con} 适当地定高一些是有利的。但是,σ_{con} 并不是取得越高越好,主要原因如下。

(1) 张拉控制应力 σ_{con} 取值越高,即张拉控制应力 σ_{con} 与预应力筋强度设计值 f_{py} 的比值就会越大,就会使出现裂缝时的开裂弯矩与极限弯矩越接近,即构件的延展性越差。构件破坏时挠度很小,没有明显的预兆。

(2) 为了减小预应力的损失,在张拉预应力钢筋时往往采取超张拉的方法,由于钢筋屈服点的离散性,如 σ_{con} 过高,则有可能使得个别钢筋达到甚至超过该钢筋的屈服强度而产生塑形变形。待放松预应力筋时,对混凝土的预压应力会减小,反而达不到预期的预应力效果。对于高强钢丝,由于 σ_{con} 过大,甚至有可能发生脆断。

因此,根据多年来国内外的设计与施工经验,规定预应力钢筋的张拉控制应力 σ_{con} 的最大限值如表 6-1 所示。

表 6-1　张拉控制应力允许值和最大张拉控制应力

钢筋种类	张拉控制应力限值		超张拉最大张拉控制应力
	先张法	后张法	
消除应力钢丝、钢绞线	$0.75f_{ptk}$	$0.75f_{ptk}$	$0.80f_{ptk}$
冷轧带肋钢筋	$0.70f_{ptk}$	—	$0.75f_{ptk}$
精轧螺纹钢筋	—	$0.85f_{pyk}$	$0/95f_{pyk}$

注:f_{ptk} 指根据极限抗拉强度确定的强度标准值;f_{pyk} 指根据屈服强度确定的强度标准值。

消除应力钢丝、钢绞线、中强度预应力钢丝的张拉控制应力不应小于 $0.4f_{ptk}$；预应力螺纹钢筋的张拉控制应力不宜小于 $0.5f_{ptk}$。

当符合下列情况之一时，上表中的张拉控制应力限值，可提高 $0.05f_{pyk}$：

(1) 要求提高构件在施工阶段的抗裂性能而在使用阶段受压区内设置的预应力钢筋。

(2) 要求部分抵消由于应力松弛、摩擦、钢筋分批张拉以及预应力筋与张拉台座之间温差等因素产生的预应力损失。

二、预应力损失及其组合

1. 预应力损失

由于张拉工艺和材料特性等原因，从张拉钢筋开始直至构件使用的整个过程，预应力筋的张拉控制应力 σ_{con} 将慢慢降低。与此同时，混凝土的预压应力将逐渐下降，即产生预应力损失。在预应力混凝土结构的发展时期，正确认识和计算预应力损失是十分重要的。

产生预应力损失的因素很多。下面分项讨论预应力损失的原因、损失值的计算及减小预应力损失的措施。

1) 张拉端锚具变形和钢筋滑动引起的预应力损失 σ_{l1}

在张拉预应力钢筋达到控制应力 σ_{con} 后，把预应力钢筋锚固在台座或构件上。由于锚具、垫板与构件之间的缝隙被压紧，以及预应力钢筋在锚具中的滑动，造成预应力钢筋回缩而产生预应力损失。

锚具变形和预应力钢筋滑动引起的预应力损失 σ_{l1} 按下式计算：

$$\sigma_{l1} = \frac{a}{L}E_s \tag{6-1}$$

式中：L 为张拉端至锚固端之间的距离（mm）；a 为张拉端锚具变形和预应力筋滑动的内缩值，具体见表 6-2 的取值；E_s 为预应力钢筋的弹性模量（N/mm²）。

表 6-2　内缩量 a 的取值表

锚具类别		内缩量限值/mm
支承式锚具（墩头锚具等）	螺帽缝隙	1
	每块后加垫板的缝隙	1
锥塞式锚具		5
夹片式锚具	有顶压	5
	无顶压	6~8

注：上表的锚具变形和钢筋内缩值也可根据实测数值确定。

为了减小锚具变形和钢筋滑动的损失，可以采取下列措施。

(1) 选择变形小或预应力筋滑动小的锚具，尽量减少垫板的块数。

(2) 对于先张法张拉工艺，选择长的台座。

2) 预应力钢筋与孔壁之间的摩擦引起的预应力损失 σ_{l2}

采用后张法张拉预应力筋时，由于钢筋与孔道壁之间会产生摩擦力，以致预应力筋截面的应力随距离张拉端的增加而减小，这种应力损失称为摩擦损失。

《混凝土结构设计规范》(GB 50010—2010)中规定，摩擦损失(N/mm²)可按下式计算：

$$\sigma_{l2} = \sigma_{con}\left(1 - \frac{1}{e^{kx + \mu\theta}}\right) \tag{6-2}$$

式中：x 为从张拉端至计算截面的孔道长度，可近似取该孔道在纵轴上的投影长度（m）；θ 为从张拉端至计算截面曲线孔道各部分切线的夹角之和（rad）；k 为孔道局部偏差时摩擦的影响系数，按表 6-3 取值；μ 为摩擦系数，按表 6-3 取值。

表 6-3　摩擦系数 k 及 μ 值

孔道成型方式	k	μ	
		钢绞线、钢丝束	预应力螺纹钢
预埋金属波纹管	0.0015	0.25	0.50
预埋塑料波纹管	0.0015	0.15	—
预埋钢管	0.0010	0.30	—
抽芯成型	0.0014	0.55	0.60
无黏结预应力管	0.0040	0.09	—

注：本表系数也可以根据实测确定。

为了减小摩擦损失，可采取下列措施。

（1）采用两端张拉，两端张拉可减少一半的应力损失。

（2）采用超张拉工艺，这种张拉预应力钢筋工艺的程序为：

$$0 \rightarrow 1.1\sigma_{con}（持续 2 \text{ min}）\rightarrow 0.85\sigma_{con} \rightarrow \sigma_{con}$$

3）混凝土加热养护时预应力钢筋与台座间温差引起的预应力损失 σ_{l3}

对于先张法预应力混凝土构件，当进行蒸汽养护升温时，新浇筑的混凝土尚未结硬，由于钢筋温度高于台座的温度，于是钢筋将产生相对伸长，预应力钢筋中的应力将降低，造成预应力损失；当降温时，混凝土已结硬，与钢筋之间宜建立起黏结力，二者一起回缩，故钢筋应力将不能恢复到原来的张拉应力值。

设预应力钢筋与两端台座之间的温差为 Δt，并考虑到钢筋的线膨胀系数 $a = 1 \times 10^{-5}/℃$，则温差引起的预应力钢筋应变为 $\varepsilon_s = a\Delta t$，于是应力损失 σ_{l3}（N/mm^2）为：

$$\sigma_{l3} = E_s\varepsilon_s = E_s a\Delta t = 2 \times 10^5 \times 1 \times 10^{-5} \Delta t \tag{6-3}$$

即

$$\sigma_{l3} = 2\Delta t$$

为了减小此项损失，可采取下列措施。

（1）在构件蒸养时采用"二次升温制度"，即第一次一般升温 20 ℃然后恒温。当混凝土强度达到 7～10 N/mm^2，预应力钢筋与混凝土黏结在一起时，第二次再升温至规定养护温度。这时，预应力钢筋与混凝土将同时伸长，故不会再产生应力损失。因此，用"二次升温制度"养护后应力损失降低为：

$$\sigma_{l3} = 2\Delta t = 2 \times 20 = 40 \text{ N/mm}^2 \tag{6-4}$$

（2）采用钢模生产预应力混凝土构件。由于钢筋锚固在钢模上，蒸汽养护升温时二者的温度相同，故不产生应力损失。

4）预应力筋应力松弛引起的预应力损失 σ_{l4}

所谓钢筋应力松弛，是指钢筋在高应力作用下，在长度不变的条件下，钢筋应力随时间的增长而降低的现象。试验表明,预应力筋松弛有以下特征。

(1) 应力松弛在张拉后初始阶段发展较快,张拉后 1 h 可完成总松弛值的 50％,经过 24 h 可完成 80％左右,1000 h 后,趋于稳定。

(2) 张拉控制应力越高,应力损失越大,同时松弛速度也加快。利用这一特点,采用短时超张拉方法,可以减小由于钢筋应力松弛引起的预应力损失。

(3) 应力松弛损失与钢筋的种类有关,预应力螺纹钢筋的应力松弛损失值比预应力钢丝、钢绞线的小。

《混凝土结构设计规范》(GB 50010—2010)中规定,钢筋应力松弛引起的预应力损失 σ_{l4} 按下式计算:

① 消除预应力钢丝、钢绞线

a. 普通松弛

$$\sigma_{l4}=0.4\left(\frac{\sigma_{con}}{f_{ptk}}-0.5\right)\sigma_{con} \tag{6-5}$$

b. 低松弛

当 $\sigma_{con}\leqslant 0.7 f_{ptk}$ 时,

$$\sigma_{l4}=0.125\left(\frac{\sigma_{con}}{f_{ptk}}-0.5\right)\sigma_{con} \tag{6-6}$$

当 $0.7 f_{ptk}\leqslant\sigma_{con}\leqslant 0.8 f_{ptk}$ 时,

$$\sigma_{l4}=0.2\left(\frac{\sigma_{con}}{f_{ptk}}-0.575\right)\sigma_{con} \tag{6-7}$$

② 中等强度预应力钢丝

$$\sigma_{l4}=0.08\sigma_{con} \tag{6-8}$$

③预应力螺纹钢筋

$$\sigma_{l4}=0.03\sigma_{con} \tag{6-9}$$

5) 混凝土收缩、徐变引起的应力损失 σ_{l5}

混凝土在空气中结硬时发生体积收缩,而在预应力作用下,混凝土将沿压力方向产生徐变。收缩和徐变都使构件长度缩短,预应力筋也随着回缩,因而造成预应力损失。

根据试验资料和经验,《混凝土结构设计规范》(GB 50010—2010)中规定,混凝土收缩、徐变引起受拉区和受压区纵向钢筋的预应力损失 σ_{l5}、σ'_{l5}(N/mm²)按下式计算。

(1) 一般情况。

① 先张法构件

$$\sigma_{l5}=\frac{60+340\dfrac{\sigma_{pc}}{f'_{cu}}}{1+15\rho} \tag{6-10}$$

$$\sigma'_{l5}=\frac{60+340\dfrac{\sigma'_{pc}}{f'_{cu}}}{1+15\rho'} \tag{6-11}$$

② 后张法构件

$$\sigma_{l5}=\frac{55+300\dfrac{\sigma_{pc}}{f'_{cu}}}{1+15\rho} \tag{6-12}$$

$$\sigma'_{l5} = \frac{55 + 300\dfrac{\sigma'_{pc}}{f'_{cu}}}{1 + 15\rho'} \tag{6-13}$$

式中：σ_{pc}、σ'_{pc} 为受拉区、受压区预应力筋在各自合力点处混凝土法向压应力；f'_{cu} 为施加预应力时的混凝土立方体抗压强度；ρ' 为受拉区、受压区预应力筋和非预应力筋的配筋率。

对于先张法构件，有：

$$\rho_{l5} = \frac{A_p + A_s}{A_0}, \quad \rho' = \frac{A'_p + A'_s}{A_0} \tag{6-14}$$

对于后张法构件，有：

$$\rho_5 = \frac{A_p + A_s}{A_n}, \rho' = \frac{A'_p + A'_s}{A_n} \tag{6-15}$$

对于对称配置预应力筋和非预应力筋的构件，取 ρ' 和 ρ，此时配筋率应按其钢筋截面面积的一半进行计算。

计算受拉区、受压区预应力筋在各自合力点处混凝土法向应力 σ_{pc}，σ'_{pc} 时，预应力损失仅考虑混凝土预压前（第一批）的损失，其非预应力筋中的 σ_{l5}，σ'_{l5} 值应等于零，σ_{pc}，σ'_{pc} 值不得大于 $0.5f'_{cu}$，当 σ'_{pc} 为拉应力时，式中(6-11)和(6-13)的 σ'_{pc} 应等于零。计算混凝土法向应力 σ_{pc}，σ'_{pc} 时，可根据构件制作情况考虑自重影响。

当构件处于年平均相对湿度低于 40% 的环境下，σ_{l5}，σ'_{l5} 值应增加 30%。

（2）重要的结构构件。

当需要考虑与时间有关的混凝土收缩、徐变预应力损失值时，可按《混凝土结构设计规范》（GB 50010—2010）附录 K 进行计算。

由混凝土收缩和徐变所引起的预应力损失，是各项损失中的最大的一项。在直线预应力配筋构件中约占该项预应力损失总损失的 50%，而在曲线预应力配筋构件中该项预应力损失约占总损失的 30%。因此，采取措施降低这项损失是设计和施工中特别需要注意的问题之一。具体措施如下。

① 设计时尽量使混凝土压应力不要过高，σ_{pc} 值应小于 $0.5 f'_{cu}$，以减小非线性徐变的迅速增加。

② 采用高强度的水泥，以减小水泥用量，使水泥胶体所占的体积相对值减小。

③ 采用级配良好的骨料，减少水灰比，加强振捣，提高混凝土的密实度。

④ 加强养护（最好采用蒸汽养护），防止水分过多散失，使水泥水化作用充分。

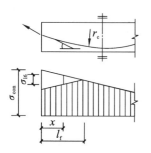

图 6-9　圆弧形曲线预应力钢筋的预应力损失图

6）环形构件采用螺旋预应力筋时局部挤压引起的预应力损失 σ_{l6}

采用环形配筋的预应力混凝土构件（如预应力混凝土管），由于预应力筋对混凝土的局部缺陷，使得构件直径减小，造成预应力筋应力损失，如图 6-9 所示。

预应力损失 σ_{l6} 与张拉控制应力 σ_{con} 成正比，而与环形构件直径 d 成反比。为计算简化，《混凝土结构设计规范》（GB 50010—2010）中规定，只对 $d \leqslant 3$ m 的构件考虑应力损失，并取 $\sigma_{l6} = 30$ N/mm²。

为了便于记忆，现将各项应力损失值汇总如下，见表 6-4。

表 6-4　预应力应力损失值

引起损失的因素		符号	先张法构件	后张法构件
张拉端锚具变形和钢筋内缩		σ_{l1}	$\sigma_{l1}=\dfrac{a}{l}E_s$	$\sigma_{l1}=\dfrac{a}{l}E_s$
预应力筋的摩擦	与孔道壁之间的摩擦	σ_{l2}	—	$\sigma_{l2}=\sigma_{con}\left(1-\dfrac{1}{e^{kx+\mu\theta}}\right)$
	在转向装置处的摩擦			按实际情况确定
预埋塑料波纹管		σ_{l3}	$2\Delta t$	—
混凝土加热养护时,预应力筋与承受拉力设备间温差		σ_{l4}	消除预应力钢丝、钢绞线,根据不同情况分别按式(6-5)～(6-7)计算 中强度预应力钢丝 $\sigma_{l4}=0.08\sigma_{con}$ 预应力螺纹钢筋 $\sigma_{l4}=0.03\sigma_{con}$	
混凝土的收缩和徐变		σ_{l5}	根据不同情况分别按式(6-10)～(6-15)计算	
环形构件采用螺旋预应力筋时的局部挤压		σ_{l6}	—	30

注:① 表中 Δt 为混凝土加热养护时,预应力筋与承受拉力设备之间的温差。

② $\sigma_{con}\leqslant 0.5 f_{ptk}$ 时,预应力筋的松弛损失值可取为零。

2. 各阶段预应力损失的组合

上面所介绍的六项预应力损失,有的只发生在先张构件中,有的则发生在后张法构件中,有的两种构件则兼有。而且在同一种构件中,它们出现的时刻和持续时间也各不相同。为了分析和计算方便,《混凝土结构设计规范》(GB 50010—2010)中将这些损失按先张法和后张法构件分别分为两批。发生在混凝土预压以前的称为第一批预应力损失,用 σ_{lI} 表示;发生在混凝土预压以后的称为第二批预应力损失,用 σ_{lII} 表示。具体见表 6-5。

表 6-5　各阶段预应力应力损失值的组合

预应力应力损失值的组合	先张法构件	后张法构件
在混凝土预压以前的第一批预应力损失 σ_{lI}	$\sigma_{l1}+\sigma_{l2}+\sigma_{l3}+\sigma_{l4}$	$\sigma_{l1}+\sigma_{l2}$
在混凝土预压以前的第二批预应力损失 σ_{lII}	σ_{l5}	$\sigma_{l4}+\sigma_{l5}+\sigma_{l6}$

注:先张法构件由于钢筋应力松弛引起的损失值 σ_{l4},在第一批和第二批损失中所占的比例,如需区分,可根据实际情况确定。

《混凝土结构设计规范》(GB 50010—2010)中同时还规定,当按上述规定计算求得的各项预应力总损失值 σ_l 小于下列数值时,则按下列数值取用。

先张法构件:

$$\sigma_l=100 \text{ N/mm}^2$$

后张法构件:

$$\sigma_l=80 \text{ N/mm}^2$$

上述规定是考虑到预应力损失的计算值与实际值可能有一定的偏差,为了确保预应力混凝土构件的抗裂性能,《混凝土结构设计规范》(GB 50010—2010)同时还规定了先张法和后张法构件的预应力总损失的下限值。

任务 4 预应力混凝土构件构造

对于预应力混凝土构件的构造要求,除了应满足钢筋混凝土结构的有关规定外,还应根据预应力张拉工艺、锚固措施以及预应力钢筋种类的不同,满足有关的构造要求。

预应力混凝土受弯构件在建筑结构中的应用较为普遍,且类型也较多。其截面形式有矩形、T 形、I 形和倒 L 形等。由于预应力提高了构件的抗裂性能和刚度,截面的宽度和高度可以比非预应力构件小一些,其截面高度一般可取 1/20～1/14,大致为非预应力钢筋混凝土梁的 70%～80%。在确定预应力构件截面尺寸时,还要考虑到施工时的可能和方便,全面考虑锚具的布置、张拉设备的尺寸和端部局部受压承载力等方面的要求。

在预应力构件中,除配置预应力钢筋外,为了防止施工阶段因混凝土收缩、温差、施加预应力过程中引起预拉区裂缝,以及防止构件在制作、堆放、运输、吊装等过程中出现裂缝或减小裂缝的宽度,可在构件截面(预拉区)设置足够的非预应力钢筋。

在后张法预应力混凝土构件的预拉区和预压区,应设置纵向非预应力构造钢筋;在预应力钢筋弯折处,应加密箍筋或沿弯折处内侧布置非预应力钢筋网片,加强在钢筋弯折区段的混凝土。

对预应力钢筋在构件端部全部弯起的受弯构件或直线配筋的先张法构件,当构件端部与下部支承结构焊接时,应考虑混凝土的收缩、徐变及温度变化所产生的不利影响。宜在构件端部可能产生裂缝的部位,设置足够的非预应力纵向构造钢筋。

1. 截面形式和尺寸

预应力混凝土构件的截面尺寸形式应根据构件的受力特点进行合理的选择。

在各种截面形式中(见图 6-10):矩形截面外形简单,模板最省,但核心区域小,自重大,受拉区混凝土对抗弯不起作用,截面有效性差,一般适用于实心板和一些短跨先张预应力混凝土梁;工字形截面核心区域大,预应力筋布置的有效范围大,截面材料利用较为有效,自重较小,且应注意腹板应保证一定的厚度,以使构件具有足够的受剪承载力,便于混凝土的浇筑;箱形截面和工字形截面具有同样的截面性质,并可抵抗较大的扭转作用,常用于跨度较大的公路桥梁。

预应力混凝土受弯构件的挠度变形控制容易满足,因此跨高比可取较大值,但是跨高比过大,则反拱和挠度会对预加外力的作用位置以及温度波动比较敏感,对结构的振动影响也更为显著。一般预应力混凝土受弯的跨高比可比钢筋混凝土构件增大 30%。

当受弯构件的跨度与荷载不大时,预应力钢筋一般采用直线布置,可采用先张法或后张法张拉,是最常用的配筋方式。当跨度和荷载较大时,如吊车梁及屋面梁,为防止施工预应力时构件端部截面中间产生纵向水平裂缝和减少支座附近主拉应力,宜在靠近支座处将预应力筋或部分预应力筋弯起,形成曲线式预应力筋的布置方式。此布置方式一般采用后张法张拉。有倾斜受拉边的梁,预应力钢筋可采用折线布置,一般可用先张法施工。

2. 纵向非预应力筋

(1)对部分预应力混凝土,当通过配置一定的预应力钢筋 A_p 已能使构件满足抗裂或裂缝控制要求时,根据承载力计算所需的其余受拉钢筋可以采用非预应力筋 A_s。

(2)非预应力筋可保证构件具有一定的延性。

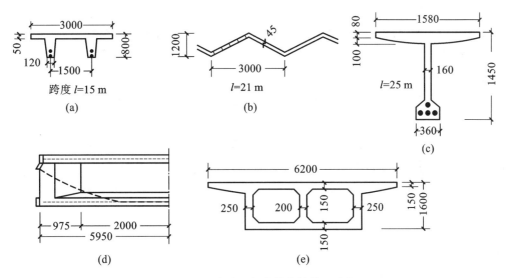

图 6-10　预应力混凝土构件的截面形式

（3）在后张法构件未施加预应力前进行吊装时，非预应力筋的配置也很重要。

（4）为对裂缝分布和开展宽度起到一定的控制作用，非预应力筋宜采用 HRB335 级和 HRB400 级。

（5）对于施工阶段预拉区（施加预应力时形成的拉应力区）允许出现裂缝构件的情况，应在预拉区配置非预应力筋 A'_s，防止裂缝开展过大，但是这种裂缝在使用阶段可闭合。

（6）对于施工阶段预拉区允许出现拉应力构件的情况，预拉区纵向钢筋配筋率 $[(A'_s+A'_p)/A]$ 不应小于 0.15%，但对后张法不应计入 A'_p。

（7）对于施工阶段允许出现裂缝，而在预拉区不配置预应力筋构件的情况，当 $\sigma_{ct}=2f'_{tk}$ 时，预拉区纵向钢筋配筋率（A'_s/A）不应小于 0.4%；当 $f'_{tk}<\sigma_{ct}<2f'_{tk}$ 时，在 0.2% 和 0.4% 之间按直线内插取用。

（8）预拉区非预应力纵向钢筋宜配置带肋钢筋，其直径不宜大于 $14\ mm$，并应沿构件预拉区外边缘均匀配置。

3. 先张法构件构造要求

1）预应力筋（丝）的净间距

预应力筋、钢丝的净间距应根据便于浇灌混凝土、保证钢筋（丝）与混凝土黏结锚固，以及施加预应力（夹具及张拉设备的尺寸）等要求来确定。当预应力筋为钢筋时，其净距不应小于其公称直径或等效直径的 2.5 倍和混凝土粗骨料最大直径的 1.25 倍（当混凝土振捣密实性具有可靠保证时，净间距可放宽至最大粗骨料直径的 1.0 倍），且应符合下列规定：对预应力钢丝，不应小于15 mm；对三股钢绞线，不应小于 20 mm；对于七股钢绞线，不应小于 25 mm。

2）混凝土保护层厚度

为了保证钢筋与混凝土黏结强度，防止放松预应力筋时出现纵向劈裂裂缝，必须有一定的混凝土保护层厚度。当采用钢筋作为预应力筋时，其保护层厚度要求同钢筋混凝土构件；当预应力筋为光面钢丝时，其保护层厚度不应小于 15 mm。

3）钢筋、钢丝的锚固

先张法预应力筋混凝土构件应保证钢筋（丝）与混凝土之间有可靠黏结力，宜采用变形钢筋、刻痕钢筋、螺旋肋钢丝和钢绞线等。

4）端部附加钢筋

为防止放松预应力筋时构件端部出现纵向裂缝，对预应力筋端部周围混凝土应设置附加钢筋，具体要求如下。

（1）当采用单根预应力筋时，其端部宜设置长度不小于 150 mm 螺旋筋。当钢筋直径 $d \leqslant$ 16 mm 时，也可利用支座垫板上插筋，但是插筋根数不应少于 4 根，其长度不宜小于 120 mm。

（2）当采用多根预应力筋时，在构件端部 10 倍预应力筋直径且不小于 100 mm 范围内宜设置 3～5 片与预应力筋垂直的钢筋网片。

（3）当采用钢丝配筋预应力薄板时，在构件端部 100 mm 范围内应适当加密横向钢筋。

4．后张法构件的构造要求

1）预留孔道构造要求

预留孔道布置应考虑到张拉设备尺寸、锚具尺寸及构造端部混凝土局部受压承载力要求等因素。

（1）对于预制构件，孔道之间的水平净距不宜小于 50 mm，且不宜小于粗骨料直径的 1.25 倍；孔道至构件边缘的净间距不宜小于 30 mm，且不宜小于孔道直径的一半。

（2）现浇混凝土中，预留孔道在竖向方向上的净间距不应小于孔道半径，在水平方向上的净间距不应小于 1.5 倍的孔道外径，且不应小于粗骨料直径的 1.25 倍；从孔道外壁至构件外缘的净间距，对梁底不宜小于 50 mm，对梁侧不宜小于 40 mm；对裂缝控制等级为三级的梁，上述净间距分别不宜小于 70 mm 和 50 mm。

（3）预留孔道内径宜比预应力束外径及需要穿过孔道的连接器外径大 6～15 mm，且孔道截面积宜为预应力筋截面积的 3.0～4.0 倍，并宜尽量取较小值。

（4）当有可靠经验，并能保证混凝土浇筑质量时，预应力筋孔道可水平并列紧贴布置，但是并列数量不能超过 2 束。

（5）在构件两端及曲线孔道高点应设置灌浆孔或排气孔兼泌水孔，其孔距不宜大于 20 mm。

（6）凡制作时需要预先起拱的构件，预留孔道宜随构件同时起拱。

2）曲线预应力筋曲率半径

曲线预应力钢丝束、钢绞线的曲率半径不宜小于 4 m。

对于折线配筋构件，在预应力筋折线处的曲线半径可适当减小。

3）端部钢筋布置

（1）为防止施加预应力时，构件端部产生沿截面中部的纵向水平裂缝，宜将一部分预应力筋在靠近支座区段弯起，并使预应力筋尽可能沿构件端部均匀布置。

（2）如预应力筋在构件端部不能均匀布置而需集中布置在端部截面下部时，应在构件端部 0.2 倍截面高度范围内设置竖向附加焊接钢筋网等构造钢筋。

（3）预应力筋锚具及张拉设备的支撑处，应采用预埋钢垫板，并设置上述附加钢筋网和附加钢筋。当构件端部有局部凹进时，为防止端部转折处产生裂缝，应增设折线构造钢筋。

（1）什么是预应力混凝土？预应力混凝土构件与普通混凝土构件相比有何有缺点？

（2）为什么预应力混凝土构件必须采用高强钢材及高强度等级混凝土？

（3）影响收缩、徐变预应力损失的主要因素是什么？如何计算这种损失？

（4）什么是张拉控制应力 σ_{con}？为什么张拉控制应力 σ_{con} 不宜过高？

（5）什么是预应力筋的松弛？为什么短时的超张拉可以减小松弛损失？

（6）预应力混凝土中的非预应力筋有何作用？

（7）为什么会产生温差损失 σ_{l3}？什么情况下加热养护时可以减小松弛损失？

（8）预应力混凝土的构件构造方式有哪些？

项目 **7**

钢筋混凝土楼(屋)盖

学习目标

○ ○ ○ ○

知识目标

(1) 理解单向板和双向板的受力特点。

(2) 熟悉楼盖结构布置的原则和方法。

(3) 掌握单向板和双向板构件的构造要求。

能力目标

(1) 了解单向板和双向板的相关基本知识。

(2) 掌握单向板和双向板构件的构造要求。

知识链接

钢筋混凝土楼(屋)盖结构是由钢筋混凝土受弯构件(梁和板)组成的基本受力构件,广泛用于房屋建筑中的楼盖、屋盖以及阳台、雨棚、楼梯等部位。

按照施工方法的不同,梁板结构可分为现浇和预制两类。预制的梁板结构一般是板预制、梁现浇的方式(也可以是梁和板都预制),其设计计算与单个构件没有大的区别,主要是加强梁和板的整体连接构造。本项目重点介绍现浇单向肋形板和双向肋形板及楼梯等梁板的构造。

作用于梁板结构上的荷载一般是竖向荷载,包括恒荷载和活荷载,其中恒荷载为结构构件自重、构造层自重以及永久性设备的自重等,可根据相应的重力密度和截面尺寸求得;活荷载则需要按建筑的不同用途由《建筑结构荷载规范》(GB 50009—2012)查出。

任务 1 现浇钢筋混凝土肋形楼盖结构

钢筋混凝土梁板结构是土木工程中普遍采用的结构形式，如楼（屋）盖、楼梯、阳台、雨棚、地下室底板和挡土墙等，如图7-1所示。钢筋混凝土梁板结构不仅在建筑工程中得到了广泛应用，而且也广泛应用于桥梁工程的桥面结构，特种结构中水池的顶盖、池壁和底板等。楼盖是建筑结构中的重要组成部分，混凝土楼盖在整个房屋的材料用量和造价方面所占的比例相当大。因此，楼盖形式的选择和结构布置的合理性以及结构计算和构造的正确性，将对整个房屋的安全使用和经济合理有着非常重要的意义。

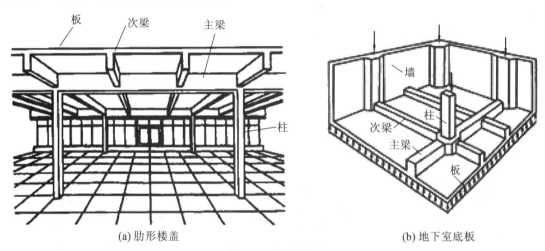

(a) 肋形楼盖　　　　　　　　　　　　　(b) 地下室底板

图 7-1　梁板结构布置示意图

一、楼盖结构的分类

1. 楼盖结构按施工方法分类

楼盖结构按施工方法可分为现浇式楼盖、装配式楼盖和装配整体式楼盖三类。

1）现浇式楼盖

其整体性好、刚度大、防水性好、抗震性强，并能适用于房间的平面形状、设备管道、荷载或施工条件比较特殊的情况。其缺点是费工、费模板、工期长、施工受季节的限制等。故现浇式楼盖通常用于建筑平面布置不规则的局部楼面或在运输吊装设备不足的情况。

2）装配式楼盖

楼板采用混凝土预制构件，便于工业化生产，在多层民用建筑和多层工业厂房中得到广泛应用。但是，这种楼面由于整体性、防水性和抗震性较差，不便于开设孔洞，故对于高层建筑、有抗震设防要求的建筑以及使用上要求防水和开设孔洞的楼面，均不宜采用。

3）装配整体式楼盖

其整体性较装配式楼盖好，又比现浇式楼盖更能节省模板和支撑。但是这种楼盖需要进行混凝土的二次浇筑，有时还需要增加焊接工作量，故对施工进度和造价都带来一些不利的影响。因此，这种楼盖仅适用于荷载较大的多层工业厂房、高层民用建筑及有抗震设防要求的建筑。

采用装配式楼盖可以克服现浇式楼盖的缺点,而装配整体式楼盖则兼具现浇式楼盖和装配式楼盖的优点。

2. 楼盖结构按预加应力情况分类

楼盖结构按预加应力情况的不同可分为钢筋混凝土楼盖和预应力混凝土楼盖。

预应力混凝土楼盖应用最普通的是无黏结预应力混凝土平板楼盖,当柱网尺寸较大时,它可有效减小板厚,降低建筑板厚。

3. 楼盖结构按结构形式分类

楼盖结构按结构形式可分为单向板肋梁楼盖、双向板肋梁楼盖、井盖楼板、密肋楼盖和无梁楼盖(又称板柱楼盖)等,如图 7-2 所示。

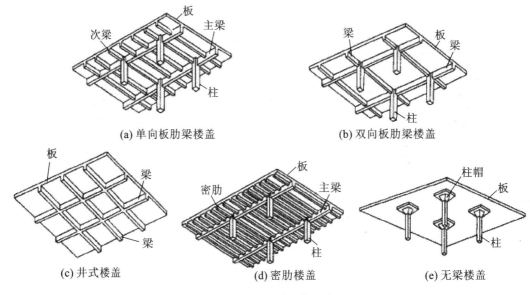

图 7-2　楼盖的结构形式

(1) 单向板肋梁和双向板肋梁楼盖,如图 7-2(a)、(b)所示。一般由板和梁组成。梁将板分为多个区格,每一区格的板一般在四边都有梁或墙支承,形成四边支承板,荷载将通过板的双向受弯作用传到四边支承的构件(梁或墙)上。荷载向两个方向传递的多少,将随着板区格的长边与短边长度的比值的变化而变化。根据板区格的长边尺寸与短边尺寸的比例不同,又可将肋梁楼盖分为单向板肋梁楼盖和双向板肋梁楼盖。在荷载作用下,在两个方向弯曲,且不能忽略任一方向弯曲的板,称为双向板。在肋梁楼盖中,荷载的传递途径为板→次梁→支承(墙或柱)→基础→地基。肋梁楼盖的特点是用钢量较低,楼板上留洞方便,但是支模较复杂。肋梁楼盖是现浇楼盖中应用最为广泛的一种。

(2) 井式楼盖,如图 7-2(c)所示。两个方向的柱网及梁的截面相同,由于是两个方向受力,故梁的高度比肋梁楼盖小,宜用于跨度较大且柱网呈方形的结构。

(3) 密肋楼盖,如图 7-2(d)所示。由于梁肋的间距小,板厚很小,梁高也较肋梁楼盖小,结构自重较轻。双向密肋楼盖近年来采用预制塑料模壳,克服了支模复杂的缺点,因而应用逐渐增多。

(4) 无梁楼盖,如图 7-2(e)所示。板直接支承于柱上,其传力途径是荷载由板传至柱或墙。无梁楼盖的结构高度小,净空大,支模简单,但是用钢量较大,常用于仓库、商店等柱网布置接近方形的建筑。当柱网较小(3～4 m)时,柱顶可不设柱帽;当柱网较大(6～8 m)且荷载较大时,柱顶设柱帽以提高板的抗冲切能力。

在具体的实际工程中究竟采用何种楼盖形式,应根据房屋的性质、用途、平面尺寸、荷载大小、采光以及技术经济等因素综合考虑。

二、楼盖结构布置及受力特点

楼盖结构是建筑结构的主要水平受力体系,楼盖结构的结构布置决定建筑物的各种作用力的传递路径,也影响到建筑物的竖向承重体系。不同的结构布置对建筑物的层高、总高、天棚、外观、设备管道布置等有重要的影响,同时还会在较大程度上影响建筑物的总造价。因此,楼盖结构的合理布置问题是楼盖设计中首先要解决的问题。

根据梁的布置和支承条件,其计算简图可以是简支梁、悬臂梁、连续梁或交叉梁等。楼盖中的梁从外观要求和施工方法的角度出发,通常为等截面梁。简支梁的受力特点如图7-3和图7-4所示。

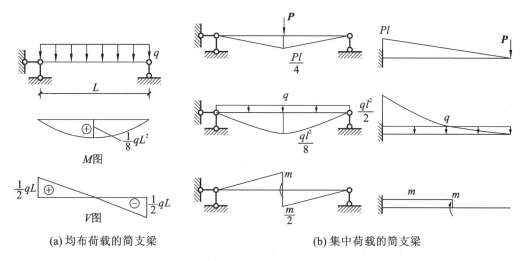

(a) 均布荷载的简支梁　　　　　　(b) 集中荷载的简支梁

图 7-3　楼盖结构中简支梁的受力特点

在平面较大的楼盖结构中,梁通常是连续梁。连续梁任一跨两支座弯矩平均值的绝对值与跨中弯矩绝对值之和等于相同跨度简支梁的跨中弯矩。多跨连续梁的受力图如图7-5所示。

从充分利用材料的强度来说,连续梁优于简支梁,当等跨连续梁上作用均布荷载时,因边支座为简支,要使连续梁中跨中弯矩分布均匀,结构布置时,可适当减小第一跨的跨度。

当楼盖在两个方向布置梁时,就形成了交叉梁系。如果两个方向梁的线刚度相近,可利用梁交叉点处挠度相等的条件建立变形协调方程求解内力。若两方向梁的线刚度相差较远,就应按主次梁计算内力,将线刚度大的方向的梁(主梁)视为线刚度小的方向的梁(次梁)的不动铰支座。

由以上分析可知,楼(板)盖中梁的布置不同,内力分布就不同,合理布置梁可取得更好的使用效果和经济效益。

在楼盖布置中,梁的间距越大,梁的数量越少,板的厚度就越大;梁的间距小,梁的数量就增多,板的厚度就越小。好的结构设计应综合考虑建筑功能、施工技术、受力、经济等各方面因素,确定合理的楼盖布置方案。

肋梁楼盖中若板中为四边支承,受荷时将在两个方向产生挠曲,如图7-6所示。

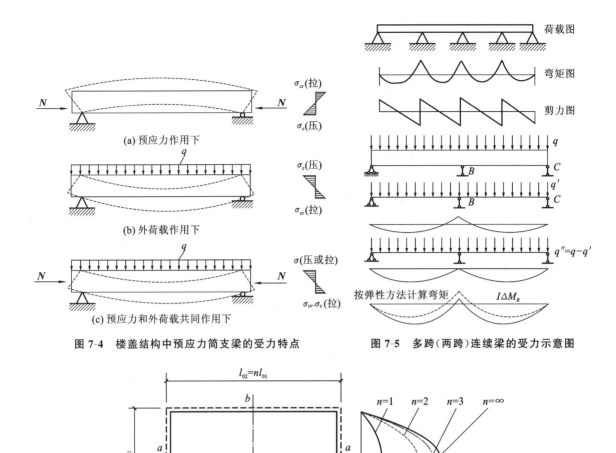

图 7-4　楼盖结构中预应力简支梁的受力特点　　　图 7-5　多跨(两跨)连续梁的受力示意图

图 7-6　四边简支双向板在均布荷载作用下中央处板带的弯矩

　　但当板的长边 l_{02} 与短边 l_{01} 之比较大时,按力的传递规律,板的荷载主要沿短边方向传递。当 $l_{02}/l_{01}\geqslant2$ 时,忽略沿长边方向传递的荷载,按单向板计算,否则按双向板计算。判断是单向板还是双向板,还应考虑支承条件。若 $l_{02}/l_{01}<2$,但只有一对边支承时,该板还是单向板。

　　根据板的支承形式及在长、短两个方向上的长度比值,板可以分为单向板和双向板两种类型,其受力性能及配筋构造都有其各自的特点。

　　为了方便设计,混凝土板应按下列原则进行计算,如图 7-7 所示。

　　(1)两对边支承的板和单边嵌固的悬臂板,应按单向板计算。

　　(2)四边支承的板(或邻边支承或三边支承),应按下列规定计算。

　　① 当长边与短边长度之比大于或等于 3 时,可按沿短边方向受力的单向板计算。

　　② 当长边与短边长度之比小于或等于 2 时,应按双向板计算。

③ 当长边与短边长度之比介于 2 和 3 之间时，宜按双向板计算；当按沿短边方向受力的单向板计算，应沿长边方向布置足够数量的构造钢筋。

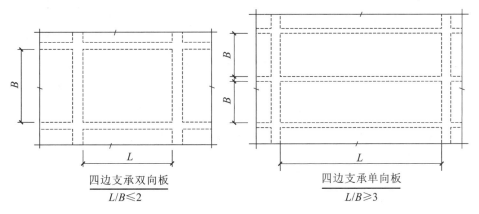

四边支承双向板
$L/B \leqslant 2$

四边支承单向板
$L/B \geqslant 3$

图 7-7　楼（盖）板的划分示意图

三、单向板、双向板肋梁楼（盖）板结构平面布置和构造要求

（一）单向板肋梁楼（盖）板结构平面布置和构造要求

1. 单向板肋梁楼（盖）板结构平面布置

在肋梁楼（盖）板中，结构布置包括柱网、承重墙、梁格和板的布置。单向板肋梁楼（盖）板中，次梁的间距决定了板的跨度，主梁的间距决定了次梁的跨度，柱距则决定了主梁的跨度。进行结构平面布置时，应综合考虑建筑功能、造价及施工条件等，合理确定梁的平面布置。根据工程实践，单向板、次梁和主梁的常用跨度为：单向板 1.7～2.5 m，荷载较大时取较小值，一般不宜超过 3 m；次梁 4～6 m；主梁 5～8 m。如图 7-8 所示的是楼（盖）板的构成部分示意图。

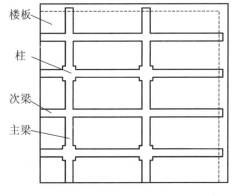

图 7-8　楼（盖）板的构成部分示意图

单向板肋梁楼（盖）板结构平面布置通常有以下几种方案。

（1）主梁横向布置，次梁纵向布置。其优点是主梁和柱可形成横向框架，房屋的横向刚度大，而各榀横向框架之间由纵向次梁相连，故房屋的纵向刚度亦大，整体性较好。此外，由于主梁与外纵墙垂直，在外纵墙上可开较大的窗口，对室内采光有利。

（2）主梁纵向布置，次梁横向布置。这种布置适用于横向柱距比纵向柱距大得多的情况。它的优点是减小了主梁的截面高度，增大了室内净高。

（3）只布置次梁，不设主梁。它仅适用于有中间走道的楼盖。

在进行楼盖的结构平面布置时，应注意以下问题。

（1）受力合理。荷载传递要简捷，梁宜拉通；主梁跨间最好不要只布置一根次梁，以减小主梁跨间弯矩的不均匀；尽量避免把梁，特别是主梁搁置在门、窗过梁上；在楼、屋面上有机器设备、冷却塔、悬挂装置等荷载比较大的地方，宜设次梁；楼板上开有较大尺寸（大于 800 mm）的洞口时，应在洞口周边设置加劲的小梁。

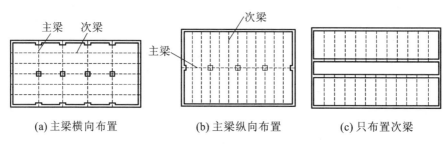

（a）主梁横向布置　　　　　　（b）主梁纵向布置　　　　　　（c）只布置次梁

图 7-9　单向板肋梁楼（盖）板的布置方案

（2）满足建筑要求。不封闭的阳台、厨房和卫生间的楼板面标高宜低于其他部位 30～50 mm；当不做吊顶时，一个房间平面内不宜只放一根梁。

（3）方便施工。梁的截面种类不宜过多，梁的布置尽可能规则，梁截面尺寸应考虑设置模板的方便，特别是采用钢模板时。

2．单向板肋梁楼（盖）板构造要求

1）单向板的构造要求

（1）板厚度，应满足表 7-1 的规定，板的配筋率一般为 0.4%～0.8%。

表 7-1　混凝土梁、板截面的常规尺寸

构件种类		高跨比	备注
单向板	简支 两端连续	≥1/35 ≥1/40	最小板厚： 屋面板　当 $L<1.5$ m 时，$h\geqslant50$ mm；当 $L\geqslant1.5$ m 时，$h\geqslant50$ mm 民用建筑楼板　$h\geqslant60$ mm 工业建筑楼板　$h\geqslant70$ mm 行车道下楼板　$h\geqslant80$ mm
双向板	单跨简支 多跨连续	≥1/35 ≥1/40（按短向跨度）	>板厚，一般取 80 mm$\leqslant h\leqslant$160 mm
密肋板	单跨简支 多跨连续	≥1/20 ≥1/25（h 为肋高）	板厚：当肋间距≤700 mm 时，$h\geqslant40$ mm 　　　当肋间距>700 mm 时，$h\geqslant50$ mm
悬臂板		≥1/12	板的悬臂长度≤500 mm 时，$h\geqslant60$ mm 板的悬臂长度>500 mm 时，$h\geqslant80$ mm
无梁楼板	无柱帽 有柱帽	≥1/30 ≥1/35	$h\geqslant150$ mm 柱帽宽度 $c=(0.2\sim0.3)L$
多跨连续次梁 多跨连续主梁 单跨简支梁		1/18～1/12 1/14～1/8 1/14～1/8	最小梁高：次梁为 $h\geqslant L/25$；主梁为 $h\geqslant L/15$ 宽高比（b/h）一般为 1/3～1/2，以 50 mm 为模数

（2）板支承长度，应满足其受力钢筋在支座内锚固的要求，且一般不小于板厚，现浇板在砌体墙体上的支承长度不宜小于 120 mm。

（3）简支板或连续板下部纵向受力钢筋伸入支座的锚固长度不应小于 $5d$，d 为下部向受力钢筋的直径。当连续板内温度、收缩应力较大时，伸入支座的锚固长度应适当增加。

（4）板中受力钢筋。

① 钢筋直径。受力钢筋一般采用 HPB300，HRB335，HRB400 钢筋，直径通常采用 6～12 mm，当板厚较大时，钢筋直径可采用 14～18 mm。对于支座负筋，为便于施工架立，宜采用较大直径。

② 钢筋间距。为了便于浇筑混凝土，保证钢筋周围混凝土的密实性，板内钢筋间距不宜太密。为了使板能正常承受外荷载，也不宜过稀，钢筋的间距一般为 70～200 mm；当板厚 $h \leqslant 150$ mm 时，不宜大于 200 mm；当板厚 $h > 150$ mm 时，不宜大于 $1.5h$，且不宜大于 250 mm。

③ 配筋方式。由于板在跨中一般承受正弯矩而在支座处承受负弯矩，在板跨中需要配置底部钢筋，而在支座处往往配置板面钢筋，从而有弯起式和分离式两种配筋方式。

● 弯起式配筋。将一部分跨中正弯矩在适当的位置（反弯点附近）弯起，并伸入支座后兼作负弯矩钢筋使用；延伸长度应满足覆盖负弯矩区域和锚固的要求，如图 7-10（a）和（b）所示。由于施工比较麻烦，目前弯起式配筋在工程中已很少应用。

● 分离式配筋。跨中正弯矩宜全部伸入支座锚固，而在支座后另配负弯矩钢筋，其范围应能覆盖负弯矩区域并能满足锚固的要求，如图 7-10（c）所示。由于施工方便，分离式配筋已成为工程中主要采用的配筋方式。

弯起式配筋可先按跨内正弯矩的需要确定所需钢筋的直径和间距，然后在支座附近弯起 1/2（隔一弯一）以承受负弯矩，但最多不超过 2/3（隔一弯二）。如果弯起钢筋的截面面积还不满足所要求的支座负弯矩钢筋的需要，可另加直钢筋，通常取相同的钢筋间距。弯起角一般为 30°，当板厚 $h > 120$ mm 时，可采用 45°。采用弯起式钢筋，应注意相邻两跨跨中及中间支座钢筋直径和间距的相互配合，间距变化应有规律，钢筋直径种类不宜过多，以利施工。为了保证锚固可靠，板内伸入支座下部的正弯矩钢筋采用半圆弯钩。对于上部负弯矩钢筋，为了保证施工时钢筋的位置，宜做成直抵模板的直钩。因此，直钩部分的钢筋长度为板厚减去净保护层厚度。

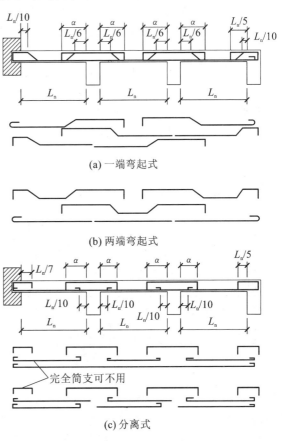

(a) 一端弯起式

(b) 两端弯起式

完全简支可不用

(c) 分离式

图 7-10　连续单向板的配筋

④ 钢筋的弯起和截断。对于承受均布荷载的等跨连续单向板或双向板，受力钢筋的弯起和截断的位置一般可按图 7-10 直接确定。采用弯起式配筋时，跨中正弯矩钢筋可在距支座边 L_n 处弯起 1/2～2/3，以承受支座处的负弯矩。

支座处的负弯矩钢筋，可在距支座边不小于 a 的距离处截断，其取值如下：当 $q/g \leqslant 3$ 时，$a = L_n/4$；当 $q/g > 3$ 时，$a = L_n/3$。

图 7-10 所示的配筋要求，适用于承受均布荷载的等跨或相邻跨度相差不大于 20% 的多跨

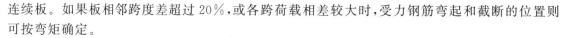

连续板。如果板相邻跨度差超过20%,或各跨荷载相差较大时,受力钢筋弯起和截断的位置则可按弯矩确定。

⑤ 板中构造钢筋。

a.分布钢筋。当按单向板布置时,除沿受力方向布置受力钢筋外,还应在垂直受力方向布置分布钢筋,分布钢筋应布置在受力钢筋的内侧,如图7-11所示。其作用是:与受力钢筋组成钢筋网,便于施工中固定受力钢筋的位置;承受由于温度变化和混凝土收缩所产生的内力;承受并分布板上局部荷载产生的内力;对于四边支撑板,可承受设计中未考虑但是实际存在的长跨方向的弯矩。

受力钢筋一般采用 HPB300 钢筋,直径通常采用 6 mm 和 8 mm。《混凝土结构设计规范》(GB 50010—2010)中规定:单位长度上分布钢筋的截面面积不宜小于单位跨度上受力钢筋截面面积的 15%,且宜小于该方向板截面面积的 0.15%;分布钢筋的间距不宜大于 250 mm,直径不宜小于 6 mm;对集中荷载较大或温度变化较大的情况,分布钢筋的截面面积应适当增加,其间距不宜大于 200 mm。

b. 垂直于主梁的板面构造钢筋。当现浇板的受力钢筋与梁平行时,如单向板肋楼(盖)板的主梁,此时靠近主梁梁肋的板面荷载将直接传给主梁而引起负弯矩,这样将引起板与主梁相连接的板面产生裂缝,有时甚至开展较宽。

因此《混凝土结构设计规范》(GB 50010—2010)中规定:应沿主梁长度方向配置间距不大于 200 mm 且与主梁垂直的上部构造钢筋,其直径不宜小于 8 mm,且单位长度内的总截面面积不宜小于板中单位宽度内受力钢筋截面面积的1/3。该构造钢筋伸入板内的长度从梁边算起每边不宜小于板计算跨度 L_0 的1/4。如图 7-12 所示。

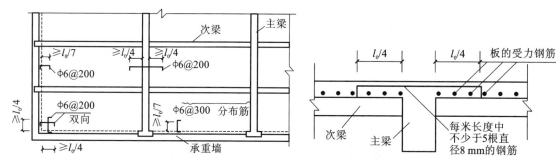

图 7-11 单向板中的分布钢筋　　　　图 7-12 与主梁垂直的构造钢筋

c. 嵌入承重墙内的板面构造钢筋。嵌固在承重墙内的单向板,由于墙的约束作用,板在墙边也会产生一定的负弯矩;垂直于板跨度方向,由部分荷载将就近传给支承墙,也会产生一定的负弯矩,使板面受拉开裂。在板角部分,除因传递荷载使板在两个正交方向引起负弯矩外,由于温度收缩的影响产生的角部拉应力,也促使板角发生斜向裂缝。如图7-13所示。

为避免这种裂缝的出现和开展,《混凝土结构设计规范》(GB 50010—2010)中规定:对于嵌固在承重砌体墙内的现浇混凝土板,应沿支承周边配置上部构造钢筋,其直径不宜小于 8 mm,间距不宜大于 200 mm,其伸入板内的长度,从墙边算起不宜小于板短边跨度的 1/7;在两边嵌固于墙内的板角部分,应配置双向上部构造钢筋,该钢筋伸入板内的长度从墙边算起不宜小于板短边跨度的 1/4;沿板的受力方向配置的上部构造钢筋,其截面面积不宜小于该方向跨中受力钢筋截面面积的 1/3;沿非受力方向配置的上部构造钢筋,可根据经验适当减少。

⑥ 板的温度收缩钢筋。

在温度收缩应力较大的现浇板区域内,钢筋间距宜取为 150～200 mm,并应在板的未配筋

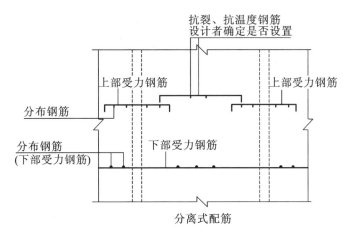

图 7-13　板的构造钢筋

表面布置温度收缩钢筋。板的上、下表面沿纵、横两个方向的配筋率均不宜小于 0.01%。

温度收缩钢筋可利用原有钢筋贯通布置，也可另行设置构造钢筋网，并与原有钢筋按受拉钢筋的要求搭接或在周边构件中锚固。

2）次梁的构造要求

（1）截面尺寸。次梁的跨度 $L=4\sim6$ m，梁高 $h=(1/18\sim1/12)L$，梁宽 $b=(1/3\sim1/2)h$，应满足表 7-3 的规定。纵向钢筋的配筋率一般为 0.6%～1.5%。

（2）次梁在砌体墙上的支承长度 $a\geqslant240$ mm。

（3）钢筋直径。梁纵向受力钢筋及架立钢筋的直径不宜小于表 7-2 中的规定。对钢筋直径的要求出于混凝土结构截面受力的需要。混凝土结构中，受力钢筋尺寸应与截面高度及跨度有一定比例，过于纤细的钢筋难以起到应有的承载力的构造作用。

表 7-2　梁内纵向钢筋的最小直径

钢筋类型	受力钢筋		架立钢筋		
条件	$h\leqslant300$ mm	$h\geqslant300$ mm	$L<4$ mm	4 mm$\leqslant L\leqslant6$ mm	$L>6$ mm
直径 d/mm	8	10	8	10	12

注：h 为梁高；L 为梁的跨度。

（4）钢筋的间距。钢筋混凝土结构中钢筋能够与混凝土协同工作，是由于它们之间存在着黏结锚固作用。因此，受力钢筋周围应有一定厚度的混凝土层握裹。对于构件边缘的钢筋，表现为保护层厚度；而对于构件内部的钢筋，则表现为钢筋的间距。钢筋间距还应考虑施工时浇筑混凝土操作的方便。梁纵向钢筋的净间距不应小于表 7-3 中的规定。

表 7-3　梁纵向钢筋的最小净间距

间距类型	水平净距		垂直净距（层距）
钢筋类型	上部钢筋	下部钢筋	25 且 d
最小净距	30 且 1.5d	20 且 d	

注：① 净间距为相邻钢筋外边缘之间的最小距离；

② 当梁的下部钢筋配置多于两层时，两层以上水平方向中距应比下边的中距增大一倍。

(5) 梁侧的纵向构造钢筋。由于混凝土收缩量的增大。在梁的侧面产生收缩裂缝的现象常有发生。裂缝一般呈枣核状,两头尖而中间宽,向上伸至板底,向下至于梁底纵筋处。截面较高的梁,情况更为严重。

《混凝土结构设计规范》(GB 50010—2010)中规定,当梁腹板的高度 $h_w \geqslant 450$ mm 时,在梁两个侧面沿高度配置纵向构造钢筋(腰筋),每侧纵向构造钢筋(不包括梁上、下部受力钢筋及架立钢筋)截面面积不应小于腹板截面面积 bh_w 的 0.1%,且其间距不宜大于 200 mm。此外,腹板高度 h_w,对于矩形截面为有效高度;对于 T 形截面,取有效高度减去翼缘高度;对于 I 形截面,取腹板净高,具体如图 7-14 中的梁侧面纵向的构造钢筋和拉筋布置图。

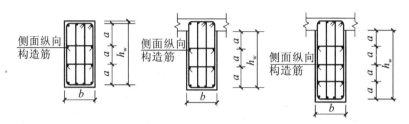

图 7-14 梁侧面纵向的构造钢筋和拉筋

(6) 对钢筋混凝土薄腹梁或需做疲劳验算的钢筋混凝土梁,应在下部 1/2 梁高的腹板内沿两侧配置直径为 8~14 mm、间距为 100~150 mm 的纵向构造钢筋,并应按下密上疏的方式布置。在上部 1/2 梁高的腹板内,纵向构造钢筋按上述第(5)项的规定配置。

(7) 配筋方式。对于相邻跨度相差不超过 20%,且均布活荷载和恒荷载的比值 $q/g \leqslant 3$ 的连续次梁,其纵筋中受力钢筋的弯起和截断,可按图 7-15 所示进行,否则应按弯矩确定。

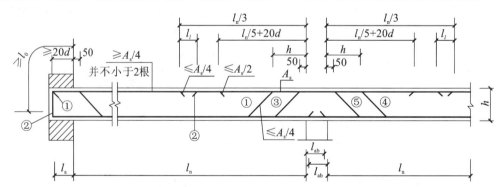

图 7-15 梁纵筋中受力钢筋的弯起和截断构造

中间支座负钢筋的弯起,第一排的上弯点距支座边缘为 50 mm;第二排、第三排的上弯点距支座边缘分别为 h 和 $2h$。

支座处上部受力钢筋总面积为 A_s,则第一批截断的钢筋面积不得超过 $A_s/2$,延伸长度从支座边缘起不小于 $l_n/5+20d$(d 为截断钢筋的直径);第二批截断的钢筋面积不得超过 $A_s/4$,延伸长度从支座边缘起不小于 $l_n/3$。所余下的纵筋面积不小于 $A_s/4$,且不少于两根,可用于承担部分负弯矩并兼作架立钢筋,其伸入边支座的锚固长度不得小于 l_a。

位于次梁下部的纵向钢筋除弯起外,应全部伸入支座,不得在跨间截断。下部纵筋伸入边支座和中间支座的锚固长度详见《混凝土结构设计规范》(GB 50010—2010)。

连续次梁因截面上、下均配置受力钢筋,故一般均沿梁全长配置封闭式箍筋,第一根箍筋可距支座边 50 mm 处开始布置,同时在简支端支座范围内,一般宜布置一根箍筋。

3. 主梁构造要求

(1) 截面尺寸。主梁的跨度 $L = 5 \sim 8$ m,梁高 $h = (1/14 \sim 1/8)L$,梁宽 $b = (1/3 \sim 1/2)h$,并应满足表 7-2 的规定。纵向钢筋的配筋率一般为 $0.6\% \sim 1.5\%$。

(2) 主梁在砌体墙上的支承长度 $a \geqslant 370$ mm。

(3) 钢筋的直径和间距,其要求同次梁。

(4) 主梁纵向受力钢筋的弯起和截断,原则上按弯矩确定,并满足有关构造规定。

(5) 主梁附加横向钢筋。主梁和次梁相交处,在主梁高度范围内受到次梁传来的集中荷载的作用,其腹部可能出现裂缝。因此,应在集中荷载影响区范围内加设附加横向钢筋(箍筋和吊筋)以防止斜裂缝出现而引起局部破坏。位于梁下部或梁截面高度范围内的集中荷载,应全部由附加横向钢筋承担,并应布置在 $s = 2h_1 + 3b$ 长度的范围内。附加横向钢筋宜优先采用箍筋,如图 7-16 所示。当采用吊

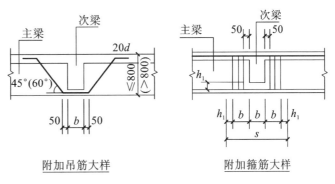

图 7-16 梁附加横向钢筋构造

筋时,其弯起段应伸至梁上边缘,且末端水平段长度在受拉区不应小于 $20d$,在受拉区不应小于 $10d$(d 为吊筋直径)。

在设计中,不允许用布置在集中荷载影响区内受剪箍筋代替附加横向钢筋,当传入集中力的次梁宽度 b 过大时,宜适当减小由 $s = 2h_1 + 3b$ 所确定的附加横向钢筋布置宽度,如图 7-17 所示。当次梁与主梁高度差 h_1 过小时,宜适当增加附加横向钢筋布置宽度。当主、次梁均承担由上部墙、柱传来的竖向荷载时,附加横向钢筋宜在本规定基础上适当增大。

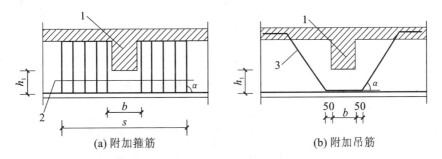

(a) 附加箍筋   (b) 附加吊筋

图 7-17 梁截面高度范围内有集中荷载作用时附加横向钢筋的布置

1—传递集中荷载的位置;2—附加箍筋;3—附加吊筋

注:图中尺寸单位 mm。

(二) 双向板肋梁楼(盖)板的构造要求

1. 双向板的破坏特征

根据试验研究,在受均布荷载的简支板的矩形双向板中,第一批裂缝首先在板下平行于长边方向的跨中出现,当荷载增加时,裂缝逐渐伸长,并沿 45°向四周扩展。当裂缝截面的钢筋达到屈服点后,形成塑性铰线,直到塑性铰线将板分成几个块体,并转动成为可变体系时,板就达

到承载能力的极限状态。当双向板的四周为固定支座或板为连续时,在荷载作用下,在板的上部梁的边缘也出现塑性铰线。双向板的破坏简图如图 7-18 所示。

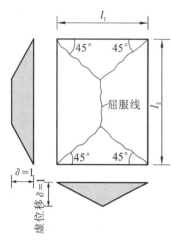

图 7-18　双向板的破坏简图

l_1——短跨长度

2. 双向板肋梁楼(盖)板构造要求

1) 双向板的厚度

一般不宜小于 80 mm,也不宜大于 160 mm。为了保证板的刚度,板的厚度 h 还应符合:简支板 $h > l_x/45$;连续板 $h > l_x/50$。其中,l_x 是较小跨度。

2) 钢筋的配置

受力钢筋沿纵横两个方向设置,此时应将弯矩较大方向的钢筋设置在外层,另一方向的钢筋设置在内层。

板的配筋形式类似于单向板,有弯起式与分离式两种。沿墙边及墙角的板内构造钢筋与单向板楼盖相同。

按弹性理论计算时,其跨中弯矩不仅沿板长变化,还沿板宽向两边逐渐减小;而板底钢筋是按跨中最大弯矩求得的,故应在两边予以减少。将板按纵横两个方向各划为两个宽为 $l_x/4$(l_x 为较小跨度)的边缘板带和一个中间板带。边缘板带的配筋为中间板带配筋的 50%。连续支座上的钢筋,应沿全支座均匀布置。受力钢筋的直径、间距、弯起点及截断点的位置等均可参照单向板配筋的有关规定。双向板配筋的分区和配筋量规定如图 7-19 所示。

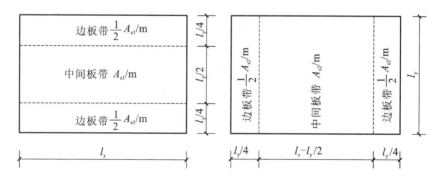

图 7-19　双向板配筋的分区和配筋量规定

按塑性铰线法计算时,双向板的跨中钢筋全板均匀配置,双向板配筋的示意图如图 7-20 所示;支座上的负弯矩按计算值沿支座均匀配置。沿墙边、墙角处的构造钢筋,与单向板楼盖中相同。

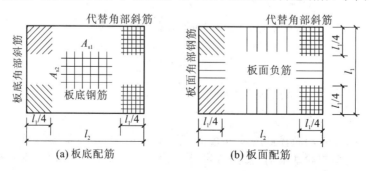

图 7-20　双向板配筋示意图

3）双向板支承梁

作用在双向板上的荷载一般会向最近的支座方向传递，对于支承梁承受的荷载范围可近似认为，以 45°等分角线为界，分别传至两相邻支座。这样，沿短跨方向的支承梁，承受板面传来的三角形分布荷载；沿长跨方向的支承梁，承受板面传来的梯形分布荷载。

任务 2 装配式楼（盖）板

一、概述

1. 建筑工业化的意义

建筑结构工业化就是用现代化生产方式来建造房屋。即根据使用要求、材料资源和技术经济条件，制定统一的建筑参数和结构形式，使建筑构配件和设备都能成套配制，并采用与其相适应生产工厂化、现场安装机械化、管理科学化措施。建筑工业化包括设计标准化、构件工厂化、施工机械化和管理科学化等。

2. 建筑工业化的途径

发展建筑工业化，目前主要采取以下两种途径。

1）发展预制装配式建筑

预制装配式建筑，就是在工厂或现场生产构件和配件，用机械在现场进行安装的建筑。这种方法的优点是：生产效率高，构件质量好，受季节影响小，可以均衡生产。其缺点是：生产基地一次性投资大，在建造量不稳定时，预制厂的生产能力不能充分发挥。这条途径分为以下类型：砌块建筑结构、框架轻板建筑结构、装配式大板建筑结构等。

2）发展现场工业化的施工方法

现场工业化的施工方法，主要是在现场采用大模板现浇混凝土、滑升模板、升板等施工方法，完成房屋主要结构的施工。这种方法的优点是：所需生产基地一次性投资比全装配式少，适用范围广，节省运输费用，结构整体性。其缺点是：耗用工期长。这条途径分为以下类型：大模板建筑结构、滑升模板结构等。

二、装配式构件的分类

砌块建筑是由预制块材装配而成的建筑。砌块分为小型砌块、中型砌块和大型砌块等。砌块建筑具有施工设备简单、施工速度快，能充分利用工业废料等特点。

框架轻板建筑是由承重结构和围护结构组成的建筑，其中梁、柱组成承重骨架，墙板起围护和分隔的作用。框架结构的类型按材料的不同可分为钢筋混凝土框架、钢框架、木框架；按受力点横向框架、纵向框架和双向框架；按承受水平力和垂直力的不同可分为纯框架和剪力墙框架。外墙板与框架的连接可以采用上挂和下承两种方式。

装配式大板建筑是由预制的大型内、外墙板和楼板、屋面板、楼梯等构件装配组合而成的建筑。大板建筑的节点构造要满足强度、刚度、延性以及抗腐蚀、防水保温等要求，它包括板材等构件间的连接构造和板缝构造。大板构件间的连接有干式连接和湿式连接等。板材建筑的外墙连接是材料干缩、温度变形和施工误差的集中点，板缝应采用材料填缝防水等措施防止板缝的渗漏。

三、框架的轻板建筑结构

框架建筑的承重结构是由梁、板和柱组成的承重骨架,装配式框架建筑属于全装配式建筑。这种建筑除基础外,柱、梁、楼板和楼梯等均为预制构件,一般由构件加工厂生产,在施工现场进行吊装组接。框架是承重结构,墙体是围护结构,所以框架建筑的基本特点是承重结构与围护结构分开,设计时应分别考虑。

1．结构类型

1）**按材料划分**

(1) 钢筋混凝土框架:这是常用的结构形式。柱、梁和板采用钢筋混凝土制成。

(2) 钢框架:在高层框架中采用。柱、梁均采用钢材,楼板采用钢筋混凝土或钢板。

(3) 木框架:柱、梁和板均采用木材制成,较少使用。

2）**按受力特点划分**

(1) 横向框架:承重主梁为横向梁,纵向梁只起联系和支撑作用。如图 7-21 中的横向框架承重方案。

(2) 纵向框架:承重主梁为纵向梁,横向梁只起联系和支撑作用。如图 7-21 中的纵向框架承重方案。

(3) 纵横双向混合承重框架:承重主梁为纵向梁和横向梁,共同起着承重、联系和支撑作用。如图 7-21 中的纵横双向框架承重方案。

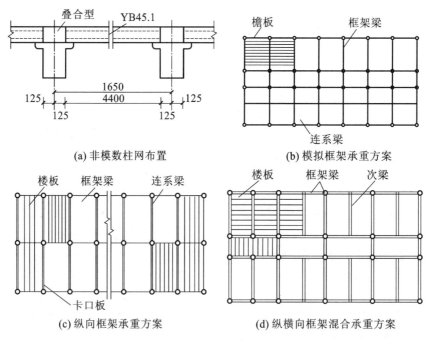

图 7-21　各种框架结构

3）**按承受水平力和垂直力的不同划分**

(1) 纯框架结构:这种框架中垂直力由框架承受,水平力也由框架承受(如风力、地震力等)。

(2) 剪力墙框架结构:这种框架中垂直力由框架承受,水平力由单独设置的剪力墙结构承受。如图 7-22 中的布置。

2. 柱网布置

装配式钢筋混凝土框架的平面布局以柱网表示。柱网是框架网的纵向和横向定位轴线交叉形成的网格，它决定了房屋的开间和进深。柱网布置在进深方向可以是单跨、两跨、三跨以至多跨，一般为方格式和走廊式，如图 7-23 所示。

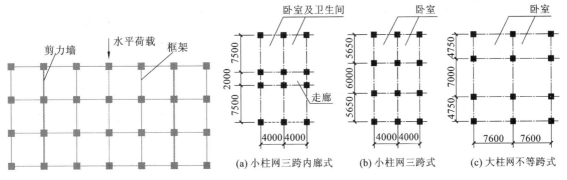

图 7-22　剪力墙框架结构

图 7-23　框架柱网布置方式

3. 框架轻板建筑的构造与连接

框架的构件连接主要有柱与柱的连接、梁与柱的连接、梁与板的连接、板与柱的连接及框架与墙板的连接等。

1）柱与柱的连接

目前常用的连接形式有榫槽式、浆锚式与焊接式等。如图 7-24 所示。

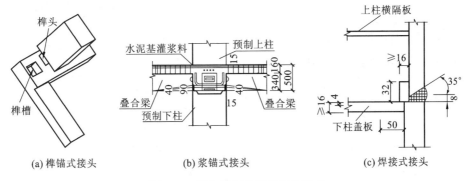

(a) 榫锚式接头　　　(b) 浆锚式接头　　　(c) 焊接式接头

图 7-24　柱与柱间的常用连接形式

2）梁与柱的连接

梁与柱通常在柱顶进行连接，是最常用的叠合梁现浇连接，其次是浆锚叠压连接。叠合梁现浇连接的叠合方法是把上下柱、纵横梁的钢筋都伸入节点，加配箍筋后浇灌混凝土形成整体。其优点是节点刚度大，故常用。浆锚叠压连接的叠合方法是将纵横梁置于柱顶，上下柱的竖向钢筋插入梁上的预留孔，灌入高强砂浆将柱筋锚固，使梁柱连接成整体。梁与柱的连接如图 7-25 所示。

3）梁与板的连接

为了使楼板与梁整体连接，常采用楼板与叠合梁现浇连接。叠合梁由预制和现浇两部分组成，在预制梁上部留出箍筋，预制楼板安放在梁侧，沿梁纵向放入钢筋后浇筑混凝土将梁和楼板连成整体。梁与板的连接如图 7-26 示意。

4）板与柱的连接

在板柱框架中，楼板直接支承在柱上，其连接方法可采用现浇连接、浆锚叠压连接和后张预应力连接。板与柱的连接如图 7-26 所示。

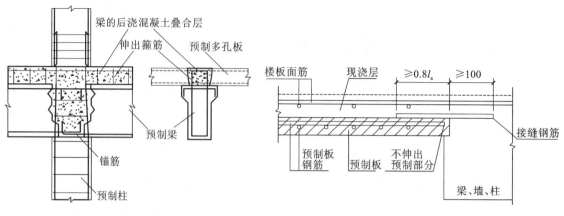

图 7-25　梁与柱的连接　　　　　　图 7-26　梁与板的连接

5）框架与墙板的连接

（1）内墙板：框架轻板建筑的内墙板，一般采用空心石膏板、加气混凝土条板和纸面石膏板，其构造与隔墙相同。

（2）外墙板：外墙板有单一材料板和复合材料板两种。外墙板可以采用上挂和下承两种方式支承于框架柱、梁或楼板上。如图 7-27 所示为部分外墙板与框架的连接构造。

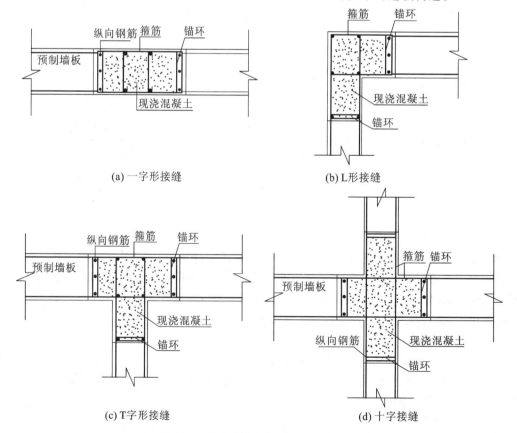

(a) 一字形接缝　　　　　　　　　　(b) L形接缝

(c) T字形接缝　　　　　　　　　　(d) 十字接缝

图 7-27　部分外墙板与框架的连接构造

四、装配式大板建筑

装配式大板建筑就是由预制的大型内、外墙板和楼板、屋面板、楼梯等构件装配组合而成的建筑，简称大板建筑。如图 7-28 所示为大板建筑的示意图。

大板建筑的构件是由工厂预制或施工现场预制，然后在施工现场装配。大板建筑适用于多高层建筑，如图 7-28 所示的装配式多高层建筑。

图 7-28　装配式多高层建筑

1. 大板建筑的主要构件

大板建筑的主要构件有内墙板、外墙板、楼板、屋面板和楼梯等。

1）内墙板

内墙板既是承重构件又是分隔构件，应具有足够的强度和刚度，以及隔声和防火的能力。为了减少墙板的规格，从底层到顶层均采用同一高度。多层大板住宅内墙板厚度一般为140 mm，高层为 160 mm。内墙板无保温与隔热要求，多采用单一材料制作，其常见的构造形式有实心墙板、空心墙板等，如图 7-29 所示。

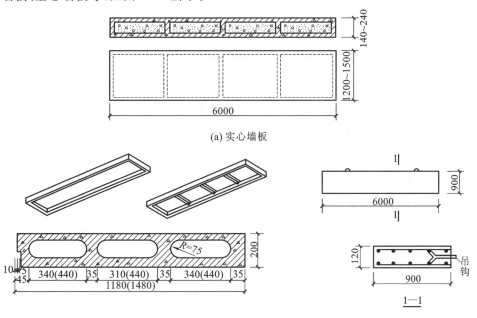

图 7-29　内墙板构造

2）外墙板

外墙板比内墙板的功能要求多,如防水,保温隔热和外装修等。为了防止水进入室内,外墙板的接缝构造也比内墙板要复杂一些。内墙板无热工要求,常用单一材料制作,而外墙板则常采用两种以上的材料做成复合板,如图7-30所示。复合板一般用钢筋混凝土做受力层,以轻质材料做保温层。除复合板外,也可用轻质混凝土做成单材料的外墙板,如矿渣混凝土,陶粒混凝土和加气混凝土等。

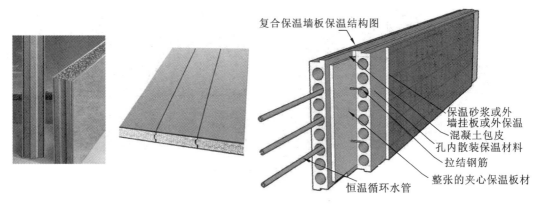

图7-30 复合材料外墙板

为了减少施工现场的工作量和缩短工期,外墙板的外饰面除涂料外,应尽量在大板厂中完成。外墙板饰面做法可采用美术混凝土饰面、露集料饰面、贴面、塑料墙板和涂料饰面等。其中,美术混凝土饰面和露集料饰面利用混凝土本身的材质起装饰作用,不在其外表另做饰面层,不但质感强,而且耐久,并能减少现场工作量。

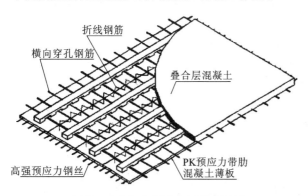

图7-31 双向预应力钢丝水泥板

3）楼板和屋面板

大型楼板和屋面板的种类较多,我国常用的有预应力钢筋混凝土空心板、双向预应力钢丝水泥板、双向预应力带轻质填块的密肋板等,如图7-31所示。

为了加强房屋整体刚度,宜采用整间的预应力钢筋混凝土板。如吊装运输不允许时,也可每间安装两块板,然后再拼接起来(两块板之间现浇一条钢筋混凝土带)。

4）楼梯

由于安装墙板要用起重量较大的起重设备,所以楼梯一般也采用大型预制构件。为了减轻重量,楼梯可以制成空心楼梯段,也可将平台于梯段分别预制。当分开预制时,梯段与平台板之间应有可靠的连接,如图7-32所示。

5）烟道和风道

烟道和风道一般为钢筋混凝土或水泥石棉制作的筒状物件,一般按一层一节设计。其交接处在楼板附近,交接处做浆严密,不串烟漏气,出屋顶后应砌筑排气口,并用预制钢筋混凝土块做压顶,如图7-33所示。

2. 大板的连接

大板的节点要满足强度、刚度、延性及抗腐蚀、防水和保温等构造要求。

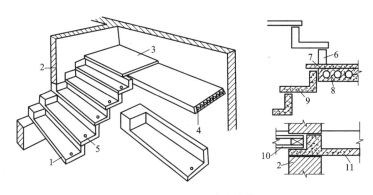

图 7-32　预制悬臂式楼梯

1—预制悬臂踏步；2—承重墙；3—混凝土现浇板带；4—休息平台；5—安装栏杆预留孔；
6—垫砖；7—细石混凝土；8—预应力空心板；9—悬臂踏步板；10—预应力空心板；11—异形板

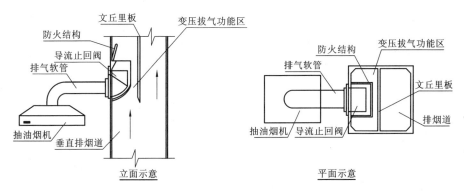

图 7-33　烟风道示意图

　　大板构件间的连接通常有两种方式，即干式连接和湿式连接。用钢筋、钢板焊接或用螺栓连接的称为干式连接；用混凝土整浇的称为湿式连接。湿式连接整体性好，在我国被广泛采用。

　　1）干式连接

　　（1）焊接：通过连接钢板或钢筋将构件上预留的铁件焊接而成。其优点是：施工简单，速度快，不需要养护时间。其缺点是：局部应力集中，容易造成锈蚀，对预埋件要求精度高、位置准确，耗钢量较大。如图 7-34 所示。

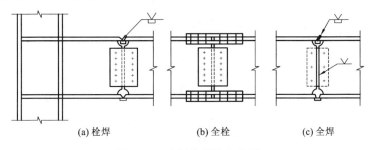

　　(a)栓焊　　　　　　　(b)全栓　　　　　　　(c)全焊

图 7-34　主梁的焊接示意图

　　（2）螺栓连接：用螺栓将制作时预埋的铁件连接而成。常用于围护结构的墙板与承重板的连接，如图 7-35 所示。

　　2）湿式连接

　　湿式连接即混凝土整体连接，是利用构件与附加钢筋互相连接在一起，然后浇筑高强度混凝土而成。其优点是:刚度好,强度大,整体性好,耐腐蚀性好。其缺点是:施工工序多,操作复杂,而且需要养护时间,浇注后不能立即加荷载。湿式连接如图 7-36 所示。

3. 板缝的构造

板材建筑的外墙连接处,是材料干缩、温度变形和施工误差的集中点。板缝的处理应当根据当地冬、夏季节气温变化,风雨条件,湿度状况,做到满足防水、保温、耐久、经济、美观和便于施工等要求。

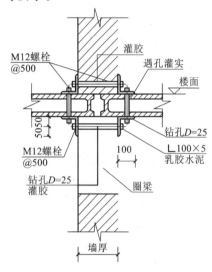

图 7-35 螺栓连接示意图

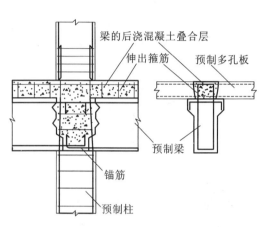

图 7-36 湿式连接示意图

解决板缝渗漏的措施有以下三种方法。

1)材料填缝防水

填缝防水是在外墙板接缝口嵌填防水密封材料,用材料的堵截作用防止雨水的渗入。这种方法构造简单,施工方便。但对材料质量要求较高,板材制作和施工水平要求严格,且容易在使用过程中出现毛细现象而渗水。常用填缝材料有砂浆和油膏两大类。板缝的材料填缝构造如图 7-37 所示。

为了防止胶泥过早老化,应在胶泥外填抹水泥砂浆保护。板缝的胶泥填塞深度与板缝宽度的比例为 2:1,且缝宽与缝距有关,见表 7-4。

表 7-4 板缝与胶泥的尺寸关系

板缝距离/m	板缝宽 b/mm	胶泥深 h/mm
2～4	20	40
4～6	25	50

2)构造防水

构造防水是将外墙外缘做成特殊形状,以阻止雨水向室内渗漏。其分为水平缝和垂直缝。

(1)水平缝:为了有效地防止雨水渗漏,通常做成带有空腔的企口缝或高低缝,雨水在重力作用下不易越过空腔,从而达到有效防水的目的,如图 7-38 所示。

(2)垂直缝:垂直缝隙是左右两墙板之间的接缝,缝内设置空腔来阻止毛细管渗水。寒冷地区常采用单腔缝防水构造,而在严寒地区则采用双腔缝防水构造,以增强抗渗能力。具体如图 7-39 所示。

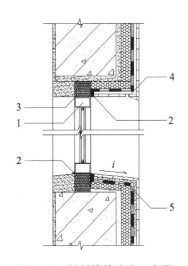

图 7-37 材料填缝防水示意图
(门窗框防水防护立剖面构造)

1—窗框;2—密封材料;3—发泡聚氨酯填充;
4—滴水线;5—外墙防水层

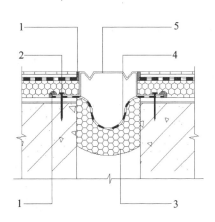

图 7-38 水平缝防水示意图
(变形缝防水防护构造)

1—密封材料;2—锚栓;3—保温衬垫材料;
4—合成高分子防水卷材(两端黏结);5—不锈钢板

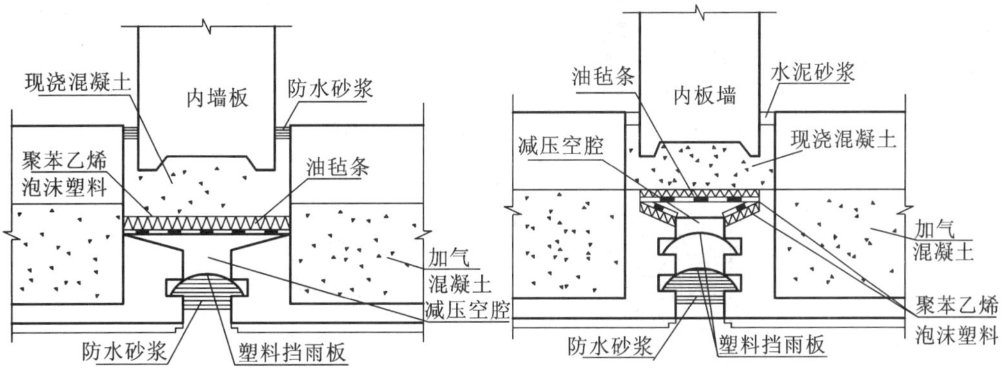

现浇混凝土   内墙板   防水砂浆

聚苯乙烯
泡沫塑料   油毡条

防水砂浆   塑料挡雨板

加气
混凝土
减压空腔

(a) 单空腔

油毡条   内板墙   水泥砂浆

减压空腔   现浇混凝土

防水砂浆   塑料挡雨板

加气
混凝土

聚苯乙烯
泡沫塑料

(b) 双空腔

图 7-39 垂直缝防水构造示意图

(3)弹性盖条防水:弹性盖条防水是将具有弹性的盖缝条嵌入板缝内,起到堵住雨水渗入的作用。它具有不用湿作业和施工简便的优点,但存在易锈蚀和老化的问题。具体如图 7-40 所示。

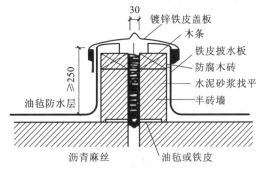

30

镀锌铁皮盖板
木条
铁皮披水板
防腐木砖
水泥砂浆找平
半砖墙

≥250

油毡防水层

沥青麻丝   油毡或铁皮

图 7-40 弹性盖条防水

任务 3 钢筋混凝土楼梯

楼梯是多高层房屋的竖向通道,是房屋的重要组成部分。楼梯的平面布置、踏步尺寸和栏杆形式等由建筑设计确定。钢筋混凝土楼梯由于经济耐用,耐火性能好,因此在多、高层建筑中被广泛使用。如图 7-41 所示的是板式楼梯的分类示意图。

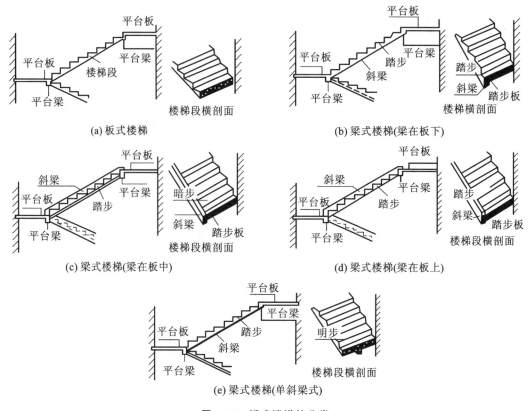

(a) 板式楼梯

(b) 梁式楼梯(梁在板下)

(c) 梁式楼梯(梁在板中)

(d) 梁式楼梯(梁在板上)

(e) 梁式楼梯(单斜梁式)

图 7-41 板式楼梯的分类

钢筋混凝土楼梯按施工方法的不同,可分为现浇整体式和预制装配式两类。预制装配式楼梯整体性较差,现已很少采用。板式楼梯和梁式楼梯是最常见的现浇楼梯,宾馆和公共建筑有时也采用一些特种楼梯,如螺旋板式楼梯和剪刀式楼梯。现浇整体式楼梯按其结构形式和受力特点的不同,可分为板式楼梯、梁式楼梯、剪刀式楼梯和螺旋式楼梯等。楼梯的构件组成部分如图7-42和图 7-43 所示。

楼梯的结构设计包括以下内容。

(1) 根据建筑要求和施工条件,确定楼梯的结构形式和结构布置。

(2) 根据建筑类别,按《建筑结构荷载规范》(GB 50009—2012)确定楼梯的活荷载标准值。需要注意的是楼梯的活荷载往往比所在楼面的活荷载大。生产车间楼梯的活荷载可按实际情况确定,但不宜小于 3.5 kN/m(按水平投影面计算)。除以上竖向荷载外,设计楼梯栏杆时还应按规定考虑栏杆顶部水平荷载0.5 kN/m(对于住宅、医院、幼儿园等)或 1.0 kN/m(对于学校、车站、展览馆等)。板式楼梯和梁式楼梯示意图如图 7-44 所示。

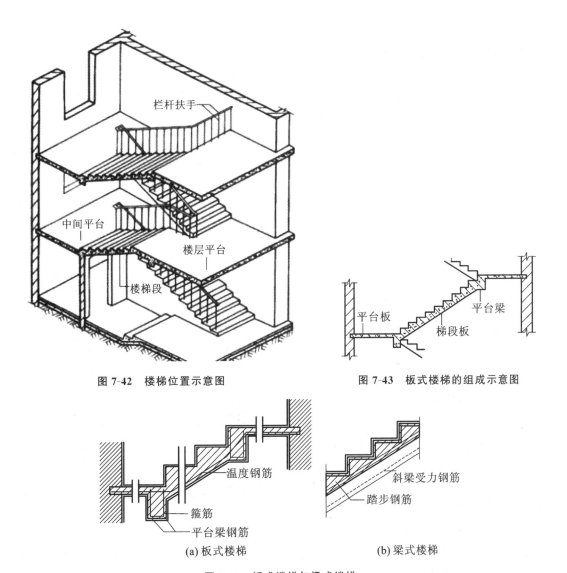

图 7-42　楼梯位置示意图　　　　图 7-43　板式楼梯的组成示意图

(a) 板式楼梯　　　　　　　　(b) 梁式楼梯

图 7-44　板式楼梯与梁式楼梯

1．板式楼梯

　　板式楼梯是指踏步板为板式结构的楼梯。踏步板底面为光滑的平面,外形轻巧、美观,支模较简单。板式楼梯由楼梯段、休息平台和平台梁组成,如图 7-41 所示。梯段是斜放的齿形板,支承在平台梁上和楼层梁上,底层下端一般支承在地垄墙上。板式楼梯的优点是下表面平整,施工支模较方便,外观比较轻松。其缺点是斜板较厚,约为梯段板长的 1/25～1/30,其混凝土用量和钢材用量都较多,一般适用于梯段板水平跨长不超过 3.3 m 时的情况。

　　当踏步板踏步在 3.3 m 以内时,用板式楼梯比较经济;当跨度较大时,结构自重大,则不宜采用。

　　1）梯段板

　　梯段板是一块带有踏步的斜板,两端分别支撑与上、下平台梁上。梯段板的厚度一般约为梯段板长的 1/25～1/30,常用的厚度为 100～120 mm。

梯段板中受力钢筋沿跨度方向布置,配筋可采用弯起式或分离式。为考虑支座连接处实际存在的负弯矩,防止混凝土开裂,在支座处应配置适量负筋,并伸出支座长度 $L_n/4$(L_n 为梯段板水平方向的净跨)。在垂直受力钢筋的方向应设置分布钢筋,分布钢筋应位于受力钢筋的内侧,且不少于$\phi 6@250$,至少在每一踏步下放置 $1\phi 6$。当梯段板厚度 $t\geqslant 150$ mm 时,分布钢筋宜采用$\phi 8@200$,如图 7-45 所示。支座负筋也可在平台梁里锚固。

2）平台板

平台板一般为单向板(有时也可能是双向板),平台板一端与平台梁整体连接,另一端可能支承在砖墙上,也可能与过梁整浇,一般将板下部受力钢筋在支座附近弯起一半,必要时可在支座处板上面配置一定量钢筋。楼段板和平台板的配筋如图 7-46 所示。

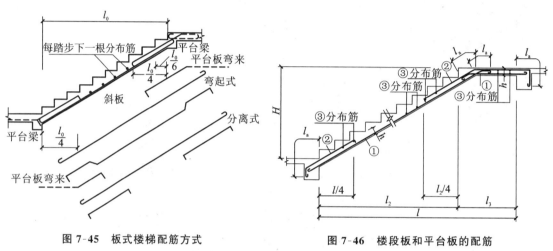

图 7-45　板式楼梯配筋方式　　　　图 7-46　楼段板和平台板的配筋

3）平台梁

平台梁承受梯段板、平台板传来的均布荷载和平台梁自重,其构造与一般受弯构件相同,并按矩形截面进行配筋。

2. 梁式楼梯

梁式楼梯由踏步板、斜梁和平台板、平台梁组成(见图 7-47)。其荷载传递为:梯段上荷载

均布荷载 → 踏步板 均布荷载→ 斜边梁(平台梁) 均布荷载→ 平台梁 均布荷载→ 侧墙(或框架梁)。

1）踏步板

梁式楼梯的踏步板是按两端简支在斜梁上的单向板考虑,踏步板的高度由建筑设计确定,板的厚视踏步板跨度而定,一般不小于 $30\sim 40$ mm,踏步板的截面为梯形截面。每一踏步一般需要配置不少于 $2\phi 16$ 的受力钢筋,沿斜向布置间距不大于 300 的 $\phi 16$ 分力钢筋。

2）斜边梁

斜边梁与梯段斜板相同。踏步板可能位于斜梁截面高度的上部,也可能位于下部。斜梁两端支撑在平台梁上,布置斜梁时应考虑与其整浇得踏步板共同工作。斜梁的纵向受力钢筋在平台梁中应有足够的锚固长度。

3）平台板

梁式楼梯平台板的布置和构造与板式楼梯的相同。

4）平台梁

平台梁支撑在两侧楼梯间的横墙(柱)上,平台梁主要承受斜边梁传来的集中荷载(由上、下

楼梯斜梁传来)和平台板的均布荷载及自身的自重。平台梁的高度应保证斜梁的主筋能放在平台梁的主筋上,即在平台梁与斜梁的相交处,平台梁的底面应低于斜梁的底面,或与斜梁底面平齐。

　　平台梁横截面两侧的荷载大小不同,因此平台梁受有一定的扭矩作用,需要适量增加箍筋。此外,因为平台梁受有斜梁的集中荷载,所以在平台梁中位于斜梁支座两侧处,应设置附加箍筋。梁式楼梯踏步和各种楼梯间示意图如图 7-47 和图 7-48 所示。

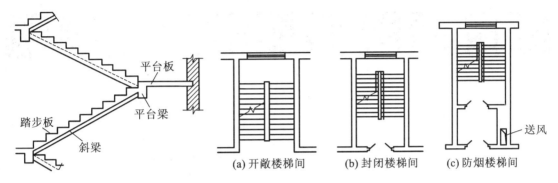

图 7-47　梁式楼梯踏步示意图　　　　图 7-48　各种楼梯间示意图

　　(1) 什么是单向板?

　　(2) 什么是双向板?

　　(3) 钢筋混凝土现浇楼盖有哪几种类型?

　　(4) 现浇单向板肋形楼盖结构可从哪几个方面来体现其结构的合理性?

　　(5) 板式楼梯与梁式楼梯有何区别,分别适用于何种情况?

项目 **8**
多层及高层钢筋混凝土房屋

知识目标

(1) 了解框架结构、剪力墙结构和框架-剪力墙结构的受力特点及相关知识。

(2) 熟悉多层及高层结构布置知识。

(3) 掌握框架结构、剪力墙结构及框架-剪力墙结构的构造要求。

能力目标

(1) 熟悉多层及高层建筑结构体系及各种体系的特点和应用范围。

(2) 熟悉多层及高层框架结构的布置原则。

(3) 理解现浇框架结构、剪力墙结构及框架-剪力墙结构的受力特点和构造要求。

知识链接

随着我国经济形势的发展,大中型城市的多层及高层建筑迅速增多,多层及高层建筑已成为工业与民用建筑中最常见的房屋类型。

近年来,我国高层建筑发展十分迅速,各地兴建的高层建筑层数已普遍增加,房屋高度150 m以上的高层建筑已超过100栋。国际上很多国家和地区对高层建筑结构的界定都在10层以上。为了适应我国高层建筑的发展形势并与国际上的界定相适应,我国《高层建筑混凝土结构技术规程》(JGJ 3—2010)中规定10层及10层以上的建筑为高层建筑。考虑到有些钢筋混凝土结构建筑的层数虽未达到10层,但其房屋高度较高,所以同时也规定高度超过28 m的民用建筑也为高层建筑,我国《高层建筑混凝土结构技术规程》(JGJ 3—2010)中还规定,10层及10层以上的房屋高度超过28 m的建筑物也为高层建筑。建筑物高度超过100 m时,不论是住宅建筑还是公共建筑均为超高层建筑。并把高度为常规高度的高层建筑称为 A 级高度的高层建筑,把高度超过 A 级高度限值的高层建筑称为 B 级高度的高层建筑。

在实际应用中,我国住建部有关主管部门自 1984 年起,将无论是住宅建筑还是公共建筑的高层建筑范围,一律定为 10 层及 10 层以上。1972 年召开的国际高层建筑会议将 9 层直到高度 100 m 的建筑定为高层建筑,而将 30 层或高度 100 m 以上的建筑定为超高层建筑。

多层与高层房屋的荷载主要包括:① 竖向荷载(如恒载、活载、雪载、施工荷载等);② 水平荷载(如风荷载、地震作用等);③ 温度作用。其中,对结构影响较大的是竖向荷载和水平荷载。尤其是水平荷载,其会随房屋高度的增加而迅速增大,以致逐渐发展成为与竖向荷载共同控制设计,在房屋更高时,水平荷载的影响甚至会对结构设计起绝对控制作用。

钢筋混凝土多层及高层房屋常用的结构体系有:框架结构、框架-剪力墙结构、剪力墙结构和筒体结构等四种。

任务 1 多层及高层钢筋混凝土结构常用体系

本任务主要是学习多层及高层建筑常用的框架结构、剪力墙结构、框架-剪力墙结构和筒体结构等内容。

多层及高层建筑是随着社会生产力、人们生活的需要发展起来的,是商品化、工业化和城市化的结果。多层及高层建筑的结构体系也是随着社会生产的发展和科学技术的进步而不断发展的。钢筋混凝土高层建筑是 20 世纪初出现的,世界上第一幢钢筋混凝土高层建筑是 1903 年建成的美国的英格尔斯大楼(16 层、高 64 m)。钢筋混凝土多层及高层建筑的结构体系和高层钢结构类似,其发展也经历了由低到高的过程,目前已出现了高度超过 300 m 的混凝土结构高层建筑。由于高性能混凝土材料的发展和施工技术的不断进步,钢筋混凝土结构仍是今后多层及高层建筑的主要结构体系。

目前,多层及高层钢筋混凝土房屋的常用结构体系可分为四种类型,即框架结构体系、剪力墙结构体系、框架-剪力墙结构体系和筒体结构体系等。

一、框架结构体系

当采用梁、柱组成的框架结构体系作为建筑竖向承重结构,并同时承受水平荷载时,称其为框架结构体系。其中,连系平面框架以组成空间体系结构的梁称为连系梁,框架结构中承受主要荷载的梁称为框架梁,框架结构房屋是由梁、柱组成的框架承重体系,内、外墙仅起围护和分隔的作用。

框架结构的优点是能够提供较大的室内空间,平面布置灵活,因而适用于各种多层工业厂房和仓库。在民用建筑中,其适用于多层和高层办公楼、旅馆、医院、学校、商场及住宅等内部有较大空间要求的房屋。

框架结构在水平荷载下表现出抗侧移刚度小,水平位移大的特点,属于柔性结构。随着房屋层数的增加,水平荷载逐渐增大,框架结构将因侧移过大而不能满足要求。因此,框架结构的房屋一般不超过 15 层。

如图 8-1 和图 8-2 所示为框架结构构件位置和柱网布置的几种常见形式。

框架结构的优点是建筑平面布置灵活,可做成需要较大空间的会议室、餐厅、办公室及工业

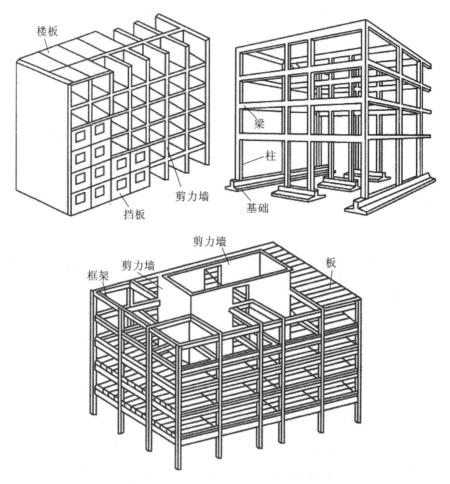

图 8-1　框架结构构件位置示意图

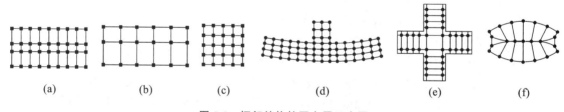

(a)　　　　　(b)　　　　　(c)　　　　　(d)　　　　　(e)　　　　　(f)

图 8-2　框架结构柱网布置示意图

车间等,加隔墙后,也可做成小房间。框架结构的构件主要是梁和柱,可以做成预制或现浇框架,布置比较灵活,立面也可以变化。

　　通常,框架结构的梁、柱断面尺寸都不能太大,否则会影响使用面积。因此,框架结构的侧向刚度较小,水平位移较大,这是它的主要缺点,这也因此限制了框架结构的建造高度,一般不宜超过 60 m。在抗震设防烈度较高的地区,其高度更加受到限制。

　　通过合理的设计,框架结构本身的抗震性能较好,能承受较大的变形。但是,变形大了容易引起非结构构件(如填充墙、建筑装饰等)出现裂缝及破坏,这些破坏会造成很大的经济损失,也会危及人身安全。所以,如果在地震区建造较高的框架结构,必须选择既减轻质量,又能经受较大变形的隔墙材料和构造做法。框架结构的适用层数为 6～15 层,非地震区也可建到 15～20 层。

柱截面为 L 形、T 形、Z 形或十字形的框架结构称为异型柱框架,其柱截面厚度一般为 180～300 mm,目前一般用于非抗震设计或按抗震设防烈度为 6 度、7 度抗震设计的 12 层以下的建筑中。

二、剪力墙结构体系

如图 8-3 所示的将房屋的内、外墙都做成实体的钢筋混凝土结构,这种结构体系称为剪力墙混凝土结构体系。剪力墙的间距受到楼板跨度的限制,一般为 3～8 m,因而剪力墙结构适用于具有小房间的住宅、旅馆等建筑,可省去大量砌筑填充墙的工序及材料,如果采用滑升模板及大模板等先进的施工方法,则施工速度很快。

现浇钢筋混凝土剪力墙结构的优点有:整体性好,刚度大,在水平力作用下侧向变形很小;墙体截面面积大,承载力要求也比较容易满足;剪力墙的抗震性能也较好。因此,其适用于建造高层建筑,在 10～50 层范围内都适用,目前我国 10～30 层的公寓住宅大多采用这种体系。

剪力墙结构的缺点和局限性也是很明显的,主要是剪力墙间距太小,平台布置不灵活,结构自重较大。为了减轻自重和充分利用剪力墙的承载力和刚度,剪力墙的间距要尽可能做大些,一般以 6 m 左右为宜。当房屋层数更多时,水平荷载的影响进一步加大,这时可将房屋的内、外墙都做成剪力墙,形成剪力墙结构,见图 8-3。它既承担竖向荷载,又承担水平荷载——剪力,剪力墙由此而得名。因剪力墙

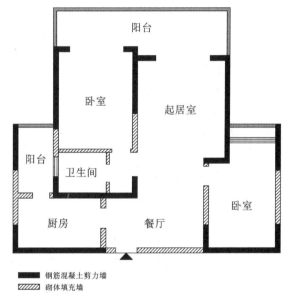

■ 钢筋混凝土剪力墙
▨ 砌体填充墙

图 8-3　剪力墙结构的平面示意图

是一整片高大实体墙,侧面又有刚性楼盖支撑,故有很大的刚度,属于刚性结构。在水平荷载下,相当于一个底部固定、顶端自由的竖向悬臂梁。剪力墙结构由于受实体墙的限制,平面布置不灵活,故适用于住宅、公寓、旅馆等小开间的民用建筑,在工业建筑中很少采用。

三、框架-剪力墙结构体系

框架结构侧向刚度差,抵抗水平荷载能力较低,地震作用下变形大,但它具有平面灵活,有较大空间,立面处理易于变化等优点。而剪力墙结构则相反,抗侧力刚度、强度大,但是限制了使用空间。将二者结合起来,可以取长补短,把框架中设置一些剪力墙,就成了框架-剪力墙(简称框剪)结构体系,如图 8-4 所示。

在这种结构体系中,剪力墙常常承担大部分的水平荷载,结构总体刚度加大,侧移减小。同时,通过框架和剪力墙协同工作,通过变形协调,使这种变形趋于均匀,改善了纯框架结构或纯剪力墙结构中上部和下部层间变形相差较大的缺点,因而在地震作用下可减少非结构构件的破

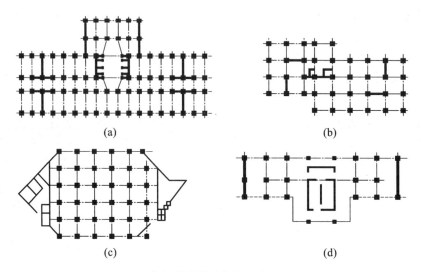

图 8-4　框架剪力墙结构的几种布置方式

坏。从框架本身来看,上、下各层柱的受力也比纯框架柱的受力均匀,因此柱断面尺寸和配筋都可以比较均匀。所以,框架-剪力墙结构体系在多层及高层办公楼、旅馆等建筑中得到了广泛应用。框架-剪力墙结构体系的适用高度为 15～25 层,一般不宜超过 30 层。

四、筒体结构体系

以筒体为主组成的承受竖向和水平作用的结构体系称为筒体结构体系。筒体是由若干片剪力墙围合而成的封闭井筒式结构,其受力与一个固定于基础上的筒形悬臂构件相似。筒体的布置有很多形式,如图 8-5 所示的是其中的几种形式。

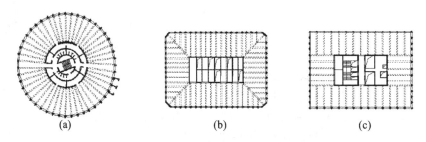

图 8-5　筒体结构梁板式楼面布置示意图

根据开孔的多少,筒体分为实腹筒和空腹筒,如图 8-6(a)和图 8-6(b)所示。

实腹筒一般由电梯井、楼梯间、管道井等形成,开孔少,因其常位于房屋中部,故又称核心筒。空腹筒又称框筒,由布置在房屋四周的密排立柱(柱距一般为 1.2～3.0 m)和截面、高度很大的横梁组成。这些横梁称为窗裙梁,梁高一般为 0.6～1.2 m。由核心筒、框筒等基本单元组成的承重结构体系称为筒体结构体系。根据房屋高度及其所受水平力,筒体结构体系可以布置成核心筒结构、框筒结构、筒中筒结构、框架-核心筒结构、成束筒结构和多重筒结构等形式。筒中筒结构通常用框筒作为外筒,实腹筒作为内筒,如图 8-7 所示的几种筒体体系。

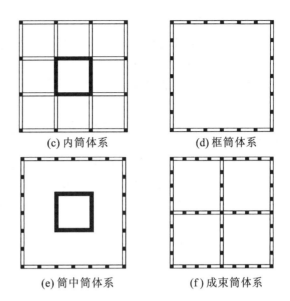

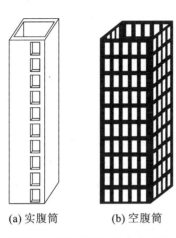

(a) 实腹筒　　　　(b) 空腹筒

图 8-6　筒体按开孔的多少分类

(c) 内筒体系　　　　(d) 框筒体系

(e) 筒中筒体系　　　(f) 成束筒体系

图 8-7　常用的筒体体系

任务 2 框架结构

一、钢筋混凝土框架结构类型

按施工方法的不同,钢筋混凝土框架可分为全现浇框架、全装配式框架、装配整体式框架和半现浇框架等四种形式。

1. 全现浇框架

全现浇框架的全部构件均为现浇钢筋混凝土构件。其优点是整体性和抗震性能好,预埋铁件少,较其他形式的框架节省钢材等。其缺点是模板消耗量大,现场湿作业多,施工周期长,在寒冷地区冬季施工困难等,但当采用泵送混凝土施工工艺和工业化拼装式模板时,可以缩短工期和节省劳动力。对使用要求较高,功能复杂或处于地震高烈度区域的框架房屋,宜采用全现浇框架。

2. 全装配式框架

全装配式框架是指梁、板、柱全部预制,然后在现场通过焊接拼装连接成整体的框架结构。全装配式框架的构件可采用先进的生产工艺在工厂进行大批量生产,在现场以先进的组织处理方式进行机械化装配,因而构件质量容易保证,并可节约大量模板,改善施工条件,加快施工进度。但是其结构整体性差,节点预埋铁件多,总用钢量较全现浇框架多,施工需要大型运输和拼装机械,在地震区不宜采用。

3. 装配整体式框架

装配整体式框架是将预制梁、柱和板在现场安装就位后,焊接或绑扎节点钢筋,在构件连接处现浇混凝土,使之成为整体式框架结构。与全装配式框架相比,装配整体式框架保证了节点的刚性,提高了框架的整体性,省去了大部分预埋构件,节点用钢量少,但增加了现场浇筑混凝土量。装配整体式框架是常用的框架形式之一。

4. 半现浇框架

半现浇框架是将部分构件现浇,部分预制装配而成的。常见的做法有两种:一种是将梁、柱现浇,板预制;另一种是将柱现浇,梁、板预制。半现浇框架的施工方法比全现浇框架简单,而整体受力性能比全装配式框架优越。梁、柱现浇,节点构造简单,整体性较好;而楼板预制,又比全现浇框架节约模板,省去了现场支模的麻烦。半现浇框架是目前采用较多的框架形式之一。

二、框架结构的受力特点

框架结构承受的荷载包括竖向荷载和水平荷载。竖向荷载包括结构自重及楼(屋)面活荷载,一般为分布荷载,有时有集中荷载。水平荷载主要是风荷载。

框架结构是一个空间结构体系,沿房屋的长向和短向可分别视为纵向框架和横向框架。纵向和横向框架分别承受纵向和横向水平荷载,而竖向荷载传递路线则根据楼(屋)盖布置方式的不同而不同。现浇楼(屋)盖主要向距离较近的梁上传递,预制板楼盖传至支撑板的梁上,如图 8-8 所示。

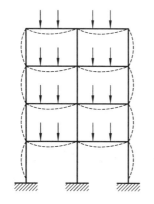

(a) 框架在竖向荷载作用下的变形

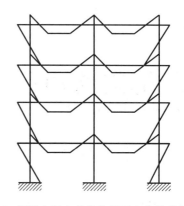

(b) 框架在竖向荷载作用下产生的弯矩图

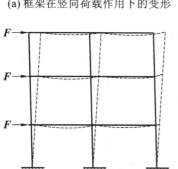

(c) 水平荷载作用下的框架的变形

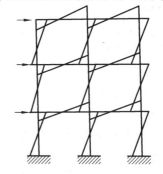

(d) 水平荷载作用下的框架的弯矩

图 8-8　框架结构在垂直、水平荷载作用下的受力变形

在多层框架结构中,影响结构内力的主要还是竖向荷载,一般不必考虑结构侧移对建筑物的使用功能和结构可靠性的影响。随着房屋高度的增大,增加最快的是结构侧移,弯矩次之。因此在高层框架结构中,竖向荷载的作用与多层建筑相似,柱内轴力随层数增加而增加,而水平荷载的内力和位移则将成为控制因素。同时,多层建筑中的框架柱以承受轴力为主,而高层建筑中的框架柱受到压、弯、剪的复合作用,其破坏形态更为复杂。其侧移由两部分组成:第一部

分侧移由柱和梁的弯曲变形产生。柱和梁都有反弯点,形成侧向变形。框架下部的梁、柱内力大,层间变形也大,越到上部层间变形越小,如图 8-9 所示。在两部分侧移中第一部分侧移是主要的,随着建筑高度的加大,第二部分变形比例逐渐加大。过大的侧向变形不仅会使人不舒服,影响使用,也会使填充墙或建筑装饰出现裂缝或损坏,还会使主体结构出现裂缝、损坏,甚至倒塌。因此,高层建筑不仅需要较大的承载能力,而且需

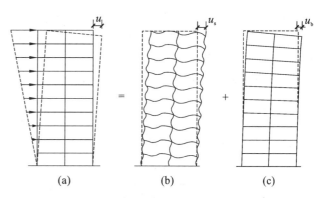

图 8-9　框架结构在水平荷载作用下的受力变形

要较大的刚度。框架抗侧刚度主要取决于梁、柱的截面尺寸。通常梁、柱截面惯性较小,侧向变形较大,所以称框架结构为柔性结构。虽然通过合理设计可以使钢筋混凝土框架获得良好的延性,但是由于框架结构层间变形较大,所以在地震区的高层框架结构容易引起非结构构件的破坏。这是框架结构的主要缺点,也因此限制了框架结构的高度。

除装配式框架外,一般可将框架结构的梁、柱节点视为刚接节点,柱固结于基础顶面,所以框架结构多为高次超静定结构,如图 8-10 所示。

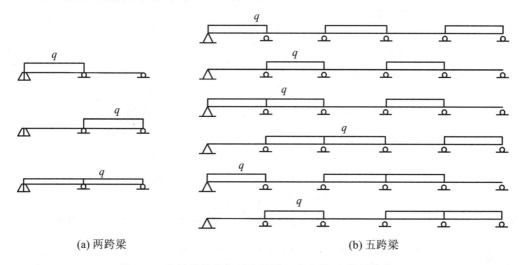

(a) 两跨梁　　　　　　　　　　　　(b) 五跨梁

图 8-10　连续梁的竖向活荷载最不利位置(均布活荷载 q)

竖向活荷载具有不确定性。梁、柱的内力将随着竖向活荷载的位置而变化。风荷载也具有不确定性,梁、柱可能受到反向的弯矩作用,所以框架柱一般采用对称配筋,梁、柱端弯矩、剪力、轴力都比较大,跨度较小的中间跨度框架梁甚至出现了上部受拉力的情况。

三、现浇框架节点构造

构件连接是框架设计的一个重要组成部分,只有通过构件之间的相互连接,结构才能成为一个整体。现浇框架的连接构造,主要是梁与柱、柱与柱之间的配筋构造。

框架梁、柱的纵向钢筋在框架节点区的锚固和搭接,应符合下列要求。

(1)顶层中节点柱纵向钢筋和边节点柱内侧纵向钢筋应伸至柱顶;当从梁底边计算的直线

锚固长度不小于 l_a 时,可不必水平弯折,否则应向柱内或梁、板水平弯折;当充分利用柱纵向钢筋的抗拉强度时,其锚固段弯折前的竖直投影长度不应小于 $0.5l_a$,弯折后的水平投影长度不宜小于 12 倍的柱纵向钢筋直径。

（2）顶层端节点处,在梁宽范围以内的柱外侧纵向钢筋可与梁上部纵向钢筋搭接,搭接长度不应小于 $1.5l_a$;在梁宽范围以外的柱外侧纵向钢筋可伸入现浇板内,其伸入长度与伸入梁内的相同。当柱外侧纵向钢筋的配筋率大于 1.2% 时,伸入梁内的柱纵向钢筋宜分两批截断,其截断点之间的距离不宜小于 20 倍的柱纵向钢筋直径。

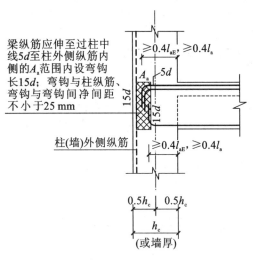

梁纵筋应伸至过柱中线5d至柱外侧纵筋内侧的 A_a 范围内设弯钩长15d;弯钩与柱纵筋、弯钩与弯钩间净间距不小于25 mm

图 8-11　楼层框架梁纵筋在端柱（墙）弯锚构造

（3）梁上部纵向钢筋伸入端节点的锚固长度,直线锚固时不应小于 l_a,且伸过柱中心线的长度不宜小于 5 倍的梁纵向钢筋直径;当柱截面尺寸不足时,梁上部纵向钢筋应伸至节点对边并向下弯折,锚固弯折前的水平投影不应小于 $0.44l_a$,弯折后的竖直投影长度应取 15 倍的梁纵向钢筋直径。

（4）当计算中不利用梁下部纵向钢筋的抗拉强度时,其伸入节点内的锚固长度应取不小于 12 倍的梁纵向钢筋直径。当计算中充分利用梁下部钢筋的抗拉强度时,梁下部纵向钢筋可采用直线方式或向上弯折 90° 的方式锚固于节点内;弯折锚固时,锚固段的水平投影长度不应小于 $0.4l_a$,竖直投影长度应取 15 倍的梁纵向钢筋直径。楼层框架梁纵筋在端柱（墙）弯锚构造如图 8-11 所示。抗震屋面框架梁纵向钢筋构造如图 8-12 所示。

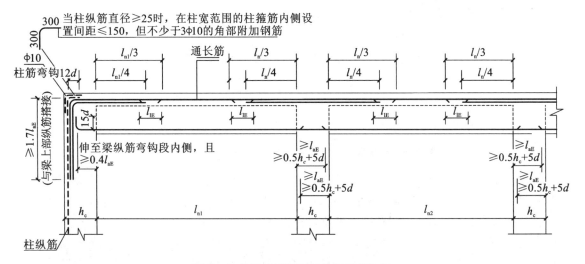

图 8-12　抗震屋面框架梁纵向钢筋构造

注:当梁的上部既有通长筋又有加力筋时,其中架力筋的搭接长度为 150。

任务 3 框架-剪力墙结构

一、框架-剪力墙结构的受力特点

框架-剪力墙结构是由框架和剪力墙两类抗侧力单元组成的,这两类抗侧力单元的变形和受力特点不同。剪力墙的变形以弯曲型为主,框架的变形以剪切型为主。在框架-剪力墙结构中,框架和剪力墙由楼盖连接起来而共同变形。

钢筋混凝土框架-剪力墙的结构平面布置需要合理的布置框架和剪力墙。框架-剪力墙结构应设计成双向抗侧力体系。有抗震设防要求的房屋建筑,结构两主轴方向均应设置剪力墙,布置时应尽量使房屋建筑的质量中心与刚度中心接近。注意抗侧力结构的对称和均匀,以减小扭转作用。在非抗震设计中,对层数不多的长矩形平面,允许只在横向设置剪力墙。

框架-剪力墙结构中的剪力墙多是带边框的剪力墙,即墙体和周边的柱、梁连接在一起,梁与柱宜与剪力墙中心线重合,框架梁与柱之间的偏心距不宜大于柱宽的 1/4。

剪力墙的布置应遵照"均匀、分散、对称和周边"的原则。

横向剪力墙宜对称、均匀地布置在房屋的楼梯间、电梯间、房屋端部附近,以及平面形状变化处和恒荷载较大的地方。如有困难无法布置在房屋的端部,布置时距尽端不宜太远。恒荷载较大的地方宜布置剪力墙,可避免柱截面过大。在防震缝、沉降缝、伸缩缝的两侧,不宜同时布置剪力墙。结构平面变化处,如平面形状凹凸较大,楼盖水平刚度变化部位处,宜布置剪力墙,以保证结构有效地传递水平力。

纵、横向剪力墙宜设置成 L 形、T 形或 [形等,方便时纵墙可以作为横墙的翼缘,横墙也可以作为纵墙的翼缘,从而增大剪力墙的刚度和抗扭能力。

要合理调整剪力墙的长度,具体方法为:①每道剪力墙 h/l 宜大于 2,并宜贯通建筑物全高,避免刚度突然变化,若有洞口,洞口宜上下对齐;②双肢墙或多肢墙长度不宜大于 8 m,单片剪力墙的刚度宜接近,长度较长的剪力墙宜设置洞口和连梁形成双肢墙或多肢墙;③每道剪力墙在底部承受的弯矩和剪力均不宜大于整个结构底部剪力和倾覆力矩的 30%。

纵向剪力墙不宜布置在房屋结构的两尽端,宜布置在中间区段,房屋纵向较长时,为减小收缩应力,宜在施工时留出后浇带,同时应加强屋面保温以减少温度变化所产生的影响。

框架应在各主轴方向均应做成刚接,剪力墙应沿各主轴布置。楼梯间、竖井等造成连续开洞时,宜在洞边设置剪力墙,且尽量与靠近的抗侧力结构结合,可增强其整体性和空间刚度。

框架-剪力墙结构依靠楼板和屋盖传递水平荷载,剪力墙的间距不宜过大,以满足楼板平面刚度的要求,保证框架、剪力墙协同工作。楼板平面刚度与剪力墙的间距相关,因此需要限制剪力墙的间距。

在框架-剪力墙结构协同工作时,由于剪力墙的刚度比框架大得多,因此剪力墙承担了大部分水平荷载。此外,框架和剪力墙分担水平荷载的比例,在房屋上部、下部是变化的。在房屋下部,由于剪力墙变形增大,框架变形减小,所以下部剪力墙承担更多剪力,而框架下部承担的剪力较少。在房屋上部,则情况恰好相反,剪力墙承担外载减小,而框架承担剪力增大。这样,就使框架上部和下部所受剪力均匀化。从协同变形的曲线可以看出,框架结构的层间变形在下部小于纯框架结构,在上部小于纯剪力墙结构,因此各层的层间变形也将趋于均匀化。

在竖向荷载作用下,框架和剪力墙分别承受各自传递范围内的楼面和屋面荷载。由于框架的布置范围大,故框架承受大部分的竖向荷载。

剪力墙的侧移刚度远大于框架,因此剪力墙承担了大部分的水平荷载。在水平荷载作用下,框架和剪力墙由于各层楼盖的连接作用而共同工作、变形协调,框架和剪力墙的荷载和剪力分布沿高度不断调整。水平荷载作用下,框架-剪力墙结构中的框架底部剪力为零,剪力控制部位在房屋的中部甚至在上部,而纯框架的最大剪力在底部。因此,对实际布置有剪力墙(如楼梯间墙、电梯井道墙、设备管道井墙等)的框架结构,必须按框架-剪力墙结构协同工作计算内力,不应简单按纯框架分析。

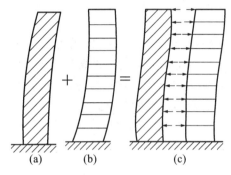

图 8-13 框架-剪力墙结构变形曲线

框架-剪力墙结构的变形曲线如图 8-13 所示。剪力墙单独承受水平荷载时,剪力墙各层楼面处的弯矩等于外荷载在该楼面处的倾覆力矩,这时剪力墙的侧移形状与悬臂梁的位移曲线相同,剪力墙的这种变形称为弯曲型。框架结构单独承受全部水平荷载时,为抵抗各楼层的剪力,将在柱与梁内产生弯矩,框架节点发生转动,但其楼面仍保持水平状态。当剪力墙与框架共同工作时,由于二者位移必须协调一致,因此框架-剪力墙结构的侧移曲线是介于剪切型和弯曲型之间的弯剪型。

二、框架-剪力墙结构的构造要求

框架-剪力墙结构中,剪力墙是主要的抗侧力构件,承担着大部分剪力,因此构造上应加强。

剪力墙的厚度不应小于 160 mm,也不应小于 $h/20$(h 为层高)。剪力墙墙板的竖向和水平方向分布钢筋的配筋率均不应小于 $0.2l$,直径不小于 8 mm,间距不应大于 300 mm,并至少采用双排布置。各排分布钢筋间应设拉筋,拉筋直径不小于 6 mm,间距不应大于 600 mm。

抗震设计时,锚固长度取 l_{aE},剪力墙周边应设置梁(或暗梁)和端柱组成边框。墙中的水平和竖向分布钢筋宜分别贯穿柱、梁或锚入周边的柱、梁中,锚固长度为 l_a。端柱的箍筋应沿全高加强配置。

剪力墙水平和竖向分布钢筋的搭接长度不应小于 $1.2l_a$。同排水平分布钢筋的搭接接头之间以及上、下相邻水平分布钢筋的搭接接头之间沿水平方向的净距不宜小于 500 mm,如图 8-14 所示。竖向分布钢筋可在同一高度搭接。

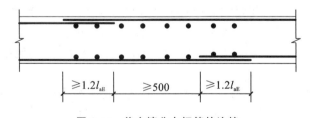

图 8-14 剪力墙分布钢筋的连接

注:非抗震设计时图中 l_{aE} 应取 l_a。

在框架-剪力墙结构下部,侧移较小的剪力墙对框架提供帮助,框架-剪力墙的侧移比框架单独侧移小,比剪力墙单独侧移大;而上部,框架又可以对剪力墙提供支持,其侧移比框架单独侧移大,比剪力墙单独侧移小。二者的协同作用,最终使框架-剪力墙结构的侧移大大减小,且使框架和剪力墙中的内力更趋合理。

剪力墙洞口上、下两边的水平纵向钢筋不应少于 2 根直径 12 mm 的钢筋,钢筋截面面积分别不宜小于洞口截断面的水平分布钢筋总截面面积的 1/2。纵向钢筋自洞口边伸入墙内的长度不应小于 l_a。剪力墙洞口边梁应沿全长配置箍筋,箍筋不宜小于 $\phi 6@150$。在顶层洞口连系梁纵向钢筋伸入墙内的锚固长度范围内,应设置间距不大于 150 mm 的箍筋,箍筋直径宜与该连系梁跨内箍筋相同,如图 8-15 所示。同时,门窗洞边的竖向钢筋应按受拉钢筋锚固在顶层连系梁高度范围内。

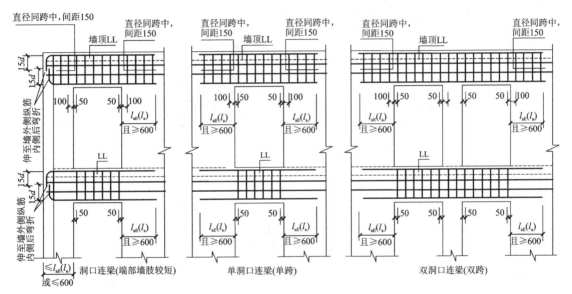

图 8-15 连系梁配筋构造图

当剪力墙墙面开有非连续小洞口(其各边长度小于 800 mm),且在整体计算中不考虑其影响时,应将洞口处被截断的分布钢筋量分别集中布置在洞口上、下和左、右两边,且钢筋直径不应小于 12 mm;穿过连系梁的管道宜预埋套管,洞口上、下的有效高度不宜小于梁高的 1/3,且不宜小于 200 mm,洞口处宜配置补强钢筋。具体可参考 16G101—1 图集中第 83 面剪力墙洞口补强构造的相关内容。

剪力墙端部应按构造配置不少于 4 根直径为 12 根的纵向钢筋,沿纵向钢筋应配置不少于直径为 6 mm、间距为 250 mm 的拉筋。

任务 4 荷载取值

作用于多层框架结构上的荷载,除恒荷载、活荷载、雪荷载和风荷载外,在某些厂房中还有吊车荷载。恒荷载、活荷载、雪荷载的取值,可直接从《建筑结构荷载规范》(GB 50009—2012)查得,吊车荷载可参考《建筑结构荷载规范》(GB 50009—2012)及单层工业厂房进行计算。以下仅就活荷载折减及风荷载有关问题进行说明。

一、楼面活荷载的折减

(1) 在设计住宅、宿舍、旅馆、办公楼、医院病房等多层建筑(活荷载标准值为 $2.0\ kN/m^2$)的墙、柱、基础时,作用于楼面上的使用活荷载标准值应乘以表 8-1 所列的折减系数,因为实际上使用活荷载在所有各层不可能同时满载。

表 8-1　楼面活荷载折减系数

墙、柱、基础计算截面以上的楼层数	1	2~3	4~5	6~8	9~20	>20
计算截面以上各楼层活荷载总和的折减系数	1.00(0.90)	0.85	0.70	0.65	0.60	0.55

注:当楼面梁的从属面积超过 25 m^2 时,采用括号内系数。

(2) 在设计楼面梁时,对上项所列建筑的楼面梁从属面积超过 25 m^2 或当活荷载标准值大于 $2.0\ kN/m^2$ 并且楼面梁从属面积超过 50 m^2 时,则应乘以 0.9 的折减系数。

二、风荷载

垂直于建筑物表面上的风荷载标准值 W_k,应按下式计算:

$$W_k = \beta_z \mu_s \mu_z W_0 \tag{8-1}$$

式中　W_0——基本风压,系以当地比较空旷平坦地面上离地 10 m 高处统计所得的 50 年一遇的风压,按《建筑结构荷载规范》(GB 50009—2012)取值,但不得小于 $0.25\ kN/m^2$;

　　　β_z——z 高度处的风振系数:对于高度不超过 30 m 或高宽比(h/b)小于 1.5 的房屋,取 β_z =1.0,对超过上述范围者,按《建筑结构荷载规范》(GB 50009—2012)取值;

　　　μ_s——风荷载体型系数;

　　　μ_z——风压高度变化系数。

此外,温度的变化也能使多层框架结构产生温度应力,当房屋的长度不超过规定的伸缩最大间距时,温度应力较小,可以不予考虑。

思考与习题

(1) 框架结构在哪些情况下采用?

(2) 框架结构布置的原则是什么?框架有哪几种布置形式?各有什么优点?

(3) 框架梁、柱的纵向钢筋和箍筋应满足哪些构造要求?如何处理框架梁与柱、柱与柱的连接(节点)构造?

(4) 简述框架与剪力墙的受力特点?

(5) 框架-剪力墙结构中,为什么应限制剪力墙的间距?

项目 9 钢筋混凝土结构单层厂房

学习目标

(1) 掌握单层厂房的结构组成及受力特点。

(2) 掌握单层厂房的主要构件及其计算方法。

(3) 掌握单层厂房的布置方法。

任务 1 单层厂房的结构组成及受力特点

一、排架结构单层厂房的组成

单层厂房按主要承重结构类型的不同分为排架结构与刚架结构,其中常用的是排架结构。

装配式单层厂房的主要承重结构是屋架(或屋面梁)、柱和基础。当柱与基础为刚接,屋架与柱顶为铰接时,这样组成的结构称为排架,如图 9-1(a)所示。其特点是:在屋面荷载作用下,屋架本身按桁架计算;当柱上作用有荷载时,屋架被认为只起将两柱顶联系在一起的作用,相当于一根横向的链杆,如图 9-1(a)所示的排架结构的计算简图如图 9-1(b)所示。由于厂房中有吊

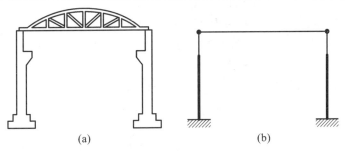

(a)   (b)

图 9-1 排架结构

车所以排架柱多采用阶梯形变截面。如图 9-2 所示为钢筋混凝土排架结构的几种形式。

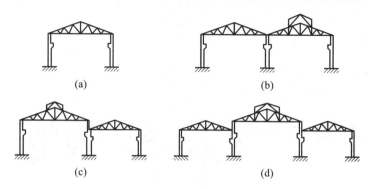

(a)   (b)

(c)   (d)

图 9-2　钢筋混凝土排架结构的形式

　　装配式钢筋混凝土排架结构的单层厂房,是一种由横向排架和纵向连系构件以及支撑系统等组成的空间体系。它通常由下述结构构件组成,并相互连接成一个整体,如图 9-3 所示。

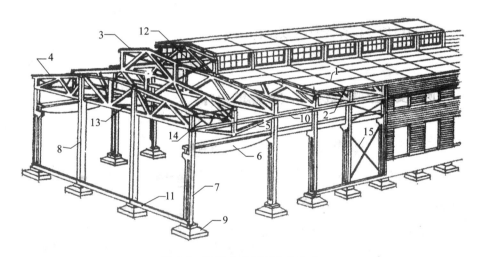

图 9-3　装配式单层厂房的组成

1—屋面板;2—天沟板;3—天窗架;4—屋架;5—托架;6—吊车梁;7—排架柱;8—抗风柱;9—基础;10—连系梁;
11—基础梁;12—天窗架垂直支撑;13—屋架下弦横向水平支撑;14—屋架端部垂直支撑;15—柱间支撑

1. 屋盖结构

屋盖结构分为无檩体系及有檩体系两种,常用的是无檩体系。无檩体系是指将大型屋面板直接支承在屋架上。屋盖包括如下构件。

(1) 屋面板　支承在屋架或天窗架上,直接承受屋面的荷载,并传给屋架或天窗架。

(2) 天窗架　支承在屋架上,承受天窗上的屋面荷载及天窗重,并传给屋架。

(3) 屋架(或屋面梁)　支承在柱上,承受屋盖结构的全部荷载(包括有悬挂吊车时的吊车荷载)并将它们传给柱。当设有托架时,屋架则支承在托架上。

(4) 托架　当柱子间距比屋架间距大,如柱距≥12 m 时,则用托架支承屋架,并将其上的荷载传给柱子。

(5) 吊车梁　吊车梁支承在柱子牛腿上,承受吊车荷载(包括吊车的竖向荷载和水平荷载),把它传给柱子。

（6）柱　柱承受由屋架（或托梁）、吊车梁、连系梁和支撑等传来的竖向荷载和水平荷载，把它们传给基础。

（7）支撑　包括屋盖支撑和柱间支撑，其主要作用是：加强结构的空间刚度和稳定性；传递风荷载和吊车纵向水平荷载；受地震作用时还可传递纵向地震作用。

（8）基础　用于承受柱和基础梁传来的荷载，亦即整个厂房在地面以上的荷载，并将它们传给地基。

（9）围护结构　包括纵墙及横墙（山墙）以及由墙梁、抗风柱和基础梁等组成的墙架。这些构件所承受的荷载主要是墙体和构件的自重以及作用在墙上的风荷载。

二、单层厂房的荷载

单层厂房所承受的主要荷载如下（见图 9-4）。

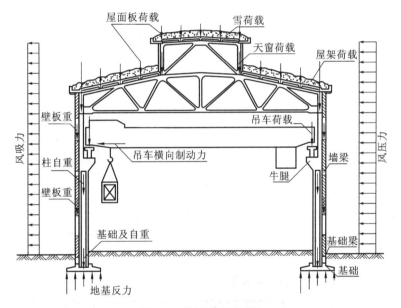

图 9-4　单层厂房的荷载

（1）永久荷载　即长期作用在厂房结构上的不变荷载（恒载），如各种构件和墙体的自重等。

（2）可变荷载　即作用在厂房结构上的活荷载，主要有：① 雪荷载；② 风荷载，包括风压力与风吸力；③ 吊车荷载，包括吊车竖向荷载（由吊车自重及最大起重量引起的轮压）和吊车水平荷载（吊车制动时作用于轨顶的纵向和横向水平制动力）；④积灰荷载，大量排灰的厂房及其邻近建筑，应考虑屋面积灰荷载；⑤ 施工荷载，即厂房在施工或检修时的荷载。

（3）偶然荷载　爆炸力和撞击力等，一般厂房很少考虑。

此外，厂房还可能受到某些间接作用，如地震作用和温度作用等。单层厂房主要荷载的传递路线如图 9-5 所示。

厂房的基本承重结构为由横梁（屋面梁或屋架）与横向柱列（柱及基础）组成的横向排架，上述竖向荷载以及横向水平荷载主要通过横向排架传到基础和地基，见图 9-4。

除横向排架外，厂房的纵向柱列通过吊车梁、连系梁、柱间支撑等构件，也形成一个骨架体系，称为纵向排架。纵向排架的作用是：保证厂房结构纵向的稳定和刚度；承受作用在山墙和天窗端壁然后通过屋盖结构传来的纵向风荷载；承受吊车纵向水平荷载等。

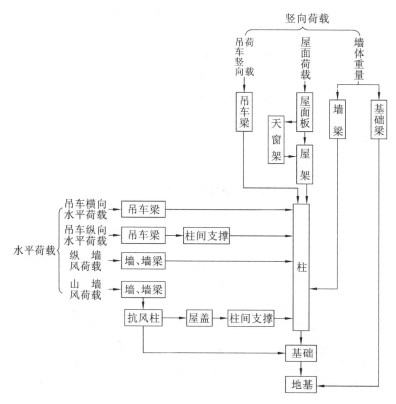

图 9-5　单层厂房主要荷载的传递路线

图 9-6 所示为厂房纵向排架受力的示意图。纵向排架的柱距小、柱子多,有吊车梁、连系梁等多道联系,又有柱间支撑的有效作用,因此构件内力不大,通常仅在构造上保证必要的措施即可,一般不进行计算。

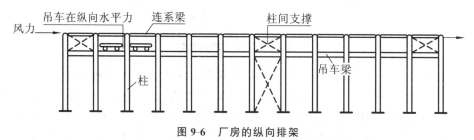

图 9-6　厂房的纵向排架

三、排架内力的计算

单层厂房是一个复杂的空间结构。实际计算时,可以根据厂房的构造和荷载特点进行简化并确定计算简图。如图 9-7 所示,由基础、柱、屋架组成的横向结构沿厂房纵向是均匀排列的,而厂房的恒载、雪载和横向风荷载沿纵向也是均匀分布的,所以可以由相邻柱距的中部截出一个典型区段,称为计算单元,如图 9-7(a)中的阴影部分。以这个单元的平面排架的受力状态来代表整个厂房的受力状态,从而把一个空间结构的计算简化为平面排架的计算,如图 9-7(c)所示。

为了简化计算,根据构造特点和实际经验,对计算简图作如下假定:① 屋架(横梁)与柱为铰接;② 柱下端与基础刚接于基础顶面;③ 屋架(横梁)受力后长度变化很小,计算时将排架横梁

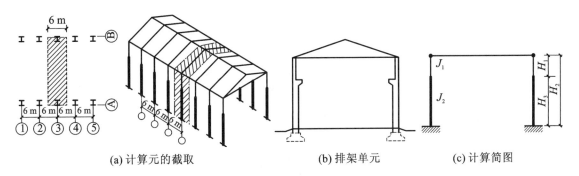

(a) 计算元的截取　　　　　　　(b) 排架单元　　　　　(c) 计算简图

图 9-7　单层厂房的计算简图

视为没有轴向变形的刚性连杆。

根据上述三个假定,排架的计算简图可用图 9-7(d)表示。

现以图 9-8 所示的等高排架为例介绍排架内力的计算。

当排架柱顶作用水平集中荷载 W 时,由于横梁为刚性连杆,所以各柱柱顶水平位移相等,即

$$\Delta_A = \Delta_B = \Delta_C = \Delta \tag{9-1}$$

如在柱顶处切开,取横梁为脱离体,因柱顶是铰,无弯矩,则在柱顶暴露出剪力 V_A、V_B、V_B,由 $\sum X = 0$ 得

$$W = V_A + V_B + V_C \tag{9-2}$$

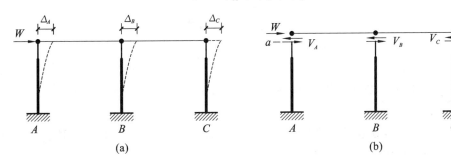

(a)　　　　　　　　　　　　　　(b)

图 9-8　柱顶作用有集中荷载的等高排架

设各柱柱顶在单位水平集中力作用下柱顶位移为 δ_A、δ_B 和 δ_C(可利用图表算出)。则在柱顶剪力 V_A、V_B 和 V_C 作用下,各柱柱顶水平位移为

$$\left. \begin{aligned} \Delta_A &= V_A \delta_A \\ \Delta_B &= V_B \delta_B \\ \Delta_C &= V_C \delta_C \end{aligned} \right\} \tag{9-3}$$

即

$$\left. \begin{aligned} V_A &= \frac{\Delta_A}{\delta_A} = \frac{\Delta}{\delta_A} \\ V_B &= \frac{\Delta_B}{\delta_B} = \frac{\Delta}{\delta_B} \\ V_C &= \frac{\Delta_C}{\delta_C} = \frac{\Delta}{\delta_C} \end{aligned} \right\} \tag{9-4}$$

由式(9-2)得

$$\frac{\Delta}{\delta_A} + \frac{\Delta}{\delta_B} + \frac{\Delta}{\delta_C} = W$$

$$\Delta = \frac{W}{\frac{1}{\delta_A} + \frac{1}{\delta_B} + \frac{1}{\delta_C}} = \frac{W}{\sum \frac{1}{\delta_i}} \tag{9-5}$$

则得各柱顶剪力为：

$$\left.\begin{array}{l} V_A = \dfrac{\Delta}{\delta_A} = \dfrac{\dfrac{1}{\delta_A}}{\sum \dfrac{1}{\delta_i}} W = \eta_A W \\[3em] V_B = \dfrac{\Delta}{\delta_B} = \dfrac{\dfrac{1}{\delta_B}}{\sum \dfrac{1}{\delta_i}} W = \eta_B W \\[3em] V_C = \dfrac{\Delta}{\delta_C} = \dfrac{\dfrac{1}{\delta_C}}{\sum \dfrac{1}{\delta_i}} W = \eta_c W \end{array}\right\} \tag{9-6}$$

即

$$V_i = \frac{\dfrac{1}{\delta_i}}{\sum \dfrac{1}{\delta_i}} W = \eta_i W \tag{9-7}$$

式中：$\eta_i = \dfrac{\dfrac{1}{\delta}}{\sum \dfrac{1}{\delta_i}}$ 称为 i 柱的剪力分配系数。

由图 9-8 可知,各柱切开后已成为上端作用有柱顶剪力的悬臂柱,现在柱顶剪力已分别算出,故很容易求得各柱内力。

任务 2 单层厂房的结构布置

一、单层厂房的柱网布置

单层厂房柱子的开间尺寸一般均为 6.0 m,当有特殊需要时其尺寸也可为:9 m,12 m。厂房的跨度(即柱子的进深间距)一般为:9 m,12 m,15 m,18 m,21 m,24 m,27 m,30 m……柱网的尺寸都是 3.0 m 的模数。

厂房的山墙应布置抗风柱,其间距一般为 6.0 m,亦可根据山墙门洞位置,调整确定抗风柱的位置。

二、单层厂房围护墙布置

单层厂房的围护墙,宜采用外贴式的轻质墙体(或砖砌体),即外墙体紧贴柱外皮设置,轻质

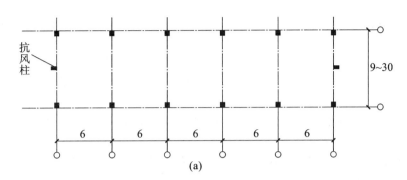

图 9-9　厂房柱子布置示意图

墙体与柱宜采用柔性连接。

当有抗震设防要求时,单层钢筋混凝土柱厂房的砌体隔墙和围护墙应符合下列要求。

(1) 砌体隔墙与柱宜脱开或柔性连接,并应采取措施使墙体稳定,隔墙顶部应设现浇浇钢筋混凝土压顶梁。

(2) 厂房的砌体围护墙宜采用外贴式并与柱可靠拉结。不等高厂房的高跨封墙和纵横向厂房交接处的悬墙采用砌体时,不应直接砌在低跨屋盖上。

(3) 砌体围护墙在下列部位应设置现浇钢筋混凝土圈梁。

① 梯形屋架端部上弦和柱顶的标高处应各设一道,但屋架端部高度不大于 900 mm 时可合并设置。

② 抗震设防烈度为 8 度和 9 度时,应按上密下稀的原则,每隔 4 m 左右在窗顶增设一道圈梁,高厂房的高低跨封墙和纵墙跨交接处的悬墙,圈梁的竖向间距不应大于 3 m。

③ 山墙沿屋面应设钢筋混凝土卧梁,并应与屋架端部上弦标高处的圈梁连接。

(4) 圈梁的构造应符合下列规定。

① 圈梁宜闭合,圈梁截面宽度宜与墙厚相同,截面高度不应小于 180 mm。圈梁的纵筋,抗震设防烈度为 6~8 度时不应少于 4Φ12,抗震设防烈度为 9 度时不应少于 4Φ14。

② 屋架的拉结宜加强。

(5) 抗震设防烈度为 8 度的Ⅲ、Ⅳ类场地和抗震设防烈度为 9 度时,砖围护墙下的预制基础梁应采用现浇接头。当另设条形基础时,在柱基础顶面标高处应设置连续的现浇钢筋混凝土圈梁,其配筋不应少于 4Φ12。

(6) 墙梁宜采用现浇,当采用预制墙梁时,梁底应与砖墙顶面牢固拉结并应与柱锚拉;厂房转角处相邻的墙梁,应相互可靠连接。

有抗震设防要求的单层钢结构厂房的砌体围护墙不应采用嵌式,抗震设防烈度为 8 度时还应采取措施,使墙体不妨碍厂房柱列沿纵向的水平位移。厂房转角处柱顶圈梁在端开间范围内的纵筋,抗震设防烈度为 6~8 度时不宜少于 4Φ14,抗震设防烈度为 9 度时不宜少于 4Φ16,转角两侧各 1 m 范围内的箍筋直径不宜小于Φ8,间距不宜大于 100 mm;圈梁转角处应增设不少于 3 根且直径与纵筋相同的水平斜筋。

圈梁应与柱或屋架牢固连接,山墙卧梁应与屋面板拉结。顶部圈梁与柱或屋架连接的锚拉钢筋不宜少于 4Φ12,且锚固长度不宜少于 35 倍钢筋直径。

三、单层厂房的屋盖结构布置

1. 组成

单层厂房的屋盖一般由屋面梁（或屋架）、屋面板、檩条、托架、天窗架及屋盖支撑系统等组成。

（1）屋面根据材料的不同可分为：由轻型板材组成的有檩体系和由大型屋面板（预制）组成的无檩体系。

（2）有檩体系是在屋面梁（或屋架）上铺设檩条，檩条上放置轻型板材而成。檩条的间距1.0～5.0 m，视轻型板材的承载能力而定，支承檩条的屋架间距一般为6.0～12.0 m，屋面坡度为1/20～1/50。

（3）无檩体系是指在屋面梁（或屋架）上直接放置预制大型钢筋混凝土预制板的屋盖。大型屋面板的尺寸一般为1.5 m×6.0 m或3.0 m×6.0 m，屋架间距为6.0 m，屋面坡度为1/10～1/12。

2. 屋盖支撑系统

支撑是屋盖结构的一个组成部分，它的作用是将厂房某些局部水平荷载传递给主要承重结构，并保证屋盖结构构件在安装和使用过程中的整体刚度和稳定性。

1）屋盖结构支撑系统的组成

（1）屋架和天窗架的横向支撑：分为屋架和天窗架的上弦横向支撑以及屋架下弦横向水平支撑。

屋架和天窗架上弦横向支撑，主要是保证屋架和天窗架上弦的侧向稳定，当屋架上弦横向支撑作为山墙抗风柱的支承点时，还能将水平风力或地震水平力传到纵向柱列。

屋架下弦横向水平支撑，当作为山墙抗风柱的支承点时，或当屋架下弦设有悬挂吊车和其他悬挂运输设备时，能将水平风力或悬挂吊车等产生的水平力或地震水平力传到纵向柱列；同时能使下弦杆在动荷载作用下不致产生过大的振动。

（2）屋架的纵向支撑：分为屋架上弦纵向支撑和屋架下弦纵向水平支撑，见图9-10。

屋架上弦纵向支撑通常和横向支撑构成封闭的支撑体系，加强整个厂房的刚度。

屋架下弦纵向水平支撑能使吊车产生的水平力分布到邻近的排架柱上，并承受和传递纵墙墙架柱传来的水平风力或地震水平力。当厂房设有托架时，还能保证托架的平面外稳定。

（3）屋架和天窗架的垂直支撑。

（4）屋架和天窗架的水平系杆：可分为屋架和天窗架上弦水平系杆以及屋架下弦水平系杆。

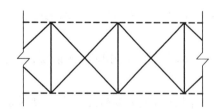

图 9-10　横向和纵向支撑的形式

屋架的垂直支撑及水平系杆主要是保证屋架上弦杆的侧向稳定和缩短屋架下弦杆平面外的计算长度。屋架端部的垂直支撑，承受由屋架横向支撑传来的水平风力或纵向地震水平力；中部的垂直支撑主要是保证安装时屋架位置的正确性。当下弦横向水平支撑和垂直支撑设置在厂房两端或温度伸缩缝区段两端的第二个屋架间时，则第一个屋架间的下弦水平系杆，除能缩短屋架下弦平面外的计算长度外，当山墙抗风柱与屋架下弦连接时，还有传递山墙水平风力和稳定抗风柱的作用。

所有支撑应与屋架、托架、天窗架和檩条（或大型屋面板）等组成完整的体系。

2）屋盖结构的支撑形式

（1）屋架和天窗架的上弦横向支撑、屋架下弦横向水平支撑和屋架上弦纵向支撑以及屋架下弦纵向水平支撑，一般采用十字交叉的形式。

（2）屋架和天窗架的垂直支撑,可参考图 9-11(a)～(d)的形式选用。其中,图 9-11(c)所示的形式一般用于天窗架两侧的垂直支撑,图 9-11(d)所示的形式一般兼作檩条的垂直支撑。

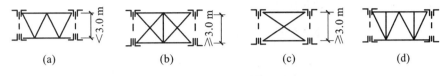

图 9-11　垂直支撑的形式

（3）屋架和天窗架的水平系杆,包括柔性系杆(拉杆)和刚性系杆(压杆)。通常,柔性系杆采用单角钢,刚性系杆采用由两个角钢组成的十字形截面。

在有檩屋盖体系中,檩条可兼作横向支撑的承压杆(刚性杆)。此时,充任支撑承压杆的檩条应计算其所承受的轴心力。

垂直支撑,还能承受和传递由天窗架上弦横向支撑传来的水平风力和纵向地震水平力;天窗中部的垂直支撑主要是为了安装的需要而设置的。

3）布置屋盖结构支撑的注意事项

在进行屋盖结构支撑的布置时,应考虑:厂房的跨度和高度,柱网布置,屋盖结构形式,有无天窗,吊车类型、起重量和工作制,有无振动设备,有无特殊的局部水平荷载等因素。

通常,每一温度伸缩缝区段,或分期建设的工程,应分别设置完整的支撑系统。

4）大型屋面板的设置

在无檩屋盖体系中,当采用宽度为 1.5 m 的钢筋混凝土大型屋面板,且大型屋面板与屋架或天窗架的连接均能满足下列要求时,可考虑屋面板能起一定的支撑作用。此时,屋架上弦杆或天窗架上弦杆平面外的计算长度可取两块屋面板的宽度。

（1）每块屋面板与屋架上弦杆或天窗架上弦杆的焊接应保证三点焊牢,在厂房端部或温度伸缩缝处,当不可能焊接三点时,允许沿屋面板纵肋一侧焊接两点。

（2）当屋架间距为 6 m 时,每点的焊缝长度不小于 70 mm,焊缝厚度不小于 5 mm;或焊缝长度不小于 60 mm,焊缝厚度不小于 6 mm。当屋架间距大于 6 m 时,焊缝长度不小于 80 mm,焊缝厚度不小于 6 mm。

（3）屋面板肋间的空隙,应用 150～200 号的细石混凝土灌实。

（4）跨度为 6 m 的屋面板的支承长度不小于 60 mm,跨度大于 6 m 的屋面板的支承长度不小于 80 mm。

5）屋架横向支撑的设置

屋架横向支撑包括上弦横向支撑和下弦横向水平支撑。其中,下弦横向水平支撑一般应与上弦横向支撑设置在同一屋架间内。

在通常情况下,无论是有檩或无檩屋盖体系均应设置屋架上弦横向支撑。

在有檩屋盖体系中,上弦横向支撑中的承压杆(刚性系杆)可采用檩条代替。但此时,充任承压杆的檩条除应符合压杆允许长细比的要求外,还应根据下述两种情况分别求其所承受的轴心力,并取二者中较大者对檩条进行验算。

（1）当屋架上弦平面内作用有沿房屋纵向的水平荷载时,求作用于檩条的最大轴心力。

（2）取与刚性系杆(承压檩条)两端相连接的两榀屋架上弦杆的毛截面面积(单位为 cm²)的 20 倍(对于 3 号钢)或 30 倍(对于 16Mn 钢)作为作用于檩条的轴心力(单位为 kN)。

凡属于下列情况之一者,一般宜设置屋架下弦横向水平支撑。

（1）屋架跨度≥18 m时(轻型钢结构的三铰拱屋架及钢筋混凝土屋架无檩体系除外)。

（2）屋架下弦设有悬挂吊车(或悬挂运输设备),或厂房内设有桥式吊车或振动设备时。

（3）山墙抗风柱支承于屋架下弦时。

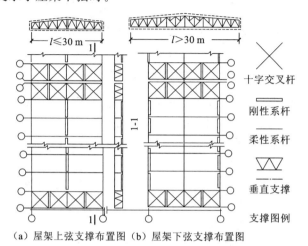

（a）屋架上弦支撑布置图 （b）屋架下弦支撑布置图

图 9-12　无天窗时的屋架支撑布置图

（4）采用有弯折下弦的钢屋架时。

（5）当屋架设有通长的下弦纵向水平支撑时。

6）横向水平支撑的设置

屋架的上弦横向支撑和下弦横向水平支撑,一般宜设在厂房两端或温度伸缩缝区段两端的第一个屋架间内(见图 9-12)或第二个屋架间内。当温度伸缩缝区段的长度大于 66 m,小于和等于 96 m 时,还应在这个区段中部的屋架上弦和下弦分别增设一道上弦横向支撑和下弦横向水平支撑。

当厂房设有天窗且天窗延伸至厂房尽端或通过温度伸缩缝时,屋架上弦横向支撑和下弦横向水平支撑必须设在厂房两端或温度伸缩缝区段两端的第一个屋架间内,如图 9-13 所示。

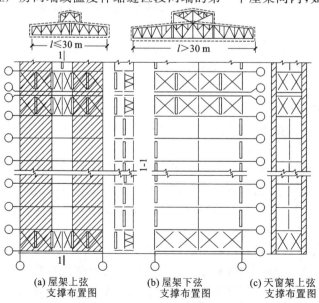

(a) 屋架上弦
支撑布置图　　(b) 屋架下弦
支撑布置图　　(c) 天窗架上弦
支撑布置图

图 9-13　天窗延伸至厂房两端或通过温度伸缩缝时的屋架和天窗架的支撑布置图

当天窗通至厂房两端或温度伸缩缝区段两端的第二个屋架间时,或当厂房尽端不设置屋架而利用山墙承重时,屋架上弦横向支撑和下弦横向水平支撑一般宜设在厂房两端或温度伸缩缝区段两两端的第二个屋架间内,如图 9-14 所示。

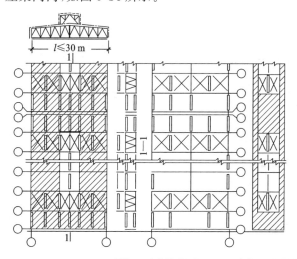

(a) 屋架上弦支撑布置图 (b) 屋架下弦支撑布置图 (c) 天窗架上弦支撑布置图

图 9-14　天窗通至厂房两端或温度伸缩缝区段两端的第二个屋架间内时

7) 增设下弦横向水平支撑的情况

屋架下弦设有悬挂吊车(或悬挂运输设备)时,应按下列要求增设下弦横向水平支撑。

(1) 当悬挂吊车沿厂房纵向(垂直于屋架跨度方向)运行,且吊车轨道未通至厂房两端和伸缩缝区段两端的屋架下弦横向水平支撑,应在轨道尽端增设屋架下弦横向水平支撑(见图 9-15(a))或刚性系杆,并与下弦横向水平支撑相接,见图 9-15(b)。

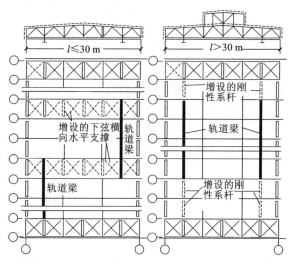

(a) 增设下弦横向水平支撑的情况　　(b) 增设下弦刚性系杆的情况

图 9-15　垂直于屋架下弦设有悬挂吊车时屋架下弦支撑的增设示例图

(2) 当悬挂吊车沿厂房横向(平行于屋架跨度方向)运行时,应在其两侧的相邻屋架间内增设下弦横向平支撑和在轨道两端增设水平支撑,如图 9-16(a)所示。

8) 为电动葫芦增设支撑的情况

为检修桥式吊车而设的电动葫芦,其轨道梁一般沿平行于屋架跨度方向设置,并通过支承梁与屋架连接。此时宜按图 9-16(b)所示增设支承梁顶面的局部水平支撑以及屋架下弦横向水平支撑和垂直支撑。

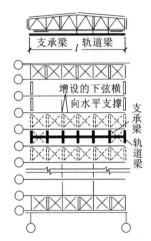

(a)悬挂吊车平行于屋架跨度方向运行的情况　　(b)为检修桥式吊车而设电动葫芦的情况

图 9-16　屋架间设有悬挂吊车时屋架下弦支撑的增设示例图

9) 屋架纵向支撑的设置

屋架纵向支撑的设置与厂房跨数、高度,厂房是否等高,屋盖结构形式,吊车类型、起重量和工作制等因素有关。

屋架纵向支撑除端斜杆为下降式的梯形屋架可在上弦平面设置外,其他形式的屋架均应设在屋架下弦平面,并尽可能与下弦横向水平支撑形成封闭的支撑系统。

通常在下列情况之一者,宜设置下弦纵向水平支撑:① 设有特种桥式吊车(如硬钩、磁力、抓斗、夹钳和刚性料耙等桥式吊车),壁行吊车或双层吊车的厂房;② 设有一般桥式吊车的厂房,当符合表 9-1 的条件时;③ 厂房内设有较大振动设备(如≥5.0 t 的锻锤、重型水压机或锻压机、铸件水爆池及其他类似的振动设备)时;④ 当屋架采用托架支承时;⑤ 在厂房排架柱之间设有墙架柱且墙架柱以下弦纵向水平支撑为支承点时;⑥ 在厂房排架计算中考虑空间工作时。

表 9-1　屋架下弦纵向水平支撑设置参考表

厂房跨数	吊车工作制	吊车吨位			
		当屋架下弦标高为			
		≤15 m(有天窗)	≤18 m(无天窗)	>15 m(有天窗)	≤18 m(无天窗)
单跨	轻、中级	≥50 t		≥30 t	
	重　级	≥15 t		≥10 t	
等高多跨	轻、中级	≥75 t		≥50 t	
	重　级	≥20 t		≥15 t	

注:对于不等高多跨厂房,屋架下弦纵向水平支撑的设置,亦可根据其高跨的相连跨数和低跨的相连跨数,参照表中的单跨和等高多跨的情况来确定。

10) 屋架下弦纵向水平支撑的设置

屋架下弦纵向水平支撑的设置,应根据具体情况,沿所有纵向柱列,或部分纵向柱列设在屋架下弦的端部节间内。设置时,可参考下列要求来确定。

(1) 单跨和等高双跨厂房的屋架下弦纵向水平支撑,应分别沿两侧边列柱设置,如图 9-17 和图 9-18 所示。

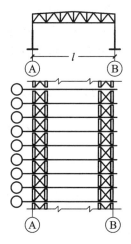
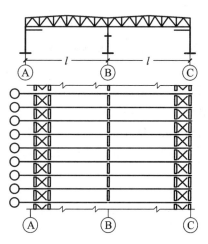

图 9-17 单跨厂房屋架下弦纵向水平支撑布置图　　**图 9-18 等高双跨厂房屋架下弦纵向水平支撑布置图**

(2) 等高三跨以上厂房屋架下弦纵向水平支撑除沿两侧边列柱设置外,通常可沿中列柱的一侧设置,亦可沿中列柱的两侧作对称式设置。

(3) 对于不等高多跨厂房屋架下弦纵向水平支撑的设置,可根据其高跨的相连跨数和低跨的相连跨数分别按上述要求确定。

(4) 只要设有托架,都必须在设有托架的柱间布置屋架下弦纵向水平支撑。当只在局部柱间设有托架时,可仅在设有托架的柱间及其两端相邻的柱间设置屋架下弦纵向水平支撑,如图 9-19 所示。

(5) 设有重级工作制且起重量较大的吊车的厂房,以及设有特种吊车的厂房,其屋架下弦纵向水平支撑应设置得较密一些,其密集程度应视厂房的跨度、高度和跨数,以及吊车的起重量和工作制等情况决定。

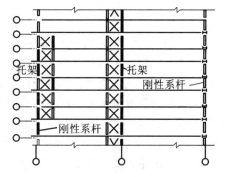

**图 9-19 设有托架时的屋架下弦
纵向水平支撑布置图**

11) 屋架垂直支撑和水平系杆的设置

屋架垂直支撑应设置在没有横向支撑的屋架间内,并按下列要求确定。

(1) 梯形屋架和平行弦屋架,除在屋架两端各设一道垂直支撑外,还应在屋架中部按下述情况予以设置。

当屋架跨度≤30 m 时,无论有无天窗,还应在屋架中央竖杆平面内增设一道垂直支撑,见图 9-13 至图 9-15。

当屋架跨度>30 m 且无天窗时,还应在跨度 1/3 左右的竖杆平面内各增设一道垂直支撑见图 9-13。

当屋架跨度＞30 m且有天窗时,还应在天窗侧立柱下的屋架竖杆平面内各设一道垂直支撑。

(2)三角形屋架跨中垂直支撑,当跨度≤18 m时,应在屋架中央竖杆平面内设置一道。当跨度＞18 m时,可根据具体情况设置两道,见图9-20。

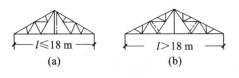

图9-20　三角形屋架垂直支撑

12)设有锻锤等设备屋架间的支撑的设置

当厂房内设有≥3.0 t锻锤或类似的振动设备时,应在设有锻锤的跨间及其以锻锤为中心的30 m范围的屋架间,在设有一般垂直支撑的竖直平面内,每隔一个屋架间距增设一道垂直支撑。

13)水平系杆的设置

一般情况,无檩屋盖体系的厂房,应在未设置垂直支撑的屋架间,相应于垂直支撑平面的屋架之上弦和下弦节点处设置通长的水平系杆。对于有檩屋盖体系,屋架上弦的水平系杆一般可用檩条代替,此时仅在相应的屋架下弦节点处设置通长的水平系杆,见图9-13至图9-15。

当屋架跨度＞30 m且设有天窗的无檩屋盖体系的厂房,还应在上弦屋脊节点处,增设一道水平系杆。

凡设在屋架端部主要支承节点处和屋架上弦屋脊节点处的通长水平系杆,均应采用刚性系杆(压杆),其余均采用柔性系杆(拉杆),见图9-13至图9-15。但当屋架横向支撑设在厂房两端或温度伸缩缝区段两端的第二个屋架间时,则在第一个屋架间的所有系杆也应采用刚性系杆,见图9-15。当屋架端部主要支承节点处有托架弦杆或设有钢筋混凝土圈梁或连系梁时,可以此代替刚性系杆。

此外,符合下列情况的屋架,其下弦水平系杆,还应按以下要求设置。

(1)有弯折下弦的屋架,宜在下弦弯折处设置通长的柔性系杆,并与下弦横向水平支撑相接。

(2)与柱刚接且未设下弦纵向水平支撑的屋架,当下弦端部节间受压时,应在下弦端部节间的节点处设置通长的刚性系杆,并与下弦横向水平支撑相接。

(3)三角形的芬克式屋架,当跨度＞18 m时,宜在主斜杆与下弦的连接节点处设置通长的柔性系杆,但此时水平系杆的设置仍应与屋架的垂直支撑相协调。

14)设有天窗的屋盖的支撑的设置

设有横向下沉式天窗或井式天窗的屋盖,仍可按上述原则设置支撑。但鉴于横向下沉式天窗或井式天窗把钢筋混凝土大型屋面板或檩条在纵向分成井上和井下两部分,致使上弦屋面在厂房纵向断开,削弱了厂房的空间刚度。因此,设计时还应采取适当措施以加强井上段的水平系杆刚度,使断续相间的上弦屋面具有足够的整体刚度。一般情况下建议按如下方式进行设置。

(1)在横向下沉式或井式天窗范围内,相应于屋架上弦横向支撑的每个节点均宜设置刚性系杆,且该系杆由自重产生的最大挠度一般不宜大于其跨度的1/200。

(2)鉴于系杆挠度仅产生在垂直方向,因此,对跨度较大的系杆可在其垂直平面内增设斜撑,如图9-21所示。

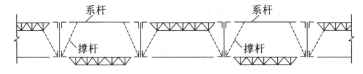

图9-21　垂直平面内增设支撑示意

(3)当屋架间距为12 m时,井上段的水平系杆,宜采用空间桁架式系杆。

在横向下沉式或井式天窗的范围内,当屋架上弦或下弦节点处设有与横向支撑相连通的纵向横梁(或连系梁)或檩条时,可以此代替水平系杆。

15)天窗架支撑的设置

(1)天窗架的支撑包括天窗架上弦横向支撑、垂直支撑和水平系杆等。

天窗架的支撑设置应与屋架上弦横向支撑、垂直支撑和水平系杆相协调,尽可能地设置在同一屋架间内。

无论是无檩屋盖体系或是有檩屋盖体系,均应在天窗两端或温度伸缩缝区段两端的第一个天窗架间设置上弦横向支撑,见图 9-14 和图 9-15。当温度伸缩缝区段的长度大于 66 m、小于或等于 96 m 时,还应在这个区段中部的天窗架上弦增设一道上弦横向支撑。

(2)无论天窗架的跨度大小,均应在设有上弦横向支撑的天窗架间,以及天窗两侧侧立柱的竖直平面内各设置一道垂直支撑,见图 9-14 和图 9-15。当天窗架跨度≥12 mm 时,还应在天窗架中央竖杆平面内增设一道垂直支撑。

当厂房设有>1 t 的锻锤或类似振动设备时,应在锻锤跨度内的天窗两侧增设垂直支撑。

(3)有檩屋盖体系的天窗架,其上弦水平系杆一般可用檩条代替。

在无檩屋盖体系中,无论天窗架的跨度大小,在上弦屋脊节点处,在未设有上弦横向支撑的天窗架间均应设置柔性系杆,见图 9-14 和图 9-15。当天窗设有窗扇时,则天窗架两侧的上弦水平系杆一般可用侧窗横档代替;但是,不设窗扇(开敞式)且未设有其他纵向构件时,在两侧的上弦端节点处,未设置垂直支撑的天窗架间,均应设置柔性系杆。

16)有抗震设防要求的有檩屋盖构件的设置

有抗震设防要求时,有檩屋盖构件的连接及支撑布置应符合下列要求。

(1)檩条应与混凝土屋架(屋面梁)焊牢,并应有足够的支承长度。

(2)双脊檩应在跨度 1/3 处相互拉结。

(3)压型钢板应与檩条可靠连接,瓦楞铁、石棉瓦等应与檩条拉结。

(4)支撑布置宜符合表 9-2 的要求。

表 9-2　有檩屋盖的支撑布置

支撑名称		烈度		
		6、7	8	9
屋架支撑	上弦横向支撑	厂房单元端开间各设一道	厂房单元端开间及厂房单元长度大于 66 m 的柱间支撑开间各设一道;天窗开洞范围的两端各增设局部的支撑一道	厂房单元端开间及厂房单元长度大于 42 m 的柱间支撑开间各设一道;天窗开洞范围的两端各增设局部的上弦横向支撑一道
	下弦横向支撑	同非抗震设计		
	跨中竖向支撑			
	端部竖向支撑	屋架端部高度大于 900 mm 时,厂房单元端开间及柱间支撑开间各设一道		
天窗架支撑	上弦横向支撑	厂房单元天窗端开间各设一道	厂房单元天窗端开间及每隔 30 m 各设一道	厂房单元天窗端开间及每隔 18 m 各设一道
	两侧竖向支撑	厂房单元天窗端开间及每隔 36 m 各设一道		

17）有抗震设防要求的无檩屋盖构件的设置

有抗震设防要求时,无檩屋盖构件的连接及支撑布置,应符合下列要求。

（1）大型屋面板应与屋架（屋面梁）焊牢,靠柱列的屋面板与屋架（屋面梁）的连接焊缝长度不宜小于 80 mm。

（2）抗震设防烈度为 6 度和 7 度时,有天窗厂房单元的端开间,或抗震设防烈度为 8 度和 9 度时各开间,宜将垂直屋架方向两侧相邻的大型屋面板的顶面彼此焊牢。

（3）抗震设防烈度为 8 度和 9 度时,大型屋面板端头底面的预埋件宜采用角钢并与主筋焊牢。

（4）非标准屋面板宜采用装配整体式接头,或将板四角切掉后与屋架（屋面梁）焊牢。

（5）屋架（屋面梁）端部顶面预埋件的锚筋,抗震设防烈度为 8 度时不宜少于 4φ10,抗震设防烈度为 9 度时不宜少于 4φ12。

18）有抗震设防要求的屋盖支撑的设置要求

有抗震设防要求的屋盖支撑还应符合下列要求。

（1）天窗开洞范围内,在屋架脊点处应设上弦通长水平压杆。

（2）屋架跨中竖向支撑在跨度方向的间距,抗震设防烈度为 6～8 度时不大于 15 m,抗震设防烈度为 9 度时不大于 12 m。当仅在跨中设一道时,应设在跨中屋架屋脊处;当设两道时,应在跨度方向均匀设置。

（3）屋架上、下弦通长水平系杆与竖向支撑宜配合设置。

（4）柱距不小于 12 m 且屋架间距 6 m 的厂房,托架（梁）区段及其相邻开间应设下弦向水平支撑。

（5）屋盖支撑杆件宜用型钢。

四、单层厂房柱间支撑

1. 柱间支撑的基本知识

1）柱间支撑的作用

为确保厂房承重结构的正常工作,应沿厂房纵向在柱子之间设置柱间支撑,其作用是:① 以保证厂房的纵向稳定与空间刚度;② 决定柱在排架平面外的计算长度;③ 承受厂房端部山墙风力、吊车纵向水平荷载及温度应力等,在地震区,还将承受厂房纵向地震力,并传至基础。

2）柱间支撑的组成

柱间支撑由以下各部分组成,见图 9-22。

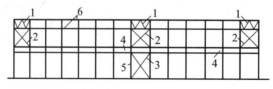

图 9-22　柱间支撑的组成
1—屋架端部垂直支撑;2—上段柱支撑;3—下段柱支撑;
4—吊车梁（或辅助桁架）;5—柱;6—屋架端部上、下弦水平系杆

（1）在吊车梁以上至屋架下弦间设置的上段柱的柱间支撑,以及当为双阶柱时在上下两层吊车梁之间设置的中段柱的柱间支撑。

（2）在吊车梁以下至柱脚处设置的下段柱的柱间支撑。

（3）屋架端部垂直支撑及屋架上、下弦水平处的纵向系杆、吊车梁及辅助桁架、柱子本身等也是柱间支撑体系的组成部分。

3）柱间支撑的分类

柱间支撑按构造主要分为以下形式：①十字形交叉支撑，见图 9-22 和图 9-23(d)、(e)；②空腹式门形支撑，见图 9-23(a)、(b)；③实腹式门形支撑，见图 9-23(c)；④八字形支撑，见图 9-23(a)；⑤人字形支撑，见图 9-23(c)。

十字形交叉支撑由于构造简单，传力直接，用料省，并且刚度较大，所以是常用的一种形式。门形支撑由于构造较复杂，用料较多且刚度较差（如空腹式门形支撑），所以只在特殊需要时采用。

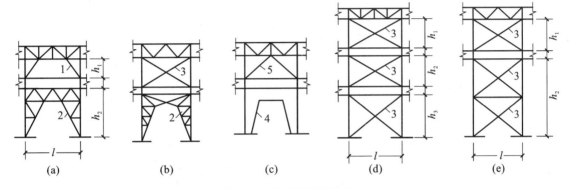

图 9-23　柱间支撑的形式

1—八字形支撑；2—空腹式门形支撑；3—十字形交叉支撑；4—空腹式门形支撑；5—人字形支撑

2. 柱间支撑的布置原则

1）柱间支撑的布置要求

布置柱间支撑时应满足下列要求：① 柱间支撑的布置应满足生产净空的要求；② 柱间支撑的布置除满足纵向刚度要求外，还应考虑柱间支撑的设置对厂房结构温度变形的影响及由此而产生的附加应力；③ 柱间支撑的设置位置应与屋盖支撑的布置相协调；④ 每一温度区段的每一列柱，一般均应设置柱间支撑。

2）下段柱的柱间支撑的布置位置

下段柱的柱间支撑的位置，决定纵向结构温度变形的方向和附加温度应力的大小，因此，应尽可能设在温度区段的中部。当温度区段的长度不大时，可在温度区段中部设置一道下段柱柱间支撑（见图 9-22）；当温度区段长度大于 120 m 时，为保证厂房的纵向刚度，应在温度区段内设置两道下段柱柱间支撑，其位置应尽可能布置在温度区段中间 1/3 范围内，两道支撑间的距离不宜大于 66 m，如图 9-24 所示，以减少由此而产生的温度应力。

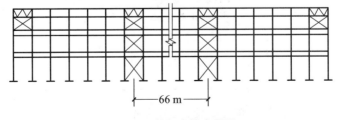

图 9-24　柱间支撑布置图

3）上段柱的柱间支撑的布置位置

上段柱的柱间支撑,除在有下段柱柱间支撑的柱间布置外,为了传递端部山墙风力,满足结构安装要求,提高厂房结构上部的纵向刚度,应在温度区段两端布置上段柱柱间支撑,如图9-22和图9-24所示。温度区段两端的上段柱柱间支撑对温度应力的影响很小,可忽略不计。

4）阶形柱的下段柱的柱间支撑的设置

阶形柱的下段柱的柱间支撑,一般在两个柱肢内成对设置,即为双片支撑。当为等截面柱且截面高度≤600 mm时,可沿柱的中心线设单片支撑,否则亦应沿柱的两翼缘设双片支撑,如图9-25所示。

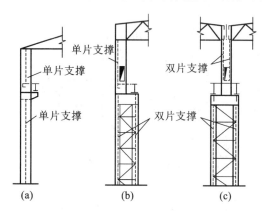

图9-25 柱间支撑在柱间侧向的位置图

5）阶形柱的上段柱的柱间支撑的设置

阶形柱上段柱的柱间支撑在柱侧向的位置(见图9-25),当上段柱的截面高度≤1000 mm时,一般设单片支撑,并沿柱中心线与柱连接。当有托架时,支撑位置应与托架位置相协调。如上段柱设有通行人孔且只设单片支撑时,应考虑让开通道将支撑移向一侧。

当上段柱截面高度＞1 000 mm时,或在上段柱设有人孔,且刚度要求较高时,一般宜设置双片支撑,并沿柱的两翼缘内侧与柱连接(不应影响柱内侧与吊车桥架之间的净空)。

双阶柱的中段柱一般设置双片柱间支撑。当设有通行人孔时,双片支撑间的连系杆布置,应以不妨碍通行为原则。

6）有抗震设防要求的柱间支撑的设置

当有抗震设防要求时,厂房柱间支撑的设置和构造,应符合下列要求。

(1)厂房柱间支撑的布置,应符合下列规定:① 一般情况下,应在厂房单元中部设置上、下柱间支撑,且下柱支撑应与上柱支撑配套设置;② 有吊车或抗震设防烈度为8度和9度时,宜在厂房单元两端增设上柱支撑;③ 厂房单元较长或抗震设防烈度为8度Ⅲ、Ⅳ类场地和9度时,可在厂房单元中部1/3区段内设置两道柱间支撑。

(2)柱间支撑应采用型钢,支撑形式宜采用交叉式,其斜杆与水平面的交角不宜大于55°。

(3)支撑杆件的长细比,不宜超过表9-3的规定。

表9-3 交叉支撑斜杆的最大长细比

位置	烈 度			
	6度和7度Ⅰ、Ⅱ类场地	7度Ⅲ、Ⅳ类场地和8度Ⅰ、Ⅱ类场地	8度Ⅲ、Ⅳ类场地和9度Ⅰ、Ⅱ类场地	9度Ⅲ、Ⅳ类场地
上柱支撑	250	250	200	150
下柱支撑	200	200	150	150

(4)下柱支撑的下节点位置和构造措施,应保证将地震作用直接传给基础;当抗震设防烈度为6度和7度不能直接传给基础时,应考虑支撑对柱和基础的不利影响。

(5) 交叉支撑在交叉点应设置节点板,其厚度不应小于 10 mm,斜杆与交叉节点板应焊接,与端节点板宜焊接。

7) 有抗震设防要求的多跨厂房的设置

抗震设防烈度为 8 度时跨度不小于 18 m 的多跨厂房中柱和抗震设防烈度为 9 度时多跨厂房各柱,柱顶宜设置通长水平压杆,此压杆可与梯形屋架支座处通长水平系杆合并设置,钢筋混凝土系杆端头与屋架间的空隙应采用混凝土填实。

五、门式刚架的屋盖支撑布置及柱间支撑布置

1. 屋盖支撑

一般在每个温度区段,须在两端第一开间或第二开间设置横向水平支撑。当在第二开间设置横向水平支撑时,应在第一开间相应位置设置刚性系杆;在横向交叉支撑之间应设刚性系杆,以组成几何不变体系。

2. 柱间支撑

(1) 在每个温度区段的第一个开间或第二个开间设置柱间支撑,并应与屋盖支撑同一开间。

(2) 柱间支撑的间距一般取 36～45 m。

(3) 当房屋高度较大时,柱间支撑应分层设置,并加设水平压杆。

(4) 当房屋内有吊车梁时,柱间支撑应分层设置,吊车梁以上的上部支撑应设置在端开间,并在中间或三分点处同时设置上、下部柱间支撑。

(5) 当边柱桥式吊车起重量大于或等于 10 t 时,下柱支撑宜设两片,吊车起重量较小时,下部柱间支撑可设置单片。

(6) 在边柱柱顶,屋脊以及多跨门式刚架中间柱柱顶应沿房屋全长设置刚性系杆。

(7) 多跨门式刚架的内柱应设置柱间支撑。

3. 支撑的构造要求

(1) 支撑一般采用圆钢或型钢,当房屋中设有桥式或梁式吊车时,支撑宜采用型钢支撑。圆钢支撑宜配置花篮螺钉或做成可张紧的装置。支撑与构件间的夹角为 30°～60°。

(2) 檩条可兼作刚性系杆,其长细比应符合压杆 $\lambda \leqslant 200$ 的长细比要求,并应满足压弯杆件的承载力要求,但经验算强度不满足要求时,应另设置刚性系杆。

(3) 应在设有托梁或托架的开间两端与托梁两端相邻的开间斜梁两端设置纵向水平支撑。

(4) 当房屋中不允许设置柱间支撑时,应设置纵向框架支撑。

4. 门式刚架屋面的檩条布置

其要求同单层厂房。

任务 3 主要构件的类型及与柱的连接

一、屋面板

屋面板既起承重作用,又起围护作用,是屋盖体系中用料最多、造价最高的构件,屋面板的形式很多,常用的有如下几种。

1. 预应力混凝土屋面板

预应力混凝土屋面板由面板、横肋和纵肋组成,分为有卷材防水和非卷材防水两种。其水平刚度好,适用于大、中型和振动较大、对屋面刚度要求较高的厂房。其屋面坡度最大为 1/5(卷材防水)和 1/4(非卷材防水)。

预应力混凝土屋面板标志尺寸最常用的是 1.5 m×6 m,有时也采用 1.5 m×9 m,3 m×6 m 等。这种屋面板一般都在预制厂生产,采用先张法施加预应力。板的轮廓尺寸比标志尺寸略小,所留空隙为填缝之用。主肋端部应设置预埋件,以便与屋架焊接。

2. 预应力混凝土 F 形屋面板

F 形屋面板的特点是每块板沿长边有一个挑出部分,它与另一块板相搭接,能起"自防水"的作用。不需嵌缝和铺卷材,从而减轻重量,节省材料。为了防水,F 形屋面板的三边有凸出的挡水条,在板的短边接缝上铺盖瓦,沿屋脊则铺脊瓦,如图 9-26 所示。F 形屋面板适用于中、小型非保温厂房,不适用于对屋面刚度和防水要求较高的厂房。屋面坡度为 1/4～1/8。

3. 预应力混凝土槽瓦

预应力混凝土槽瓦如图 9-27(a)所示,这种屋面板用于有檩体系,在檩条上互相搭接。沿横缝和脊缝需加盖瓦和脊瓦。其特点是板型简单,构件轻巧,制作方便,可在长线台座上叠层制作,节约模板。但其刚度较差,使用中易渗漏,施工过程中易损坏。一般适用于轻型厂房,不适用于有腐蚀性气体、有较大振动、对屋面刚度及隔热要求高的厂房。其屋面坡度为 1/3～1/5。

4. 钢筋混凝土挂瓦板

其用于无檩体系屋盖,挂瓦板密排,上铺黏土瓦,有平整的顶棚,其外形与尺寸见图 9-27 (b)。其适用于使用黏土瓦的轻型厂房、仓库等,屋面坡度为 1/2～1/2.5。

二、屋架与屋面梁

屋架与屋面梁是单层厂房屋盖结构的主要构件,类型较多,如预应力混凝土折线形屋架、钢筋混凝土组合式屋架、双铰拱或三铰拱屋架、预应力混凝土梯形屋架以及预应力混凝土屋面梁等。

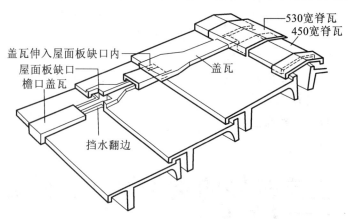

图 9-26 F 形屋面板及其搭接

三、吊车梁

吊车梁沿厂房纵向布置,承受吊车传来的竖向荷载和水平制动力,同时对传递厂房纵向荷

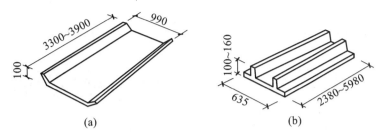

图 9-27 预应力混凝土槽瓦和挂瓦板

载和加强厂房的纵向刚度、连接厂房各个平面排架、保证厂房结构的空间工作起着重要作用。

吊车梁的形式较多,常用的吊车梁均编有标准图集,设计时可直接选用。如图 9-28(a)所示为 6 m 钢筋混凝土 T 形等截面吊车梁,如图 9-28(b)所示为 6 m 预应力混凝土工字形等截面吊车梁。

如图 9-29(a)所示为鱼腹式吊车梁,图 9-29(b)所示为折线形吊车梁,这两种吊车梁均为变截面吊车梁,因其外形接近于弯矩图形,各截面抗弯接近等强,故经济效果较好,其缺点是施工不便。这两种吊车梁均有钢筋混凝土和预应力混凝土两种类型。

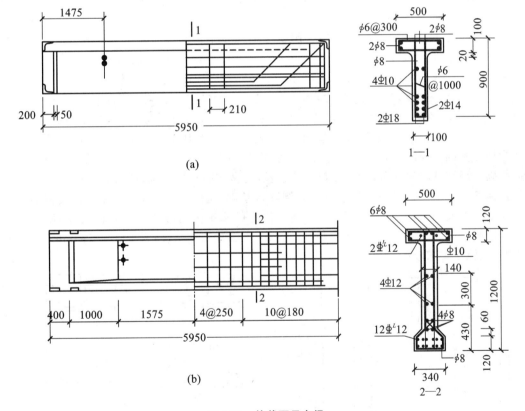

图 9-28 等截面吊车梁

图 9-29 变截面吊车梁   图 9-30 组合式吊车梁

吊车起重量小于 5 t 的小型厂房,也可采用组合式吊车梁,如图 9-30 所示。组合式吊车梁的下弦杆采用钢材(竖杆也可采用钢材)。这种吊车梁对焊缝质量要求较高,并应注意外露钢材的防腐处理。

四、柱

常用柱的形式见图 9-31。图 9-31(a)所示为矩形截面柱,它外形简单,设计、施工方便,但有一部分混凝土不能充分发挥作用,自重大,费材料,仅在截面不大时采用。

工字形截面柱的用料比矩形柱合理,如图 9-31(b)所示,这种柱整体性能较好,刚度大,用料省,适用范围较广,在单层厂房中使用较多。

双肢柱有平腹杆双肢柱和斜腹杆双肢柱两种,如图 9-31(c)、(d)所示。平腹杆双肢柱构造简单,制作方便,腹部的矩形孔便于布置工艺管道,应用较广泛。但当吊车吨位较大且承受较大水平荷载时则宜采用斜腹杆双肢柱,斜腹杆双肢柱呈桁架形式,受力比较合理。双肢柱整体刚度较差,钢筋复杂。

图 9-31(e)所示为圆管柱,其圆管是在离心制管机上成型的,管壁一般厚为 50~100 mm,自重轻,质量好,减少了现场的工作量,符合建筑工业化的方向。但圆管柱节点构造复杂,用钢量多,抗震性能较差。

当柱的截面高度在 500 mm 以内时采用矩形柱;柱的截面高度为 600~800 mm 时采用工字形柱或矩形柱;柱的截面高度为 900~1 200 mm 时采用工字形柱;柱的截面高度为 1 300~1 500 mm 时采用工字形柱或双肢柱;柱的截面高度在 1 600 mm 以上时,采用双肢柱。

五、基础

单层厂房的基础,一般采用独立基础,其形式随上部荷载的大小和地基条件而定。图 9-32 所示为杯形基础,这种基础分为阶梯形和锥形两种。因其与预制柱连接部分做成杯口,故称为杯形基础。当柱基需深埋时,为不使预制柱过长,可做成高杯口基础,如图 9-32(b)所示。

当地基土较坚实、均匀时,可采用无筋倒圆台基础,见图 9-33(a)。这种基础底板的一部分做成与水平面成 30°~50°的倾斜面,由于地基反力的水平分力减小了底板的弯矩,则基础底板可不配钢筋。图 9-33(b)所示为薄壳基础,它像一个倒置的碗,壁厚为 100~150 mm。薄壳基础受力好,但施工要求较高。

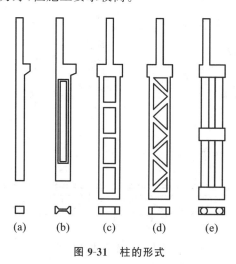

图 9-31 柱的形式

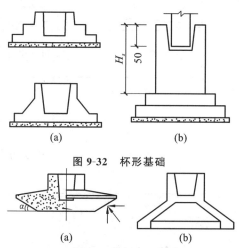

图 9-32 杯形基础

图 9-33 无筋倒圆台基础和薄壳基础

任务 4 排架柱

柱是单层厂房的主要承重构件,它对厂房的安全有重大影响。单层厂房柱承受屋盖、吊车荷载以及风荷载的作用,在柱截面上会产生轴心压力、弯矩和剪力,所以单层厂房柱属于偏心受压构件。

一、柱的计算内容

1. 选择柱型

应依据厂房的跨度、高度、吊车吨位以及材料供应和施工条件等情况,通过技术经济指标的分析来选择柱型。

2. 确定柱的外形尺寸

应根据厂房的高度、跨度、柱距、吊车吨位等来确定柱的外形尺寸,可参照现有同类厂房的资料来确定,常用柱也有参考表格可查。

在计算排架内力时,除要确定计算简图外,还必须先确定柱子的截面尺寸,因此以上两步是在排架计算前进行的。

(1) 柱的截面设计。根据排架计算求得的各控制截面的最不利内力组合进行截面设计,即按承载力及构造要求配置纵向受力钢筋、箍筋以及其他构造钢筋。

(2) 牛腿的设计。确定牛腿的外形尺寸及其配筋。

(3) 柱子在施工吊装时的强度和裂缝宽度验算。

(4) 预埋件及其他连接构造的设计。

(5) 绘制施工图。

二、牛腿的设计

1. 牛腿的受力特点

单层厂房的吊车梁等构件,常用设置在柱上的牛腿来支承,通常都采用实腹式牛腿,其外形如同一个变截面的悬臂梁,如图 9-34 所示。依据牛腿荷载的作用点至下柱边缘的距离 a 的大小,它可以分为两类:当 $a > h_0$ 时,为长牛腿;当 $a \leqslant h_0$ 时,为短牛腿(h_0 为牛腿与下柱交接处垂直截面的有效高度)。长牛腿一般按悬臂梁设计。支承吊车梁等构件的牛腿通常设计成短牛腿,其受力与悬臂梁不同。图 9-35 所示为由光弹模型试验得到的短牛腿在弹性阶段的主应力迹线,从中可以看出,其受力情况与普通梁不同。在牛腿上部,主拉应力迹线基本上与牛腿上表面平行;牛腿下部的主压应力迹线,则大致与从加载点 b 到牛腿和下柱连接点 a 的连线基本上平行。以下所介绍的牛腿,就是厂房中常用的这种短牛腿。

如图 9-36 所示的牛腿受力后,首先在上柱与牛腿上表面交接处出现垂直裂缝,但这种裂缝发展很慢。随着荷载的增加,在加载板内侧出现向下发展的斜裂缝①,若继续加载,裂缝①不断开展,并在①的外侧出现大量细小裂缝,直到临近破坏时,突然出现第二条斜裂缝②,这预示牛腿即将破坏。牛腿的破坏有两种可能:一种是斜裂缝①、②之间的斜向混凝土被压坏(斜压破坏);另一种可能是牛腿上部纵向水平钢筋的屈服。因此,可将实腹牛腿看成以纵向水平钢筋为拉杆和以斜向压力区混凝土为压杆组成的三角形桁架,如图 9-37 所示,并以此作为牛腿承载力计算的计算简图。

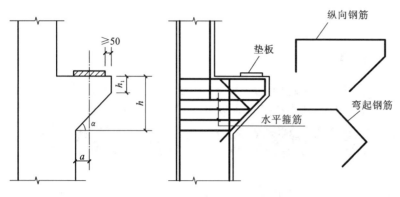

图 9-34 牛腿配筋示意图   图 9-35 牛腿弹性阶段主应力迹线

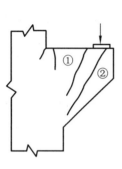

图 9-36 牛腿的裂缝

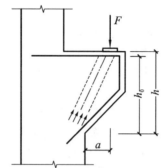
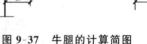

图 9-37 牛腿的计算简图

由于 $\dfrac{a}{h_0}$ 比值的不同,牛腿尚有其他破坏现象,但厂房常用牛腿的破坏主要是斜压破坏。对于其他破坏现象,则主要采取构造措施来防止。

2. 牛腿截面尺寸的确定

柱牛腿(当 $a \leqslant h_0$ 时)的截面尺寸,应符合下列裂缝控制要求和构造要求。

(1) 牛腿的裂缝控制要求。牛腿一般与柱等宽,其高度则以控制斜裂缝①的出现为根据。设计时根据经验预先假定牛腿高度,然后按有关公式验算。

(2) 牛腿的外边缘高 h_1 应不小于 $\dfrac{1}{3}h$,且不小于 200 mm。

(3) 牛腿的承压面在竖向力 F 作用下,其局部受压应力不应超过 $0.75f_c$,否则应采取加大承压面积、提高混凝土强度等级或设置钢筋网等有效措施。

3. 牛腿纵向受力钢筋的确定

纵向受力钢筋应根据牛腿上作用的竖向力和水平力,由计算确定。应采用变形钢筋,其锚固长度应符合纵向受拉钢筋最小锚固长度的规定,同时,弯折前的水平锚固长度不应小于 $0.45l_a$,弯折后的垂直锚固长度不应小于 $10d$,也不宜大于 $22d$(见图 9-38)。

承受竖向力所需的纵向受拉钢筋的配筋率,按全截面计算不应小于 0.2%,也不宜大于 0.6%,且根数不宜少于 4 根,直径不应小于 12 mm。

纵向受拉钢筋的应力沿全长几乎相等,因此,不得下弯兼作弯起钢筋。

承受水平拉力的锚筋应焊在预埋件上,且不应少于 2 根,直径不小于 12 mm。

4. 水平箍筋的设置

牛腿的水平箍筋对于限制斜裂缝的开展有显著作用。水平箍筋直径应取 $6\sim12$ mm,间距为 $100\sim150$ mm,且在上部 $\frac{2}{3}h_0$ 范围内的水平箍筋总截面面积不应小于承受竖向力的受拉钢筋截面面积的 1/2。

5. 弯起钢筋的设置

为提高牛腿斜截面的承载能力,当 $\frac{a}{h_0}\geq0.3$ 时,应设置弯起钢筋。弯起钢筋宜采用变形钢筋,并宜设置在牛腿上部 $\frac{l}{6}$ 至 $\frac{l}{2}$ 之间的范围内(见图 9-38),以充分发挥弯起钢筋的作用。弯起钢筋的截面面积不应少于承受竖向力的受拉钢筋截面面积的 2/3,且不应小于 $0.0015bh_0$,其根数不应少于 3 根,直径不应小于 12 mm。

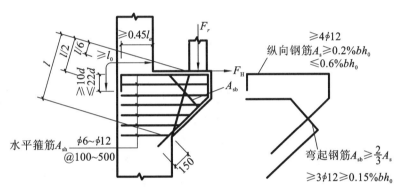

图 9-38 牛腿的尺寸及配筋构造

项目小结

(1)柱与基础刚接、屋架与柱顶铰接所组成的结构为排架结构,排架结构是装配式单层厂房的主要结构形式。其主要结构构件为屋面板、天窗架、屋架、托架、吊车梁、柱、支撑、基础以及围护结构等。

(2)等高排架可用剪力分配法计算排架内力。当等高排架柱顶作用有水平力时,该水平力将按各柱抗剪刚度成比例地分配给各柱,按这一原则即可求得各柱柱顶水平剪力,从而求出各柱内力。

(3)单层厂房的主要构件如屋面板、屋架(屋面梁)、吊车梁等可根据全国通用标准设计图集选用,一般不需进行单独设计。厂房的屋盖(如屋架、支撑、屋面板等)其造价约占土建总造价的 $30\%\sim50\%$,因此在确定方案、选用构件类型时应结合实际情况慎重考虑。厂房柱与基础一般需按实际受力单独设计。

(4)根据牛腿的受力和破坏特点,实腹短牛腿的计算简图可视为以牛腿的纵向水平钢筋为拉杆和以斜向压力区混凝土为压杆组成的三角形桁架。牛腿的截面尺寸主要根据抗裂条件确定,纵向受力钢筋按竖向力及水平力的大小经计算确定,水平箍筋及弯筋按构造要求确定。

(5)支撑在使厂房构成空间骨架、传递水平荷载、保证构件或杆件稳定和施工安全等方面起着重要作用。单层厂房的支撑主要有屋盖支撑(包括垂直支撑、上弦横向支撑、下弦横向水平支撑、下弦纵向水平支撑、系杆、天窗架支撑等)和柱间支撑。

思考与
习题

（1）装配式钢筋混凝土排架结构由哪些构件组成？试画出厂房主要荷载的传递路线。

（2）排架上都作用有哪些荷载？

（3）简述等高排架用剪力分配法计算内力的基本概念。

（4）试述牛腿的受力特点、计算简图和牛腿配筋的主要构造要求。

（5）试述支撑的各种类型及其作用。

（6）选择某建成的单层厂房，观察该厂房所采用的各种构件，并画出其简图。

项目 **10**

砌体结构

学习目标

(1) 掌握墙体的类型、构造及特点。

(2) 掌握砌体结构受力性能及常见房屋墙柱的内力分析和计算。

(3) 掌握主要构件的构造要求。

任务 **1** 砌体结构构件的计算

一、墙体构造

1. 墙体的类型

1)按墙体在房屋中所处的位置和方向分类

(1)按墙体在房屋中所处的位置不同可分为外墙和内墙。位于房屋周边的墙统称为外墙，起维护作用；位于房屋内部的墙统称为内墙，主要起分隔房间的作用。

(2)按墙体的方向不同可分为纵墙和横墙。沿建筑物长轴方向布置的墙称为纵墙，纵墙又可分为外纵墙和内纵墙。沿建筑物短轴方向布置的墙称为横墙，横墙又可分为外横墙和内横墙，外横墙位于房屋两端，称为山墙。在同一道墙上，窗与窗之间的墙，窗与门之间的墙称为窗间墙，窗台下面的墙称为窗下墙，女儿墙是外墙在屋顶以上的延续，也称为压檐墙，一般墙厚240 mm，高度不宜超过500 mm，并保证其稳定和满足抗震设防要求，如图 10-1 所示。

2)按墙体受力情况分类

墙体按结构受力情况的不同可分为承重墙和非承重墙。承重墙直接承担上部结构传来的荷载，非承重墙不承受上部传来的荷载。非承重墙又可分为自承重墙、隔墙、填充墙、幕墙等。

只承受自身重量的墙体称为自承重墙;分隔内部空间且其重量由楼板或梁承受的墙称为隔墙;填充在框架结构柱间的墙称为框架填充墙;悬挂在建筑物外部的轻质墙称为幕墙,包括金属幕墙、玻璃幕墙等。

3）按墙体材料分类

墙体按所用材料的不同可分为砖墙、砌块墙、混凝土墙、石墙、土墙等。

4）按构造方式分类

墙体按构造方式不同可分为实心砖墙、空心墙、复合墙等,如图 10-2 所示。

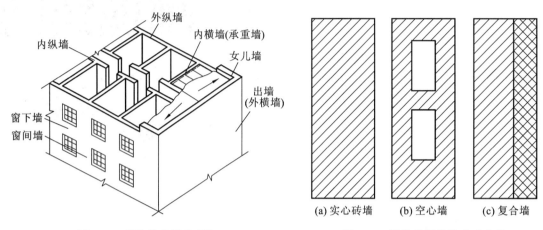

图 10-1　墙体的各部分名称　　　　图 10-2　墙体按照构造方式分类

5）按施工方法分类

墙体按施工方法的不同可分为叠砌墙、板筑墙、装配式板材墙三种。叠砌墙是将各种加工好的块材,如黏土砖、灰砂砖、石砖、空心砖、加气混凝土砌块用胶结材料砌筑而成的墙体;板筑墙是在施工时,直接在墙体部位竖立模板,在模板内夯筑黏土或浇筑混凝土振捣密实而成的墙体,如夯土墙和大模板、滑模施工的混凝土墙体;装配式板材墙是将工厂生产的大型板材运至现场进行机械化安装而成的墙体。

2. 墙体的设计要求

根据墙体所在的位置和功能不同,设计时应满足以下要求。

1）具有足够的强度和稳定性

墙体的强度与所用的材料有关,同时应通过结构计算来确定墙体厚度。墙体的稳定性与墙体的高度、厚度、横墙间距等有关。

2）具有保温、隔热的性能

外墙是建筑物围护结构的主体,其热工性能的好坏对建筑物的使用环境及能耗有很大的影响。在寒冷地区要求墙体具有良好的保温性能,以减少室内热量的散失,同时防止墙体表面和内部产生凝水现象;在炎热地区要求墙体具有一定的通风、隔热能力,防止室内温度过高。

3）具有足够的隔声能力

为保证室内环境安静,避免室外或相邻房间的噪声影响,墙体必须具有足够的隔声能力,并应符合国家有关隔声标准的要求。声音可以通过气体、液体和固体等介质传播,对于墙体主要考虑隔绝空气传声,一般采用重而密实的材料做墙体的隔声材料,还可在墙体中间加空气层或松散材料,形成复合墙,使之具有较好的隔声能力。另外墙体还应考虑满足防火、防潮、防水以及经济等方面的要求。

3．墙体的细部构造

不同材料的墙体在处理细部构造方面的原则和做法基本相同,此处以普通砖墙为例来介绍墙体的细部构造,以掌握其基本原理和常见做法。

1）勒脚

勒脚是外墙接近室外地面的部分,易受雨、雪的侵蚀以及冻融和人为因素的破坏,以致影响建筑物的立面美观和耐久性,所以勒脚的构造应坚固、耐久、防潮、防水。勒脚的高度一般应在 500 mm 以上,考虑到建筑立面的造型处理,也有将勒脚高度提高到底层窗台以下的情况。勒脚的做法有抹灰勒脚、贴面勒脚和石材砌筑勒脚等,如图 10-3 所示。常见的有水泥砂浆抹灰、水刷石、贴面砖等。为防止勒脚与散水接缝处向下渗水,勒脚应伸入散水下,接缝处用弹性防水材料嵌缝。

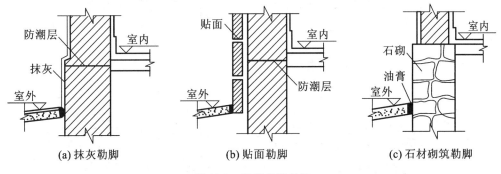

(a) 抹灰勒脚　　　　(b) 贴面勒脚　　　　(c) 石材砌筑勒脚

图 10-3　勒脚构造做法

2）散水和明沟

散水是沿建筑物外墙四周所设置的向外倾斜的排水坡面,明沟是在外墙四周所设置的排水沟。散水的宽度一般应为 600～1000 mm,为保证屋面雨水能够落在散水上,当屋面排水方式为自有排水时,散水宽度应比屋檐挑出宽度长 200 mm 左右,并做滴水带。为加快雨水的流速,散水表面应向外倾斜,坡度一般为 3％～5％。散水的通常做法是在基层土壤上现浇混凝土,或用砖、石铺砌,水泥砂浆抹面,如图 10-4 所示。

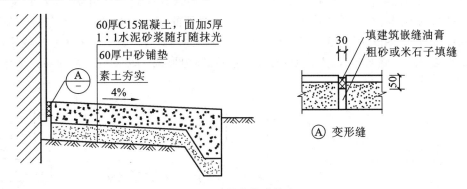

图 10-4　散水构造做法

散水垫层为刚性材料时,应每隔 6 m 设一道伸缩缝,缝宽为 20 mm。在房间四周、阴阳角处也应设伸缩缝,缝内填沥青砂浆。

明沟与散水的做法大致相同。不同的是,明沟直接将雨水有组织地排入城市地下管网,明沟地面也应做不小于1%的坡度。

3）墙身防潮层

为了防止土壤中的水分由于毛细作用上升使建筑物墙身受潮,保持室内干燥卫生,提高建筑物的耐久性,应当在墙体中设置防潮层,防潮层可分为水平防潮层和垂直防潮层两种。

（1）水平防潮层是指建筑物内外墙靠近室内地坪沿水平方向设置的防潮层。根据材料的不同可分为防水砂浆防潮层、油毡防潮层、细石混凝土防潮层等三种,当水平防潮层处设有钢筋混凝土圈梁时,不另设防潮层,如图10-5所示。

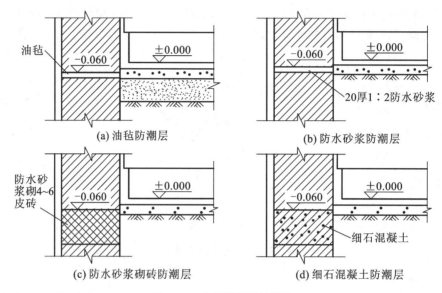

（a）油毡防潮层　　　　　　　　（b）防水砂浆防潮层

（c）防水砂浆砌砖防潮层　　　　　（d）细石混凝土防潮层

图 10-5　水平防潮层的做法

（2）垂直防潮层的具体做法是在垂直墙面上先用水泥砂浆找平,再刷冷底子油一道、热沥青两道或采用防水砂浆抹灰防潮层,如图10-6所示。

4）窗台

窗台是窗洞下部的构造,用来排除窗外侧流下的雨水和内侧的冷凝水,且具有装饰作用。按其构造做法的不同可分为外窗台和内窗台。位于窗外的窗台称为外窗台。其分为悬挑窗台和不悬挑窗台两种,如图10-7所示;位于室内的窗台称为内窗台。窗台一般为水平放置,通常结合室内装修选择水泥砂浆抹灰、木板或贴面砖等多种饰面形式。北方地区常在窗台下设置暖气槽,如图10-8所示。

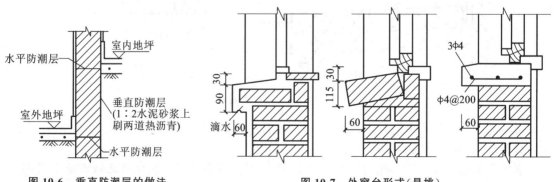

图 10-6　垂直防潮层的做法　　　　　　图 10-7　外窗台形式（悬挑）

5) 过梁

过梁是指设置在门窗洞口上部,用于承受上部墙体和楼盖重量的横梁。详细内容见本章任务 10.3。

6) 墙身的加固构造

当墙身承受集中荷载、墙上开洞以及受地震等因素影响时,为提高建筑物的整体刚度和墙体的稳定性,应视具体情况对墙身采用相应的加固措施。

(1) 壁柱和门垛。

当墙体的窗间墙上出现集中荷载,而墙厚又不足以承受其荷载,或当墙体的长度和高度超过一定限度并影响墙体的稳定性时,常在墙身局部适当位置增设凸出墙面的壁柱以提高墙体的刚度。壁柱凸出墙面的尺寸一般为 120 mm×370 mm、240 mm×370 mm、240 mm×490 mm 等。

当门上开设的门窗洞口处于两墙转角处或丁字墙交接处时,为保证墙体的承载力及稳定性和便于门框的安装,应设门垛,门垛的长度不应小于 120 mm,如图 10-9 所示。

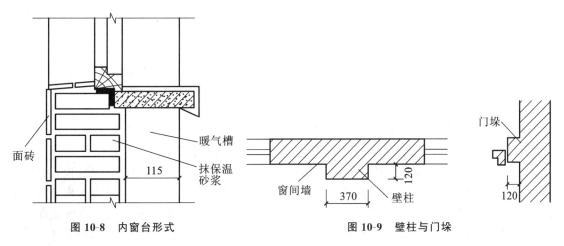

图 10-8　内窗台形式　　　　　图 10-9　壁柱与门垛

(2) 圈梁。

圈梁是内嵌于砌体之中且在同一水平面内封闭交圈的结构构件。根据其所用材料的不同可分为钢筋混凝土圈梁和钢筋砖圈梁两种,目前我国绝大部分地区在混合结构房屋中所用的圈梁是钢筋混凝土圈梁。

圈梁的作用主要有增强砌体结构房屋的整体刚度,防止因地基不均匀沉降或较大的振动荷载(包括地震作用)等对房屋引起的不利作用。特别是在地震区和地质条件比较复杂的地基上建造的混合结构房屋,适当设置圈梁显得尤为重要。

① 圈梁的设置。

车间、仓库、食堂等空旷的单层房屋按下列规定设置圈梁:砖砌体房屋,檐口标高为 5~8 m 时,应在檐口处设置圈梁一道,檐口标高大于 8 m 时,宜适当增设;砌块及料石砌体房屋,檐口标高为 4~5 m 时,应在檐口标高处设置圈梁一道,檐口标高大于 5 m 时,宜适当增设;对有吊车或较大振动设备的单层工业房屋,除在檐口或窗顶标高处设置现浇钢筋混凝土圈梁外,还应在吊车梁标高处或其他适当位置增设。

多层工业与民用建筑应按下列规定设置圈梁:住宅、宿舍、办公楼等多层砌体民用房屋,层数为 3~4 层时,应在檐口标高处设置圈梁一道;当层数超过 4 层时,应在所有纵横墙上隔层设置。设置墙梁的多层砌体房屋应在托梁、墙梁顶面和檐口标高处设置现浇钢筋混凝土圈梁,其他楼盖处宜在所有纵横墙上每层设置。采用现浇钢筋混凝土楼(屋)盖的多层砌体结构房屋,当层数超过 5 层时,除在檐口标高处设置一道圈梁外,可隔层设置圈梁,并与楼(屋)面板一起现浇。未设置圈梁的楼面板嵌入墙内的长度不应小于 120 mm,应沿墙配置不小于 2φ10 的通长钢筋。

建筑在软弱地基或不均匀地基上的砌体房屋,根据国家现行标准《建筑地基基础设计规范》(GB 50007—2011) 应按下列规定设置圈梁:在多层房屋的基础和顶层处宜各设置一道,其他各层可隔层设置,必要时也可层层设置。单层工业厂房、仓库,可结合基础梁、连系梁、过梁等酌情设置。圈梁应设置在外墙、内纵墙和主要内横墙上,并宜在平面内连成封闭系统。

② 圈梁的构造要求。

圈梁宜连续地设在同一水平面上,并形成封闭状;当圈梁被门窗洞口截断时,应在洞口上部增设相同截面的附加圈梁。附加圈梁与圈梁的搭接长度不应小于其垂直间距的 2 倍,且不得小于 1 m。纵横墙交接处的圈梁应有可靠的连接,刚弹性和弹性方案房屋,圈梁应与屋架、大梁等构件可靠连接。钢筋混凝土圈梁的宽度宜与墙厚相同,当墙厚 $h \geqslant 240$ mm 时,其宽度不宜小于 $2h/3$。圈梁高度不应小于 120 mm。纵向钢筋不应少于 4φ10,绑扎接头的搭接长度按受拉钢筋考虑,箍筋间距不应大于 300 mm。圈梁兼作过梁时,过梁部分的钢筋应按计算用量另行增配。

(3) 构造柱。

构造柱是砖混结构建筑中重要的混凝土构件。为了提高多层建筑砌体结构的抗震性能,规范要求应在房屋的砌体内适宜部位设置钢筋混凝土柱并与圈梁连接,共同加强建筑物的稳定性。

在多层砌体房屋墙体的规定部位,按构造配筋,并按先砌墙后浇灌混凝土柱的施工顺序制成的混凝土柱,通常称为混凝土构造柱,简称构造柱(建筑图纸里符号为 GZ)。

为了提高多层建筑砌体结构的抗震性能,规范要求应在房屋的砌体内适宜部位设置钢筋混凝土柱并与圈梁连接,共同加强建筑物的稳定性。这种钢筋混凝土柱通常就被称为构造柱。构造柱的主要作用不是承担竖向荷载,而是抗击剪力、抗震等横向荷载。构造柱通常设置在楼梯间的休息平台处、纵横墙交接处、墙的转角处,以及墙长达到五米的中间部位要设构造柱。近年来为了提高砌体结构的承载能力或稳定性而又不增大截面尺寸,墙中的构造柱已不仅仅设置在房屋墙体转角、边缘部位,还按需要设置在墙体的中间部位,圈梁必须设置成封闭状。

从施工的角度来说,构造柱应与圈梁、地梁、基础梁整体浇筑。与砖墙体要在结构工程有水平拉结筋连接。如果构造柱在建筑物、构筑物的中间位置,要与分布筋做连接。构造柱不作为主要受力构件。

需要注意的是与构造柱连接处的墙应砌成马牙槎,每一个马牙槎沿高度方向的尺寸不应超过 300 mm 或 5 皮砖高,马牙槎从每层柱脚开始,应先退后进,进退相差 1/4 砖。

二、砌体结构基本构件分析

1. 砌体的力学性能

1) 砌体的抗压性能

(1) 砖砌体在轴心受压下的破坏特征。砖砌体是由两种不同的材料(砖和砂浆)黏结而成,其受压破坏特征不同于单一材料组成的构件。根据实验结果,砖砌体轴心受压时从开始加载直至破坏,按照裂缝的出现和发展等特点,可以划分为以下三个受力阶段。

第一阶段:从砌体受压开始,到出现第一条(批)裂缝,如图 10-10(a)所示。在此阶段,随着压力的增大,首先在单块砖内产生细小的裂缝,以竖向短裂缝为主。就砌体而言,多数情况下约有数条,砖砌体内产生第一批裂缝时的压力为破坏时压力的 50%～70%。

第二阶段:随着压力的增加,单块砖内的初始裂缝将不断向上以及向下发展,并沿竖向通过若干皮砖,在砌体内连成一段段的裂缝,如图 10-10(b)所示,同时产生一些新的裂缝。此时,即使压力不再增加,裂缝仍会继续发展,砌体已临近破坏状态,其压力为破坏时压力的 80%～90%。

第三阶段:压力继续增加,砌体中的裂缝迅速加长加宽,竖向裂缝发展并贯通整个试件,裂缝将砌体分割成若干个半砖小柱,如个别砖可能被压碎或小桩体失稳,整个砌体也随之破坏,如图 10-10(c)所示。以破坏时压力除以砌体横截面面积所得的应力称为该砌体的极限抗压强度。

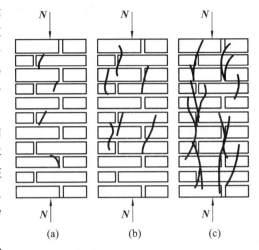

图 10-10　砌砖体轴心受压时破坏特征

(2) 砖砌体受压应力状态的分析。轴心受压砌体总体上处于均匀的中心受压状态,但若在实验时仔细测量砌体中砖块的变形,可以发现,砖在砌体中不仅受压,而且受弯、受剪和受拉,处于复杂的应力状态中。产生这种现象的主要原因有以下几点。

① 砂浆层的非均匀性。其造成了砌体受压时砖并非均匀受压,而是处于受拉、受弯和受剪的复杂应力状态。

② 砖和砂浆横向变形差异:砖内产生的附加横向压力将加快裂缝的出现和发展。

③ 竖向灰缝的应力集中:砌体的竖向灰缝往往不能填实,因此,砖在竖向灰缝处易产生横向拉应力和剪应力的应力集中现象,从而引起砌体强度的降低。

(3) 影响砌体抗压强度的主要因素。

① 块材和砂浆的强度。块材和砂浆的强度是决定砌体抗压强度的主要因素。实验表明,以砖砌体为例,当砖强度等级提高一倍时,砌体抗压强度可提高 50%左右;当砂浆强度等级提高一倍时,砌体抗压强度可提高 200%,单水泥用量要增加 50%左右。

一般来说,砖本身的抗压强度总是高于砌体的抗压强度,砌体强度随块材和砂浆的强度等级的提高而增大,但提高块材和砂浆强度等级不能按相同的比例提高砌体的强度。

② 块材的形状。块材的外形对砌体强度也有明显的影响,块材的外形比较规则、平整,则砌体强度相对较高。例如,细料石砌体的抗压强度比毛料石砌体的抗压强度可提高 50%左右;灰砂砖具有比塑压黏土砖更为整齐的外形,砖的强度等级相同时,灰砂砖砌体的强度要高于塑压黏土砖砌体的强度。

③ 砂浆的性能。砂浆的流动性和保水性越好,越易于铺砌成厚度和密实性都较均匀的水平灰缝,从而提高砌体的强度。但过大的流动性(采用过多塑化剂)会造成砂浆在硬化后的变形率也越大,砌体强度反而降低。纯水泥砂浆虽然抗压强度较高,但由于其保水性和流动性较差,不易保证其砌筑时砂浆的饱和和密实,因而会使砌体强度降低。因此,性能较好的砂浆应具有良好的流动性和较高的密实性。

④ 砌筑质量。砌筑质量是指砌体的砌筑方式、灰缝砂浆的饱满度、砂浆层的铺砌厚度及均匀程度等,其中砂浆水平灰缝的饱满度对砌体抗压强度的影响较大,《砌体结构工程施工质量验收规范》(GB 50203—2011)规定水平灰缝砂浆饱满度不得低于 80%。

⑤ 灰缝厚度。灰缝的厚度也将影响砌体的强度。水平灰缝厚度大,容易铺得均匀,但增加了砖的横向拉应力;水平灰缝过薄,使砂浆难以均匀铺砌。实践证明,水平灰缝厚度宜为8～12 mm。

2) 砌体的抗拉性能

当砌体轴心受拉时,可能有两种破坏形式:当块材强度等级较高,砂浆强度等级较低时,砌体将沿齿缝破坏,如图 10-11 所示的 $a-a$ 截面;当块材的强度等级较低,而砂浆的强度等级较高时,砌体将沿砌体截面即块材和竖直灰缝发生直缝破坏,如图 10-11 所示的 $b-b$ 截面。

3) 砌体的抗弯性能

当砌体弯曲受拉时,由于受理方式、块材和砂浆的强度高低及破坏的部位不同,可能有三种破坏形式:①沿齿缝破坏,如图 10-12(a)所示的 $a-a$ 截面;②沿砌体截面即块材和竖向灰缝发生直缝破坏,如图 10-12(b)所示的 $b-b$ 截面;③沿通缝截面破坏,如图 10-12(c)所示的 $c-c$ 截面。

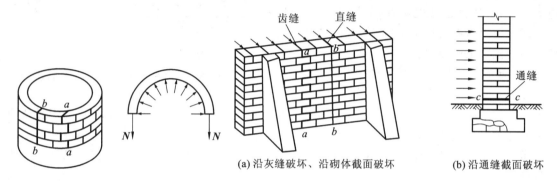

图 10-11　砌体的轴心受拉破坏

(a) 沿灰缝破坏、沿砌体截面破坏　　(b) 沿通缝截面破坏

图 10-12　砌体的弯曲受拉破坏

4) 砌体的抗剪性能

当砌体受剪时,可能有三种破坏形式:①沿通缝破坏,如图 10-13(a)所示;②沿齿缝破坏,如图 10-13(b)所示;③沿阶梯缝破坏,如图 10-13(c)所示。

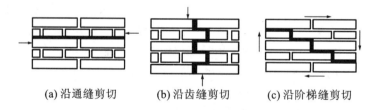

(a) 沿通缝剪切　　(b) 沿齿缝剪切　　(c) 沿阶梯缝剪切

图 10-13　砌体受减破坏形态

试验表明,砌体的受拉、受弯、受剪破坏一般发生在砂浆和块体的连接面上。因此,砌体的抗拉、抗弯、抗剪强度主要取决于灰缝的强度,即砂浆的强度。

2. 砌体结构基本构件的计算

1) 砌体结构承载力计算的基本表达式

砌体结构采用以概率理论为基础的极限状态设计法设计,按承载力极限状态设计的基本表达式为:

$$r_0 S \leqslant R(f) \tag{10-1}$$

式中:$R(f)$ 为结构构件的设计抗力函数;r_0 为结构重要性系数,对一级、二级、三级安全等级,分别取 1.1、1.0、0.9;S 为内力及内力的组合设计值(如轴向力、弯矩、剪力等)。

砌体结构除应按承载能力极限状态设计外,还要满足正常使用极限状态的要求,一般情况下,正常使用极限状态可由构造措施予以保证,不需验算。

　　2) 房屋的静力计算方案

　　根据《砌体结构设计规范》(GB 50003—2011)的规定,在混合结构房屋内力计算中,根据房屋的空间工作性能可分为刚性方案、弹性方案和刚弹性方案。

　　(1) 刚性方案。房屋横墙间距较小,楼(屋)盖水平刚度较大时,房屋的空间刚度较大,在荷载的作用下,房屋的水平位移较小,在确定房屋计算简图时,可以忽略房屋的水平位移,而将屋盖或楼盖视为墙或柱的不动铰支撑,这种房屋称为刚性方案房屋。一般多层住宅、办公楼、医院往往属于此类方案,如图 10-14(a)所示。

　　(2) 弹性方案。房屋横墙间距较大,楼(屋)盖水平刚度较小时,房屋的空间工作性能较差,在荷载的作用下,房屋的水平位移较大,在确定房屋计算简图时,必须考虑房屋的水平位移,把屋盖或楼盖与墙、柱的连接处视为铰接,并按不考虑空间工作的平面排架计算,这种房屋称为弹性方案房屋。一般单层厂房、仓库、礼堂、食堂等多属于此类方案,如图 10-14(b)所示。

　　(3) 刚弹性方案。房屋的空间刚度介于刚性与弹性方案之间,在荷载作用下,房屋的水平位移较弹性方案小,但又不可忽略不计,这种房屋属于刚弹性方案房屋。其可按屋盖或楼盖与墙、柱的连接处为具有弹性支承的平面排架来计算,如图 10-14(c)所示。

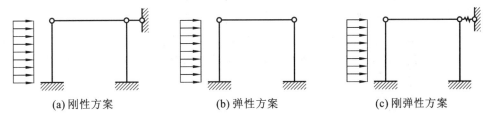

　　(a) 刚性方案　　　　　　　(b) 弹性方案　　　　　　　(c) 刚弹性方案

图 10-14　混合结构房屋的计算简图

　　按上述原则,为了方便设计,在《砌体结构设计规范》(GB 50003—2011)中,将房屋按屋盖或楼盖的刚度分为三种类型,并按房屋的横墙间距 s 来确定其静力计算方案,见表 10-1。

表 10-1　房屋的静力计算方案

屋盖或楼盖类别	刚性方案	刚弹性方案	弹性方案
整体式、装配整体式和装配式无檩体系钢筋混凝土屋(楼)盖	$s<32$	$32{\leqslant}s{\leqslant}72$	$s>72$
装配式有檩体系钢筋混凝土屋盖、轻钢屋盖和有密铺望板的木屋盖或木楼盖	$s<20$	$20{\leqslant}s{\leqslant}48$	$s>48$
瓦材屋面的木屋盖和轻钢屋盖	$s<16$	$16{\leqslant}s{\leqslant}36$	$s>36$

　　由表 10-1 可知屋盖或楼盖的类别是确定静力计算方案的主要因素之一,在屋盖或楼盖的类型确定后,横墙间距就成为保证刚性方案或弹性方案的一个重要条件。因此,作为刚性和刚弹性方案经静力计算的房屋横墙,应具有足够的刚度,以保证房屋的空间作用,并符合下列要求。

　　(1) 横墙中开有洞口时,洞口的水平截面面积不应超过横墙截面面积的 50%。

　　(2) 横墙的厚度不应小于 180 mm。

　　(3) 单层房屋的横墙长度不应小于其高度,多层房屋的横墙长度不宜小于其总高度的 1/2。

　　当横墙不能同时符合上述三项要求时,应对横墙的刚度进行验算。当其最大水平位移值不超过横墙高度的 1/4000 时,仍可视为刚性或刚弹性方案房屋的横墙。凡符合上述刚度要求的一般横墙或其他结构构件(如框架等),也可视为刚性或刚弹性方案房屋的横墙。

3) 墙、柱高厚比验算

高厚比是指墙、柱的计算高度 H_0 和墙厚(或柱边长)h 的比值,用 β 表示。墙、柱的高厚比过大,可能在施工砌筑阶段因过度的偏差、倾斜、鼓肚等现象以及施工和使用过程中出现的偶然撞击、震动等因素丧失稳定;同时,还应考虑到使用阶段在荷载作用下的墙体应具有的强度,不应发生影响正常使用的过大变形。可以认为高厚比验算是保证墙柱正常使用极限状态的构造规定。

墙、柱的允许高厚比验算与墙、柱的承载力计算无关。墙、柱的允许高厚比是从构造上给予规定的限值,墙、柱的允许高厚比见表10-2。

表10-2　墙柱的允许高厚比 $[\beta]$

砌体类型	砂浆强度等级	墙	柱
无筋砌体	M2.5	22	15
	M5.0 或 Mb5.0 或 Ms5.0	24	16
	≥M7.5 或 Mb7.5、Ms7.5	26	17
配筋砌块砌体	—	30	21

注:①毛石墙、柱的允许高厚比应按表中数值降低20%;
②带有混凝土或砂浆面层的组合砖砌体构件的允许高厚比,可按表中数值提高20%,但不得大于28;
③验算施工阶段砂浆尚未硬化的新砌砌体构件高厚比时,允许高厚比对墙取14,对柱取11。

应当指出,影响允许高厚比的因素比较复杂,很难用理论推导的公式确定,砌体规定的允许高厚比限值,是根据我国的实践经验确定的,它实际上也反映了在一定时期内的材料质量和施工的技术水平。

墙、柱高厚比应按下式计算:

$$\beta = \frac{H_0}{h} \leqslant \mu_1 \mu_2 [\beta] \qquad (10\text{-}2)$$

式中:μ_1 为非承重墙允许高厚比的修正系数;μ_2 为有门窗洞口墙允许高厚比的修正系数;h 为墙厚或矩形柱与 H_0 相对应的边长;H_0 为墙、柱的计算高度,受压构件的计算高度取值见表10-3。

表10-3　受压构件的计算高度 H_0

房屋类别			柱		带壁柱墙或周边拉结的墙		
			排架方向	垂直排架方向	$s>2H$	$H<s\leqslant2H$	$s\leqslant H$
有吊车的单层房屋	变截面柱上段	弹性方案	$2.5H_u$	$1.25H_u$	$2.5H_u$		
		刚性、刚弹性方案	$2.0H_u$	$1.25H_u$	$2.0H_u$		
	变截面柱下段		$1.0H_1$	$0.8H_1$	$1.0H_1$		
无吊车的单层和多层房屋	单跨	弹性方案	$1.5H$	$1.0H$	$1.5H$		
		刚弹性方案	$1.2H$	$1.0H$	$1.2H$		
无吊车的单层和多层房屋	双跨	弹性方案	$1.25H$	$1.0H$	$1.25H$		
		刚弹性方案	$1.1H$	$1.0H$	$1.1H$		
	刚弹性方案		$1.0H$	$1.0H$	$1.0H$	$0.4s+0.2H$	$0.6s$

注:①表中 H_0 为变截面柱的上半段,H_1 为变截面柱的下段高度,H 为构件高度;②对于上端为自由端的构件,$H_0=2H$;③独立砖柱,当无柱间支撑时,柱在垂直排架方向的 H_0 应按表中数值乘以1.25后采用;④s 为房屋横墙间距;⑤自承重墙的计算高度应根据周边支撑或拉结条件确定。

厚度 $h<240$ mm 的非承重墙，允许高厚比应乘以下列提高系数：$h=240$ mm，$\mu_1=1.2$；$h=90$ mm，$\mu_1=1.5$；90 mm$<h<240$ mm，μ_1 按插入法取值。μ_2 按下式确定：

$$\mu_2=1-0.4\frac{b_s}{s} \qquad (10\text{-}3)$$

式中：b_s 为在宽度范围内的门窗洞口宽度；s 为相邻横墙或壁柱之间的距离。

例 10-1　某混合结构房屋底层砖柱高度为 4.2 m，室内承重砖柱截面尺寸为 370 mm×490 mm，采用 M2.5 混合砂浆砌筑。房屋静力计算方案为刚性方案（$H_0=1.0H$），试验算砖柱的高厚比是否满足要求（砖柱自室内地面至基础顶面的距离为 500 mm）。

解　①砖柱计算高度计算。

由于房屋的静力计算方案为刚性方案，查表可知砖柱的计算高度为：

$$H_0=1.0H=1.0\times(4.2+0.5)\text{ m}=4.7\text{m}$$

② 砖柱允许高厚比计算。

当砂浆强度等级为 M2.5 时，查表可知砖柱的允许高厚比 $[\beta]=15$。

同时有：$\mu_1=1$（承重砖柱），$\mu_2=1$（无洞口）。

③ 砖柱的高厚比验算。

$$\beta=H_0/h=4700/370=12.7<\mu_1\mu_2[\beta]=1\times1\times15=15$$

结论：此砖柱的高厚比满足要求。

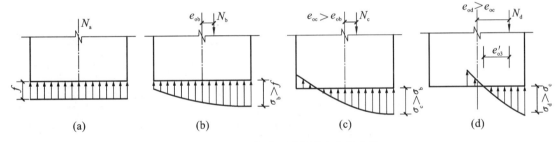

图 10-15　砌体受压时截面应力的变化

4）墙体全截面受压承载力计算

（1）矩形截面墙、柱全截面受压承载力计算（见图 10-15）。

① 无筋砌体在轴心压力作用下，砌体在破坏阶段截面的应力是均匀分布的。构件承载力达到极限值 N_u 时，截面中的应力值达到砌体的抗压强度 f。

② 当轴向压力偏心距较小时，截面虽全部受压，但应力分布不均匀，破坏将发生在压应力较大的一侧，且破坏时该侧边缘的压应力较轴心受压破坏时的应力稍大。当轴向力的偏心距进一步增大时，受力较小的边将出现拉应力，此时如应力未达到砌体的通缝抗拉强度，受拉边不会开裂。如偏心距再增大，受拉侧将较早开裂，此时只有砌体局部的受压区压应力与轴向力平衡。

③ 砌体虽然是一个整体，但由于有水平砂浆层且灰缝数量较多，砌体的整体性受到影响，因而砖砌体构件受压时，纵向弯曲对构件承载力的影响较其他整体构件（如素混凝土构件）显著。另外，对于偏心受压构件，还必须考虑在偏心压力作用下附加偏心距的增大和截面塑性变形等因素的影响。《砌体结构设计规范》（GB 50003—2011）在试验研究的基础上，把轴向力的偏心距和构件的高厚比对受压构件承载力的影响采用同一系数 φ 来考虑；同时，轴心受压构件可视为偏心受压构件的特例，即视轴心受压构件为偏心距 $e=0$ 的偏心受压构件。因此，砌体受压构件

的承载力(包括轴心受压与偏心受压)即可按下式计算:

$$N \leqslant \varphi f A \tag{10-4}$$

式中:N 为荷载设计值产生的轴向力;A 为截面面积;f 为砌体抗压强度设计值,烧结普通砖和烧结多孔砖砌体的抗压强度设计值,按表 10-4 取值;φ 为高厚比 β 和轴向力的偏心距 e 对受压构件承载力的影响系数,按表 10-5 取值。

表 10-4　烧结普通砖和烧结多孔砖砌体的抗压强度设计值 MPa

砖强度等级	砂浆强度等级					砂浆强度
	M15	M10	M7.5	M5	M2.5	0
MU30	3.94	3.27	2.93	2.59	2.26	1.15
MU25	3.60	2.98	2.68	2.37	2.06	1.05
MU20	3.22	2.67	2.39	2.12	1.84	0.94
MU15	2.79	2.31	2.07	1.83	1.60	0.82
MU10	—	1.89	1.69	1.50	1.30	0.67

注:当烧结多孔砖的空洞率大于 30% 时,表中数值应乘以 0.9。

表 10-5　砌体结构构件承载力影响系数表(砂浆强度等级 ≥ M5)

β	e/h 或 e/h_T												
	0	0.025	0.05	0.075	0.1	0.125	0.15	0.175	0.2	0.225	0.25	0.275	0.3
≤3	1	0.99	0.97	0.94	0.89	0.84	0.79	0.73	0.68	0.62	0.57	0.52	0.48
4	0.98	0.95	0.90	0.85	0.80	0.74	0.69	0.64	0.58	0.53	0.49	0.45	0.41
6	0.95	0.91	0.86	0.81	0.75	0.69	0.64	0.59	0.54	0.49	0.45	0.42	0.33
8	0.91	0.86	0.81	0.76	0.70	0.64	0.59	0.54	0.50	0.46	0.42	0.39	0.36
10	0.87	0.82	0.76	0.71	0.65	0.60	0.55	0.50	0.46	0.42	0.39	0.36	0.33
12	0.82	0.77	0.71	0.66	0.60	0.55	0.51	0.47	0.43	0.39	0.36	0.33	0.31
14	0.77	0.72	0.66	0.61	0.56	0.51	0.47	0.43	0.40	0.36	0.34	0.31	0.29
16	0.72	0.67	0.61	0.56	0.52	0.47	0.44	0.40	0.37	0.34	0.31	0.29	0.27
18	0.67	0.62	0.57	0.52	0.48	0.44	0.40	0.37	0.34	0.31	0.29	0.27	0.25
20	0.62	0.57	0.53	0.48	0.44	0.40	0.37	0.34	0.32	0.29	0.27	0.25	0.23
22	0.58	0.53	0.49	0.45	0.41	0.38	0.35	0.32	0.30	0.27	0.25	0.24	0.22
24	0.54	0.49	0.45	0.41	0.38	0.35	0.32	0.30	0.28	0.26	0.24	0.22	0.21
26	0.50	0.46	0.42	0.38	0.35	0.33	0.30	0.28	0.26	0.24	0.22	0.21	0.19
28	0.46	0.42	0.39	0.36	0.33	0.30	0.28	0.26	0.24	0.22	0.21	0.19	0.18
30	0.42	0.39	0.36	0.33	0.31	0.28	0.26	0.24	0.22	0.21	0.20	0.18	0.17

④ 对矩形截面构件,当轴向力偏心方向的截面边长大于另一方向边长时,除按偏心受压计算外,还应对较小边长方向按轴心受压验算。

⑤ 当轴向力偏心距 e 很大时,截面受拉区水平裂缝将显著开展,受压区面积显著减小,构件的承载能力大大降低。考虑到经济性和合理性,《砌体结构设计规范》(GB 50003—2011)中规

定,按荷载的标准值计算轴向力的偏心距 e,并不超过 $0.6y$(y 为截面重心到轴向力所在偏心方向截面边缘的距离)。

例 10-2 截面尺寸为 $490\ mm\times490\ mm$ 的砖柱,采用强度等级为 MU10 烧结多孔砖及强度等级为 M5 的混合砂浆砌筑,施工质量等级为 B 级,刚性计算方案,柱的高度 $H=5\ m$,承受轴心压力设计值 $N=250\ kN$(包括住的自重),试验算柱底截面是否安全。

解 ① 确定所用砌体材料的抗压强度设计值。

本砖柱采用强度等级为 MU10 烧结多孔砖及强度等级为 M5 混合砂浆砌筑。由表 1-4 查得砌体抗压强度设计值为:

$$f=1.50\ MPa=1.50\ N/mm^2$$

② 计算构件的承载力影响系数。

由刚性方案计算的柱,查表 1-3 可知:

$$H_0=1.0H=1.0\times5.0=5\ m=5000\ mm$$

由公式:

$$\beta=\gamma_\beta H_0/h=1.0\times5000/490=10.204$$

相应可得 $\varphi=0.865$。

③ 计算砖柱的抗压承载力。

由公式:

$$N_u=\varphi fA=0.865\times1.50\times0.3038\times10^6=394.18\times10^3\ N=394.18\ kN$$

④ 验算砖柱的抗压承载力是否满足要求。

已知:$N=250kN$,由公式比较:$N\leqslant N_u$,结论:柱底截面是安全的。

例 10-3 截面尺寸为 $1000\ mm\times240\ mm$ 的窗间墙。采用强度等级为 MU20 的蒸压粉煤灰砖砌筑,水泥砂浆强度等级为 M7.5,施工质量等级为 B 级,墙的计算高度 $H_0=3.75m$,承受的轴心压力设计值 $N=120\ kN$,荷载的偏心距为 60 mm(沿短边方向)。计算窗间墙承载力是否满足要求。

解 ① 确定所用砌体材料的抗压强度设计值。

本窗间墙采用强度等级为 MU20 的蒸压粉煤灰砖及强度等级为 M7.5 水泥砂浆砌筑。由表 10-4 查得砌体抗压强度设计值为:

$$f=2.39\ MPa=2.39\ N/mm^2$$

由 $A=1000\times240=240\ 000\ mm^2=0.24\ m^2<0.3\ m^2$ 得修正系数为:

$$\gamma_{a1}=0.7+A=0.7+0.24=0.94$$

又由采用水泥砂浆修正系数为:

$$\gamma_{a2}=0.9$$

则修正后的砌体抗压强度

$$\gamma=0.94\times0.9\times2.39=2.02\ N/mm^2$$

② 计算构件的承载力影响系数。

由公式:

$$\beta=\gamma_\beta H_0/h=1.2\times3750/240=18.75$$
$$e/h=60/240=0.25,\quad e/y=60/120=0.5<0.6$$

查表得 $=0.283$。

③ 计算窗间墙的抗压承载力。

由公式：

$$N_u = \varphi f A = 0.283 \times 2.02 \times 0.24 \times 10^6 = 137.20 \times 10^3 \text{ N} = 137.20 \text{ kN}$$

④ 验算窗间墙的抗压承载力是否满足要求。

已知：$N = 120$ kN，由公式比较：$N \leqslant N_u$，结论：窗间墙截面是安全的。

（2）带壁柱墙体的全截面受压承载力计算。对各类砌体的截面受压承载力均可按毛截面计算。对带壁柱墙，其翼缘宽度 b_f 按如下规定采用：对多层房屋，当有门窗洞口时可取窗间墙宽度，当无门窗洞口时可取相邻壁柱间距离；对单层房屋，取 $b_f = b + \dfrac{2}{3}h$（b 为壁柱宽度，h 为墙高），但不大于窗间墙宽度和相邻壁柱间距离；计算带壁柱墙的条形基础时，可取相邻壁柱间距离。

墙、柱的高厚比 β 是衡量砌体长细程度的指标，它等于墙、柱计算高度 H_0 与其厚度之比，即：

对矩形截面：$\qquad\qquad\qquad\qquad \beta = H_0/h \qquad\qquad\qquad\qquad$ (10-5)

对 T 形截面：$\qquad\qquad\qquad\qquad \beta = H_0/h_T \qquad\qquad\qquad\qquad$ (10-6)

式中：H_0 为受压构件的计算高度；h 为矩形截面轴向力偏心方向的边长，当轴心受压时为较小边边长；h_T 为 T 形截面的折算厚度，可近似取 $3.5i$ 计算。

$$i = \sqrt{\frac{I}{A}} \qquad\qquad\qquad\qquad (10\text{-}7)$$

式中：i 为 T 形截面的回转半径；I 为 T 形截面的惯性矩。

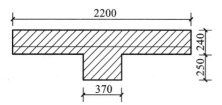

图 10-16　带壁柱墙采用窗间墙截面

例 10-4　某单层单跨无吊车的仓库，柱间距离为 4 m，中间开宽为 1.8 m 的窗，车间长 40 m，屋架下弦标高为 5 m，壁柱为 370 mm×490 mm，墙厚为 240 mm，房屋的静力计算方案为刚弹性方案，试验算带壁柱墙的高厚比是否满足要求。

解　带壁柱墙采用窗间墙截面，如图 10-16 所示。

① 求壁柱截面的几何特征。

$$A = 240 \times 2200 + 370 \times 250 = 620\ 500 \text{ mm}^2$$

$$y_1 = [2200 \times 240 \times 120 + 370 \times 250 \times (240 + 250/2)]/620\ 500 = 156.5 \text{ mm}$$

$$y_2 = 240 + 250 - 156.5 = 333.5 \text{ mm}$$

$$I = (1/12) \times 2200 \times 240^3 + 2200 \times 240 \times (156.5 - 120)^2 + (1/12)$$
$$\times 370 \times 250^3 + 370 \times 250 \times (333.5 - 125)^2 = 7.74 \times 10^9 \text{ mm}^4$$

$$i = \sqrt{\frac{I}{A}} = 111.7 \text{ mm}$$

$$H_t = 3.5i = 3.5 \times 111.7 = 390.95 \text{ mm}$$

② 确定计算高度。

$$H = 5000 + 500 = 5500 \text{ mm}$$

式中：500 mm 为壁柱下端嵌固处至室内地坪的距离。

查表 1-3 得：$H_0 = 1.2 \times 5500 = 6600$ mm。

③ 整片墙高厚比验算。

采用强度等级为 M5 混合砂浆时,查表得 $[\beta]=24$,开有门窗洞口时修正系数为:

$$\mu_2=1-0.4\times(1800/4000)=0.82$$

自承重墙允许高厚比修正系数 $\mu_1=1$。

$$\beta=\gamma_\beta H_0/h_T=1.0\times6600/391=16.9<\mu_1\mu_2[\beta]=0.82\times24=19.68$$

④ 壁柱之间墙体高厚比的验算。

$$s=4000<H=5500 \text{ mm}$$

查表得:

$$H_0=0.6\times S=0.6\times4000=2400 \text{ mm}$$

$$\beta=\gamma_\beta H_0/h_T=1.0\times2400/240=10<\mu_1\mu_2[\beta]=0.82\times24=19.68$$

高厚比满足规范要求。

5) 墙体局部受压承载力计算

(1) 墙体局部均匀受压的计算。压力仅作用在砌体的部分面积上的受力状态称为局部受压。如在砌体局部受压面积上的压应力呈均匀分布,则称为砌体的局部均匀受压(见图 10-17)。

直接位于局部受压面积下的砌体,因其横向应变受到周围砌体的约束,所以该受压面上的砌体局部抗压强度比砌体的全截面受压时的抗压强度高。但由于作用于局部面积上的压力很大,如不准确进行验算,则有可能成为整个结构的薄弱环节而造成破坏。

砌体截面中受局部均匀压力时的承载力按下式计算:

$$N_l=\gamma f A_l \tag{10-8}$$

式中:N_l 为局部受压面积上轴向力设计值;γ 为砌体局部抗压强度提高系数;f 为砌体的抗压强度设计值,局部受压面积小于 0.3 m^2,可不考虑强度调整系数 γ_a 的影响;A_l 为局部受压面积。

砌体的局部抗压强度提高系数按下式计算:

$$\gamma=1+0.35\sqrt{\frac{A_0}{A_l}-1} \tag{10-9}$$

式中:A_0——影响砌体局部抗压强度的计算面积。

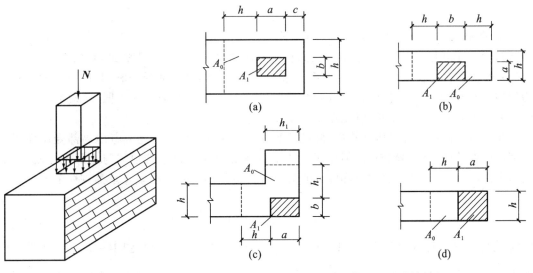

图 10-17 局部均匀受压   图 10-18 影响局部抗压强度的面积

按下列规定采用：

图 10-18(a)中：

$$A_0=(a+c+h)h,\gamma\leqslant2.5 \tag{10-10}$$

图 10-18(b)中：

$$A_0=(b+2h)h,\gamma\leqslant2.0 \tag{10-11}$$

图 10-18(c)中：

$$A_0=(a+h)h+(b+h_1-h)h_1,\gamma\leqslant1.5 \tag{10-12}$$

图 10-18(d)中：

$$A_0=(a+h)h,\gamma\leqslant1.25 \tag{10-13}$$

式中：a,b 为矩形局部受压面积 A_1 的边长；h,h_1 为墙厚或柱的较小边长；c 为矩形局部受压面积的外边缘至构件边缘的较小距离，当大于 h 时，应取 h。

例 10-5 截面尺寸为 200 mm×240 mm 的钢筋混凝土柱支承在砖墙上，墙厚 240 mm，采用强度等级为 MU10 烧结普通砖及强度等级为 M5 的混合砂浆砌筑，柱传至墙的轴向力设计值为 $N=100$ kN，试进行砌体局部受压验算。

解 ① 砌体局部抗压强度提高系数。

局部受压面积为：

$$A_1=200\times240=48\ 000\,\text{mm}^2$$

影响砌体局部受压的计算面积为：

$$A_0=(b+2h)h=(200+2\times240)\times240=163\ 200\ \text{mm}^2$$

影响砌体局部抗压强度提高系数为：

$$\gamma=1+0.35\sqrt{\frac{A_0}{A_1}-1}=1+0.35\times(163\ 200/48\ 000-1)^{1/2}=1.54<2.0$$

由强度等级为 MU10 烧结普通砖及强度等级为 M5 的混合砂浆砌筑，查得砌体抗压强度设计值为：$f=1.5$ MPa。

② 砌体的局部受压承载力。

$$\gamma fA_1=1.54\times1.50\times48\ 000=110\ 880\ \text{kN}$$

③ 验算砌体局部受压承载力是否满足要求。

已知：$N=100$ kN。由 $N_1\leqslant\gamma fA_1$ 可知，柱下砌体的局部受压承载力满足要求。

(2) 梁端支承处墙体局部受压的计算。当梁端支承处砌体局部受压时，其压应力的分布是不均匀的。同时，由于梁端的转角以及梁的抗弯刚度与砌体压缩刚度的不同，梁端的有效支承长度可能小于梁的实际支承长度(见图 10-19)。

梁端支承处砌体局部受压计算中，除应考虑由梁传来的荷载外，还应考虑局部受压面积上由上部荷载设计值产生的轴向力，但由于支座下砌体的压缩导致梁端顶部与上部砌体脱开，而形成内拱作用，所以计算时要对上部传下的荷载进行适当的折减。梁端支承处砌体的局部受压承载力应按下式计算：

$$\psi N_0+N_1\leqslant\eta\gamma fA_1 \tag{10-14}$$

式中：ψ 为上部荷载的折减系数，$\psi=1.5-0.5\dfrac{A_0}{A_1}$，当 $\dfrac{A_0}{A_1}\geqslant3$，取 $\psi=0$(见图 10-20)；N_0 为局部受压面积内上部轴向力设计值，$N_0=\sigma_0A_1$，σ_0 为上部平均压应力设计值；η 为梁端底面积应力图形的完整系数，一般可取 0.7，对于过梁和墙梁可取 1.0；A_1 为局部受压面积，$A_1=a_0b$，b 为梁宽，a_0

为梁端有效支承长度。

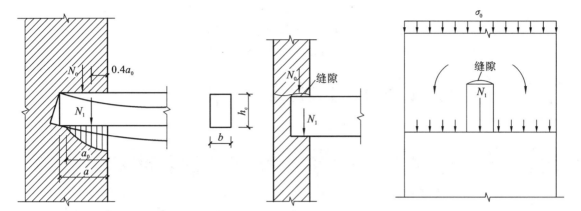

图 10-19　梁端支撑处砌体局部不均匀受压　　　图 10-20　上部载荷对局部受压的影响示意图

式中其余符号意义同前。

当梁直接支承在砌体上时,梁端有效支撑长度可按下式计算:

$$a_0 = 10\sqrt{\frac{h_c}{f}} \tag{10-15}$$

式中:a_0 为梁端有效支承长度,当 $a_0 > a$ 时,应取 $a_0 = a$;a 为梁端实际支承长度;h_c 为梁的截面高度;f 为砌体的抗压强度设计值。

例 10-6　　如图 10-21 所示,截面尺寸为 200 mm×550 mm 的钢筋混凝土梁搁置在窗间墙上,墙厚为 370 mm,窗间墙截面尺寸为 1200 mm×370 mm,采用强度等级为 MU10 的烧结普通砖及强度等级为 M5 的混合砂浆砌筑。梁端的实际支承长度 $a = 240$ mm,荷载设计值产生的梁端支承反力 $N_1 = 100$ kN,梁底墙体截面由上部荷载产生的轴向力 $N_1 = 240$ kN。试验算梁端下砌体局部受压强度。

解　　① 确定所用砌体材料的抗压强度设计值。

本题中砖采用强度等级为 MU10 的烧结普通砖及强度等级为 M5 的混合砂浆砌筑。由表 1-4 查得砌体抗压强度设计值:$f = 1.50$ MPa $= 1.50$ N/mm²。

② 梁端底面压应力图形完整系数为:$\eta = 0.7$。

梁端有效支承长度:$a_0 = 10(h_c/f)^{1/2} = 10 \times (550/1.5)^{1/2} = 191$ mm。

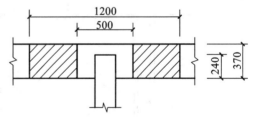

图 10-21　钢筋混凝土梁

局部受压面积:$A_1 = a_0 b = 191 \times 200 = 38\ 200$ mm²。

局部受压影响面积:$A_0 = (b+2h)h = (200+2 \times 370) \times 370 = 347\ 800$ mm²。

故 $A_0/A_1 = 347\ 800/38\ 200 = 9.1 > 3$,取 $\psi = 0$。

砌体局部抗压强度提高系数:

$$\gamma = 1 + 0.35\sqrt{\frac{A_0}{A_1} - 1} = 1 + 0.35 \times \sqrt{\frac{34\ 7800}{38\ 200} - 1} = 1.996 < 2.0$$

③ 计算梁端下砌体局部受压承载力。

$$\eta \gamma f A_1 = 0.7 \times 1.996 \times 1.5 \times 38\ 200 \times 10^{-3} = 80\ \text{kN}$$

④ 验算梁端下砌体局部受压承载力是否满足要求。

$$\psi N_0 + N_1 = N_1 = 100 \text{ kN} > \eta \gamma f A_1 = 80 \text{ kN}$$

故局部受压承载力不满足要求。结论:梁底截面是不安全的。

⑤ 设刚性垫块尺寸为 370 mm×500 mm×180 mm,经计算设计满足要求。

任务 2 砌体房屋的构造要求

一、砌体结构的一般构造要求

(1) 承重的独立砖柱截面尺寸不应小于 240 mm×370 mm。毛石墙的厚度不宜小于 350 mm,毛石料较小边长不宜小于 400 mm。当有振动荷载时,墙、柱不宜采用毛石砌体。

(2) 跨度大于 6 m 的屋架和跨度大于下列数值的梁,应在支撑处砌体上设置混凝土或钢筋混凝土垫块;当墙中设有圈梁时,垫块与圈梁浇成整体:①对砖砌体为 4.8 m;②对砌块和料石砌体为 4.2 m;③对毛石砌体为 3.9 m。

(3) 当梁跨度大于或等于下列数值时,其支撑处宜加设壁柱,或采取其他加强措施:①对 240 mm 厚的砖墙为 6 m,对 180 mm 厚的砖墙为 4.8 m;②对砌块、料石墙为 4.8 m。

(4) 预制钢筋混凝土板在混凝土圈梁上的支撑长度不应小于 80 mm,板端伸出的钢筋应与圈梁可靠连接,且同时浇筑;预制钢筋混凝土板在墙上的支撑长度不应小于 100 mm。

(5) 支撑在墙、柱上的吊车梁、屋架及跨度大于或等于下列数值的预制梁的端部,应采用锚固件与墙、柱上的垫块锚固:①对砖砌体为 9 m;②对砌块和料石砌体为 7.2 m。

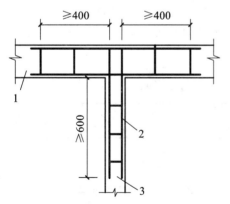

图 10-22 砌块墙与后砌隔墙交接处钢筋网片
1—砌块墙;2—焊接钢筋网片;3—后砌隔墙

(6) 填充墙、隔墙应分别采取措施与周边主体结构构件可靠连接,连接构造和嵌缝材料应能满足传力、变形、耐久和防护等要求。山墙处的壁柱或构造柱宜砌至山墙顶部,且屋面构件与山墙可靠拉结。

(7) 砌块墙的构造应符合下列规定。

① 砌块砌体应分皮错缝搭砌,上下皮搭砌长度不应小于 90 mm。当搭砌长度不满足上述要求时,应在水平灰缝内设置不少于 2 根直径不小于 4 mm 的焊接钢筋网片(横向钢筋的间距不应大于 200 mm),网片每端应伸出该垂直缝不小于 300 mm。

② 砌块墙与后砌隔墙交接处,应沿墙高每 400 mm 在水平灰缝内设置不少于 2 根直径不小于 4 mm、横筋间距不大于 200 mm 的焊接钢筋网片,如图 10-22 所示。

③ 混凝土砌块房屋,宜将纵横墙交接处、距墙中心线每边不小于 300 mm 范围内的孔洞,采用不低于 Cb20 混凝土沿全墙高灌实。

④ 混凝土砌块墙体的下列部位,如未设圈梁或混凝土垫块,应采用不低于 Cb20 混凝土将孔洞灌实:搁栅、檩条和钢筋混凝土楼板的支撑面下,高度不应小于 200 mm 的砌体;屋架、梁等构件的支撑面下,长度不应小于 300 mm,高度不应小于 600 mm 的砌体。

(8) 在砌体中留槽洞及埋设管道时,应遵守下列规定:① 不应在截面长边小于 500 mm 的承重墙体、独立柱内埋设管线;② 不宜在墙体中穿行暗线或预留、开凿沟槽,当无法避免时,应采取必要的措施或按削弱后的截面验算墙体的承载力。

对于受力较小或未灌孔的砌块砌体,允许在墙体的竖向孔洞中设置管线。

(9) 框架填充墙墙体除应满足稳定要求外,还应考虑水平风荷载及地震作用的影响。地震作用可按国家标准《建筑抗震设计规范》(GB 50011—2010)中非结构构件的规定计算。

填充墙的构造设计应符合下列规定:① 填充墙宜选用轻质块体材料,其强度等级应符合上述规范的规定;② 填充墙砌筑砂浆的强度等级不宜低于 M5(Mb5、Ms5);③ 填充墙墙体墙厚不应小于 90 mm;④ 用于填充墙的夹心复合砌块,其两肢块体之间应有拉结。

二、防止或减轻墙体开裂的主要措施

(1) 为了防止或减轻房屋在正常使用条件下,由温差和砌体干缩引起的墙体竖向裂缝,应在墙体中设置伸缩缝。伸缩缝应设在因温度和收缩变形可能引起应力集中、砌体产生裂缝可能性最大的地方。伸缩缝的间距可按表 10-6 采用。

表 10-6　砌体房屋伸缩缝的最大间距

屋盖或楼盖类别		间距/m
整体式或装配式钢筋混凝土结构	有保温层或隔热层的屋盖、楼盖	50
	无保温层或隔热层的屋盖	40
装配式无檩体系钢筋混凝土结构	有保温层或隔热层的屋盖、楼盖	60
	无保温层或隔热层的屋盖	50
装配式有檩体系钢筋混凝土结构	有保温层或隔热层的屋盖	75
	无保温层或隔热层的屋盖	60
瓦材屋盖、木屋盖或楼盖、轻钢屋盖		100

注:①对于烧结普通砖、多孔砖、配筋砌块砌体房屋,取表中数值;对于砌体、蒸压灰砂砖、蒸压粉煤灰砖和混凝土砌块房屋,取表中数值乘以 0.8 的系数。当有实践经验并采取有效措施时,可不遵守表 10-6 的规定。

②在钢筋混凝土屋面上挂瓦的屋盖应按钢筋混凝土屋盖采用。

③对于层高大于 5 m 的烧结普通砖、多孔砖、配筋砌块砌体结构单层房屋,其伸缩缝间距可按表中数值乘以 1.3。

④温差较大且变化频繁地区和严寒地区不采暖的房屋及构筑物墙体的伸缩缝的最大间距,应按表中数值予以适当减小。

⑤墙体的伸缩缝应与结构的其他变形缝相重合,在进行立面处理时,必须保证缝隙的伸缩作用。

(2) 为了防止或减轻顶层房屋墙体的裂缝,可根据情况采取下列措施。

① 屋面应设置保温、隔热层。

② 屋面保温(隔热)层或屋面刚性面层及砂浆找平层应设置分隔缝,分隔缝间距不宜大于 6 m,其缝宽不小于 30 mm,并与女儿墙隔开。

③ 采用装配式有檩体系钢筋混凝土屋盖和瓦材屋盖。

④ 顶层屋面板下设置现浇钢筋混凝土圈梁,并沿内外墙拉通,房屋两端圈梁下的墙体内宜适当设置水平钢筋。

⑤ 当顶层墙体有门窗等洞口时,在过梁上的水平灰缝内设置 2~3 道焊接钢筋网片或 2φ6 钢筋,焊接钢筋网片或钢筋应深入过梁两端墙内不小于 600 mm。

⑥ 顶层及女儿墙砂浆强度等级不低于 M7.5(Mb7.5、Ms7.5)。

⑦ 女儿墙应设置构造柱,构造柱间距不宜大于 4 m,构造柱应伸至女儿墙顶并与现浇钢筋

混凝土压顶整浇在一起。

⑧ 顶层挑梁末端下墙体灰缝内设置 3 道焊接钢筋网片(纵向钢筋不宜少于 2φ4,横筋间距不宜大于 200 mm)或 2φ6 钢筋,钢筋网片或钢筋应自挑梁末端伸入两边墙体不小于 1 m。

⑨ 房屋顶层端部墙体内适当增设构造柱。

(3) 为了防止或减轻房屋底层墙体的裂缝,可根据情况采取下列措施。

① 增大基础圈梁的刚度。

② 在底层的窗台下墙体灰缝内设置 3 道焊接钢筋网片或 2φ6 钢筋,并伸入两边窗间墙内不小于 600 mm。

③ 采用钢筋混凝土窗台板,窗台板嵌入窗间墙内不小于 600 mm。

④ 墙体转角处和纵横墙交接处宜沿竖向每隔 400~500 mm 设拉结钢筋,其数量为每 120 mm 墙厚不少于 1φ6 或焊接钢筋网片,埋入长度从墙的转角或交接处算起,每边不小于 600 mm。

⑤ 对灰砂砖、粉煤灰砖、混凝土砌块或其他非烧结砖,宜在各层门、窗过梁上方的水平灰缝内及窗台下第一道和第二道水平灰缝内设置焊接钢筋网片或 2φ6 钢筋,焊接钢筋网片或钢筋应伸入两边窗间墙内不小于 600 mm。当灰砂砖、粉煤灰砖、混凝土砌块或其他非烧结砖实体墙长大于 5 m 时,宜在每层墙高度中部设置 2~3 道焊接钢筋网片或 3φ6 的通长水平钢筋,竖向间距宜为 500 mm。

(4) 为了防止或减轻混凝土砌块房屋顶层两端和底层第一、第二开间门窗洞处的裂缝,可采取下列措施。

① 在门窗洞口两侧不少于一个孔洞中设置不小于 1φ12 钢筋,钢筋应在楼层圈梁或基础锚固,并采用不低于 Cb20 灌孔混凝土灌实。

② 在门窗洞口两边的墙体的水平灰缝中,设置长度不小于 900 mm、竖向间距为 400 mm 的 2φ4 焊接钢筋网片。

③ 在顶层和底层设置通长钢筋混凝土窗台梁,窗台梁的高度宜为砌块高的模数,纵筋不少于 4φ10,箍筋 φ6@200,Cb20 混凝土。

④ 当房屋刚度较大时,可在窗台下或窗台角处墙体内设置竖向控制缝。在墙体高度或厚度突然变化处也宜设置竖向控制缝,或采取其他可靠的防裂措施。竖向控制缝的构造和嵌缝材料应能满足墙体平面外传力和防护的要求。

⑤ 灰砂砖、粉煤灰砖砌体宜采用黏结性好的砂浆砌筑,混凝土砌块砌体应采用砌块专用砂浆砌筑。

⑥ 对防裂要求较高的墙体,可根据情况采取专门措施。

任务 3 过梁、墙梁、挑梁、雨棚

一、过梁

1. 过梁的分类

常见的过梁有砖砌平拱过梁、钢筋砖过梁和钢筋混凝土过梁三种。

(1) 砖砌平拱过梁。砖砌平拱过梁是我国的传统做法,如图 10-23 所示。将立砖和侧砖相间砌筑,使灰缝上宽下窄相互挤压形成拱的作用。其跨度不应超过 1.2 m,用竖砖砌筑部分的高度不应小于 240 mm。

(2) 钢筋砖过梁。钢筋砖过梁是在平砌砖的灰缝中加设适量钢筋而形成的过梁,如图 10-24 所示。其跨度不应超过 1.5 m,底面砂浆处的钢筋,其直径不应小于 5 mm,间距不宜大于 120 mm,钢筋伸入支座砌体内的长度不宜小于 240 mm,砂浆层的厚度不宜小于 30 mm。

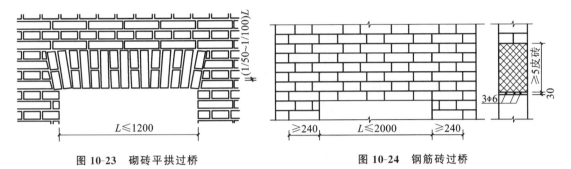

图 10-23　砌砖平拱过桥　　　　　　图 10-24　钢筋砖过桥

砖砌过梁所用的砂浆不宜低于 M5。对有较大振动荷载或可能产生不均匀沉降的房屋,不应采用砖砌过梁,而应采用钢筋混凝土过梁。

(3) 钢筋混凝土过梁。钢筋混凝土过梁的适应性较强,是目前在建筑中普遍采用的一种过梁形式。对于有较大振动荷载或可能产生不均匀沉降的房屋,应采用钢筋混凝土过梁。当门窗洞口跨度超过 2 m 或上部有集中荷载时需采用钢筋混凝土过梁,钢筋混凝土过梁有现浇和预制两种,梁高及配筋由计算确定。钢筋混凝土过梁常见的梁高为 60 mm、120 mm、180 mm、240 mm,其断面形式如图 10-25 所示。

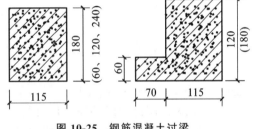

图 10-25　钢筋混凝土过梁

2. 过梁上的荷载

(1) 对于砖和砌块砌体,当梁、板下的墙体高度 $h_w < L_n$(L_n 为过梁的净跨)时,过梁应计入梁、板传来的荷载,否则可不考虑梁、板荷载。

(2) 对于砖砌体,当过梁上的墙体高度 $h_w < L_n/3$ 时,墙体荷载应按墙体的均布自重采用,否则应按高度为 $L_n/3$ 墙体的均布自重来采用。

(3) 对于砌块砌体,当过梁上的墙体高度 $h_w < L_n/2$ 时,墙体荷载应按墙体的均布自重采用,否则应按高度为 $L_n/2$ 墙体的均布自重采用。

3. 过梁的构造要求

(1) 砖砌过梁截面计算高度内的砂浆不宜低于 M5(Mb5、Ms5),砖砌平拱用竖砖砌筑部分的高度不应小于 240 mm。

(2) 钢筋砖过梁底面砂浆层处的钢筋,其直径不应小于 5 mm,间距不宜大于 120 mm,钢筋伸入支座砌体内的长度不宜小于 240 mm,砂浆层的厚度不宜小于 30 mm。

(3) 钢筋混凝土过梁的截面形式有矩形和 L 形等,一般内墙均为矩形,北方寒冷地区外墙由于保温需要做成 L 形,过梁的截面高度应为砖厚的整数倍,如 120 mm、180 mm、240 mm 等,过梁在墙上的支承长度一般为 240 mm。

由钢筋混凝土及支承在托梁上计算高度范围内的砌体墙组成的组合构件称为墙梁。

1. 墙梁的设计要求

采用烧结普通砖砌体、混凝土普通砖砌体、混凝土多孔砖砌体和混凝土砌块砌体的墙梁设计应符合下列规定。

（1）墙梁设计应符合表 10-7 的规定。

表 10-7　墙梁的一般规定

墙梁类别	墙体总高度 /m	跨度 /m	墙体高跨比 h_w/l_{0i}	托梁高跨比 h_b/l_{0i}	洞宽跨比 b_h/l_{0i}	洞高 h_b
承重墙梁	≤18	≤9	≥0.4	≥1/10	≤0.3	$\leq 5h_w/6$ 且 $h_w - h_h \geq 0.4$
自承重墙梁	≤18	≤12	≥1/3	≥1/15	≤0.8	—

注：墙体总高度指托梁顶面到檐口的高度，带阁楼的坡屋面应算到山尖墙 1/2 高度处。

（2）墙梁计算高度范围内每跨允许设置一个洞口。洞口高度：对于窗洞，取洞顶至托梁顶面距离；对于自承重墙梁，洞口至边支座中心的距离不应小于 $0.1 \times$ 洞口宽，门窗洞上口至墙顶的距离不应小于 0.5 m。

（3）洞口边缘至支座中心的距离，距边支座不应小于墙梁计算跨度的 15%，距中支座不应小于墙梁计算跨度的 7%。当托梁支座处上部墙体设置混凝土构造柱且构造柱边缘至洞口边缘的距离不小于 240 mm 时，洞口边至支座中心距离的限值可不受本规定限制。

（4）托梁高跨比，对于无洞口墙梁，不宜大于 1/7；对于靠近支座有洞口的墙梁，不宜大于 1/6。配筋砌块砌体墙梁的托梁高跨比可适当放宽，但不宜小于 1/14；当墙梁结构中的墙体均为配筋砌块砌体时，墙体总高度可不受本规定限制。

2. 墙梁的构造要求

（1）托梁和框支柱的混凝土强度等级不应低于 C30。

（2）承重墙梁的块体强度等级不应低于 MU10，计算高度范围内墙体的砂浆强度等级不应低于 M10(Mb10)。

（3）框支墙梁的上部砌体房屋以及设有承重的简支墙梁或连续墙梁的房屋，应满足刚性方案房屋的要求。

（4）墙梁的计算高度范围内的墙体厚度，对于砖砌体，不应小于 240 mm；对于混凝土砌块砌体，不应小于 190 mm。

（5）墙梁洞口上方应设置混凝土过梁，其支承长度不应小于 240 mm；洞口范围内不应施加集中荷载。

（6）承重墙梁的支座处应设置落地翼墙。翼墙厚度：对于砖砌体，不应小于 240 mm；对于混凝土砌块砌体，不应小于 190 mm。翼墙宽度不应小于墙梁墙体厚度的 3 倍，并与墙梁墙体同时砌筑。当不能设置翼墙时，应设置落地且上下贯通的混凝土构造柱。

（7）当墙梁墙体在靠近支座 1/3 跨度范围内开洞时，支座处应设置落地且上下贯通的混凝土构造柱，并应与每层圈梁连接。

（8）墙梁计算高度范围内的墙体，每天可砌筑高度不应超过 1.5 m，否则，应加设临时支承。

（9）托梁两侧各两个开间的楼盖应采用现浇混凝土楼盖,楼板厚度不应小于 120 mm,当楼板厚度大于 150 mm 时,应采用双层双向钢筋网,楼板上应少开洞,当洞口尺寸大于 800 mm 时,应设洞口边梁。

（10）托梁每跨底部的纵向受力钢筋应通长设置,不应在跨中弯起或截断;钢筋连接应采用机械连接或焊接。

（11）托梁跨中截面的纵向受力钢筋总配筋率不应小于 0.6%。

（12）托梁跨中截面的纵向钢筋面积与跨中下部纵向钢筋面积之比值不应小于 0.4;连续墙梁或多跨框的墙梁的托梁支座上部附加纵向钢筋从支座边缘算起每边延伸长度不应小于 $l_0/4$。

（13）承重墙梁的托梁在砌体墙、柱上的支承长度不应小于 350 mm,纵向受力钢筋伸入支座的长度应符合手拉钢筋的锚固要求。

（14）当托梁截面高度 $h_b \geqslant 450$ mm 时,应沿梁截面高度设置通长水平腰筋,其直径不应小于 12 mm,间距不应大于 200 mm。

（15）对于洞口偏置的墙梁,其托梁的箍筋加密区范围应延伸到洞口外,距洞口边的距离大于等于托梁截面高度 h_b,箍筋直径不应小于 8 mm,间距不应大于 100 mm。

三、挑梁

在砌体结构房屋中,为了满足使用功能和建筑艺术的需要,将钢筋混凝土的梁悬挑在墙体外面即形成了一端嵌入墙内另一端挑出的挑梁。

1. 挑梁的受力性能

埋置于砌体中的挑梁,实际上是与砌体共同工作的。在悬挑端集中力 F 及砌体上荷载作用下,挑梁经历了弹性、裂缝发展及破坏三个受力阶段。

弹性阶段,在砌体自重及上部荷载的作用下,挑梁埋入部分上下截面将产生压应力。而其悬挑端施加集中力 F 后,在墙边截面处的挑梁内将产生弯矩和剪力,并形成与砌体自重和上部荷载作用而产生的压应力相叠加的竖向正应力。若叠加之后的界面总应力值没有超过砌体沿通缝的抗拉强度,则砌体不会产生开裂现象。

当挑梁与砌体的上界面墙边竖向拉应力超过砌体沿通缝的抗拉强度时,将出现水平裂缝①,见图 10-26(a)。随着荷载的增大,水平裂缝①不断向内发展,随后在挑梁埋入端下界面出现水平裂缝②,并随着荷载的增大逐步向墙边发展,挑梁有上翘的趋势。随后在挑梁埋入端上角出现阶梯形斜裂缝③,试验表明,其与竖向轴线的夹角平均为 57°。水平裂缝②的发展使挑梁下砌体受压区不断减小,有时会出现局部受压裂缝④。

挑梁最后可能发生如下三种破坏形态:①抗倾覆力矩小于倾覆力矩,使挑梁围绕倾覆点 O 发生倾覆破坏,见图 10-26(b);②挑梁下砌体局部受压破坏,见图 10-26(c);③挑梁倾覆点附近正截面受弯破坏或斜截面受剪破坏,这种破坏形态不属于砌体结构讨论的范围。

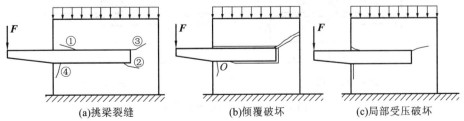

(a)挑梁裂缝   (b)倾覆破坏   (c)局部受压破坏

图 10-26 挑梁的裂缝及破坏形态

2. 挑梁的计算

根据埋入砌体中钢筋混凝土挑梁的受力特点和破坏形态,挑梁应进行抗倾覆验算、承载力计算和挑梁下砌体局部受压承载力验算。

1) 挑梁抗倾覆验算

砌体墙中钢筋混凝土挑梁可按式(10-16)进行抗倾覆验算:

$$M_{OV} \leqslant M_r \tag{10-16}$$

式中:M_{OV} 为挑梁的荷载设计值对计算倾覆点产生的倾覆力矩;M_r 为挑梁的抗倾覆力矩设计值。

挑梁计算倾覆点至墙外边缘的距离可按下列规定采用:

(1) 当 $l_1 \geqslant 2.2h_b$ 时,取 $x_0 = 0.3h_b$ 且 $x_0 \leqslant 0.13l_1$;   (10-17)

(2) 当 $l_1 < 2.2h_b$ 时,取 $x_0 = 0.3l_1$。   (10-18)

式中:l_1 为挑梁埋入砌体墙中的长度(mm);x_0 为计算倾覆点至墙外边缘的距离(mm);h_b 为挑梁的截面高度(mm)。

当挑梁下设有构造柱时,考虑到对抗倾覆的有利作用,计算倾覆点至墙外边缘的距离可取 $0.5x_0$。

试验表明,由于挑梁与砌体的共同作用,挑梁倾覆时将在其埋入端角部砌体形成阶梯形斜裂缝。斜裂缝以上的砌体及作用在上面的楼(屋)盖荷载均可起到抗倾覆作用。斜裂缝与竖轴夹角称为扩散角,可偏于安全地取 45°,如图 10-27 所示。

这样挑梁的抗倾覆力矩设计值可按式(10-19)计算:

$$M_r = 0.8G_r(l_2 - x_0) \tag{10-19}$$

式中:G_r 为挑梁的抗倾覆荷载,为挑梁尾端上部 45° 扩展角的阴影范围(其水平长度为 l_3)内本层的砌体与露面恒荷载标准值之和;l_2 为 G_r 作用点至墙外边缘的距离。

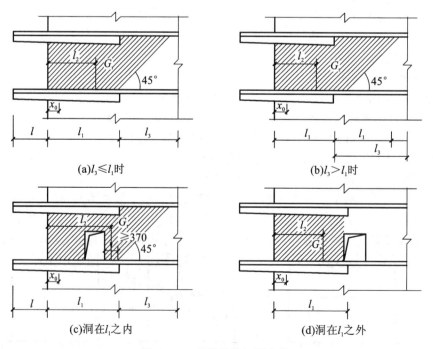

(a)$l_3 \leqslant l_1$时   (b)$l_3 > l_1$时

(c)洞在l_1之内   (d)洞在l_1之外

图 10-27 挑梁的抗倾覆荷载

2）挑梁下砌体局部受压承载力验算

挑梁下砌体局部受压承载力可按下式验算：

$$N_1 \leqslant \eta\gamma f A_1 \qquad (10\text{-}20)$$

式中：N_1 为挑梁下的支承压力，可取 $N_1=2R$，R 为挑梁的倾覆荷载设计值；η 为梁端底面压应力图形的完整系数，可取 0.7；γ 为砌体局部抗压强度提高系数，对矩形截面墙段（一字墙）取 $\gamma=1.25$，对 T 截面墙段（丁字墙）取 $\gamma=1.5$；A_1 为挑梁下砌体局部受压面积，可取 $A_1=1.2bh_b$，b 为挑梁的截面宽度，h_b 为挑梁的截面高度。

3）挑梁承载力计算

由于倾覆点不在墙边而在离墙边处，以及墙内挑梁上、下界面压应力作用，可以看出，挑梁承受的最大弯矩在接近处，最大剪力在墙边，故有：

$$M_{max}=M_{ov} \qquad (10\text{-}21)$$
$$V_{max}=V_0 \qquad (10\text{-}22)$$

式中：M_{max} 为挑梁最大弯矩设计值；V_{max} 为挑梁最大剪力设计值；V_0 为挑梁的荷载设计值在挑梁墙外边缘处截面产生的剪力。

挑梁受弯承载力和受剪承载力计算与一般钢筋混凝土梁相同。

3. 挑梁的构造要求

挑梁设计除应符合国家现行《混凝土结构设计规范》（GB 50010—2010）有关规定外，还应满足下列要求。

（1）纵向受力钢筋至少应有 1/2 的钢筋面积伸入梁尾端，且不少于 2Φ12。其余钢筋伸入支座的长度不应小于 $\frac{2}{3}l$。

（2）挑梁埋入砌体长度 l_1 与挑出长度 l 之比宜大于 1.2，当挑梁上无砌体时，l_1 与 l 之比宜大于 2。

四、雨棚

雨棚是建筑物入口处遮挡雨雪的构件，由雨棚板和雨棚梁组成，雨棚梁是雨棚的支承。雨棚可能发生的三种破坏情况是：①雨棚板的支承截面发生正截面受弯破坏；②雨棚梁受弯、剪、扭作用破坏；③雨棚发生整体倾覆。

1. 雨棚板的设计

雨棚板上的均布恒荷载有雨棚板自重、粉刷、贴面砖等，作用于板端的集中恒荷载如栏杆等，均应按实际情况计算。

雨棚板上的活荷载包括雪荷载、均布活荷载和施工或检修集中荷载。雨棚的均布活荷载不应与雪荷载同时考虑，可取二者中较大值进行设计。雨棚上的施工或检修集中荷载取 1 kN，当计算雨棚承载力时，沿板宽每隔 1 m 考虑一个集中荷载，验算雨棚倾覆时，沿板宽每隔 2.5～3 m 考虑一个集中荷载，若实际荷载超过以上情况时，应按实际情况验算，或临时加支承解决。施工集中荷载与均布活荷载不同时考虑。

雨棚受力图如图 10-28 所示。

雨棚板的挑出长度一般为 600～1000 mm，板端厚不小于

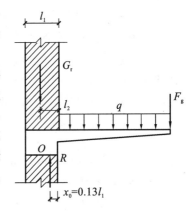

图 10-28　雨棚受力图

50 mm，根部厚不小于 70 mm。雨棚板按悬臂板计算，计算单元取 1 m 板宽，最大弯矩截面应取在雨棚梁的边缘，则：

① 第一种荷载组合：

$$M_1 = \frac{1}{2}(g+q)l_n^2 + F_g l_n \tag{10-23}$$

② 第二种荷载组合：

$$M_2 = \frac{1}{2}g l_n^2 + F_g l_n + 1.4 \times 1 \times l_n \tag{10-24}$$

式中：g、q 为雨棚板上的恒荷载、活荷载设计值；F_g 为作用于雨棚板端的集中恒荷载设计值；l_n 为雨棚板的净跨，从雨棚梁边到板端。

取 M_1、M_2 两者中较大者进行雨棚板根部截面的配筋设计。

2. 雨棚梁的设计

作用在雨棚梁上的荷载有：自重、粉刷、梁上砌体重、梁上楼面或屋面梁板传来的恒荷载和

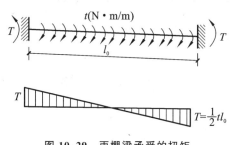

图 10-29　雨棚梁承受的扭矩

活荷载（按过梁规定确定）、雨棚板传来的荷载等。雨棚板可看成嵌固在雨棚梁边缘的悬臂板，在雨棚板荷载作用下，使雨棚梁产生弯曲和扭转，雨棚梁的内力有弯矩、剪力和扭矩，因此雨棚梁是一种弯、剪、扭复合受力构件。雨棚梁在扭矩下的转动受到两端砌体的约束作用，计算简图取为两端嵌固的单跨梁，如图 10-29 所示。设雨棚梁在恒荷载和活荷载组合下，沿梁纵轴单位长度上作用的扭矩为 t，其值为：

$$t = (g+q)l_n\left(\frac{l_n+b}{2}\right) + F_g\left(l_n + \frac{b}{2}\right) \tag{10-25a}$$

$$t = g l_n\left(\frac{l_n+b}{2}\right) + F_g\left(l_n + \frac{b}{2}\right) + 1.4\left(l_n + \frac{b}{2}\right) \tag{10-25b}$$

式中：b 为雨棚梁宽度。

式（10-25a）和式（10-25b）计算结果取较大值，梁中最大扭矩为：

$$T = \frac{1}{2}t l_0 \tag{10-26}$$

梁各截面的扭矩值从洞口边最大值向跨中按直线比例减小到跨中为 0，如图 10-29 所示。

3. 雨棚的整体倾覆验算

雨棚板上的荷载可能导致整个雨棚绕雨棚梁底的倾覆点转动而倾倒，雨棚板上的荷载设计值对倾覆点的力矩为倾覆力矩，而雨棚梁自重、梁上砌体重和梁上其他荷载的合力对倾覆点的抗倾覆力矩又有阻止雨棚倾覆的作用。雨棚抗倾覆验算时要求满足：

$$M_r \geqslant M_{ov} \tag{10-27}$$

$$M_r \geqslant 0.8 G_r (l_2 - x_0) \tag{10-28}$$

式中：M_r 为雨棚的抗倾覆力矩设计值；M_{ov} 为雨棚上的荷载设计值对倾覆点产生的倾覆力矩设计值；0.8 为综合性的荷载分项系数；G_r 为雨棚的抗倾覆荷载，包括雨棚梁自重、雨棚梁尾端上部 45° 扩散角范围内的砌体与楼（屋）盖恒荷载标准值之和；l_2 为 G_r 作用点至墙外边缘的距离；x_0 为计算倾覆点至墙外边缘的距离，可参考砌体结构中挑梁的确定方法。

雨棚倾覆时绕哪一点旋转，即倾覆点的位置以前一直被误认为就在墙外边缘处，其实倾覆

破坏时梁下砌体的变形已经超过了弹性范围,塑性变形有较大发展,所以倾覆点并不在墙体外边缘处,而是在距离外边缘内一段距离 x_0 处,试验实测也证明了这一点,如图 10-28 所示。

4. 雨棚的配置

雨棚板应按根部弯矩进行截面的配筋计算,纵向受力钢筋应布置在截面的上部,雨棚板受力钢筋在支承端应有足够的受拉锚固长度,否则易造成使用阶段钢筋的滑动。

雨棚梁为弯剪扭构件,在截面的四角必须设有纵向受力钢筋,并沿截面周边对称布置(见图10-30),纵向钢筋的配筋率不应小于受弯构件纵向受力钢筋的最小配筋率与受扭构件纵向受力钢筋的最小配筋率之和。箍筋必须是封闭式,当采用绑扎骨架时,箍筋的末端应做成不小于135°弯钩,弯钩端头平直段长度不应小于 $5d$(d 为箍筋直径)和 50 mm。箍筋间距应符合梁中箍筋最大间距的规定,箍筋的配筋率不应小于受扭构件箍筋的最小配箍率。

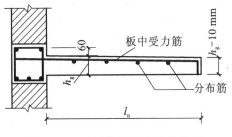

图 10-30 雨棚板和雨棚梁的配筋

(1)墙体是如何分类的?各有哪些类型?

(2)墙体在设计上有哪些要求?

(3)墙身防潮层有哪些形式?

(4)散水的作用是什么?

(5)常见的过梁有哪几种?

(6)墙身加固有哪几种措施?

(7)影响砌体抗压强度的主要因素有哪些?

(8)如何验算构件高厚比?

(9)砌体结构房屋静力计算方案有哪几种?

(10)某砖柱截面尺寸为 490 mm×490 mm,计算高度为 4.8m,采用等级为 MU10 的烧结普通砖强度、强度等级为 M5 的水泥砂浆砌筑,施工质量控制等级为 B 级,作用于柱顶的轴向力设计值为 190 kN,试验算该柱的受压承受力。

(11)某单层房屋层高为 4.5 m,砖柱截面尺寸为 490 mm×370 mm,采用强度等级为 M5.0 的混合砂浆砌筑,房屋的静力计算方案为刚性方案。若砖柱从室内地坪到基础顶面的距离为 500 mm,试验算此砖柱的高厚比。

(12)已知梁的截面尺寸为 200 mm×500 mm,梁端实际支撑长度 $a=240$ mm,荷载设计值产生的梁端支承反力 $N_l=59$ kN,墙体的上部荷载 $N_u=175$ kN,窗间墙截面尺寸为 1500 mm×240 mm,采用强度等级为 MU10 的烧结普通砖、强度等级为 M5 的混合砂浆砌筑,试验算该外墙上梁端砌体局部受压承力。

(13)窗间墙截面尺寸为 370 mm×1200 mm,砖墙用强度等级为 MU10 的烧结普通砖和强度等级为 M5 的混合砂浆砌筑。大梁受弯截面尺寸为 200 mm×500 mm,在墙上的搁置长度为

240 mm。大梁的支座反力为 150 kN,窗间墙范围内梁底截面处的上部荷载设计值为 300 kN,试对大梁端部下砌体的局部受压承载力进行验算。若不满足应该怎么办?

(14)绘制外墙身剖面图。

① 目的:通过本次练习,掌握墙体的细部结构特点。

② 作业条件:某城市砖混结构住宅,位于城市居住小区内,为单元式多层住宅,按两个单元,五层设计。屋面防水等级为三级,抗震设防烈度为 6 度,屋顶为上人屋顶,外排水,卷材防水屋面。室内外高差为 0.6 m,室内地面设计标高为±0.000 m,层高为 3 m。

③ 操作过程:沿外墙窗纵剖,绘制墙身剖面图;重点表示下列部位节点:明沟或散水、勒脚及其防潮处理、窗过梁与窗和窗台、楼地面和屋面构造层次、檐口和泛水构造。

④ 标准要求:绘制 1 张 3 号图纸,比例 1:10;图中线条、材料符号等,按建筑制图标准表示,字体工整、线条分明。

⑤ 注意事项:各节点可任选一个绘制,但必须标明材料做法和尺寸。

项目 11

钢结构

学习目标

知识目标

（1）掌握钢结构的材料、规格及性能。

（2）掌握钢结构常用的连接方法、特点及应用范围。

（3）了解对接焊缝和角焊缝的工作性能，掌握对接焊缝和角焊缝的计算方法。

（4）了解普通螺栓和高强度螺栓连接的工作性能、破坏形态，掌握普通螺栓和高强度螺栓连接的计算方法。

（5）掌握钢结构基本构件的计算方法。

（6）熟悉钢屋盖的组成和构造要求。

能力目标

（1）能合理选择钢材、焊材、螺栓。

（2）能进行焊缝和螺栓的设计和施工验算。

（3）能进行钢结构基本构件的设计和施工验算。

知识链接

图 11-1 所示的是典型的钢结构工业厂房。钢结构是用钢材制成的结构，通常由型钢和钢板等制成的拉杆、梁、柱等构件组成，各构件采用焊接或者螺栓连接，钢结构抗震性能好，自重轻，广泛应用于大跨度结构、单层工业厂房等领域。图 11-2 所示的是著名的国家体育场（鸟巢）。

图 11-1　单层工业厂房

图 11-2　国家体育场

任务 1 钢结构的材料与连接

一、钢结构材料

1. 钢材

1）钢材性能

钢材性能包括力学性能和工艺性能。其中，力学性能是钢材最重要的使用性能，包括拉伸性能、冲击性能等。工艺性能表示钢材在各种加工过程中的行为，包括弯曲性能和焊接性能等。

（1）单向拉伸的性能。

标准试件在室温、以满足静力加载的加载速度一次加载所得钢材的 σ-ε（应力-应变）曲线如图 11-3（a）所示，其显示的钢材机械性能分为如下五个阶段。

① 弹性阶段：$\sigma < fp$，σ 与 ε 呈线性关系，称该直线的斜率 E 为钢材的弹性模量。

② 弹塑性阶段：σ 与 ε 呈非线性关系。

③ 塑性阶段：也称屈服阶段，$\sigma = f_y$ 后钢材暂时不能承受更大的荷载，且伴随产生很大的变形，因此钢结构设计取 f_y 作为强度极限承载力的标志。

④ 强化阶段：试件能承受的最大拉应力 f_u 为钢材的抗拉强度。取 f_y 作为强度极限承载力的标志，f_u 就成为材料的强度储备。

⑤ 颈缩破坏阶段：试件达到抗拉强度 f_u 时，试件中部截面变细，形成颈缩现象。

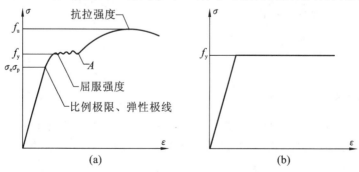

图 11-3　钢材单向拉伸应力应变曲线图及简化图

钢 结 构

反映建筑钢材拉伸性能的指标主要有屈服强度、抗拉强度和伸长率等。钢结构设计的准则是以构件最大应力达到屈服强度(屈服点)作为极限状态。抗拉强度与屈服强度之比(强屈比)是评价钢材使用可靠性的一个参数。强屈比愈大,钢材受力超过屈服点工作时的可靠性越大,安全性越高;但强屈比太大,钢材强度利用率偏低,浪费材料。

钢材在受力破坏前可以经受永久变形的性能,称为塑性。在钢材的力学性能指标中,钢材的塑性指标通常用伸长率表示。伸长率 δ 表示钢材的塑性性能,其中 $\delta = \dfrac{l - l_0}{l_0}$ (式中:l_0 为试件原长度;l 为拉断后的长度)。

(2)抗冲击韧性。

冲击性能是指钢材抵抗冲击荷载的能力。钢材的冲击韧性试验采用有 V 形缺口的标准试件,在冲击试验机上进行。试验机上摆动冲击荷载,使之断裂,试件断裂所吸收的功即为冲击韧性值,用 A_{kv} 表示,单位为 J。

(3)冷弯性能。

钢材的冷弯性能是通过试件 180° 弯曲试验来判断的一种综合性能。钢材按原有厚度经表面加工成板状,常温下弯曲 180°,若试件外表面不出现裂纹和分层,即为合格。冷弯性能综合反映了钢材的塑性性能和冶金质量。

(4)可焊性。

可焊性是指钢材对焊接工艺的适应能力,包括两方面要求:一是钢材焊接后具备良好焊接接头性能的能力(即不产生裂纹),二是焊缝影响区材性满足有关要求。

(5)化学成分。

钢材中除了主要化学成分铁(Fe)以外,还含有少量的碳(C)、硅(Si)、锰(Mn)、磷(P)、硫(S)、氧(O)、氮(N)、钛(Ti)、钒(V)等元素,这些元素虽然含量少,但对钢材性能有很大影响。

2)钢材牌号

至今为止,我国建筑钢结构采用的钢材仍以碳素结构钢和低合金结构钢为主,尚未形成像桥梁结构钢和锅炉用钢那样的专业钢标准,这是因为建筑钢结构对钢材的性能要求并不突出,通用标准一般能满足要求。

(1)碳素结构钢。

根据含碳量的多少分为低碳钢、中碳钢和高碳钢,建筑钢结构主要使用的钢材是低碳钢。

按照现行国家标准《碳素结构钢》(GB/T 700—2006)中的规定,钢号由代表屈服点的字母 Q、屈服强度数值(单位是 N/mm²)、质量等级符号(分为 A、B、C、D 四级,质量依次提高)、脱氧方法符号(沸腾钢、镇静钢和特殊镇静钢的代号分别为 F、Z 和 TZ,其中 Z 和 TZ 在钢号中省略不写)等四个部分按顺序组成。例如:Q235-BF,表示屈服强度为 235 N/mm² 的 B 级沸腾钢。钢材的质量等级中,A、B 级钢按脱氧方法可为沸腾钢或镇静钢,C 级为镇静钢,D 级为特殊镇静钢。

碳素结构钢按屈服强度大小,分为 Q195、Q215、Q235 和 Q275。其中,Q235 是《钢结构设计标准》(GB 50017—2017)推荐采用的钢种。

(2)低合金高强度结构钢。

低合金结构钢是在冶炼碳素结构钢时加入一种或几种适量的合金元素而成的钢。其钢材牌号的表示方法与碳素结构钢相似,由代表屈服强度的字母 Q、屈服强度数值、质量等级三个部分按顺序排列组成,但质量等级分为 A、B、C、D、E 五级,且无脱氧方法符号。例如:Q345-B,Q390-D,Q420-E。其中,A、B、C 级均为镇静钢,D、E 级为特殊镇静钢。

低合金结构钢的屈服强度共有 Q295、Q345、Q390、Q420、Q460 五种。其中,Q345、Q390、Q420 是《钢结构设计标准》(GB 50017—2017)推荐采用的钢种。

3)钢材的品种和规格

(1)钢板和钢带。

钢板和钢带的区别在于成品形状,钢板是平板状的钢材,而钢带是指成卷交货,宽度大于等于 600 mm 的钢板。

钢板按板厚划分为薄钢板(板厚≤4 mm)和厚钢板(板厚>4 mm),薄钢板一般采用冷轧法轧制。

热轧钢板是建筑钢结构应用最多的钢材之一,其表示方法为:一厚度×宽度×长度。例如:—10×750×2000 表示厚度为 10 mm,宽度 750 mm,长度为 1500 mm 的钢板。

(2)结构常用用型钢。

① 角钢 分为等边和不等边角钢两种。角钢标注符号是:L 边宽×厚度(等边角钢)或 L 长边宽×短边宽×厚度(不等边角钢),单位为 mm。例如,L100×8 和 L100×80×8。

② 槽钢 有热轧普通槽钢和轻型槽钢两种。其用槽钢符号(普通和轻型槽钢分别为 [和 Q[)和截面高度(单位为 cm)表示,当腹板厚度不同时,还要标注出腹板厚度类别符号 a、b、c。例如,[10、[20a、Q[20a。与普通槽钢截面高度相同的轻型槽钢的翼缘和腹板均较薄,截面面积小但回转半径大。

③ 工字钢 有普通工字钢和轻型工字钢两种。其标注方法与槽钢相同,但槽钢符号"["应改为"I"。例如,I18、I50a、QI50。

④ H 型钢 H 型钢比工字钢的翼缘宽度大并为等厚度,截面抵抗矩较大且质量较小,便于与其他构件连接。热轧 H 型钢分为宽、中、窄翼缘 H 型钢,它们的代号分别为 HW、HM 和 HN。H 型钢的截面尺寸表示为:H(截面高)×B(翼缘宽)×t_1(腹板厚)×t_2(翼缘厚),标注方法可近似为名义尺寸,用截面高×翼缘宽表示。

⑤ 钢管 钢结构中常用热轧无缝钢管和焊接钢管。其用"φ外径×壁厚"来表示,单位为 mm。例如,φ360×6。

⑥ 冷弯型钢和压型钢板 冷弯型钢是用厚度为 1.5～5 mm 的薄钢板在连续辊式冷弯机组上生产的冷加工型材,也称为冷弯薄壁型钢,如 Z 型钢、卷边槽钢、C 型钢等,常用于工程中的檩条等构件。也有用厚钢板冷弯成的方管、矩形管、圆管等,称为冷弯厚壁型钢。压型钢板是冷弯型钢的另一种形式,是用厚度 0.3～2 mm 的镀铝或镀锌钢板、彩色涂层钢板经冷轧而成的各类波形板。其主要用于钢结构工程中的围护构件。

2. 焊接材料

焊接是钢结构工程的主要连接方式之一,焊接方法也多种多样,但在钢结构制作和安装过程中,广泛使用的是电弧焊。在电弧焊中又以药皮焊条手工电弧焊、自动埋弧焊、半自动与自动 CO_2 气体保护焊和自保护电弧焊为主。

1)手工电弧焊药皮焊条

药皮焊条由药皮和焊芯两部分组成,药皮有碱性焊条和酸性焊条两种。其型号根据金属的力学性能、药皮类型、焊接位置和使用电流种类来划分。Q235 钢用 E43 型焊条(E4300～

E4316),Q345 钢用 E50 型焊条(E5000~E5018),Q390 和 Q420 钢用 E55 型焊条(E5500~
E5518)。

2)自动埋弧焊的焊丝和焊剂

埋弧焊所采用的焊丝和焊剂应与焊件钢材相匹配。对 Q235 钢常用 H08A 等焊丝,对 Q345
钢和 Q390 和 Q420 钢常用 H08MnA、H10Mn2 等焊丝。选择焊丝时,还需同时选用相应的焊
剂。焊剂有无锰型及高、中、低锰型焊剂。

3)CO_2 气体保护焊焊丝

国家标准《气体保护电弧焊用碳钢、低合金钢焊丝》(GB/T 8110—2008)中规定,焊丝型号
由三部分组成,第一部分 ER 表示焊丝,第二部分两位数字表示焊丝最低抗拉强度,第三部分为
短划后的字母或数字,用于表示焊丝化学成分代号。

3. 螺栓

紧固件是将两个或两个以上的零件(或构件)紧固连接成为一件整体时所采用的一类机械
零件的总称,主要包括螺栓、铆钉、射钉、自攻螺钉、焊钉等。螺栓作为钢结构的主要连接紧固
件,一般分为普通螺栓和高强度螺栓两种。

螺栓按照性能等级分为 3.6、4.6、4.8、5.6、5.8、6.8、8.8、9.8、10.9、12.9 等十个等级,其中
8.8 级以上螺栓材质为低碳合金钢和中碳钢并经过热处理,统称为高强度螺栓,8.8 级以下(不
含 8.8 级)统称为普通螺栓。

螺栓性能等级标号由两部分组成,分别表示螺栓的公称抗拉强度和材质的屈强比。例如,
性能等级 4.6 级的螺栓其含义为:螺栓材质的公称抗拉强度为 400 MPa 级;螺栓材质的屈强比
值为 0.6;螺栓材质的公称屈服强度为 $400×0.6=240$ MPa。

1)普通螺栓

普通螺栓按照形式分为六角头螺栓、双头螺栓、地脚螺栓等,按制作精度可分为 A、B、C 三
个等级。其中,A、B 级为精制螺栓,C 级为粗制螺栓。钢结构用连接螺栓,除特殊说明外一般为
六角头 C 级粗制螺栓,AB 级已经很少使用。螺栓与螺栓和垫圈配合使用。

螺栓的标记通常为 $Md×z$,其中 d 为螺栓规格(即直径),z 为螺栓的公称长度。

2)高强度螺栓

高强度螺栓完整的名称为高强度螺栓副,有一整套的含义,包括高强螺杆、配套螺母和垫
圈。高强度螺栓从外形上可分为大六角头高强度螺栓和扭剪型高强度螺栓两种,按性能等级可
分为 8.8 级、10.9 级。目前我国使用的大六角头高强度螺栓有 8.8 级和 10.9 级两种,扭剪型高
强度螺栓只有 10.9 级一种。

二、焊接

1. 焊接方法

焊接连接是现代钢结构最主要的连接方法。其优点是:构造简单,任何形式的构件都可直
接相连;用料经济,不削弱截面;制作加工方便,可实现自动化操作。其缺点是:在焊缝附近的热
影响区内,焊接残余应力和残余变形使受压构件承载力降低。主要焊接方法如下。

1)手工电弧焊

这是最常用的一种焊接方法,通电后,在涂有药皮的焊条和焊件间产生电弧(见图 11-4)。

电弧提供热源,使焊条中的焊丝熔化,滴落在焊件上被电弧所吹成的小凹槽熔池中。

手工电弧焊设备简单,操作灵活方便,适于任意空间位置的焊接,特别适于焊接短焊缝。但生产效率低,劳动强度大,焊接质量与焊工的技术水平和精神状态有很大的关系。

2)埋弧焊

埋弧焊是电弧在焊剂层下燃烧的一种电弧焊方法。焊丝送进和焊接方向的移动有专门机构控制的称埋弧自动电弧焊,如图 11-5 所示。由于采用了自动或半自动化操作,焊接时的工艺条件稳定,焊缝的化学成分均匀,故焊成的焊缝的质量好,焊件变形小。同时,高焊速也减小了热影响区的范围。但埋弧焊对焊件边缘的装配精度(如间隙)要求比手工焊高。

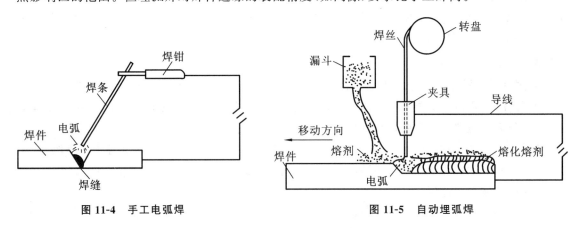

图 11-4　手工电弧焊　　　　　　　　　图 11-5　自动埋弧焊

3)气体保护焊

气体保护焊是利用二氧化碳气体或其他惰性气体作为保护介质的一种电弧熔焊方法。它直接依靠保护气体在电弧周围造成局部的保护层,以防止有害气体的侵入并保证了焊接过程的稳定性。其适用于全位置的焊接,但不适用于在风较大的地方施焊。

2. 焊缝形式

(1)焊缝形式按焊件的相对位置可分为平接、搭接、T 形连接和角部连接等四种(见图 11-6)。

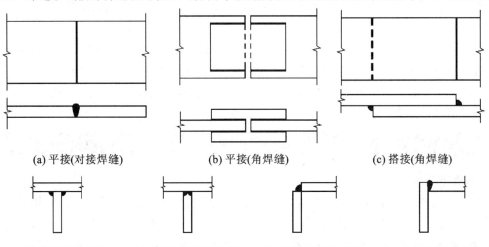

(a)平接(对接焊缝)　　　　(b)平接(角焊缝)　　　　(c)搭接(角焊缝)

(d)T形连接(角焊缝)　(e)T形连接(对接焊缝)　(f)角部连接(角焊缝)　(g)角部连接(对接焊缝)

图 11-6　焊缝形式

（2）焊缝形式按焊缝构造可以分为对接焊缝和角焊缝。

① 对接焊缝：在焊件的坡口面间或一个焊件的坡口面与另一焊件端（表）面间焊接的焊缝，称为对接焊缝。如图 11-6(a)所示为采用对接焊缝的平接，也称为坡口焊缝，因为在施焊时，焊件间应具有适合于焊条运转的空间，因此，一般将焊件边缘开坡口，焊缝就形成在两焊件的坡口面间或一个焊件的坡口与另一焊件的表面。常用的坡口形式有 V 形，I 形，U 形，X 形等形式。

② 角焊缝：为两焊件接合面构成直交或接近直交所焊接的焊缝，如图 11-6(b)、(c)、(d)、(f)所示。其中，直交的称为直角角焊缝，斜交的称为斜角角焊缝，前者受力性能好，广泛应用，角焊缝一词通常指这种焊缝。

（3）焊缝形式按施焊方位又可分为平焊、立焊、横焊、仰焊等。其中，平焊施焊最方便，质量易于保证；仰焊施焊条件最差，质量不易保证，设计时应尽量避免，如图 11-7 所示。

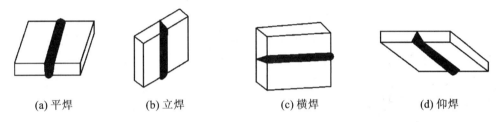

| (a) 平焊 | (b) 立焊 | (c) 横焊 | (d) 仰焊 |

图 11-7　焊缝的施焊方位

3. 焊缝符号与标注

在图样上标注焊接方法、焊缝形式和焊缝尺寸的符号称为焊缝符号。根据《焊缝符号表示法》(GB/T 324—2008)的规定，焊缝符号一般由基本符号与指引线组成，必要时还可以加上辅助符号、补充符号和焊缝尺寸符号。

1）基本符号

焊缝的基本符号是表示焊缝横截面形状的符号，见表 11-1。

表 11-1　焊缝基本符号示意图例

序号	名称	示意图	符号	序号	名称	示意图	符号
1	角焊缝		◿	6	带钝边 V 形焊缝		Y
2	点焊缝		○	7	塞焊缝		⊓
3	I 形焊缝		‖	8	缝焊缝		⊖
4	V 形焊缝		∨	9	封底焊缝		⌣
5	单边 V 形焊缝		∨				

2）焊缝的指引线

焊缝的指引线由一条实线、一条虚线的基准线和箭头所组成,其线型均为细线,如图11-8所示。具体注意事项如下。

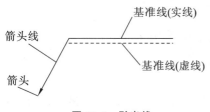

图 11-8 引出线

（1）基准线的虚线可以画在基准实线的上侧或下侧。

（2）如果焊缝在箭头侧,则将基本符号标在基准线的细实线侧;如果焊缝在接头的非箭头侧（即不可见焊缝）,则将基本符号标在基准线的虚线侧,见图11-8。对称焊缝及双面焊缝时,可省略虚线基准线。

（3）相同焊缝符号:在同一图形上,当焊缝的形式、剖面尺寸和辅助要求均相同时,只选择一处标注符号,并应加注"相同焊缝符号",但必须画在钝角处。

（4）施工现场焊缝标注:需在施工现场进行焊接的焊件焊缝,有施工现场焊缝标注符号。现场焊缝符号为涂黑的三角形旗号,绘在引出线的转折处。

3）尺寸及标注

焊缝常用的尺寸符号见表11-2。

表 11-2　焊缝常用尺寸符号

符号	名称	示意图	符号	名称	示意图
α	坡口角度		d	塞焊直径	
β	坡口面角度		n	焊缝段数	
c s	焊缝宽度 焊缝厚度		l	焊缝长度	
p	钝边		e	焊缝间距	
H	坡口深度		N	相同焊缝数量	
k	焊脚尺寸				

4. 焊缝缺陷与质量等级

1）焊缝缺陷

《金属熔化焊接头缺欠分类及说明》(GB/T 6417.1—2005)将金属熔化焊焊缝缺陷分为六大类：裂纹、孔穴、固体夹杂、未熔合和未焊透、形状缺陷(如咬边、焊瘤、烧穿和下榻、错边和角变形、焊缝尺寸不合要求)和其他缺陷(如打磨过量等)。图 11-9 所示为常见的缺陷示意图。

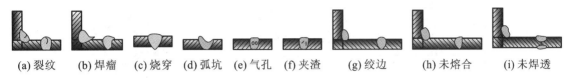

(a) 裂纹　(b) 焊瘤　(c) 烧穿　(d) 弧坑　(e) 气孔　(f) 夹渣　(g) 绞边　(h) 未熔合　(i) 未焊透

图 11-9　焊接缺陷示意图

2）焊缝质量检验

焊缝缺陷的存在将削弱焊缝的受力面积，在缺陷处会引起应力集中，故对连接的强度、冲击韧性及冷弯性能等均有不利影响。因此，焊缝质量检验极为重要。

《钢结构工程施工质量验收规范》(GB 50205—2001)规定焊缝按其检验方法和质量要求分为一级、二级和三级。三级焊缝只要求对全部焊缝进行外观检查且符合三级质量标准即可；设计要求全焊透的一级、二级焊缝除外观检查外，还要求用超声波探伤进行内部缺陷的检验，超声波探伤不能对缺陷作出判断时，应采用射线探伤检验，并应符合国家相应质量标准的要求。

3）焊缝质量等级的规定

《钢结构设计标准》(GB 50017—2017)中规定，焊缝应根据结构的重要性、荷载特性、焊缝形式、工作环境以及应力状态等情况，按下述原则分别选用不同的质量等级。

（1）在需要进行疲劳计算的构件中，凡对接焊缝均应焊透，其质量等级为：①作用力垂直于焊缝长度方向的横向对接焊缝或 T 形对接与角部连接组合焊缝，受拉时应为一级，受压时应为二级；②作用力平行于焊缝长度方向的纵向对接焊缝应为二级。

（2）不需要进行疲劳计算的构件中，凡要求与母材等强的对接焊缝应予焊透，其质量等级当受拉时应不低于二级，受压时宜为二级。

（3）重级工作制和起重量 $Q \geqslant 50$ t 的中级工作制吊车梁的腹板与上翼缘之间以及吊车桁架上弦杆与节点板之间的 T 形接头焊缝均要求焊透。焊缝形式一般为对接与角部连接的组合焊缝，其质量等级不应低于二级。

（4）不要求焊透的 T 形接头采用的角焊缝或部分焊透的对接与角部连接组合焊缝，以及搭接连接采用的角焊缝，其质量等级为：①对直接承受动力荷载且需要进行疲劳计算的结构和吊车起重量等于或大于 50 t 的中级工作制吊车梁，焊缝的外观质量标准应符合二级；②对其他结构，焊缝的外观质量标准可为三级。

5. 对接焊缝的构造与计算

1）对接焊缝的构造要求

对接焊缝的坡口形式有直线形(不切坡口)、半 V 形(单边 V 形)、全 V 形、双 V 形(X 形)、U 形、K 形等，如图 11-10 所示。其中，图 11-10(a)、(b)、(c)、(e)均可考虑在下面加垫板，如图 11-10(g)所示。坡口形式和尺寸(如间隙 b、钝边 p 和坡口角等)的选择没有一成不变的模式，应根据板厚、施工条件(如设备条件、采用手工焊或自动焊、焊件是否能翻身、选用的焊接参数等)的具体情况而定，主要目的是既要保证焊透，又要尽量减少焊缝金属和使施工方便。

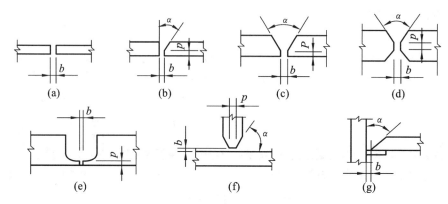

图 11-10　对接焊缝的坡口形式

当焊件厚度很小(手工焊 6 mm,埋弧焊 10 mm)时,可用直边缝。对于一般厚度的焊件可采用具有斜坡口的单边 V 形焊缝或 V 形焊缝。斜坡口和根部间隙 b 共同组成一个焊条能够运转的施焊空间,使焊缝易于焊透;钝边 p 有托住熔化金属的作用。对于较厚的焊件($t>20$ mm),则采用 U 形、K 形和 X 形坡口。对于 V 形缝和 U 形缝需对焊缝根部进行补焊。

在对接焊缝的拼接处,当板宽或板厚不同时,为使截面平缓过渡以减小应力集中,应将板宽或板厚切成斜面,且坡口形式应根据较薄焊件的厚度确定。《钢结构设计标准》(GB 50017—2017)中规定:当焊件的宽度不同或厚度在一侧相差 4 mm 以上时,应分别在宽度或厚度方向从一侧或两侧做成坡度不大于 1∶2.5 的斜角,但对直接承受动力荷载且需进行疲劳计算的结构,图中的斜角坡度不应大于 1∶4。

在焊缝的起灭弧处,常会出现弧坑等缺陷,这些缺陷对承载力影响极大,故凡要求等强的对接焊缝施焊时应设置引弧板和引出板(常常简述为引弧板),焊后将其割除,如图 11-12 所示。当无法采用引弧(出)板施焊时,允许不设置引弧(出)板,此时可令焊缝计算长度等于实际长度减 $2t$(此处 t 为较薄焊件的厚度)。

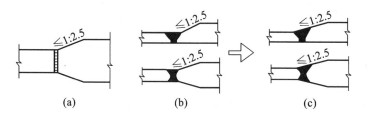

图 11-11　变截面钢板拼接

图 11-12　焊接施焊的引弧板和引出板

2)对接焊缝的计算

(1)对接焊缝受轴心力作用。

$$\sigma=\frac{N}{l_w t}\leqslant f_t^w \quad 或 \quad f_c^w \tag{11-1}$$

式中:N 为轴心拉力或压力;l_w 为焊缝的计算长度(施焊时,焊缝两端设置引弧板和引出板时,等于焊缝的实际长度;无引弧板和引出板时,每条焊缝的计算长度等于实际长度减去 $2t$);t 为在对接接头中连接件的较小厚度,在 T 形接头中为腹板厚度;f_t^w、f_c^w 为对接焊缝的抗拉、抗压强度设计值。

对图 11-13(a)所示的受拉对接焊缝,当采用一、二级质量时,焊缝截面的抗拉、抗压和抗剪

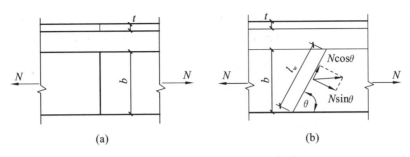

图 11-13 轴心力作用时的对接焊缝

的强度设计值同于母材,只要连接板能承受拉力 N,则焊缝不必计算;当采用三级焊缝质量时,抗拉、抗剪强度设计值不变,抗拉强度设计值降低 15%,因此需要按式(11-1)计算,如果用直缝不能满足抗拉强度要求时,可采用如图 11-13(b)所示的斜对接焊缝。

$$\sigma = \frac{N\sin\theta}{l_w t} = \frac{N\sin^2\theta}{bt} \leqslant f_t^w \qquad (11-2)$$

计算表明,焊缝与作用力 N 的夹角满足 $\tan\theta \leqslant 1.5$ 时,斜焊缝长度的增加能抵消抗拉强度的不足,可不再进行验算。

(2)弯矩和剪力共同作用时的计算。

如图 11-14(a)所示,矩形截面的对接焊缝应验算:边缘纤维的最大正应力,见式(11-3),以及中和轴处的最大剪应力,见式(11-4)。如图 11-14(b)所示的工字钢截面,除了要满足最大正应力和最大剪应力要求外,还应按式(11-5)验算腹板与翼缘连接处的折算应力。

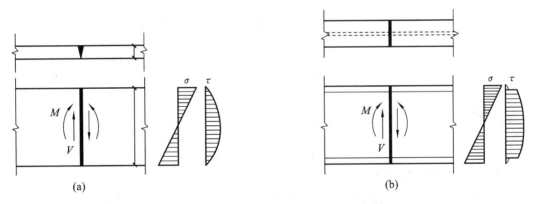

图 11-14 弯矩和剪力共同作用时的对接焊缝

$$\sigma_{max} = \frac{M}{W_w} \leqslant f_t^w \qquad (11-3)$$

$$\tau_{max} = \frac{VS_w}{I_w t_w} \leqslant f_v^w \qquad (11-4)$$

$$\sigma_{eq} = \sqrt{\sigma_1^2 + 3\tau_1^2} \leqslant 1.1 f_t^w \qquad (11-5)$$

式中:W_w 为焊缝截面模量(矩形截面);S_w 为焊缝截面在计算剪应力处以上部分对中和轴的面积矩;I_w 为焊缝截面惯性矩;f_v^w 为对接焊缝的抗剪强度设计值;σ_1 为腹板对接焊缝 1 处的正应力,$\sigma_1 = \frac{M}{I_w} \cdot \frac{h_0}{2}$;$\tau_1$ 为腹板对接焊缝 1 处的剪应力,$\tau_1 = \frac{VS_{w1}}{I_w t_w}$;$S_{w1}$ 为受拉翼缘对中和轴的面积矩;t_w 为腹板厚度;1.1 为考虑最大折算应力只在焊缝的局部产生,因而将焊缝强度设计值提高的系数。

例 11-1 验算如图 11-13 所示的钢板对接焊缝，钢板截面 500 mm×10 mm，轴向拉力 $N=1000$ kN，钢材为 Q235A·F，焊条 E43 型，焊缝为三级质量，施工中未采用引弧板。

解 ① 验算钢板的承载能力。

$$A \times f = 500 \times 10 \times 215 = 1075 \text{ kN} > N = 1000 \text{ kN}$$

② 验算直缝。

$$\sigma = \frac{1\,000 \times 10^3}{(500 - 2 \times 10) \times 10} = 208.3 \text{ N/mm}^2 > f_t^w = 185 \text{ N/mm}^2$$

故直缝不能满足。

③ 改为斜缝，令 $\tan\theta = 1.5$ $\sin^2\theta = 9/13$。

$$\sigma = 208.3 \times \frac{9}{13} = 144.2 \text{ N/mm}^2 < f_t^w$$

故满足要求。

例 11-2 如图 11-15 所示，验算工字形牛腿与柱的对接焊缝，$N=270$ kN（设计值），偏心距 $e=300$ mm，钢材为 Q235，E43 型焊条，手工焊焊缝质量三级，无引弧板。

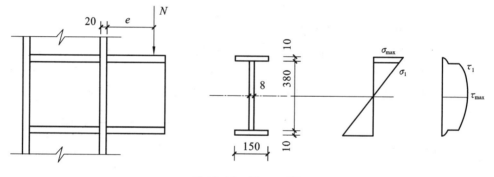

图 11-15　例 11-2 图

解 ① 焊缝受力。

$$M = Ne = 270 \times 300 = 8100 \text{ kN·cm}$$
$$V = N = 270 \text{ kN}$$

② 截面几何特征（计算过程略）。

$$I_w = 13\,544.6 \text{ cm}^4, W_w = 677.2 \text{ cm}^3, S_w = 397.5 \text{ cm}^3, S_{w1} = 253.5 \text{ cm}^3$$

③ 强度验算，分别带入式(11-3)，(11-4)，(11-5)中。

$$\sigma_{max} = 119.6 \text{ N/mm}^2 < f_t^w = 185 \text{ N/mm}^2$$
$$\tau_{max} = 99 \text{ N/mm}^2 < f_v^w = 185 \text{ N/mm}^2$$
$$\sigma_1 = 113.6 \text{ N/mm}^2$$
$$\tau_1 = 63.2 \text{ N/mm}^2$$
$$\sigma_{eq} = 157.8 \text{ N/mm}^2 < 1.1 f_t^w = 203.5 \text{ N/mm}^2$$

6. 角焊缝的构造和计算

1）角焊缝的形式

角焊缝按外力作用方向可分为平行于外力作用方向的侧面角焊缝（亦称侧焊缝）、垂直于外力作用方向的正面角焊缝（亦称端焊缝）以及与外力作用方向斜交的斜向角焊缝，以及由它们组合而成的围焊缝,如图 11-16 所示。

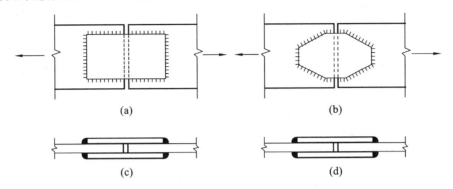

图 11-16 侧面、正面与斜向角焊缝

2）角焊缝的构造

（1）最小焊脚尺寸:如果板件厚度较大而焊缝过小,则施焊时焊缝冷却速度过快而产生淬硬组织,易使焊缝附近的主体金属产生裂纹。这种现象在低合金高强度钢中尤为严重。据此并参考国内外资料,规定 $h_{fmin}=1.5\sqrt{t_{max}}$，$t_{max}$ 为较厚的焊件厚度（mm）。

（2）最大焊脚尺寸:角焊缝的焊脚尺寸 h_f 不能过大,否则易发生损伤构件的过烧现象和咬边现象,且易产生较大的焊接残余应力和焊接变形。因此规定 $h_{fmax}=1.2t_{min}$。

t_{min} 为较薄的焊件厚度（mm）,对于焊件边缘的角焊缝,施焊时难以焊满整个厚度,故应符合以下要求:① $t_{min}\leqslant6$ mm 时,$h_{fmax}=t_{min}$;② $t_{min}>6$ mm 时,$h_{fmax}=t_{min}-(1\sim2)$ mm。

（3）角焊缝的两焊脚尺寸一般相等。

（4）最小计算长度:侧面角焊缝和正面角焊缝的计算长度不得小于 $8h_f$ 和 40 mm。

（5）最小计算长度:侧面角焊缝的计算长度不宜大于 $60h_f$ 或 $40h_f$;当大于上述数值时,其超过部分在计算中不予考虑。

（6）在次要构件或次要焊接连接时,可采用断续角焊缝。

（7）板件端部仅有两侧角焊缝连接时,每条侧焊缝长度不宜小于两侧面角焊缝之间的距离;同时两侧面角焊缝之间的距离不宜大于 $16t$ 或 190 mm,t 为较薄焊件的厚度。

（8）当角焊缝的端部在构件转角处作长度为 $2h_f$ 的绕角焊时,转角处须连续施焊,以避免在应力集中较大处因起、灭弧而出现缺陷,如图 11-17 所示。

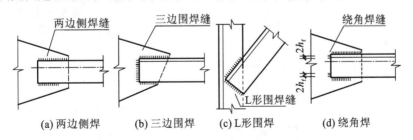

(a)两边侧焊　(b)三边围焊　(c)L形围焊　(d)绕角焊

图 11-17 杆件与节点板的焊缝连接

（9）在搭接连接中,搭接长度不得小于焊件较小厚度的 5 倍,并不得小于 25 mm。

3）角焊缝的计算

当角焊缝的两焊脚边夹角为 90°时,称为直角角焊缝,即一般所指的角焊缝。角焊缝的受力状态是很复杂的。图 11-18 所示为直角角焊缝的截面,$0.7h_f$ 为直角角焊缝的有效厚度 h_e（喉部

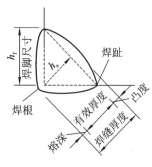

图 11-18 直角角焊缝

尺寸)。试验表明,直角角焊缝的破坏常发生在喉部,故通常认为直角角焊缝是以 45°方向的最小截面(即有效厚度,也称计算厚度与焊缝计算长度的乘积)作为有效计算截面。

任何受力情况的角焊缝,均可求得作用于有效截面上的三种应力(见图 11-19):垂直于有效截面的正应力 $\sigma_\perp$、垂直于焊缝长度方向的剪应力 $\tau_\perp$,以及沿焊缝长度方向的剪应力 $\tau_\parallel$。

角焊缝的基本计算公式为:

$$\sqrt{\left(\frac{\sigma_f}{\tau_f}\right)^2 + \tau_f^2} \leqslant f_f^w \tag{11-6}$$

式中:σ_f 为按焊缝有效截面($h_e l_w$)计算,垂直于焊缝长度方向的应力;τ_f 为按焊缝有效截面计算,沿焊缝长度方向的剪应力;l_w 为角焊缝的计算厚度,对每条焊缝取实际长度减去 $2h_f$,当然应满足构造要求;β_f 为正面角焊缝的强度增大系数,对承受静力荷载和间接承受动力荷载的结构取 $\beta_f = 1.22$,对直接承受动力荷载的结构取 $\beta_f = 1.10$。

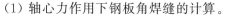

图 11-19 角焊缝有效截面上的应力

(1)轴心力作用下钢板角焊缝的计算。

轴心力与焊缝相垂直——正面角焊缝,$\tau_f = 0$。

$$\sigma_f = \frac{N}{h_e l_w} \leqslant \beta_f f_f^w \tag{11-7}$$

轴心力与焊缝相平行——侧面角焊缝,$\sigma_f = 0$。

$$\tau_f = \frac{N}{h_e l_w} \leqslant f_f^w \tag{11-8}$$

(2)承受轴心力的角钢角焊缝计算。

当角钢用角焊缝连接时,虽然轴心力通过截面形心,由于截面形心到角钢肢背和肢尖的距离不等,肢背焊缝和肢尖焊缝的受力是不相等的。肢背处受力大而肢尖处受力小,可用内力分配系数量化,见表 11-3。常用的连接方式有两面侧焊、三面围焊或 L 形围焊,如图 11-20 所示。

表 11-3 角钢肢背肢尖内力分配系数表

连接类型	连接形式	内力分配系数	
		肢背 k_1	肢尖 k_2
等肢角钢		0.7	0.3
不等肢角钢短肢连接		0.75	0.25
不等肢角钢长肢连接		0.65	0.35

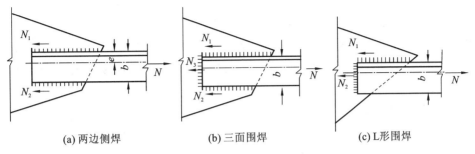

(a) 两边侧焊　　　　　　(b) 三面围焊　　　　　　(c) L形围焊

图 11-20　角钢角焊缝方式

① 对于两面侧焊,如图 11-20(a)所示,因 $N_3 = 0$,得:

$$N_1 = K_1 N \tag{11-9}$$

$$N_2 = K_2 N \tag{11-10}$$

求得各条焊缝所受的内力后,按构造要求(角焊缝的尺寸限制)假定肢背和肢尖焊缝的焊脚尺寸,即可求出焊缝的计算长度。例如,对双角钢截面有:

$$l_{w1} = \frac{N_1}{2 \times 0.7 h_{f1} f_f^w} \tag{11-11}$$

$$l_{w2} = \frac{N_1}{2 \times 0.7 h_{f2} f_f^w} \tag{11-12}$$

式中:h_{f1}、l_{w1} 为角钢肢背上的侧面角焊缝的焊脚尺寸及计算长度;h_{f2}、l_{w2} 为角钢肢尖上的侧面角焊缝的焊脚尺寸及计算长度。

考虑到每条焊缝两端的起灭弧缺陷,实际焊缝长度应为计算长度加 $2h_f$。对于采用绕角焊的侧面角焊缝实际长度等于计算长度,绕角焊缝长度 $2h_f$ 不进入计算。

② 对于三面围焊,如图 11-20(b)所示,可先假定正面角焊缝的焊脚尺寸 h_{f3},求出正面角焊缝所分担的轴心力 N_3。当腹杆为双角钢组成的 T 形截面,且肢宽为 b 时,有:

$$N_3 = 2 \times 0.7 h_{f3} b \beta_f f_f^w \tag{11-13}$$

由平衡条件($\sum M = 0$)可得:

$$N_1 = \frac{N(b-e)}{b} - \frac{N_3}{2} = K_1 N - \frac{N_3}{2} \tag{11-14}$$

$$N_2 = \frac{Ne}{b} - \frac{N_3}{2} = K_2 N - \frac{N_3}{2} \tag{11-15}$$

式中:N_1、N_2 为角钢肢背和肢尖的侧面角焊缝所承担的轴力;e 为角钢的形心距;$K_1 K_2$ 为角钢肢背和肢尖焊缝的内力分配系数,按表查用。

但对于三面围焊,由于在杆件端部转角处必须连续施焊,每条侧面角焊缝只有一端可能起灭弧,故焊缝实际长度为计算长度加 h_f。

③ 当杆件受力很小时,可采用 L 形围焊,如图 11-20(c)所示。由于只有正面角焊缝和角钢肢背上的侧面角焊缝,令式(11-15)中的 $N_2 = 0$,得:

$$N_3 = 2 K_2 N$$

$$N_1 = N - N_3$$

角钢肢背上的角焊缝计算长度可按式(11-11)计算,角钢端部的正面角焊缝的长度已知,可按下式计算其焊脚尺寸:

$$h_{f3} = \frac{N_3}{2 \times 0.7\beta_f l_{w3} f_f^w}$$

例 11-3 试设计角钢与连接板的角焊缝。轴心力设计值 $N = 800$ kN，静力荷载，已知角钢 $2L125 \times 80 \times 10$，与厚度为 12 mm 的节点板连接，长肢相连，钢材为 Q235-B，手工焊，焊条为 E43 型。

解 取 $h_f = 8$ mm $< h_{fmax} = t - (1 \sim 2)$ mm $= 8 \sim 9$ mm（角钢肢尖）

$< h_{fmax} = 1.2t_{min} = 1.2 \times 10 = 12$ mm（角钢肢背）

$> h_{fmin} = 1.5\sqrt{t_{max}} = 1.5\sqrt{12} = 5.2$ mm

采用三面围焊，正面角焊缝能承受的能力 N_3 为：

$$N_3 = 2 \times 0.7h_{f3}b\beta_f f_f^w = 2 \times 0.7 \times 8 \times 125 \times 1.22 \times 160 = 273 \text{ kN}$$

肢背、肢尖焊缝承担的内力按式(11-14)和式(11-15)计算得：

$$N_1 = 383.5 \text{ kN}, \quad N_2 = 143.5 \text{ kN}$$

肢背、肢尖需要的焊缝实际长度为：

$$l_{w1} = \frac{N_1}{2 \times 0.7h_{f1}f_f^w} + h_f = 222 \text{ mm}，取 225 \text{ mm}$$

$$l_{w2} = \frac{N_1}{2 \times 0.7h_{f2}f_f^w} + h_f = 88 \text{ mm}，取 90 \text{ mm}$$

三、普通螺栓连接

1. 螺栓的排列和构造

1）螺栓的排列

螺栓在构件上排列应简单、统一、整齐而紧凑，通常分为并列和错列两种形式，如图 11-21 所示。并列比较简单整齐，所用连接板尺寸小，但由于螺栓孔的存在，对构件截面削弱较大。错列可以减小螺栓孔对截面的削弱，但螺栓孔排列不如并列紧凑，连接板尺寸较大。

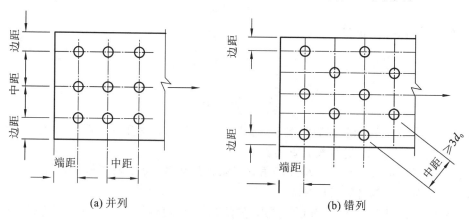

(a) 并列　　　　　　　　　(b) 错列

图 11-21　钢板上的螺栓（铆钉）排列

2）螺栓在构件上的排列应满足受力、构造和施工要求

（1）受力要求：在受力方向，螺栓的端距过小时，钢材有剪断或撕裂的可能。各排螺栓距和线距太小时，构件有沿折线或直线破坏的可能。对受压构件，当沿力的作用方向螺栓距过大时，被连板之间易发生鼓曲和张口现象。

（2）构造要求：螺栓的中矩及边距不宜过大，否则钢板间不能紧密贴合，潮气侵入缝隙使钢材锈蚀。

（3）施工要求：要保证一定的空间，便于转动螺栓扳手拧紧螺帽。

根据上述要求，规定了螺栓（或铆钉）的最大、最小容许距离，见表 11-4。

表 11-4　螺栓或铆钉的最大、小最容许距离

名称	位置和方向			最大容许距离（取二者的较小值）	最小容许距离
中心间距	外排（垂直内力方向或顺内力方向）			$8d_0$ 或 $12t$	$3d_0$
	中间排	垂直内力方向		$16d_0$ 或 $24t$	
		顺内力方向	构件受压力	$12d_0$ 或 $18t$	
			构件受拉力	$16d_0$ 或 $24t$	
	沿对角线方向			—	
中心至构件边缘距离	垂直内力方向	顺内力方向			$2d_0$
		剪切边或手工气割边		$4d_0$ 或 $8t$	$1.5d_0$
		轧制边、自动气割或锯割边	高强度螺栓		
			其他螺栓或铆钉		$1.2d_0$

注：① d_0 为螺栓或铆钉的孔径，t 为外层较薄板件的厚度；② 钢板边缘与刚性构件（如角钢、槽钢等）相连的螺栓或铆钉的最大间距，可按中间排的数值采用。

3）螺栓的其他构造要求

螺栓连接除了满足上述螺栓排列的容许距离外，根据不同情况还应满足下列构造要求。

（1）为了使连接可靠，每一杆件在节点上以及拼接接头的一端，永久性螺栓数不宜少于两个。

（2）对直接承受动力荷载的普通螺栓连接应采用双螺帽或其他防止螺帽松动的有效措施。例如，采用弹簧垫圈，或将螺帽或螺杆焊死等方法。

（3）由于 C 级螺栓与孔壁有较大间隙，只宜用于沿其杆轴方向受拉的连接。承受静力荷载结构的次要连接、可拆卸结构的连接和临时固定构件用的安装连接中，也可用 C 级螺栓承受剪力。但在重要的连接中，如制动梁或吊车梁上翼缘与柱的连接，由于传递制动梁的水平支承反力，同时受到反复动力荷载作用，不得采用 C 级螺栓。柱间支撑与柱的连接，以及在柱间支撑处吊车梁下翼缘的连接，因承受着反复的水平制动力和卡轨力，应优先采用高强度螺栓。

（4）沿杆轴方向受拉的螺栓连接中的端板（如法兰板），应适当加强其刚度（如加设加劲肋），以减少撬力对螺栓抗拉承载力的不利影响。

2. 普通螺栓的连接和计算

普通螺栓连接按受力情况可分为三类：螺栓只承受剪力、螺栓只承受拉力、螺栓承受拉力和剪力的共同作用。当外力垂直于螺杆时，该螺栓为剪力螺栓；当外力平行于螺杆时，该螺栓为拉力螺栓。下面先介绍螺栓受剪时的工作性能和计算方法。

1）受剪连接的工作性能

抗剪连接是最常见的螺栓连接。受剪螺栓连接破坏时可能出现以下五种破坏形式：① 螺杆

剪断;② 孔壁挤压(或称承压)破坏;③ 钢板被拉断;④ 钢板端部或孔与孔间的钢板被剪坏;⑤ 螺栓杆弯曲破坏。

这五种破坏形式,无论哪一种先出现,整个连接就破坏了。所以设计时应控制不出现任何一种破坏形式。通常对前面三种可能出现的破坏情况,通过计算来防止,而后两种情况则用构造限制加以保证。对孔与孔间或孔与板端的钢板剪坏,是通过限制孔与孔间或孔与板端的最小距离来防止。对于螺栓杆弯曲损坏则用限制桥叠厚度不超过 $l \leqslant 5d$(d 为螺栓直径)来防止。

所以,螺栓连接的计算固然重要,构造要求和螺栓排列也同样重要。都是防止螺栓连接出现各种破坏的不可缺少的组成部分。

2)受剪螺栓计算

(1)单个螺栓的承载力设计值。

普通螺栓的受剪承载力主要由栓杆受剪和孔壁承压两种破坏模式控制,因此应分别计算,取其较小值进行设计。计算时作如下假定:①栓杆受剪计算时,假定螺栓受剪面上的剪应力是均匀分布的;②孔壁承压计算时,假定挤压力沿栓杆直径平面(实际上是相应于栓杆直径平面的孔壁部分)均匀分布。每个螺栓的受剪和承压承载力设计值如下:

受剪承载力设计值:

$$N_v^b = n_v \frac{\pi d^2}{4} f_v^b \tag{11-16}$$

承压承载力设计值:

$$N_c^b = d \sum t \cdot f_c^b \tag{11-17}$$

式中:n_v 为受剪面数目,单剪 $n_v = 1$,双剪 $n_v = 2$,四剪 $n_v = 4$;d 为螺栓杆直径;$\sum t$ 为在不同受力方向中一个受力方向承压构件总厚度的较小值;f_v^b、f_c^b 为螺栓的抗剪和承压强度设计值。

一个抗剪螺栓的承载力设计值应该取 N_v^b 和 N_c^b 的较小值 N_{min}^b。

(2)普通螺栓群受轴心力作用数目计算。

试验证明,螺栓群的受剪连接承受轴心力时,与侧焊缝的受力相似,在长度方向各螺栓受力是不均匀的(见图 11-22),两端受力大,中间受力小。当连接长度 $l_1 \leqslant 15d_0$(d_0 为螺孔直径)时,由于连接工作进入弹塑性阶段后,内力发生重分布,螺栓群中各螺栓受力逐渐接近,故可认为轴心力 N 由每个螺栓平均分担,即螺栓数 n 为:

$$n = \frac{N}{N_{min}^b} \tag{11-18}$$

式中:N_{min}^b 为一个螺栓受剪承载力设计值与承压承载力设计值的较小值。

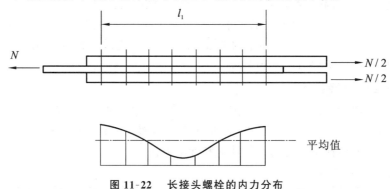

图 11-22　长接头螺栓的内力分布

当 $l_1 > 15d_0$ 时,连接进入弹塑性阶段后,各螺杆所受内力仍不易均匀,端部螺栓首先达到极限强度而破坏,随后由外向里依次破坏。

《钢结构设计标准》(GB 50017—2017)中规定,当 $l_1 > 15d_0$ 时,应将承载力设计值乘以折减系数:

$$\eta = 1.1 - \frac{l_1}{150d_0} \geqslant 0.7 \qquad (11\text{-}19)$$

则对长连接,所需抗剪螺栓数为:

$$n = \frac{N}{\eta N_{\min}^{b}} \qquad (11\text{-}20)$$

(3) 验算净截面强度。

$$\sigma = \frac{N}{A_n} \leqslant f \qquad (11\text{-}21)$$

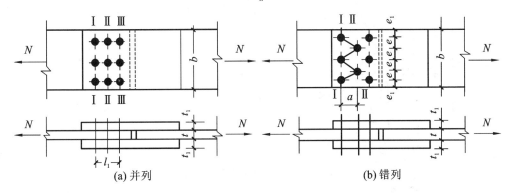

(a) 并列   (b) 错列

图 11-23 螺栓排列

螺栓并列排列时,如图 11-23(a) 所示,有:

构件截面 Ⅰ:

$$A_n = A - n_1 d_0 t = (b - n_1 d_0)t \qquad (11\text{-}22)$$

盖板截面 Ⅲ:

$$A_n = 2(b - n_3 d_0)t_1 \qquad (11\text{-}23)$$

螺栓错列排列时,如图 11-23(b) 所示,锯齿净面积为:

$$A_n = \left[2e_1 + (n_2 - 1)\sqrt{a^2 + e^2} - n_2 d_0\right] \cdot t \qquad (11\text{-}24)$$

3) 普通螺栓的受拉连接

(1) 单个普通螺栓的受拉承载力。

$$N_t^b = A_e \cdot f_t^b = \frac{\pi d_e^2}{4} \cdot f_t^b \qquad (11\text{-}25)$$

式中:A_e 为螺栓有效截面积;d_e 为螺纹处的有效直径。由下式确定有效直径:

$$d_e = \frac{d_n + d_m}{2} = d - \frac{13}{24}\sqrt{3}P \qquad (11\text{-}26)$$

式中:P 为螺纹的螺距。

(2) 螺栓群轴心受拉时数目确定。

假定各个螺栓平均受拉,则连接所需的螺栓数为:

$$n = \frac{N}{N_t^b} \qquad (11\text{-}27)$$

（3）栓群承受弯矩作用。

如图 11-24 所示为螺栓群在弯矩作用下的受拉连接（图中的剪力 V 通过承托板传递）。按弹性设计法，在弯矩作用下，离中和轴越远的螺栓所受拉力越大，而压力则由部分受压的端板承受，设中和轴至端板受压边缘的距离为 c，如图 11-24(c) 所示。这种连接在实际计算时可近似地取中和轴位于最下排螺栓 O 处，即认为连接变形为绕 O 处水平轴转动，螺栓拉力与 O 点算起的纵坐标 y 成正比。在对 O 点水平轴列弯矩平衡方程时，偏安全地忽略了力臂很小的端板受压区部分的力矩。

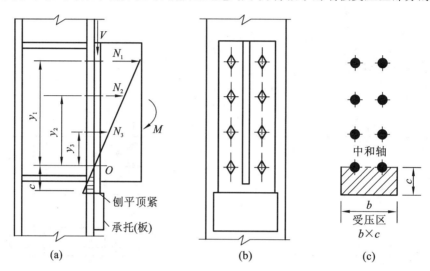

图 11-24　普通螺栓弯矩受拉

考虑到：$n_1/y_1 = N_2/y_2 = \cdots = N_i/y_i = \cdots = N_n/y_n$ 则：

$$
\begin{aligned}
M &= N_1 y_1 + N_2 y_2 + \cdots + N_i y_i + \cdots + N_n y_n \\
&= (N_1/y_1)y_1^2 + (N_2/y_2)y_2^2 + \cdots + (N_i/y_i)y_i^2 + \cdots + (N_n/y_n)y_n^2 \\
&= (N_i/y_i)\Sigma y_i^2
\end{aligned}
$$

螺栓 i 的拉力为：

$$N_i = My_i / \sum y_i^2$$

设计时要求受力最大的最外排螺栓的拉力不超过一个螺栓的抗拉承载力设计值：

$$N_1 = My_1 / \sum y_i^2 \leqslant N_t^b \tag{11-28}$$

（4）栓群偏心受拉。

螺栓群偏心受拉相当于连接承受轴心拉力 N 和弯矩 $M = N \cdot e$ 的联合作用。按弹性设计法，根据偏心距的大小可能出现小偏心受拉和大偏心受拉两种情况。

① 小偏心受拉。

当偏心较小时，所有螺栓均承受拉力作用，端板与柱翼缘有分离趋势，故在计算时轴心拉力 N 由各螺栓均匀承受；弯矩 M 则引起以螺栓群形心 O 为中和轴的三角形内力分布，如图 11-25(a)、(b) 所示，使上部螺栓受拉，下部螺栓受压；叠加后全部螺栓均受拉。可推导出最大、最小受力螺栓的拉力和满足设计要求的公式如下（y_i 均自 O 点算起）：

$$N_{max} = N/n + Ney_1 / \sum y_i^2 \leqslant N_t^b \tag{11-29a}$$

$$N_{min} = N/n - Ney_1 / \sum y_i^2 \geqslant 0 \tag{11-29b}$$

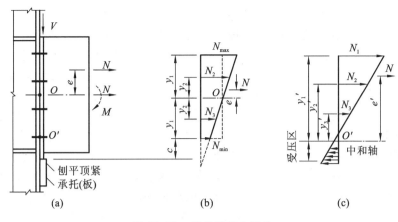

图 11-25　螺栓群偏心受拉

式(11-29b)为公式使用条件,由此式可得 $N_{\min} = 0$ 时的偏心距 $e = \sum y_i^2 / (n y_1)$。令 $\rho = \dfrac{W_{\mathrm{e}}}{n A_{\mathrm{e}}} = \sum y_i^2 (n y_1)$ 为螺栓有效截面组成的核心距,则当 $e \leqslant \rho$ 时为小偏心受拉。

② 大偏心受拉。

当偏心距 e 较大时,即 $e > \rho = \sum y_i^2 / (n y_1)$ 时,在端板底部将出现受压区,如图 11-25(c) 所示。

仿式(11-28)近似并偏安全取中和轴位于最下排螺栓 O' 处,按相似步骤列对 O' 点的弯矩平衡方程,可得(e' 和 y_i' 自 O' 点算起,最上排螺栓 1 的拉力最大):

$$N_1 = N e' y_1' / \sum y_i'^2 \leqslant N_{\mathrm{t}}^{\mathrm{b}}$$

四、高强度螺栓连接的构造和计算

1. 高强度螺栓连接的工作性能

高强度螺栓连接有摩擦型连接和承压型连接两种,摩擦型连接依靠摩擦阻力传力,以最大剪力不能超过板件间摩擦力为极限状态,承压型连接与普通螺栓相似,在承载能力极限状态允许滑动,但最大剪力不能超过螺栓的抗剪承载力和孔壁的承压强度。

高强度螺栓承压型连接不适用于直接承受动力荷载的结构。

1) 高强度螺栓预拉力的建立方法

高强度螺栓受力是依靠螺栓对板件产生的法向压力,即紧固预拉力。因此,高强度螺栓的预拉力的准确控制非常重要。针对不同类型的高强度螺栓,其预拉力的建立方法不尽相同。

表 11-5　一个高强度螺栓的预拉力 P(kN)

螺栓的性能等级	螺栓公称直径/mm					
	M16	M20	M22	M24	M27	M30
8.8 级	80	125	150	175	230	280
10.9 级	100	155	190	225	290	355

(1) 大六角头螺栓的预拉力控制方法有以下几种。

① 力矩法　一般采用指针式扭力(测力)扳手或预置式扭力(定力)扳手。目前使用得较多

的是电动扭矩扳手。力矩法是通过控制拧紧力矩来实现控制预拉力。

在安装大六角头高强度螺栓时,应先按拧紧力矩的50%进行初拧,然后按100%拧紧力矩进行终拧。对于大型节点在初拧之后,还应按初拧力矩进行复拧,然后再行终拧。

力矩法的优点是较简单、易实施、费用少,但由于连接件和被连接件的表面和拧紧速度的差异,测得的预拉力值误差大且分散,一般误差为±25%。

② 转角法 先用普通扳手进行初拧,使被连接板件相互紧密贴合,再以初拧位置为起点,按终拧角度,用长扳手或风动扳手旋转螺母,拧至该角度值时,螺栓的拉力即达到施工控制预拉力。

(2) 扭剪型高强度螺栓是我国60年代开始研制,80年代制订出标准的新型连接件之一。它具有强度高、安装简单和质量易于保证、可以单面拧紧、对操作人员没有特殊要求等优点。

扭剪型高强度螺栓连接副的安装需用特制的电动扳手,该扳手有两个套头,一个套在螺母六角体上;另一个套在螺栓的十二角体上。拧紧时,对螺母施加顺时针力矩,对螺栓十二角体施加大小相等的逆时针力矩,使螺栓断颈部分受扭剪,其初拧力矩为拧紧力矩的50%,复拧力矩等于初拧力矩,终拧至断颈剪断为止,安装结束,相应的安装力矩即为拧紧力矩。安装后一般不拆卸。

2) 高强度螺栓摩擦面抗滑移系数

高强度螺栓摩擦面抗滑移系数的大小与连接处构件接触面的处理方法和构件的钢号有关。试验表明,此系数值有随连接构件接触面间的压紧力减小而降低的现象,故与物理学中的摩擦系数有区别。

我国规范推荐采用的接触面处理方法有:喷砂、喷砂后涂无机富锌漆、喷砂后生赤锈和钢丝刷消除浮锈或对干净轧制表面不作处理等,各种处理方法相应的 μ 值详见表11-6。

表11-6 摩擦面的抗滑移系数 μ 值

在连接处构件接触面的处理方法	构件的钢号		
	Q235 钢	Q345、Q230 钢	Q420 钢
喷砂	0.45	0.50	0.50
喷砂后涂无机富锌漆	0.35	0.40	0.40
喷砂后生赤锈	0.45	0.50	0.50
钢丝刷清除浮锈或未经处理的干净轧制表面	0.30	0.35	0.40

3) 其他构造要求

高强度螺栓连接除需满足与普通螺栓连接相同之排列布置要求外,还应注意以下两点。

(1) 当型钢构件拼接采用高强度螺栓连接时,其拼接件宜采用钢板,以使被连接部分能紧密贴合,保证预拉力的建立。

(2) 在高强度螺栓连接范围内,构件接触面的处理方法应在施工图中说明。

2. 高强度螺栓摩擦型连接计算

1) 受剪连接承载力

摩擦型连接的承载力取决于构件接触面的摩擦力,而此摩擦力的大小与螺栓所受预拉力和摩擦面的抗滑移系数以及连接的传力摩擦面数有关。因此,一个摩擦型连接高强度螺栓的受剪承载力设计值为:

$$N_v^b = 0.9 n_f \mu P \tag{11-30}$$

式中:0.9为抗力分项系数 γ_R 的倒数,即取 $\gamma_R = 1/0.9 = 1.111$;n_f 为传力摩擦面数目,单剪时取

$n_f=1$；双剪时 $n_f=2$；P 为一个高强度螺栓的设计预拉力，按表 11-5 采用；μ 为摩擦面抗滑移系数，按表 11-6 采用。

2）受拉连接承载力

为提高强度螺栓连接在承受拉力作用时，能使被连接板间保持一定的压紧力，规范规定在杆轴方向承受拉力的高强度螺栓摩擦型连接中，单个高强度螺栓受拉承载力设计值为：

$$N_t^b=0.8P \qquad (11\text{-}31)$$

但承压型连接的高强度螺栓，N_t^b 应按普通螺栓的公式计算（但强度设计取值不同）。

3. 同时承受剪力和拉力连接的承载力

当螺栓所受外拉力 $N_t \leqslant P$ 时，虽然螺杆中的预拉力 P 基本不变，但板层间压力将减少到 $P-N_t$。试验研究表明，这时接触面的抗滑移系数 μ 值也有所降低，而且 μ 值随 N_t 的增大而减小，试验结果表明，外加剪力 N_v 和拉力 N_t 与高强螺栓的受拉、受剪承载力设计值之间具有线性相关关系，故规范规定，当高强度螺栓摩擦型连接同时承受摩擦面间的剪力和螺栓杆轴方向的外拉力时，其承载力应按下式计算：

$$\frac{N_v}{N_v^b}+\frac{N_t}{N_t^b}\leqslant 1 \qquad (11\text{-}32)$$

式中：N_v、N_t 为某个高强度螺栓所承受的剪力和拉力设计值；N_v^b、N_t^b 为一个高强度螺栓的受剪、受拉承载力设计值。

任务 2 钢结构构件的计算

一、轴心受力构件

轴心受力构件是指只通过构件截面形心的轴向力作用的构件，分为轴心受拉构件和轴心受压构件，它们广泛应用于平面桁架、塔架和网架、网壳和支撑等结构中。杆件内力只是轴向拉力或压力，这类构件统称轴心受力构件。

轴心受力构件的常用截面形式可分为实腹式和格构式两大类。

实腹式构件制作简单，与其他构件连接也比较方便。实腹式构件截面形式很多，一般分为型钢截面和组合截面两类。型钢截面适用于受力较小的构件，常用形式有：单个型钢截面，如圆钢、钢管、角钢、T 型钢、槽钢、工字钢和 H 型钢等，如图 11-26(a)所示。组合截面是由型钢或钢板组合而成的截面，如图 11-26(b)所示。一般桁架结构中的弦杆和腹杆，除了 T 型钢外，常采用热轧角钢组合成 T 形的或十字形的双角钢组合截面，如图 11-26(c)所示。

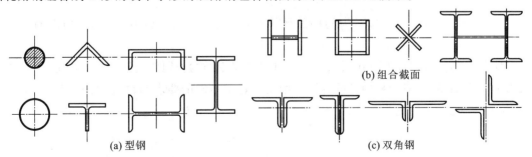

(b) 组合截面

(a) 型钢

(c) 双角钢

图 11-26 轴心受力实腹式的截面形式

格构式构件截面一般由两个或多个型钢肢件组成(见图 11-27),肢件间通过缀条(见图 11-28(a))或缀板(见图 11-28(b))进行连接而成为整体。

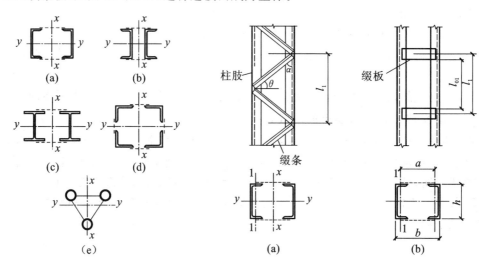

图 11-27　格构式构件的常用截面形式　　　图 11-28　格构式构件的缀材布置

1. 轴心受力构件的强度

轴心受力构件的强度承载力是以截面的平均应力达到钢材的屈服应力为极限。

轴心受力构件的强度,除高强度螺栓摩擦型连接处外,应按下式计算:

$$\sigma = \frac{N}{A_n} \leqslant f \tag{11-33}$$

式中:N 为构件的轴心拉力或压力设计值;f 为钢材的抗拉强度设计值;A_n 为构件的净截面面积。

2. 轴心受力构件的刚度

当构件刚度不足时,在制造、运输和安装过程中容易弯曲,在自重作用下,构件本身也会产生过大的挠度,在承受动力荷载的结构中,还会引起较大的晃动。受压杆过长时,除具有前述各种不利因素外,还使得构件的极限承载力显著降低。为了满足结构正常使用要求,以保证构件不产生过度的变形,轴心受力构件应具有一定的刚度。《钢结构设计标准》(GB 50017—2017)中要求轴心受力构件的长细比不超过的容许长细比为:

$$\lambda = \frac{l_0}{i} \leqslant [\lambda] \tag{11-34}$$

式中:λ 为构件的最大长细比;l_0 为构件的计算长度;i 截面的回转半径;$[\lambda]$ 为构件的容许长细比。

《钢结构设计标准》(GB 50017—2017)中在总结了钢结构长期使用经验的基础上,根据构件的重要性和荷载情况,对受拉构件的容许长细比规定了不同的要求和数值,见表 11-7。对受压构件容许长细比的规定更为严格,见表 11-8。

钢 结 构

表 11-7　受拉构件的容许长细比

项次	构件名称	承受静力荷载或间接承受动力荷载的结构		直接承受动力荷载的结构
		一般建筑结构	有重级工作制吊车的厂房	
1	桁架的杆件	350	250	250
2	吊车梁或吊车桁架以下的柱间支撑	300	200	—
3	其他拉杆、支撑、系杆(张紧的圆钢除外)	400	350	—

注:① 承受静力荷载的结构中,可仅计算受拉构件在竖向平面内的长细比。

② 在直接或间接承受动力荷载的结构中,计算单角钢受拉构件的长细比时,应采用角钢的最小回转半径;但在计算交叉杆件平面外的长细比时,应采用与角钢肢边平行轴的回转半径。

③ 中、重级工作制吊车桁架的下弦杆长细比不宜超过 200。

④ 在设有夹钳吊车或刚性料耙吊车的厂房中,支撑(表中第 2 项除外)的细长比不宜超过 300。

⑤ 受拉构件在永久荷载与风荷载组合作用下受压时,其长细比不宜超过 250。

⑥ 跨度等于或大于 60 m 的桁架,其受拉弦杆和腹杆的长细比不宜超过 300(承受静力荷载间接承受动力荷载)或 250(承受动力荷载)。

表 11-8　受压构件的容许长细比

项次	构件名称	容许长细比
1	柱、桁架和天窗架构件	150
	柱的缀条、吊车梁或吊车桁架以下的柱间支撑	
2	支撑(吊车梁或吊车桁架以下的柱间支撑除外)	200
	用以减小受压构件长细比的杆件	

注:①桁架(包括空间桁架)的受压腹杆,当其内力等于或小于承载能力的 50% 时,容许长细比值可取为 200。

②计算单角钢受压构件的长细比时,应采用角钢的最小回转半径;但在计算交叉杆件平面外的长细比时,应采用与角钢肢边平行轴的回转半径。

③跨度等于或大于 60 m 的桁架,其受压弦杆和端压杆的容许长细比值宜取为 100,其他受压腹杆可取为 150(承受静力荷载间接承受动力荷载)或 120(承受动力荷载)。

3. 轴心受压构件的整体稳定

当轴心受压构件除了较为粗短或者截面有很大削弱时,可能因其净截面的平均应力达到屈服强度而丧失承载能力外;一般情况下,轴心受压构件的长细比较大而截面又没有孔洞削弱时,强度条件不起控制作用,不必进行强度计算。轴心受压构件的承载能力是由整体稳定条件决定的,整体稳定条件则成为确定构件截面的控制因素。

《钢结构设计标准》对轴心受压构件的整体稳定计算采用下列公式:

$$\frac{N}{\varphi \cdot A} \leqslant f \tag{11-35}$$

式中:$\varphi = \dfrac{\sigma_{cr}}{f_y}$ 为轴心受压构件的整体稳定系数;γ_R 为材料抗力分项系数;f_y 为钢材屈服强度;f 为钢材抗压强度设计值。

整体稳定系数 φ 值应根据表 11-9、表 11-10 的截面分类和构件的长细比,按附表查出。

构件长细比 λ 确定方法如下。

(1) 截面为双轴对称或极对称的构件,有:

$$\left.\begin{array}{l}\lambda_x = l_{0x}/i_x \\ \lambda_y = l_{0y}/i_y\end{array}\right\} \tag{11-36}$$

式中:l_{0x}、l_{0y} 为构件对主轴 x 和 y 的计算长度;i_x、i_y 为构件截面对主轴 x 和 y 的回转半径。

《钢结构设计标准》对缀条柱和缀板柱采用不同的换算长细比计算公式。

(2) 双肢缀条柱。

一般斜缀条与水平材的夹角在 $20°\sim50°$ 范围内,在此常用范围,双肢缀条柱的换算长细比为:

$$\lambda_{0x} = \sqrt{\lambda_x^2 + 27\frac{A}{A_1}} \tag{11-37}$$

式中:λ_x 为整个柱对虚轴的长细比;A 为整个柱的毛截面面积;A_1 为一个节间内两侧斜缀条的面积之和。

需要注意的是,当斜缀条与水平材的夹角不在 $20°\sim50°$ 范围内时,式(11-37)偏于不安全,此时应按《钢结构设计标准》计算换算长细比 λ_{0x}。

(3) 双肢缀板柱的换算长细比为:

$$\lambda_{0x} = \sqrt{\lambda_x^2 + \lambda_1^2} \tag{11-38}$$

式中:$\lambda_1 = l_{01}/i_1$ 为分肢的长细比。其中,i_1 为分肢截面对其弱轴的回转半径,l_{01} 为缀板间的净距离。

4. 轴心受压构件局部稳定

轴心受压构件都是由一些板件组成的,一般板件的厚度与板件的宽度相比都较小,设计时应考虑局部稳定问题。

1) 翼缘局部稳定的宽厚比限值

工字形截面的腹板一般较翼缘板薄,腹板对翼缘板几乎没有嵌固作用,因此翼缘可视为三边简支一边自由的均匀受压板。翼缘板悬伸部分的宽厚比 b_1/t 与长细比 λ 的关系曲线较为复杂,为了便于应用,采用下列简单的直线式表达:

$$\frac{b_1}{t} \leqslant (10+0.1\lambda)\sqrt{\frac{235}{f_y}} \tag{11-39}$$

式中:λ 为构件两方向长细比的较大值。当 $\lambda < 30$ 时,取 $\lambda = 30$;当 $\lambda > 100$ 时,取 $\lambda = 100$。

图 11-29　实腹柱的腹板加劲

2) 腹板局部稳定的宽厚比限值

腹板可视为四边支承板,当腹板发生屈曲时,翼缘板作为腹板纵向边的支承,对腹板将起一定的弹性嵌固作用,这种嵌固作用可使腹板的临界应力提高,经简化后得到腹板高厚比 h_0/t_w 的简化表达式为:

$$\frac{h_0}{t_w} \leqslant (25+0.5\lambda)\sqrt{\frac{235}{f_y}} \tag{11-40}$$

当工字形截面的腹板高厚比 h_0/t_w 不满足式(11-40)的要求时,除了加厚腹板(此法不一定经济)外,亦可在腹板中部设置纵向加劲肋,用纵向加劲肋加强后的腹板仍按式(11-40)计算,但 h_0

应取翼缘与纵向加劲肋之间的距离,如图 11-29 所示。

二、受弯构件——钢梁

承受横向荷载的构件称为受弯构件,实腹式受弯构件通常为梁。其在土木工程中应用很广泛,如房屋建筑中的楼盖梁、工作平台梁、吊车梁、屋面檩条和墙架横梁等。

钢梁分为型钢梁和组合梁两大类。型钢梁构造简单,制造省工,成本较低,因而应优先采用。但在荷载较大或跨度较大时,由于轧制条件的限制,型钢的尺寸、规格不能满足梁承载力和刚度的要求,就必须采用组合梁。梁的设计要点包括强度、刚度、整体稳定、局部稳定等几个方面。

1. 梁的强度

梁的强度包括抗弯强度、抗剪强度、局部承压强度、复杂应力作用下强度等。其中,抗弯强度计算是首要的。

1)梁的抗弯强度

梁受弯时的应力-应变曲线与受拉时相似,屈服点也差不多。因此,在梁的强度计算中,仍然使用钢材是理想弹塑性体的假定。

当截面弯矩 M_x 由零逐渐加大时,截面中的应变始终符合平截面假定,如图 11-30(a)所示,截面上、下边缘的应变最大,用 ε_{max} 表示。截面上的正应力发展过程可分为以下三个阶段。

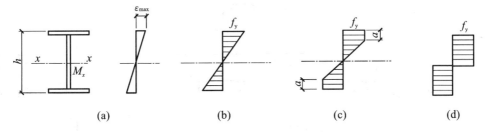

图 11-30 钢梁受弯时各阶段正应力的分布情况

(1)弹性工作阶段。

当作用于梁上的弯矩 M_x 较小时,截面上最大应变 $\varepsilon_{max} \leqslant f_y/E$,梁全截面弹性工作,应力与应变成正比,此时截面上的应力为直线分布。弹性工作的极限情况是 $\varepsilon_{max} = f_y/E$,如图 11-30(b)所示。

(2)弹塑性工作阶段。

当弯矩 M_x 继续增加,最大应变 $\varepsilon_{max} > f_y/E$,截面上、下各有一个高为 a 的区域,其应变 $\varepsilon_{max} \geqslant f_y/E$。由于钢材为理想的弹塑性体,所以这个区域的正应力恒等于 f_y,为塑性区。然而,应变 $\varepsilon_{max} < f_y/E$ 的中间部分区域仍保持为弹性,应力和应变成正比,如图 11-30(c)所示。

(3)塑性工作阶段。

当弯矩 M_x 再继续增加,梁截面的塑性区便不断向内发展,弹性核心不断减小。当弹性核心几乎完全消失时,如图 11-30(d)所示,弯矩 M_x 不再增加,而变形却继续发展,形成塑性铰,梁的承载能力达到极限。

相关规范规定,梁的抗弯强度按下列规定计算。

在弯矩 M_x 作用下:

$$\frac{M_x}{\gamma_x W_{nx}} \leqslant f \tag{11-41}$$

在弯矩 M_x 和 M_y 作用下:

$$\frac{M_x}{\gamma_x W_{nx}}+\frac{M_y}{\gamma_y W_{ny}}\leqslant f \tag{11-42}$$

式中：M_x、M_y 为绕 x 轴和 y 轴的弯矩（对于工字形截面，x 轴为强轴，y 轴为弱轴）；W_{nx}、W_{ny} 为对 x 轴和 y 轴的净截面模量；γ_x、γ_y 为截面塑性发展系数，对工字形截面取 $\gamma_x=1.05$，$\gamma_y=1.20$，对箱形截面取 $\gamma_x=\gamma_y=1.05$，对其他截面，可按表 11-9 采用；f 为钢材的抗弯强度设计值。

表 11-9　截面发展系数 γ_x、γ_y

截面形式	γ_x	γ_y
	1.05	1.2
		1.05
	$\gamma_{x1}=1.05$	1.2
	$\gamma_{x2}=1.2$	1.05
	1.2	1.2
	1.15	1.15
	1.0	1.05
		1.0

注：①当梁受压翼缘的自由外伸宽度 b 与其厚度 t 之比大于 $13\sqrt{235/f_y}$（但不超过 $15\sqrt{235/f_y}$）时，应取 $\gamma_x=1.0$。
②直接承受动力荷载且需要计算疲劳的梁，取 $\gamma_x=\gamma_y=1.0$。

250

2）梁的抗剪强度

一般情况下,梁既承受弯矩,同时又承受剪力。工字形和槽形截面梁腹板上的剪应力分布如图 11-31 所示。

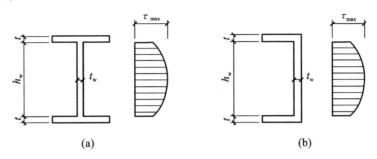

(a)　　　　　　　　　　　(b)

图 11-31　腹板剪应力分布

截面上的最大剪应力发生在腹板中和轴处。因此在主平面受弯的实腹构件,其抗剪强度应按下式计算:

$$\tau = \frac{V \cdot S}{I \cdot t_w} \leqslant f_v \tag{11-43}$$

式中:V 为计算截面沿腹板平面作用的剪力;S 为计算剪应力处以上(或以下)毛截面对中和轴的面积矩;I 为毛截面惯性矩;t_w 为腹板厚度;f_v 为钢材的抗剪强度设计值。

3）梁的局部承压强度

当梁的翼缘受有沿腹板平面作用的固定集中荷载(包括支座反力)且该荷载处又未设置支承加劲肋时(见图 11-32(a)),或受有移动的集中荷载(如吊车的轮压)时(见图 11-32(b)),应验算腹板计算高度边缘的局部承压强度。

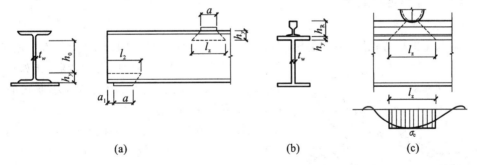

(a)　　　　　　　　　(b)　　　　　　　　(c)

图 11-32　局部压应力

梁的局部承压强度按下式计算:

$$\sigma_c = \frac{\psi F}{t_w l_z} \leqslant f \tag{11-44}$$

式中:F 为集中荷载,对动力荷载应考虑动力系数;ψ 为集中荷载增大系数,对重级工作制吊车轮压取 $\psi = 1.35$,对其他荷载取 $\psi = 1.0$;l_z 为集中荷载在腹板计算高度边缘的应力分布长度(按照压力扩散原则),有:跨中集中荷载时 $l_z = a + 5h_y + 2h_R$,梁端支反力时 $l_z = a + 2.5h_y + a_1$;a 为集中荷载沿梁跨度方向的支承长度,对吊车轮压可取为 50 mm;h_y 为从梁承载的边缘到腹板计算高度边缘的距离;h_R 为轨道的高度,计算处无轨道时 $h_R = 0$;a_1 为梁端到支座板外边缘的距离,按实际取值,但不得大于 $2.5h_y$。

腹板的计算高度 h_0：对于轧制型钢梁，为腹板在与上、下翼缘相交接处两内弧起点间的距离；对于焊接组合梁，为腹板高度；对于铆接（或高强度螺栓连接）组合梁，为上、下翼缘与腹板连接的铆钉（或高强度螺栓）线间最近距离。

4）梁在复杂应力作用下的强度计算

在梁（主要是组合梁）的腹板计算高度边缘处，当同时受有较大的正应力、剪应力和局部压应力时，或同时受有较大的正应力和剪应力时（如连续梁的支座处或梁的翼缘截面改变处等），应按式（11-45）验算该处的折算应力：

$$\sqrt{\sigma^2 + \sigma_c^2 - \sigma \cdot \sigma_c + 3\tau^2} \leqslant \beta_1 f \tag{11-45}$$

式中：σ、τ、σ_c 为腹板计算高度边缘同一点上的弯曲正应力、剪应力和局部压应力。其中，σ_c 按式（11-44）计算，τ 按式（11-43）计算；β_1 为验算折算应力强度设计值的增大系数，当 σ 与 σ_c 异号时取 $\beta_1 = 1.2$，当 σ 和 σ_c 同号或 $\sigma_c = 0$ 时取 $\beta_1 = 1.1$。σ 按下式计算：

$$\sigma = \frac{M_x h_0}{W_{nx} h} \tag{11-46}$$

式中：σ 和 σ_c 均以拉应力为正值，压应力为负值。

2. 梁的刚度

梁的刚度用荷载作用下的挠度大小来度量。梁的刚度不足，就不能保证正常使用。梁的刚度条件为：

$$\upsilon \leqslant [\upsilon] \tag{11-47}$$

式中：υ 为由荷载标准值（不考虑荷载分项系数和动力系数）产生的最大挠度；$[\upsilon]$ 为梁的容许挠度值，详见相关规范。

3. 梁的整体稳定和支撑

1）梁的整体稳定

为了提高梁的抗弯强度，节省钢材，钢梁截面一般做成高而窄的形式，受荷方向刚度较大，侧向刚度较小。如果梁的侧向支承较弱（比如仅在支座处有侧向支承），梁的弯曲会随荷载大小变化而呈现两种截然不同的平衡状态。

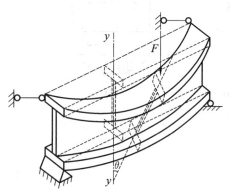

图 11-33　梁的整体失稳

如图 11-33 所示的工字形截面梁，荷载作用在其最大刚度平面内。当荷载较小时，梁的弯曲平衡状态是稳定的。虽然外界各种因素会使梁产生微小的侧向弯曲和扭转变形，但外界影响消失后，梁仍能恢复原来的弯曲平衡状态。然而，当荷载增大到某一数值后，梁在向下弯曲的同时，将突然发生侧向弯曲和扭转变形而破坏，这种现象称为梁的侧向弯扭屈曲或整体失稳。梁维持其稳定平衡状态所承担的最大荷载或最大弯矩，称为临界荷载或临界弯矩。

2）梁整体稳定的保证

《钢结构设计标准》（GB 50017—2017）中规定，当符合下列情况之一时，梁的整体稳定可以得到保证,不必计算。

(1) 有刚性铺板密铺在梁的受压翼缘上并与其牢固连接,能阻止梁受压翼缘的侧向位移时。

(2) 工字形截面简支梁,受压翼缘的自由长度与其宽度之比 l_1/b_1 不超过表 11-10 所规定的数值时。

表 11-10　工字形截面简支梁不需计算整体稳定的最大 l_1/b_1 值

跨中无侧向支承,荷载作用在		跨中有侧向支承,不论荷载作用于何处
上翼缘	下翼缘	
$13\sqrt{235/f_y}$	$20\sqrt{235/f_y}$	$16\sqrt{235/f_y}$

3) 梁整体稳定的计算方法

当不满足上述条件时,应进行梁的整体稳定计算,即:

$$\sigma=\frac{M_x}{W_x}\leqslant\frac{\sigma_{cr}}{\gamma_R}=\frac{\sigma_{cr}f_y}{f_y\gamma_R}=\varphi_b f$$

或

$$\frac{M_x}{\varphi_b W_x}\leqslant f \tag{11-48}$$

式中:M_x 为绕强轴作用的最大弯矩;W_x 为按受压纤维确定的梁毛截面模量;$\varphi_b=\sigma_{cr}/f_y$ 为梁的整体稳定系数。

《钢结构设计标准》(GB 50017—2017)中对梁的整体稳定系数 φ_b 的计算结果已编制成表格,可直接使用。

4. 梁的局部稳定

热轧型钢由于轧制条件的限制,其板件的宽厚比较小,都能满足局部稳定要求,不需要计算,而组合梁一般由翼缘和腹板等板件组成,如果将这些板件不适当地减薄或加宽,板中压应力或剪应力达到某一数值后,腹板或受压翼缘有可能偏离其平面位置,出现波形鼓曲(见图 11-34),这种现象称为梁局部失稳。

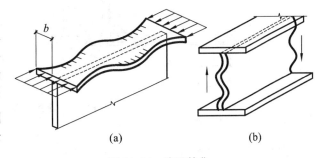

图 11-34　波形鼓曲

下面主要介绍一般钢结构组合梁中翼缘和腹板的局部稳定。

1) 受压翼缘的局部稳定

一般采用限制宽厚比的办法来保证梁受压翼缘板的稳定性。

受压翼缘板的悬伸部分,为三边简支板而板长 a 趋于无穷大的情况。支承翼缘板的腹板一般较薄,对翼缘板没有什么约束作用,需满足:

$$\frac{b}{t}\leqslant13\sqrt{\frac{235}{f_y}} \tag{11-49}$$

当梁在绕强轴的弯矩 M_x 作用下的强度按弹性设计(即取 $\gamma_x=1.0$)时,b/t 值可放宽为:

$$\frac{b}{t}\leqslant15\sqrt{\frac{235}{f_y}} \tag{11-50}$$

箱形梁翼缘板在两腹板之间的部分,相当于四边简支单向均匀受压板,需满足:

$$\frac{b_0}{t}\leqslant40\sqrt{\frac{235}{f_y}} \tag{11-51}$$

2）腹板的局部稳定

承受静力荷载和间接承受动力荷载的组合梁,一般考虑腹板屈曲后强度,按规定布置加劲肋并计算其抗弯和抗剪承载力,而直接承受动力荷载的吊车梁及类似构件,则按下列规定配置加劲肋。

（1）当 $h_0/t_w\leqslant80\sqrt{\frac{235}{f_y}}$ 时,对有局部压应力的梁,应按构造配置横向加劲肋,但对 $\sigma_c=0$ 的梁,可不配置加劲肋,如图 11-35(a)所示。

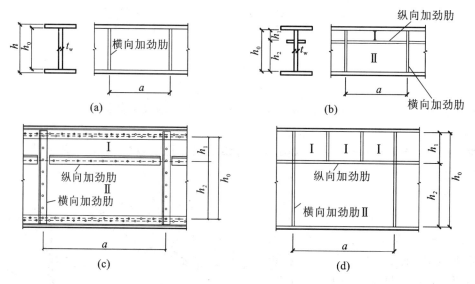

图 11-35　腹板加劲肋的布置

（2）当 $h_0/t_w>80\sqrt{\frac{235}{f_y}}$ 时,应按计算配置横向加劲肋,如图 11-35(a)所示。

（3）当 $h_0/t_w>170\sqrt{\frac{235}{f_y}}$（受压翼缘扭转受到约束,如连有刚性铺板、制动板或焊有钢轨时）或 $h_0/t_w>150\sqrt{\frac{235}{f_y}}$（受压翼缘扭转未受到约束时）或按计算需要时,应在弯矩较大区格的受压区增加配置纵向加劲肋,如图 11-35(b)、(c)所示。局部压应力很大的梁,必要时还应在受压区配置短加劲肋,如图 11-35(d)所示。

任何情况下, h_0/t_w 均不应超过 $250\sqrt{\frac{235}{f_y}}$。

（4）梁的支座处和上翼缘受有较大固定集中荷载处宜设置支承加劲肋。

任务 3 钢屋盖

一、屋盖结构的组成和布置

钢屋盖结构由屋面材料、檩条、屋架、托架和天窗架、屋面支撑等构件组成。根据屋面材料和屋面结构布置情况可分为无檩屋盖和有檩屋盖两种。当屋面材料采用预应力大型屋面板时，屋面荷载可通过大型屋面板直接传给屋架，这种屋盖体系称为无檩屋盖；当屋面材料采用瓦楞铁皮、石棉瓦、波形钢板和钢丝网水泥板等时，屋面荷载要通过檩条传给屋架，这种体系称为有檩屋盖。

无檩屋盖施工快，屋面刚度大，但大型屋面板自重大；有檩屋盖屋面材料自重轻，用料省，但屋面刚度差。两种屋盖体系各有优缺点，具体设计时应根据建筑物使用要求、结构特性、材料供应情况和施工条件等综合考虑而定。

二、普通钢屋架

1. 屋架的形式和主要尺寸

1）屋架的外形及腹杆布置

屋架的外形可为三角形、梯形和矩形等。

（1）三角形屋架如图 11-36（a）所示，用于屋面坡度较大的屋盖结构中。当屋面材料为机平瓦或石棉瓦时，要求屋架的高跨比为 $1/4 \sim 1/6$。这种屋架与柱子多做成铰接，因此房屋的横向刚度较小。屋架弦杆的内力变化较大，弦杆内力在支座处最大，在跨中最小，故弦杆截面不能充分发挥作用。一般宜用于中、小跨度的轻屋面结构。当荷载和跨度较大时，采用三角形屋架就不够经济。

（2）梯形屋架如图 11-36（b）所示。其外形比较接近于弯矩图，受力情况较三角形屋架好，腹杆较短，一般用于屋面坡度较小的屋盖中。梯形屋架与柱的连接，可做成刚接，也可做成铰接。这种屋架已成为工业厂房屋盖结构的基本形式。梯形屋架一般都用于无檩屋盖，屋面材料大多用大型屋面板，应使上弦节间长度与大型屋面板尺寸相配合，使大型屋面板的主肋正好搁置在屋架上弦节点上，上弦不产生局部弯矩。如节间长度过大，可采用再分式腹杆形式。

（3）矩形（平行弦）屋架如图 11-36（c）所示。其上、下弦平行，腹杆长度一致，杆件类型少，能符合标准化、工业化制造的要求。这种屋架一般用于托架或支撑体系。

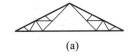
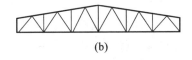
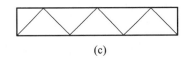

(a)　　　　　　　　　　(b)　　　　　　　　　　(c)

图 11-36　屋架的外形

2）屋架的主要尺寸

（1）屋架的跨度。

屋架的跨度（即柱子的横向间距）应首先满足房屋的工艺和使用要求，同时考虑结构布置的合理性，使屋架与柱子的总造价为最小。无檩屋盖中钢屋架的跨度应与大型屋面板的宽度配合,有 12 m、15 m、18 m、21 m、24 m、27 m、30 m、33 m、36 m 等几种。有檩屋盖结构中的三角形屋架跨度比较灵活,不受 3m 模数的限制,而可以任意决定。钢屋架的计算跨度决定于支座的间距及支座的构造。在一般的工业厂房中,屋架的计算跨度取支柱轴线之间的距离减去 0.3 m。

(2)屋架的高度。

屋架的高度应根据经济、刚度、建筑等要求以及屋面坡度,运输条件等因素来确定。当屋面材料要求屋架具有较大的排水坡度时应采用三角形屋架,三角形屋架的高度为 $h=(1/4\sim1/6)l$。梯形屋架的屋面坡度较平坦,屋架跨中高度应满足刚度要求,当上弦坡度为 1/8~1/12 时,跨中高度一般为$(1/6\sim1/10)l$。跨度大(或屋面荷载小)时取较小值,跨度小(或屋面荷载大)时取较大值。梯形屋架的端部高度:当屋架与柱铰接时为 1.6~2.2 m,刚接时为 1.8~2.4 m。端弯矩大时取较大值,端弯矩小时取较小值。屋架上弦节间的划分,主要根据屋面材料而定,尽可能使屋面荷载直接作用在屋架节点上,使上弦不产生局部弯矩。对采用大型屋面板的无檩屋盖,上弦节间长度应等于屋面板的宽度,一般为 1.5 m 或 3 m。当采用有檩屋盖时,则根据檩条的间距而定,一般为 0.8~0.3 m。

屋架的跨度和高度确定之后,各杆件的轴线长度可根据几何关系求得。

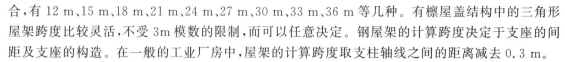

三、钢屋盖的支撑系统

几乎所有的工程结构都呈空间受力状态,都是空间结构。但在结构设计时,为了便于计算和使结构构件受力简单化,常把有些实际结构假定成许多独立工作(在某种荷载作用下)的平面结构。再用必要的支撑系统把这些独立工作的平面结构组成一个整体(空间结构)。使它具有必要的空间工作性能、刚度和整体稳定性。

1. 屋盖支撑的类型

屋盖支撑根据支撑布置位置的不同分为:①屋架上弦横向水平支撑;②屋架下弦横向水平支撑;③屋架下弦纵向水平支撑;④垂直(竖向)支撑;⑤系杆。

系杆一般设置在不设置横向水平支撑的开间,分为刚性系杆(能承受压力)和柔性系杆(只能承受拉力)。

2. 屋盖支撑布置

1)上弦横向水平支撑

在钢屋盖中,无论是有檩条的屋盖或采用大型钢筋混凝土屋面板的无檩屋盖,都应设置上弦横向水平支撑。当屋架上有天窗架时,天窗架上弦也应设置横向水平支撑。

在天窗架范围内屋架上弦横向水平支撑应连续设置(连通),并应把天窗架的上弦横向水平支撑通过竖向支撑与屋架上弦横向水平支撑相连接。

上弦横向水平支撑通常设置在房屋两端(当有横向伸缩缝时设在温度区段两端)的第一或第二个开间内,以便就近承受山墙传来的风荷载等。当设置在第二个开间内时,必须用刚性系杆(既能受拉也能受压,按压杆设计)将端屋架与横向水平支撑桁架的节点连接,保证端屋架上弦杆的稳定和把端屋架受到的风荷载传递到横向水平支撑桁架的节点上。当无端屋架时,则应用刚性系杆与山墙的抗风柱连牢,作为抗风柱的支承点,并把这个支承点所受的力传递给横向水平支撑桁架的节点。

上弦横向水平支撑的间距不宜超过 60 m。当房屋纵向长度较大时,应在房屋长度中间再增加设置横向水平支撑。

2) 下弦横向水平支撑

下弦横向水平支撑与上弦横向水平支撑共同设置时,再加竖向支撑可使相邻两榀屋架组成六面盒式空间稳定体,对整个房屋结构的空间工作性能大有好处。在一般房屋中有时不设置下弦横向水平支撑,相邻两榀屋架组成五面盒式空间稳定体,也能满足要求。只有在有悬挂吊车的屋盖,以及有桥式吊车或有振动设备的工业房屋或跨度较大($l \geqslant 18$ m)的一般房屋中,必需设置下弦横向水平支撑。

3) 下弦纵向水平支撑

有桥式吊车的单层工业厂房中,除上、下弦横向水平支撑外,还设置下弦纵向水平支撑。当有托架时,在托架处必须布置下弦纵向水平支撑。

4) 竖向支撑

在梯形屋架两端必须设置竖向支撑,它是屋架上弦横向水平支撑的支承结构,它将承受上弦横向水平支撑桁架传来的水平力并将其传递给柱顶(或柱间支撑)。它和上弦横向水平支撑同样重要,是必不可少的受力支撑。此外,在屋架跨度中间,根据屋架跨度的大小,设置一道或两道竖向支撑,它将在上述六面(五面)盒式空间稳定体中起横隔作用。在施工过程中,它还起安装定位时的架设支撑作用。

梯形屋架当跨度 $L \leqslant 30$ m,三角形屋架当跨度 $L \leqslant 24$ m 时,仅在屋架跨度中央设置一道竖向支撑。当屋架跨度大于上述数值时,应在跨度三分点附近或天窗架侧柱处设置第二道竖向支撑。

竖向支撑是一个平行弦桁架,根据其高跨比不同,腹杆可布置成单斜杆式或交叉斜杆式。

当屋架上有天窗时,天窗也应设置竖向支撑,作为天窗架上弦横向水平支撑的支承结构。把天窗架上弦横向水平支撑承受的水平力传递到屋架上弦横向水平支撑的节点上。

沿房屋的纵向,竖向支撑应与上下弦横向水平支撑设置在同一开间内。

有时为了施工架设方便起见,也可每隔几个开间另外增设一些竖向支撑。

5) 系杆

在一幢房屋的屋盖结构中,以一个空间稳定体作为核心,其他屋架的上下弦节点都可以用系杆与空间稳定体的有关节点连接,即可作为其他各屋架的侧向支承点而保证各屋架的空间稳定性。但这些系杆可能受拉,也可能受压,应按压杆设计,常称为刚性系杆。要求较大的截面尺寸和回转半径时,用料很不经济。通常是在房屋的两端(第一或第二个开间)各设置一个空间稳定体。中间的其他屋架分别用系杆与两端空间稳定体的有关节点连接。同样也可以作为中间的其他屋架的侧向支承点,而且这种系杆只需承受拉力,当它承受压力时可退出工作而由另一侧的系杆受拉即可,这种系杆按拉杆设计,可以充分发挥钢材的强度,常称为柔性系杆。虽然多设了一个空间稳定体而多用了交叉支撑的钢材,但能把大量刚性系杆改为柔性系杆,还是能够节约钢材的。柔性系杆把许多中间屋架与空间稳定体连接起来。若中间屋架的数量太多,柔性系杆的总长度太长,其效果则越差,故两个空间稳定体的间距不宜大于 60 m。

项目小结

(1) 钢结构主要是由钢板、型钢和钢管等构件通过一定的连接方式组合而成的,并把各构件组装成整个结构的节点、关键部件。钢结构的连接方法有焊缝连接,螺栓连接和铆钉连接,常用的是焊缝连接和螺栓连接。

（2）钢结构中构件的连接计算主要包括焊缝连接的计算和螺栓连接的计算。焊缝连接的计算主要包括对接焊缝连接的计算和角焊缝连接的计算。

对接焊缝的计算公式为：

$$\sigma = \frac{N}{l_w t} \leqslant f_t^w \text{ 或 } f_c^w$$

直角角焊缝强度计算基本公式为：

$$\sqrt{\left(\frac{\sigma_f}{\beta_f}\right)^2 + \tau_f^2} \leqslant f_f^w$$

（3）螺栓连接的计算主要包括普通螺栓连接的计算和高强度螺栓连接的计算。

普通螺栓的抗剪承载力设计值为：

$$N_v^b = n_v \frac{\pi d^2}{4} f_v^b$$

一个普通螺栓的承压承载力设计值为：

$$N_c^b = d \sum t f_c^b$$

一个普通抗拉螺栓的承载力设计值为：

$$N_t^b = A_e f_t^b = \frac{\pi d_e^2}{4} f_t^b$$

一个高强度螺栓的抗剪承载力设计值为：

$$N_v^b = \gamma_R n_f \mu P$$

单个摩擦型连接高强度螺栓抗拉承载力设计值为：

$$N_t^b = 0.8P$$

（4）轴心受力构件的净截面强度计算公式为：

$$\sigma = \frac{N}{A_n} \leqslant f$$

整体稳定计算公式为：

$$\frac{N}{A\varphi} \leqslant f$$

（5）梁的整体稳定计算公式为：

$$\frac{M_x}{\varphi_b W_x} \leqslant f$$

（6）钢屋盖结构主要由屋面材料、檩条、屋架、托架、天窗架及屋面支撑等构件组成的。

根据屋面材料及屋面结构的布置情况可以分为无檩屋盖和有檩屋盖。屋盖支撑根据支撑布置位置的不同可以分为以下几种：①屋架上弦横向水平支撑；②屋架下弦横向水平支撑；③屋架下弦纵向水平支撑；④垂直（竖向）支撑；⑤系杆。系杆一般设置在不设横向水平支撑的开间，分为刚性系杆（可承受压力）和柔性系杆（只能承受拉力）。

（7）屋盖支撑的作用：保证屋盖结构的几何稳定性；保证屋盖的空间刚度和整体性；增强屋架的侧向稳定；承担并传递屋盖的水平荷载；保证结构在安装和架设过程中的稳定性。

（1）简述钢结构连接的类型及特点。

（2）简要说明常用的焊接方法及各自的优缺点。

（3）螺栓排列时应考虑哪些因素的影响，具体的规定有哪些？

（4）普通螺栓和高强螺栓受力性能有什么不同？

（5）简述钢屋盖的特点。

（6）有一焊接连接如图 11-37 所示，钢材为 Q235 钢，焊条为 E43 系列，采用手工焊，承受的静力荷载设计值 $N=600$ kN。试计算所需角焊缝的长度。

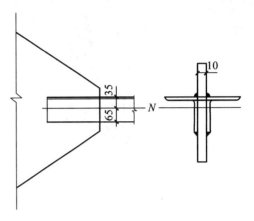

（7）一普通螺栓的临时性连接如图 11-38 所示，构件钢材为 Q235 钢，承受的轴心拉力 $N=600$ kN。螺栓直径 $d=20$ mm，孔径 $d_0=21.5$ mm，试验算此连接是否安全？

（8）一高强度螺栓承压型连接如图 11-39 所示，构件钢材为 Q235 钢，承受的轴力 $N=200$ kN，弯矩 $M=50$。螺栓直径 $d=24$ mm，孔径 $d_0=26$ mm，试验算此连接是否安全。

图 11-37 题（6）图

（9）梁的强度计算包括哪些内容，如何计算？

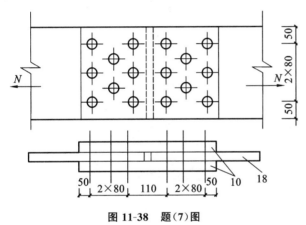

图 11-38 题（7）图

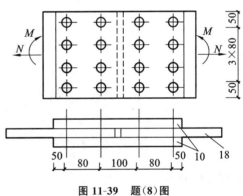

图 11-39 题（8）图

项目 12

建筑抗震的基本知识

学习目标

知识目标

（1）熟悉掌握抗震的基本知识。

（2）掌握砌体结构的抗震措施。

（3）掌握框架结构的抗震措施。

能力目标

（1）能合理选择砌体结构的抗震构造方法。

（2）能合理选择框架结构的抗震构造方法。

知识链接

地震是一种危害极大的自然灾害，强烈的地震通常造成惨重的人员伤亡和巨大的财产损失。我国曾经发生的唐山大地震、汶川大地震都造成了非常严重的灾害，其主要是由建筑物的破坏引起的。目前，科学技术还不能准确预测地震的发生，为了最大限度减轻地震灾害，搞好建筑工程的抗震设计是一项重要的根本性的减灾措施。

如图 12-1 所示，地震发生时岩层断裂或错动产生振动的部位，称为震源；震源至地面的垂直距离称为震源深度；震源在地表的垂直投影点称为震中；地震发生时震动和破坏最大的地区称为震中区；受地震影响地区至震中的距离称为震中距；在同一地震中，具有相同地震烈度地点的连线称为等震线。

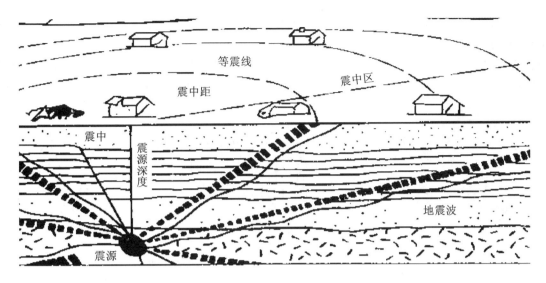

图 12-1　地震术语示意图

任务 1 抗震的基本知识

一、地震的分类

地震按其产生的原因,主要分为火山地震、陷落地震、诱发地震和构造地震等。

火山地震是因为火山爆发所导致的地面运动;陷落地震是由于溶洞或采空区等塌陷所引起的地面震动;诱发地震是由于水库蓄水、注液、地下抽液、采矿、工业爆破、核爆炸等活动引起的地面震动;构造地震则是由于地壳构造运动使岩层发生断裂、错动而引起的地面震动。地球内部一直在不停地运动,在它的运动过程中始终存在着巨大的能量,这种能量使得地壳不断产生变形和褶皱,当能量的积聚超过地壳薄弱处岩层的承受能力时,该处岩层就会发生突然断裂和猛烈的错动来释放能量,并以波的形式传到地面,形成构造地震。

根据地震发生的部位,可将地震划分为浅源地震、中源地震和深源地震。浅源地震震源深度小于 60 km,中源地震震源深度为 60~300 km,深源地震震源深度大于 300 km。一般情况下,震源深度越小,地震对地面造成的破坏性越大。据统计,世界上发生的地震绝大多数属于浅源地震,如图 12-2 所示。

二、地震波

地震波是由地震震源发出的在地球介质中传播的弹性波。地震发生时,震源区的介质发生急速的破裂和运动,这种扰动构成一个波源。由于地球介质的连续性,这种波动就向地球内部及表层各处传播开去,形成了连续介质中的弹性波。地球内部存在着地震波速度突变的基干界面:莫霍面和古登堡面,将地球内部分为地壳、地幔和地核三个圈层。

根据传播方式的不同,地震波可分为体波和面波两种类型,下面分别介绍这两种波的特点。

体波是在地球内部传播的地震波,根据介质质点振动方向与波传播方向的不同,体波又可分为纵波和横波,如图 12-3 所示。当质点的振动方向与波的传播方向一致时称为纵波,又称 P

波。纵波是推进波,其在地壳中的传播的速度为 5.5 ～7 km/s,最先到达震中,它使地面发生上下振动,破坏性较弱。纵波的特点是周期短、振幅小。当质点的振动方向与波的前进方向垂直时称为横波,又称 S 波。横波是剪切波,在地壳中的传播速度为 3.2～4.0 km/s,在纵波之后到达震中,它使地面发生前后、左右抖动,破坏性较强。横波一般周期较长、振幅较大。

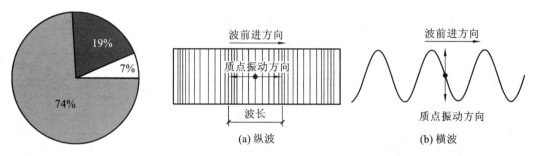

图12-2 世界浅、中、深源地震的比例
■浅源地震;■中源地震;□深源地震

图 12-3 体波质点振动形式

面波是沿地表或地壳不同地质层界面传播的波,面波是体波经地层界面多次反射、折射所形成的次生波。根据介质质点振动方向与波传播方向的不同,面波又可分为瑞利波和乐夫波。瑞利波又称 R 波,传播时,质点在波的传播方向与地表面法向所组成的平面内做与波前进方向相反的椭圆运动,在地面上表现为滚动形式。乐夫波又称 L 波,传播时,质点在地平面内产生与波前进方向相垂直的运动,在地面上表现为蛇形运动。面波周期长、振幅大、衰减慢,故能传播到很远的地方,是造成建筑物强烈破坏的主要因素。

纵波传播速度最快,横波次之,面波最慢。所以在一般地震波记录图上,纵波最先到达,横波次之,面波到达最晚,如图 12-4 所示。

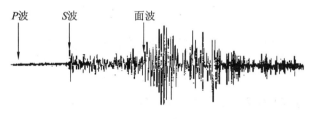

图 12-4 地震波记录图

三、震级及地震烈度

1. 震级

地震的震级是衡量一次地震释放能量大小的尺度,国际上常用里氏震级(M)表示。里氏震级的定义为:在离震中 100 km 处的坚硬地面上,由标准地震仪(摆的自振周期为 0.8s,阻尼为 0.8,放大倍数为 2800 倍)所记录的最大水平位移 A(单位为 μm)的常用对数值,用公式表示为:

$$M = \lg A \tag{12-1}$$

利用震级可以估计一次地震所释放的能量,震级与地震释放的能量之间有如下关系:

$$\lg E = 1.5M + 11.8 \tag{12-2}$$

式中:E 为地震释放的能量,单位为尔格(erg),1 erg$=10^{-7}$ J。

由式(12-2)可以得到,震级每增加一级,地震释放的能量约增大 32 倍。根据震级 M 的大小,可以将地震分为以下几类:$M<2$ 的地震称为微震,人们感觉不到;$M=2\sim4$ 的地震称为有感地震,人们能够感觉到;$M>5$ 的地震称为破坏性地震,建筑物有不同程度的破坏;$M=7\sim8$ 的地震称为强烈地震或大地震,建筑物会造成很大的破坏;$M>8$ 的地震称为特大地震,建筑物会造成严重的破坏。

2. 地震烈度

地震烈度指地震时某一地区的地面和各类建筑物遭受一次地震影响的强弱程度,用符号 I 表示。

地震烈度表是评定烈度大小的尺度和标准,主要根据地震时人的感觉、器物的反应、建筑物破损程度和地貌变化特征等宏观现象综合判定划分。目前我国和世界上绝大多数国家采用的是划分为 12 度的烈度表(见表 12-1),欧洲一些国家采用划分为 10 度的烈度表,日本则采用划分为 8 度的烈度表。

表 12-1 中国地震烈度表

烈度	在地面上人的感觉	房屋震害程度		其他震害现象	水平向地面运动	
		震害现象	平均震害指数		峰值加速度 /(m/s²)	峰值速度 /(m/s)
I	无感					
II	室内个别静止的人有感觉					
III	室内少数静止的人有感觉	门、窗轻微作响		悬挂物微动		
IV	室内多数人、室外少数人有感觉,少数人梦中惊醒	门、窗作响		悬挂物明显摆动,器皿作响		
V	室内普遍、室外多数人有感觉,多数人梦中惊醒	门窗、屋顶、屋架颤动作响,灰土掉落,抹灰出现微细裂缝,有檐瓦掉落,个别屋顶烟囱掉砖		不稳定器物摇动或翻倒	0.31(0.22~0.44)	0.03(0.02~0.04)
VI	多数人站立不稳,少数人惊逃户外	损坏——墙体出现裂缝,檐瓦掉落,少数屋顶烟囱裂缝、掉落	0~0.10	河岸和松软土出现裂缝,饱和砂层出现喷砂冒水;有的独立砖烟囱轻度裂缝	0.63(0.45~0.89)	0.06(0.05~0.09)
VII	大多数人惊逃户外,骑自行车的人有感觉,行驶中的汽车驾乘人员有感觉	轻度破坏——局部破坏,开裂,小修或不需要修理可继续使用	0.11~0.30	河岸出现坍方;饱和砂层常见喷砂冒水,松软土地上裂缝较多;大多数独立砖烟囱中等破坏	1.25(0.90~1.77)	0.13(0.10~0.18)
VIII	多数人摇晃颠簸,行走困难	中等破坏——结构破坏,需要修复才能使用	0.31~0.50	干硬土上亦出现裂缝;大多数独立砖烟囱严重破坏;树梢折断;房屋破坏导致人畜伤亡	2.50(1.78~3.53)	0.25(0.19~0.35)

烈度	在地面上人的感觉	房屋震害程度		其他震害现象	水平向地面运动	
		震害现象	平均震害指数		峰值加速度/(m/s²)	峰值速度/(m/s)
IX	行动的人摔倒	严重破坏——结构严重破坏,局部倒塌,修复困难	0.51~0.70	干硬土上出现许多地方有裂缝;基岩可能出现裂缝、错动;滑坡塌方常见;独立砖烟囱许多倒塌	5.00(3.54~7.07)	0.50(0.36~0.71)
X	骑自行车的人会摔倒,处于不稳状态的人会摔离原地,有抛起感	大多数倒塌	0.71~0.90	山崩和地震断裂出现;基岩上拱桥破坏;大多数独立砖烟囱从根部破坏或倒毁	10.00(7.08~14.14)	1.00(0.72~1.41)
XI		普遍倒塌	0.91~1.00	地震断裂延续很长;大量山崩滑坡		
XII				地面剧裂变化山河改观		

注:表中的数量词:"个别"为 10% 以下;"少数"为 10%~50%;"多数"为 50%~70%;"大多数"为 70%~90%;"普遍"为 90% 以上。

对于一次地震,表示地震大小的震级只有一个,但它对不同的地点影响程度不同。一般的,震级越大,震中的烈度越高,离震中越远,受地震影响就越小,烈度也就越低,见表 12-2。

表 12-2 震中烈度与地震震级的大致关系

震级 M	2	3	4	5	6	7	8	8以上
震中烈度 I	1~2	3	4~5	6~7	7~8	9~10	11	12

特别提示:同一次地震只有一个震级,但不同地区的烈度不同,所以有多个烈度。

四、建筑抗震设防

1. 设防依据

1) 基本烈度

基本烈度是指一个地区今后 50 年时间内,在一般场地条件下可能遭遇到超越概率为 10% 的地震烈度。

2) 设防烈度

设防烈度是作为一个地区建筑抗震设防依据的烈度。《建筑抗震设计规范》(GB 50011—2010)规定,抗震设防烈度为 6 度及以上地区的建筑,必须进行抗震设计。

抗震设防烈度必须按国家规定的权限审批、颁发的文件(图件)确定。一般情况下,抗震设防烈度可采用中国地震动参数区划图的地震基本烈度(或与《建筑抗震设计规范》(GB 50011—2010)设计基本地震加速度值对应的烈度值)。抗震设防烈度与设计基本地震加速度的对应关系如表 12-3 所示。

表 12-3　抗震设防烈度与设计基本地震加速度的对应关系

抗震设防烈度	6	7	8	9
设计基本地震加速度	0.05g	0.10g(0.15g)	0.20g(0.30g)	0.40g

注:g 为重力加速度。

2. 设防目标

抗震设防目标是指建筑结构遭遇不同水准的地震影响时,对结构、构件、使用功能、设备的损坏程度及人身安全的总要求。

建筑抗震设防目标要求建筑物在使用期间,对不同频率和强度的地震,应具有不同的抵抗能力:对于一般较小的地震(发生的可能性大,故又称多遇地震),要求结构不受损坏,在技术上和经济上都可以做到;而对于罕遇的强烈地震(发生的可能性小,但地震破坏性大),要求在其作用下要保证结构完全不损坏,技术难度大,经济投入也大,是不合算的,这时若允许有所损坏,但不倒塌,则将是经济合理的。因此,我国的《建筑抗震设计规范》(GB 50011—2010)中根据这些原则将抗震目标与三种烈度相对应,分为三个水准,具体描述如下。

第一水准:当遭受多遇的低于本地区设防烈度的地震(简称"小震")影响时,建筑物一般应不受损失或不需修理仍能继续使用。

第二水准:当遭受相当于本地区设防烈度的地震(简称"中震")影响时,建筑物可能损坏,经一般修理或不需修理仍能继续使用。

第三水准:当遭受高于本地区设防烈度的罕遇地震(简称"大震")影响时,建筑可能产生重大破坏,建筑物不致倒塌或发生危及生命的严重损失。

通常将其概括为:"小震不坏、中震可修、大震不倒"。在进行建筑抗震设计时,通过两个阶段设计实现上述三个水准的设防目标。

第一阶段设计是承载力验算,取第一水准的地震动参数计算结构的弹性地震作用标准值和相应的地震作用效应,这样既满足了在第一水准下具有必要的承载力可靠度,又满足第二水准的损坏可修的目标。对大多数的结构,可只进行第一阶段的设计,而通过概念设计和抗震构造措施来满足第三水准的设计。

第二阶段设计是弹塑性变形验算,对特殊要求的建筑、地震时易倒塌的结构以及有明显薄弱层的不规则结构,除进行第一阶段设计外,还要进行结构薄弱部位的弹塑性层间变形验算并采取相应的抗震构造措施,实现第三水准的设防目标。

3. 设防分类

在进行建筑设计时,应根据建筑物的重要性不同,采取不同的抗震设防标准。《建筑工程抗震设防分类标准》(GB 50223—2008)将建筑物按其重要程度不同分为以下四个抗震设防类别。

(1) 特殊设防类:指使用上有特殊设施,涉及国家公共安全的重大建筑工程和地震时可能发生严重次生灾害等特别重大灾害后果,需要进行特殊设防的建筑。简称甲类。

(2) 重点设防类:指地震时使用功能不能中断或需尽快恢复的生命线相关建筑,以及地震时可能导致大量人员伤亡等重大灾害后果,需要提高设防标准的建筑。简称乙类。

(3) 标准设防类:指大量的除(1)、(2)、(4)款以外按标准要求进行设防的建筑。简称丙类。

（4）适度设防类：指使用上人员稀少且震损不致产生次生灾害，允许在一定条件下适度降低要求的建筑。简称丁类。

4. 设防标准

对于不同的抗震设防类别，在进行建筑抗震设计时，应采用不同的抗震设防标准。《建筑工程抗震设防分类标准》（GB 50223—2008）规定，各抗震设防类别建筑的抗震设防标准，应符合下列要求。

（1）标准设防类，应按本地区抗震设防烈度确定其抗震措施和地震作用，达到在遭遇高于当地抗震设防烈度的预估罕遇地震影响时，不致倒塌或发生危及生命安全的严重破坏的抗震设防目标。

（2）重点设防类，应按高于本地区抗震设防烈度一度的要求加强其抗震措施；但抗震设防烈度为9度时应按比9度更高的要求采取抗震措施；地基基础的抗震措施，应符合有关规定。同时，应按本地区抗震设防烈度确定其地震作用。

（3）特殊设防类，应按高于本地区抗震设防烈度提高一度的要求加强其抗震措施；但抗震设防烈度为9度时应按比9度更高的要求采取抗震措施。同时，应按批准的地震安全性评价的结果且高于本地区抗震设防烈度的要求确定其地震作用。

（4）适度设防类，允许比本地区抗震设防烈度的要求适当降低其抗震措施，但抗震设防烈度为6度时不应降低。一般情况下，仍应按本地区抗震设防烈度确定其地震作用。

任务 2 钢筋混凝土框架房屋的抗震规定

一、钢筋混凝土框架房屋的震害特点

钢筋混凝土框架结构是由钢筋混凝土柱、纵梁、横梁组成的框架来支承屋顶与楼板荷载的结构。它具有坚固、耐久、防火性能好、节省钢材和成本低等优点。目前，国内地震区的工业与民用建筑中，多层框架结构房屋占很大的比例。大量地震震害的资料表明，钢筋混凝土框架结构房屋发生的破坏主要出现在梁端、柱端及梁柱节点处，主要破坏特点如下。

1. 框架梁

框架结构的震害多发生在梁端。在强烈地震的作用下，梁端纵向钢筋屈服，出现上下贯通的垂直裂缝和交叉斜裂缝。在梁端负弯矩钢筋切断处，由于抗弯能力削弱也容易产生裂缝，造成梁的剪切破坏。

梁剪切破坏的主要原因是，梁端钢筋屈服后，裂缝的产生和发展使混凝土抵抗剪力的能力逐渐减小，而梁内箍筋配置又少，以及地震的反复作用时混凝土的抗剪强度进一步降低。当剪力超过了梁的抗剪承载力时就会产生破坏。

2. 框架柱

框架柱的破坏主要发生在接近节点处，在水平地震作用下，每层柱的上下端将产生较大的弯矩，当柱的正截面抗弯强度不足时，在柱的上下端将产生水平裂缝。由于反复的震动，裂缝会贯通整个截面，在强烈地震作用下，柱顶端混凝土被压碎直至剥落，柱主筋被压曲呈灯笼状突出。

另外，当柱的净高与截面长边的比值小于或接近4时（通常为"短柱"），此时柱的抗侧移刚度很大，所以受到的地震剪力也大，柱身会出现交叉的X形斜裂缝，严重时箍筋屈服崩断，柱断裂，造成房屋倒塌。

3. 框架节点

在地震的反复作用下,节点的破坏机理很复杂,主要表现为:节点核心区产生斜向的 X 形裂缝,当节点区剪压比较大时,箍筋未屈服混凝土就被剪压酥碎而破坏,导致整个框架破坏。破坏的主要原因大都是混凝土强度不足、节点处的箍筋配置量小,或由于节点处钢筋太稠密使得混凝土浇捣不密实所致。

二、抗震设计的一般规定

1. 抗震等级

抗震等级是确定结构和构件抗震计算与采用抗震措施的标准,《建筑抗震设计规范》(GB 50011—2010)在综合考虑了设防烈度、建筑物高度、建筑物的结构类型、建筑物的类别及构件在结构的重要性程度等因素后,将结构抗震等级划分为四个等级,它体现了不同的抗震要求,见表 12-4。

表 12-4 现浇钢筋混凝土框架房屋抗震等级

结构类型		设防烈度						
		6 度		7 度		8 度		9 度
	高度/m	≤24	>24	≤24	>24	≤24	>24	≤24
框架结构	框架	四	三	三	二	二	一	一
	剧场、体育馆等大跨度框架	三		二		一		一

注:①建筑场地为Ⅰ类时,除 6 度外可按表内降低一度所对应的抗震等级采取抗震构造措施,但相应的计算要求不应降低。

②接近或等于高度分界时,应允许结合房屋不规则程度及场地、地基条件确定抗震等级。

③大跨度框架指跨度不小于 18 m 的框架。

2. 房屋的高度控制

根据国内外有关资料和工程实际经验,为了达到安全经济合理的要求,《建筑抗震设计规范》(GB 50011—2010)规定,较规则的多高层现浇钢筋混凝土房屋的最大适用高度不超过表 12-5 的规定。

表 12-5 现浇钢筋混凝土框架房屋适用的最大高度(m)

结构类型	最大高度				
	6 度	7 度	8 度(0.2g)	8 度(0.3g)	9 度
框架	60	50	40	35	24

注:①房屋高度指室外地面到主要屋面板板顶的高度(不包括局部突出屋顶部分)。

②乙类建筑可按本地区抗震设防烈度确定适用的最大高度。

③超过表内高度的房屋,应进行专门研究和论证,采取有效的加强措施。

平面和竖向均不规则的结构或建造于Ⅳ类场地的结构,适用的最大高度应适当降低。

3. 防震缝

防震缝是为减轻或防止相邻结构单元由地震作用引起的碰撞而预先设置的间隙。利用防震缝可以把平面不规则的结构分割成若干个规则的结构单元,降低地震对结构的破坏程度。当必须设置防震缝时,《建筑抗震设计规范》(GB 50011—2010)规定防震缝最小宽度应符合下列要求:框架结构房屋的防震缝宽度,当高度不超过 15 m 时不应小于 100 mm;高度超过 15 m 时,6度、7 度、8 度和 9 度高度每增加 5 m、4 m、3 m 和 2 m,防震缝宽度相应加宽 20 mm。

三、抗震构造措施

1. 设计原则

为了使框架具有必要的承载能力、良好的变形能力和耗能能力,应使塑性铰首先在梁的根部出现,此时结构仍能继续承受重力荷载,保证框架不倒。为此设计时应遵循"强柱弱梁"原则。

在选择构件尺寸、配筋及构造处理时,要保证构件有足够延性,也必须保证构件的抗剪承载能力大于抗弯承载能力,保证在构件出现塑性铰前不会发生剪切破坏,称之为"强剪弱弯"。"强剪弱弯"也是框架抗震设计应遵循的原则之一。另外,在梁的塑性铰充分发挥作用前,框架节点和钢筋锚固不应发生破坏,要做到"强节点,强锚固"。

"强柱弱梁""强剪弱弯""强节点,强锚固"的设计原则不仅适用于框架也适用于其他钢筋混凝土延性结构。

2. 抗震构造措施

1) 框架梁

(1) 截面尺寸。

框架梁的截面宽度不宜小于 200 mm,截面高宽比不宜大于 4,净跨与截面高度之比不宜小于 4。在地震作用下,梁端节点易出现塑性铰,导致混凝土保护层剥落而造成梁截面过于薄弱,影响抗剪承载能力及节点核心区的约束能力。

采用梁宽大于柱宽的扁梁时,楼板应现浇,梁中线宜与柱中线重合,扁梁应双向布置,且不宜用于一级框架结构。扁梁的截面尺寸应符合下列要求,并应满足现行有关规范对挠度和裂缝宽度的规定,即:

$$b_b \leqslant 2b_c \tag{12-3}$$

$$b_b \leqslant b_c + h_b \tag{12-4}$$

$$h_b \geqslant 16d \tag{12-5}$$

式中:b_b 为柱截面宽度,圆形截面取柱直径的 0.8 倍;b_b、h_b 为分别为梁截面宽度和高度;d 为柱纵筋直径。

(2) 梁的纵向钢筋。

① 梁端纵向受拉钢筋的配筋率不宜大于 2.5%,且计入受压钢筋的梁端混凝土受压区高度和有效高度之比,一级不应大于 0.25,二、三级不应大于 0.35。

② 梁端截面的底面和顶面纵向钢筋配筋量的比值,除按计算确定外,一级不应小于 0.5,二、三级不应小于 0.3。

③梁端箍筋加密区的长度、箍筋最大间距和最小直径应按表 12-6 采用,当梁端纵向受拉钢筋配筋率大于 2%时,表中箍筋最小直径数值应增大 2 mm。

表 12-6　梁端箍筋加密区的长度、箍筋的最大间距和最小直径

抗震等级	加密区长度 (采用较大值)/mm	箍筋最大间距 (采用较小值)/mm	箍筋最小直径 /mm
一级	$2h_b$,500	$h_b/4$,$6d$,100	10
二级	$1.5h_b$,500	$h_b/4$,$8d$,100	8
三级	$1.5h_b$,500	$h_b/4$,$8d$,150	8
四级	$1.5h_b$,500	$h_b/4$,$8d$,150	6

注:d 为纵向钢筋直径,h_b 为梁截面高度。

2）框架柱

（1）截面尺寸。

截面的宽度和高度，四级或不超过 2 层时，不宜小于 300 mm，一、二、三级且超过 2 层时不宜小于 350 mm。圆柱直径，四级或不超过 2 层时不宜小于 350 mm，一、二、三级且超过 2 层时不宜小于 450 mm。剪跨比宜大于 2。截面长边与短边的边长比不宜大于 3。

（2）柱的纵向钢筋。

① 柱纵向钢筋的最小总配筋率应按表 12-7 采用，同时每一侧配筋率不应小 0.2％。对建造于 Ⅳ 类场地且较高的高层建筑，表中的数值应增加 0.1。

表 12-7　柱截面纵向钢筋的最小总配筋率（％）

类别	抗震等级			
	一	二	三	四
中柱和边柱	0.9(1.0)	0.7(0.8)	0.6(0.7)	0.5(0.6)
角柱、框支柱	1.1	0.9	0.8	0.7

注：采用钢筋强度标准值小于 400 MPa 时，表中数值应增加 0.1；钢筋强度标准值为 400 MPa 时，表中数值应增加 0.05；混凝土强度等级高于 C60 应增加 0.1。

② 一般情况下，箍筋的最大间距和最小直径，应按表 12-8 采用；一级框架柱的箍筋直径大于 12 mm 且箍筋肢距不大于 150 mm 及二级框架柱的箍筋直径不小于 10 mm 且箍筋肢距不大于 200 mm 时，除柱根外最大间距应允许采用 150 mm；三级框架柱的截面尺寸不大于 400 mm 时，箍筋最小直径应允许采用 6 mm；四级框架柱剪跨比不大于 2 时，箍筋直径不应小于 8 mm；框支柱和剪跨比不大于 2 的柱，箍筋间距不应大于 100 mm。

表 12-8　柱箍筋加密区的箍筋最大间距和最小直径

抗震等级	箍筋最大间距（采用较小值）/mm	箍筋最小直径/mm
一	$6d$，100	10
二	$8d$，100	8
三	$8d$，150（柱根 100）	8
四	$8d$，150（柱根 100）	6（柱根 8）

注：d 为柱纵筋最小直径；柱根指框架底层柱嵌固部位。

任务 3　多层砌体房屋的抗震措施

一、砌体房屋的震害特点

砌体结构是由砖或砌块砌筑而成的，材料呈脆性性质，其抗剪、抗拉和抗弯强度较低，所以抗震性能较差，在强烈地震作用下，破坏率较高，破坏的主要部位是墙身和构件间连接处，主要破坏特点如下。

1. 墙体的破坏

在水平地震作用下，与水平地震作用方向平行的墙体是主要承担地震作用的构件，这时墙体将因主拉应力强度不足而发生剪切破坏,出现 45°对角线裂缝,在地震反复作用下造成 X 形交叉裂缝,这种裂缝表现在砌体房屋上是下部重,上部轻。这种情况下:房屋的层数越多,破坏越重;横墙越少,破坏越重;墙体砂浆强度等级越低,破坏越重;层高越高,破坏越重;墙段长短不均匀布置时,破坏越重。

2. 墙体转角处及内外墙连接处的破坏

墙体转角或内外墙连接处,刚度大,应力集中,易破坏,尤其是四大阳角处,还受到扭转的影响,更容易发生破坏。内外墙连接处,有时由于内外墙分开砌筑或留直槎等原因,地震时造成外纵墙外闪、倒塌。

3. 楼盖的破坏

砌体结构中有相当多的楼板采用预制板,当楼板的搁置长度较小或无可靠拉结时,在强烈地震作用下很容易造成楼板塌落,并造成墙体倒塌。

4. 突出房面的屋顶间等附属结构破坏

在砌体房屋中,突出屋顶的水箱间,楼电梯间及烟囱、女儿墙等附属结构,由于地震作用的鞭端效应,一般破坏较重,尤其女儿墙极易倒塌,产生次生灾害。

二、抗震设计的一般规定

1. 多层房屋的层数和高度的限制

(1) 历次地震的宏观调查资料说明,2、3 层砖房在不同烈度区的震害,比 4、5 层砖房的震害轻得多,6 层及 6 层以上的砖房在地震时震害明显严重。基于砌体材料的脆性性质和震害经验,限制其层数和高度是主要的抗震措施。

《建筑抗震设计规范》(GB 50011—2010)规定,一般情况下,房屋的层数和总高度不应超过表 12-9 的规定。

表 12-9　房屋的层数和总高度限值(m)

房屋类别		最小墙厚度/mm	烈度										
			6		7				8				9	
			0.05g		0.10g		0.15g		0.20g		0.30g		0.40g	
			高度	层数	高度	层数	高度	层数	高度	层数	高度	层数	高度	层数
多层砌体	普通砖	240	21	7	21	7	21	7	18	6	15	5	12	4
	多孔砖	240	21	7	21	7	18	6	18	6	15	5	9	3
	多孔砖	190	21	7	18	6	15	5	15	5	12	4	—	—
	小砌体	190	21	7	21	7	18	6	18	6	15	5	9	3
底部框架-抗震墙	普通砖	240	22	7	22	7	19	6	16	5	—	—	—	—
	多孔砖	190	22	7	19	6	16	5	13	4	—	—	—	—
	小砌块	190	22	7	22	7	19	6	16	5	—	—	—	—

注:①房屋的总高度是指室外地面到主要屋面板板顶或檐口的高度,半地下室从地下室室内地面算起。全地下室和嵌固条件好的半地下室应允许从室外地面算起;对带阁楼的坡屋面应算到山尖墙的 1/2 高度处。

②室内外高差大于 0.6 m 时,房屋总高度应允许比表中数据适当增加,但不应多于 1 m。

③乙类的多层砌体房屋应允许按本地区设防烈度查表,但层数减少一层且总高度应降低 3 m。

④本表小砌块砌体房屋不包括配筋混凝土小型空心砌块砌体房屋。

（2）医院、教学楼等横墙较少的多层砌体房屋，总高度比表 12-9 中的规定降低 3 m，层数相应减少一层；各层横墙较少的多层砌体房屋，还应根据具体情况再适当降低总高度和减少层数（横墙较少是指同一层内开间大于 4.2 m 的房间占该层总面积的 40% 以上）。

（3）6、7 度时，横墙较少的丙类多层砌体房屋，当按规定采取加强措施并满足抗震承载力要求时，其高度和层数允许值仍按表 12-9 中的规定采取。

（4）采用蒸压灰砂砖和蒸压粉煤灰砖的砌体房屋，当砌体抗剪强度达到普通黏土砖砌体的 70% 时，房屋的层数应比普通砖房减少一层，总高度应减少 3 m；当砌体的抗剪强度达到普通黏土砖砌体的取值时，房屋层数和总高度的要求同普通砖房屋。

2. 多层砌体房屋的最大高宽比限制

多层砌体承重房屋的层高，不应超过 3.6 m；底部框架-抗震墙砌体房屋的底部楼层，层高不应超过 4.5 m；当底层采用约束砌体抗震墙时，底层的层高不应超过 4.2 m。

多层砌体房屋一般可以不进行整体弯曲验算，但为了保证房屋的稳定性，限制了其高宽比。多层砌体房屋的最大高宽比应符合表 12-10 的规定。

表 12-10　多层砌体房屋高宽比限值

烈度	6	7	8	9
最大高宽比	2.5	2.5	2.0	1.5

注：①单面走廊房屋的总宽度不包括走廊宽度。

②建筑平面接近正方形时，其高宽比宜适当减小。

3. 房屋抗震墙的间距

多层砌体房屋的横向地震力主要由横墙承担，不仅横墙须具有足够的承载力，而且楼盖须具有传递地震力给横墙的水平刚度，为了满足楼盖对传递水平地震力所需的刚度要求，《建筑抗震设计规范》(GB 50011—2010)规定，房屋抗震墙的间距不应超过表 12-11 的规定。

表 12-11　房屋抗震墙最大间距

房屋类别		最大间距/m			
		6 度	7 度	8 度	9 度
多层砌体	现浇或装配整体式钢筋混凝土楼、楼盖	15	15	11	7
	装配式钢筋混凝土楼、楼盖	11	11	9	4
	木楼、楼盖	9	9	4	—
底部框架-抗震墙	上部各层	同多层砌体房屋			—
	底层或底部两层	18	15	11	—

注：①多层砌体房屋的顶层，最大横墙间距应允许适当放宽，但应采取相应的加强措施。

②多孔砖抗震横墙厚度为 190 mm 时，最大横墙间距应比表中数值减少 3 m。

4. 房屋的局部尺寸限制

为了保证在地震时，不因局部墙段的首先破坏而造成整片墙体的连续破坏，导致整体结构倒塌，必须对墙体的局部尺寸加以限制，见表 12-12 所示。

表 12-12　房屋的局部尺寸限值

部位	6 度	7 度	8 度	9 度
承重窗间墙的最小宽度	1.0	1.0	1.2	1.5
承重外墙尽端至门窗洞边的最小距离	1.0	1.0	1.2	1.5
非承重外墙尽端至门窗洞边的最小距离	1.0	1.0	1.0	1.0
内墙阳角至门窗洞边的最小距离	1.0	1.0	1.5	2.0
无锚固女儿墙（非出入口处）的最大高度	0.5	0.5	0.5	0.0

注：①局部尺寸不足时应采取局部加强措施弥补，且最小宽度不宜小于 1/4 层高和表列数据的 80%。

②出入口处的女儿墙应有锚固。

5. 多层砌体房屋的结构体系

多层砌体房屋的结构体系，应符合下列要求。

（1）应优先采用横墙承重或纵横墙共同承重的结构体系。

（2）纵横墙的布置宜均匀对称，沿平面内宜对齐，沿竖向应上下连续；同一轴线上的窗间墙宽度宜均匀。

（3）房屋有下列情况之一时宜设置防震缝，缝两侧均应设置墙体，缝宽应根据烈度和房屋高度确定，可采用 70～100 mm：①房屋立面高差在 6 m 以上；②房屋有错层，且楼板高差大于层高的 1/4；③各部分结构刚度、质量截然不同。

（4）楼梯间不宜设置在房屋的尽端和转角处。

（5）不应在房屋转角处设置转角窗。

（6）横墙较少、跨度较大的房屋，宜采用现浇钢筋混凝土楼（屋）盖。

三、抗震构造措施

1. 多层砖房的抗震构造措施

1）构造柱的设置

根据大量地震经验和试验研究，构造柱能够提高砌体的受剪承载力 10%～30%，构造柱主要是对砌体起约束作用，使之具有较高的变形能力，而且构造柱应当设置在震害较重、连接构造比较薄弱和易于应力集中的部位。

多层普通砖、多孔砖房，应按下列要求设置现浇钢筋混凝土构造柱。

（1）构造柱的设置部位，一般情况下应符合表 12-13 的要求。

（2）外廊式和单面走廊式的多层房屋，应根据房屋增加一层后的层数，按表 12-13 的要求设置构造柱，且单面走廊两侧的纵墙均应按外墙处理。

（3）教学楼、医院等横墙较少的房屋，应根据房屋增加一层后的层数，按表 12-13 的要求设置构造柱，当教学楼、医院等横墙较少的房屋为外廊式或单面走廊式时，应按第（2）条的要求设置构造柱，但抗震设防烈度为 6 度不超过四层、抗震设防烈度为 7 度不超过三层和抗震设防烈度为 8 度不超过二层时，应按增加二层后的层数对待。

（4）各层横墙很少的房屋，应按增加二层的层数设置构造柱。

（5）采用蒸压灰砂砖和蒸压粉煤灰砖的砌体房屋，当砌体抗剪强度达到普通黏土砖砌体的70％时，应根据增加一层的层数按（1）～（4）要求设置构造柱；但抗震设防烈度为 6 度不超过四层、抗震设防烈度为 7 度不超过三层和抗震设防烈度为 8 度不超过二层时，应按增加二层后的层数对待。

表 12-13　砖房构造柱的设置要求

房屋层数				设 置 部 位	
6 度	7 度	8 度	9 度		
四、五	三、四	二、三		楼、电梯间四角，楼梯段上下端对应的墙体处；外墙四角和对应转角；	隔 12 m 或单元横墙与外纵墙交接处
六	五	四	二		隔开间横墙（轴线）与外墙交接处，山墙与内纵墙交接处
七	≥六	≥五	≥三	错层部位横墙与外纵墙交接处，大房间内外墙交接处，较大洞口两侧	内墙（轴线）与外墙交接处，内墙的局部较小墙垛处；内纵墙与横墙（轴线）交接处

注：较大洞口，内墙指不小于 2.1 m 的洞口；外墙在内外墙交接处已设置构造柱时应允许适当放宽，但洞侧墙体应加强。

多层砖砌体房屋的构造柱应符合下列构造要求。

（1）构造柱最小截面为 240 mm×180 mm（墙厚 190 mm 时为 190 mm×180 mm），纵筋宜采用 4φ12，箍筋间距不宜大于 250 mm，且柱上下端适当加密；抗震设防烈度为 6、7 度超过六层、抗震设防烈度为 8 度时超过五层和抗震设防烈度为 9 度时，纵筋宜采用 4φ14，箍筋间距不宜大于 200 mm；房屋四角的构造柱可适当加大截面及配筋。

（2）构造柱与墙连接处应砌成马牙槎，沿墙高每隔 500 mm 设 2A6 水平钢筋和 A4 分布短筋平面内点焊组成的拉结网片或 A4 点焊钢筋网片，每边伸入墙内不宜小于 1 m。抗震设防烈度为 6、7 度时底部1/3楼层，抗震设防烈度为 8 度时底部1/2楼层，抗震设防烈度为 9 度时全部楼层，上述拉结钢筋网片应沿墙体水平通长设置。如图 12-5 所示。

（3）构造柱与圈梁连接处，构造柱的纵筋应在圈梁纵筋内侧穿过，保证构造柱纵筋上下贯通。

（4）构造柱可不单独设置基础，但应伸入室外地面下 500 mm，或与埋深小于 500 mm 的基础圈梁相连。

2）圈梁的设置

圈梁能增强房屋的整体性，提高房屋的抗震能力，是抗震的有效措施。圈梁的构造如图12-6所示。

多层普通砖、多孔砖房屋的现浇钢筋混凝土圈梁设置应符合下列要求。

（1）装配式钢筋混凝土楼、屋盖或木楼、屋盖的砖房，横墙承重时应按表 12-14 的要求设置圈梁；纵墙承重时，抗震横墙上的圈梁间距应比表内的要求适当加密。

（2）现浇或装配整体式钢筋混凝土楼、屋盖与墙体有可靠连接的房屋，应允许不另设圈梁，但楼板沿墙体周边应加强配筋并应与相应的构造柱钢筋可靠连接。

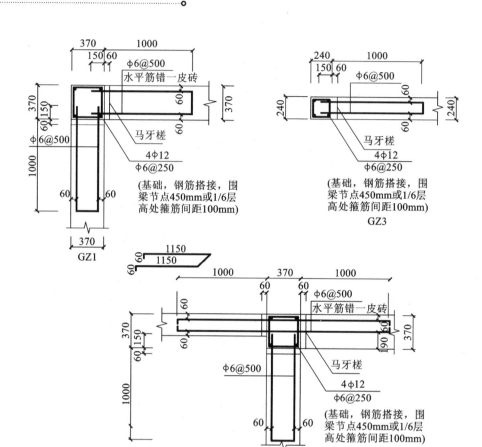

图 12-5　构造柱与墙体的连接

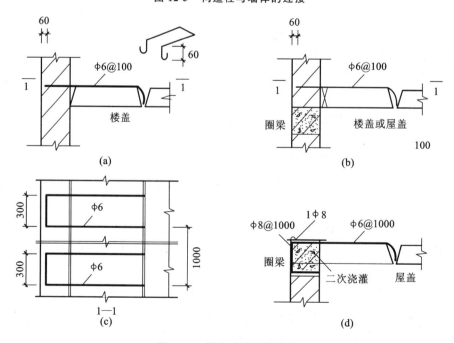

图 12-6　楼盖处圈梁的设置

表 12-14　砖房现浇钢筋混凝土圈梁设置要求

墙类	烈度		
	6、7	8	9
外墙和内纵墙	屋盖处及每层楼盖处	屋盖处及每层楼盖处	屋盖处及每层楼盖处
内横墙	同上;屋盖处间距不应大于 4.5 m;楼盖处间距不应大于 7.2 m;构造柱对应部位	同上;各层所有横墙,且间距不应大于 4.5 m;构造柱对应部位	同上;各层所有横墙

2. 多层砌块房屋的抗震构造措施

1) 芯柱的设置

小砌块房屋应按表 12-15 的要求设置钢筋混凝土芯柱,对医院、教学楼等横墙较少的房屋,应根据房屋增加一层后的层数,按表 12-15 的要求设置芯柱。

表 12-15　小砌块房屋芯柱设置要求

房屋层数				设置部位	设置数量
6 度	7 度	8 度	9 度		
4、5	3、4	2、3		外墙转角,楼、电梯间四角,楼梯斜梯段上下端对应的墙体处;大房间内外墙交接处;错层部位横墙与外纵墙交接处;隔 12 m 或单元横墙与外纵墙交接处	外墙转角,灌实 3 个孔;内外墙交接处,灌实 4 个孔;楼梯斜梯段上下端对应的墙体处,灌实 2 个孔
6	5	4		同上;隔开间横墙(轴线)与外纵墙交接处	
7	6	5	2	同上;各内墙(轴线)与外纵墙交接处;内纵墙与横墙(轴线)交接处和洞口两侧	外墙转角,灌实 5 个孔;内外墙交接处,灌实 4 个孔;内墙交接处,灌实 4~5 个孔;洞口两侧各灌实 1 个孔
	7	≥6	≥3	同上:横墙内芯柱间距不大于 2 m	外墙转角,灌实 7 个孔;内外墙交接处,灌实 5 个孔;内墙交接处,灌实 4~5 个孔;洞口两侧各灌实 1 个孔

注:外墙转角、内外墙交接处、楼电梯间四角等部位,应允许采用钢筋混凝土构造柱替代部分芯柱。

2) 圈梁的设置

小砌块房屋的现浇钢筋混凝土圈梁应按表 12-15 的要求设置,圈梁宽度不应小于 190 mm,配筋不应少于 4φ12,箍筋间距不应大于 200 mm。

项目 **13** 结构施工图

学习目标

知识目标

(1) 了解建筑工程施工图的种类、设计程序以及结构施工图基本内容、作用。

(2) 熟悉结构施工图常用图例、符号、代号的表示,熟悉混凝土施工图制图的一般规定以及画法。

(3) 掌握钢筋混凝土结构平法施工图制图规则。

能力目标

(1) 能准确识读钢筋混凝土结构基础及梁、板、柱施工图。

(2) 能准确识读砌体结构房屋基础平面图及各层结构平面图。

(3) 能看懂钢结构施工图。

知识链接

工程施工图纸作为工程技术界的通用语言,是工程设计人员与业主以及施工人员传递工程信息的载体,是设计师的设计构思与设计意图的最终体现。而施工人员通过熟悉图纸,最终使图纸变成实物。因此,施工图纸属于指导施工的正式依据,是具有法律效力的文件,也是重要的技术文档。设计师应当对图纸内容的正确性负责,施工人员应当对是否按图施工负责。除施工图纸外,建筑工程竣工后,施工单位还必须根据工程施工图纸及设计变更文件,重新绘制竣工图纸,作为竣工文件的一部分交给业主,业主除自己保存外,还应送交一份由当地城建档案管理部门保存。

任务 **1** 概述

一、建筑工程施工图的种类

一套完整的建筑工程施工图通常应包括建筑施工图、结构施工图和设备施工图三部分。

1. 建筑施工图（简称"建施"）

建筑施工图主要用来表示房屋的规划位置、外部造型、内部布置、内外装修、细部构造、固定设施及施工要求等。它主要包括建筑设计总说明、建筑总平面图、平面图、立面图、剖面图和详图。

2. 结构施工图（简称"结施"）

结构施工图主要表示房屋承重结构的布置、构件类型、数量、大小及构件内部构造等。它主要包括结构设计总说明、结构布置图和构件详图。

3. 设备施工图（简称"设施"）

设备施工图主要表示房屋的给排水、供电照明、采暖通风、空调、燃气等设备的管道和线路的布置、走向以及安装施工要求等。设备施工图又分为给水排水施工图（水施）、供暖施工图（暖施）、通风与空调施工图（通施）、电气施工图（电施）等。设备施工图一般包括平面布置图、系统图、详图以及施工要求。

建筑工程施工图各专业的图纸应按照内容的主次关系、逻辑关系以及施工的顺序进行排列，一般的排列顺序是：图纸目录、基本图纸、详图，遵循主要部分在前、次要部分在后，布置图在前、构件图在后的原则。

二、建筑工程施工图设计程序

建筑工程施工图一般是由业主通过招投标选择具有相应资质的设计单位进行设计，并与之签订设计合同，双方的权益受法律保护。设计单位根据甲方提供的设计任务书以及相关设计资料，如房屋的用途、规模、场地自然条件、规划要求、建筑风格等，进行设计、计算，最终完成图纸绘制。

在施工图设计过程之前，建筑工程通常要进行建筑方案设计，正式的施工图设计过程一般分为初步设计和施工图设计两个阶段。但对于技术上复杂的建设项目，根据主管部门的要求，可以按初步设计、技术设计和施工图设计三个阶段进行，技术简单的小型项目，经主管部门同意，可以方案设计代替初步设计。

建筑方案设计是一项建筑设计从无到有、去粗取精、去伪存真、由表及里的具体化、形象化的表现过程。针对某个项目，设计师做出不同方案进行比较，最终确定具体方案。

初步设计就是在可行性研究报告和方案的基础上进一步细化各分部工程，在满足技术可行、经济合理的前提下，提出设计标准、建筑构造要求、结构布置方案以及设备等各专业设计方案等。初步设计只是对最终产品的一个构想的草图，在初步设计中不用精确的数据、可靠的结构及准确的图纸，因此，初步设计图纸不能作为最终施工的依据，其深度应当满足审批的要求。

施工图设计是根据已批准的初步设计或设计方案而编制的可供进行施工和安装的设计文件。设计文件要求齐全、完整，内容、深度应符合规定，文字说明、图纸要准确清晰，整个设计文件应经过严格的校审，经各级设计人员签字后，方能提出。施工图设计文件作为设计人员的最终成果，其深度应满足以下要求：能据以编制施工图预算；能据以安排材料、设备订货和非标准设备的制作；能据以进行施工和安装；能据以进行工程验收。

三、结构施工图基本内容

不同类型的结构，其施工图的具体内容可能有所不同，但一般包括以下三个方面的内容。

1. 结构设计说明

其主要是文字叙述并配以通用详图做法，一般包括结构设计的依据、基础形式、结构形式、耐久性要求、抗震设防要求、材料要求、构造连接做法、施工要求等。

2. 结构平面布置图

其主要表示结构构件的平面位置、型号或编号、数量及相互关系。一般包括：基础平面图、各楼层结构平面图、屋顶层结构平面图。对于工业厂房，可能还有设备基础平面图、柱网、柱间支撑、吊车梁、连系梁、屋架、屋面板、天窗架、屋面支撑系统等平面布置图。

3. 结构详图

其主要表示与结构平面布置图相对应的各个构件的形状、大小、材料、配筋构造及工艺方法等。一般包括：基础详图；梁、板、墙柱和屋面详图；楼梯详图；天沟、挑檐、雨棚、预埋件以及其他建筑立面线条结构做法等。

对于某些已经在通用图集中给出做法的详图，可直接通过索引符号或者文字说明标明做法，不必额外绘制具体做法。某些较为复杂的框架节点大样、屋（桁）架节点大样等则应另外绘制节点详图。

四、结构施工图的作用

结构施工图与建筑施工图一样，是施工的依据，主要用于放线、挖基槽、基础施工、支承模板、绑扎钢筋、浇灌混凝土、构件安装等施工过程，也是进行计算工程量、编制预算和施工进度计划的依据，同时还是监理单位和政府质监部门实施质量检查和验收的依据。

五、建筑结构制图规定

建筑结构施工图的绘制应遵守《房屋建筑制图统一标准》(GB/T 50001—2017)以及《建筑结构制图标准》(GB/T 50105—2010)，具体介绍如下。

1. 图线

建筑结构专业制图应选用表 13-1 所示的图线。

表 13-1　建筑结构专业制图所用的图线

名称		线型	线宽	一般用途
实线	粗	——————	b	螺栓、钢筋线、结构平面图中的单线结构构件线、钢木支撑及系杆线，图名下横线、剖切线
	中粗	——————	$0.7b$	结构平面图或详图中剖到或可见的墙身轮廓线、基础轮廓线、钢、木结构轮廓线、钢筋线
	中	——————	$0.5b$	结构平面图及详图中剖到或可见的墙身轮廓线、基础轮廓线、可见钢筋混凝土构件线、钢筋线
	细	——————	$0.25b$	标注引出线、标高符号线、索引符号线、尺寸线
虚线	粗	— — — —	b	不可见的钢筋线、螺栓线、结构平面图中的不可见的单线结构构件线及钢、木支撑线
	中粗	— — — —	$0.7b$	结构平面图中的不可见构件、墙身轮廓线及不可见钢、木构件轮廓线、不可见的钢筋线
	中	— — — —	$0.5b$	结构平面图中的不可见构件、墙身轮廓线及不可见钢、木构件轮廓线、不可见的钢筋线
	细	— — — —	$0.25b$	基础平面图中的管沟轮廓线、不可见的钢筋混凝土构件轮廓线

续表

名称		线型	线宽	一般用途
单点长画线	粗	 —— · —— · ——	b	柱间支撑、垂直支撑、设备基础轴线图中的中心线
	细	 —— · —— · ——	$0.25b$	定位轴线、对称线、中心线、重心线
双点长画线	粗	—— ·· —— ·· ——	b	预应力钢筋线
	细	 —— ·· —— ·· ——	$0.25b$	原有结构轮廓线
折断线		 —/\—	$0.25b$	断开界线
波浪线		 ～～～	$0.25b$	断开界线

2. 钢筋的一般表示方法

普通钢筋的一般表示方法应符合表 13-2 的规定,预应力钢筋的表示方法应符合表 13-3 的规定,钢筋的画法则应符合表 13-4 的规定。

表 13-2 普通钢筋

序号	名称	图例	说明
1	钢筋横断面	●	—
2	无弯钩的钢筋端部	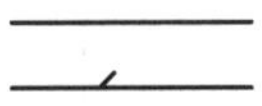	下图表示长、短钢筋投影重叠时,短钢筋的端部用 45° 斜画线表示
3	带半圆形弯钩的钢筋端部		—
4	带直钩的钢筋端部		—
5	带丝扣的钢筋端部		—
6	无弯钩的钢筋反搭接		—
7	带半圆弯钩的钢筋搭接		—
8	带直钩的钢筋搭接		—
9	花篮螺丝钢筋接头	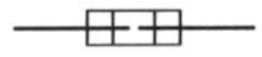	—
10	机械连接的钢筋接头		用文字说明机械连接的方式(如冷挤压或直螺纹等)

表 13-3 预应力钢筋

序号	名称	图例
1	预应力钢筋或钢绞线	
2	后张法预应力钢筋断面 无黏结预应力钢筋断面	⊕
3	单根预应力钢筋断面	+
4	张拉端锚具	

续表

序号	名称	图例
5	固定端锚具	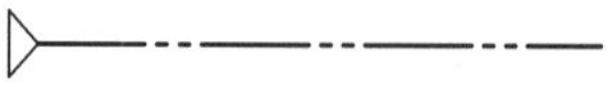
6	锚具的端视图	
7	可动联结件	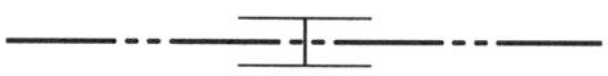
8	固定联结件	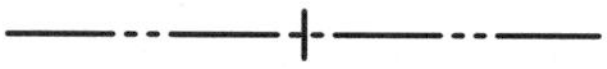

表 13-4　钢筋画法

序号	说明	图例
1	在结构平面图中配置双层钢筋时,底层钢筋的弯钩应向上或向左,顶层钢筋的弯钩则应向下或向右	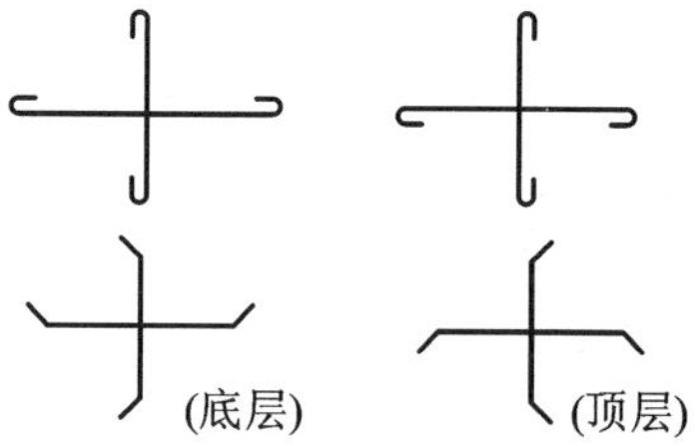 (底层)　　(顶层)
2	钢筋混凝土墙体配双层钢筋时,在配筋立面图中,远面钢筋的弯钩应向上或向左,而近面钢筋的弯钩应向下或向右(JM 近面,YM 远面)	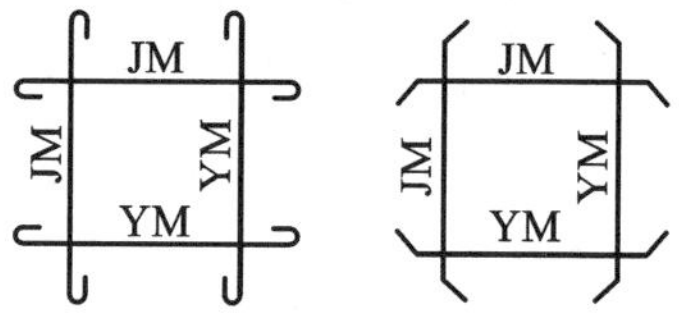
3	若在断面图中不能表达清楚的钢筋布置,应在断面图外增加钢筋大样图(如钢筋混凝土墙、楼梯等)	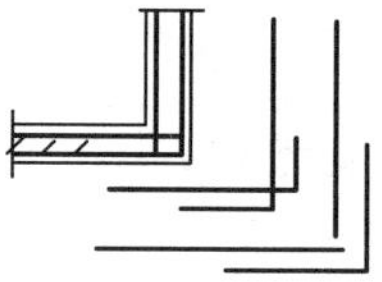
4	图中所表示的箍筋、环筋等若布置复杂时,可加画钢筋大样及说明	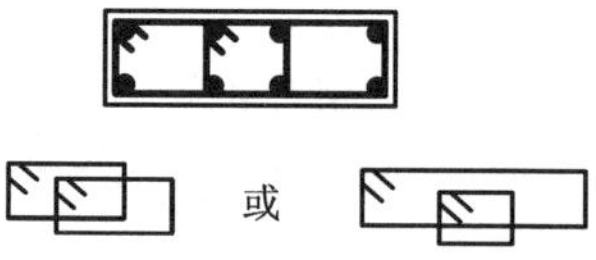
5	每组相同的钢筋、箍筋或环筋,可用一根粗实线表示,同时用一根两端带斜短画线的横穿细线,表示其余钢筋及起止范围	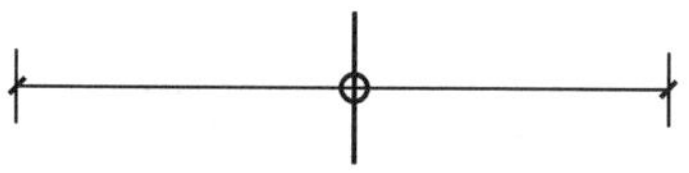

3. 构件代号

结构构件的名称应使用代号表示,构件的代号通常选用结构构件汉语拼音的首字母表示,常用的构件代号如表 13-5 所示。

表 13-5　常用构件代号

序号	名称	代号	序号	名称	代号	序号	名称	代号
1	板	B	19	圈梁	QL	37	承台	CT
2	屋面板	WB	20	过梁	GL	38	设备基础	SJ
3	空心板	KB	21	连系梁	LL	39	桩	ZH
4	槽形板	CB	22	基础梁	JL	40	挡土墙	DQ
5	折板	ZB	23	楼梯梁	TL	41	地沟	DG
6	密肋板	MB	24	框架梁	KL	42	柱间支撑	ZC
7	楼梯板	TB	25	框支梁	KZL	43	垂直支撑	CC
8	盖板或沟盖板	GB	26	屋面框架梁	WKL	44	水平支撑	SC
9	挡雨板或檐口板	YB	27	檩条	LT	45	梯	T
10	吊车安全走道板	DB	28	屋架	WJ	46	雨棚	YP
11	墙板	QB	29	托架	TJ	47	阳台	YT
12	天沟板	TGB	30	天窗架	CJ	48	梁垫	LD
13	梁	L	31	框架	KJ	49	预埋件	M—
14	屋面梁	WL	32	刚架	GJ	50	天窗端壁	TD
15	吊车梁	DL	33	支架	ZJ	51	钢筋网	W
16	单轨道吊车梁	DDL	34	柱	Z	52	钢筋骨架	G
17	轨道边接	DGL	35	框架柱	KZ	53	基础	J
18	车挡	CD	36	构造柱	GZ	54	暗柱	AZ

注：①预制钢筋混凝土构件、现浇钢筋混凝土构件、钢构件和木构件，一般可直接采用本表中的构件代号。在绘图中，当需要区别上述构件的材料种类时，可在构件代号前加注材料代号，并在图纸上加以说明。

②预应力钢筋混凝土构件的代号，应在构件代号前加注："Y-"，如 Y-DL 表示预应力钢筋混凝土吊车梁。

4. 混凝土结构施工图制图一般规定

（1）钢筋、钢丝束应符合以下规定。

① 钢筋、钢丝束的说明应给出钢筋的代号、直径、数量、间距、编号及所在位置，其说明应沿钢筋的长度标注或标注在相关钢筋的引出线上。

② 钢筋、杆件等编号的直径宜采用 5～6 mm 的细实线圆表示，其编号应采用阿拉伯数字按顺序编写。另外对于简单的构件、钢筋种类较少可不编号。

（2）钢筋在平面、立面、剖（断）面中的表示方法应符合下列规定。

① 钢筋在平面图中的配置应按图 13-1 所示的方法表示。当钢筋标注的位置不够时，可采用引出线标注。引出线标注钢筋的斜短画线应为中实线或细实线。

② 当构件布置较简单时，结构平面布置图可与板配筋平面图合并绘制。

③ 平面图中的钢筋配置较复杂时，可按表 13-4 以及图 13-2 的方法绘制。

④ 钢筋在梁纵、横断面图中的配置，应按图 13-3 所示的方法表示。

（3）构件配筋图中箍筋的长度尺寸，应指箍筋的里皮尺寸。弯起钢筋的高度尺寸应指钢筋的外皮尺寸，如图 13-4 所示。

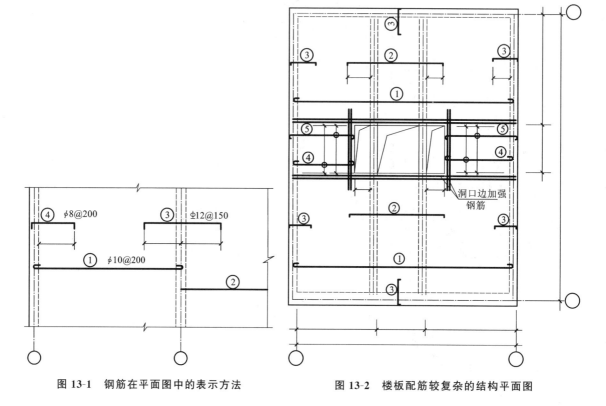

图 13-1　钢筋在平面图中的表示方法

图 13-2　楼板配筋较复杂的结构平面图

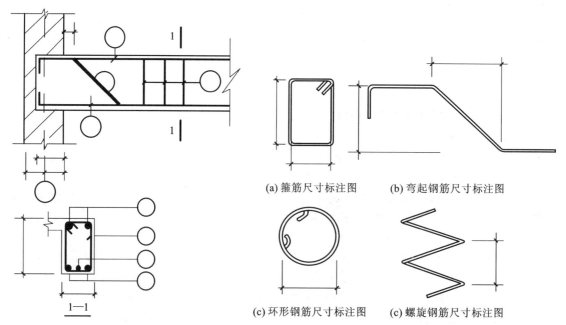

图 13-3　梁纵、横断面中钢筋表示方法

(a) 箍筋尺寸标注图　　(b) 弯起钢筋尺寸标注图

(c) 环形钢筋尺寸标注图　(c) 螺旋钢筋尺寸标注图

图 13-4　钢箍尺寸标注法

5. 钢筋的简化表示方法

（1）当构件对称时,采用详图绘制的钢筋或钢筋网片可用一半或 1/4 表示,如图 13-5 所示。

（2）钢筋混凝土构件配筋较简单时，宜按下列规定绘制配筋平面图。

① 独立基础宜按图 13-6(a) 的规定在平面模板图左下角，绘出波浪线，绘出钢筋并标注钢筋的直径、间距等。

② 其他构件宜按图 13-6(b) 的规定在某一部位绘出波浪线，绘出钢筋并标注钢筋的直径、间距等。

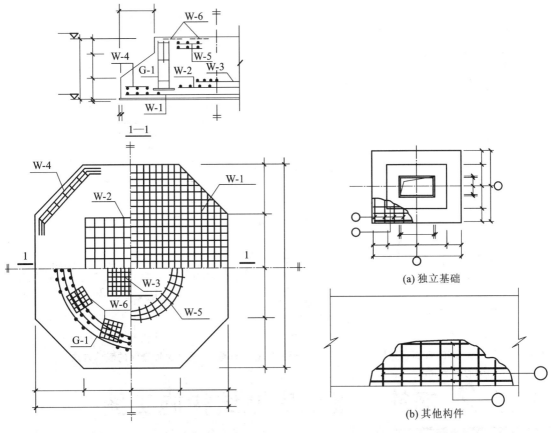

图 13-5　构件中钢筋的简化表示方法　　　　图 13-6　构件配筋简化表示方法

(a) 独立基础

(b) 其他构件

（3）对称的钢筋混凝土构件，宜按图 13-7 的规定在同一图样中一半表示模板，另一半表示配筋。

6. 预埋件、预留孔洞的表示方法

（1）在混凝土构件上设置预埋件时，可按图 13-8 的规定在平面图或立面图上表示。引出线指向预埋件，并标注预埋件的代号。

（2）在混凝土构件的正、反面同一位置均设置相同的预埋件时，可按图 13-9 的规定，引出线为一条实线和一条虚线并指向预埋件，同时在引出横线上标注预埋件的数量及代号。

（3）在混凝土构件的正、反面同一位置设置编号不同的预埋件时，可按图 13-10 的规定引一条实线和一条虚线并指向预埋件。引出横线上标注正面预埋件代号，引出横线下标注反面预埋件代号。

（4）在构件上设置预留孔、洞或预埋套管时，可按图 13-10 的规定在平面或断面图中表示。引出线指向预留（埋）位置。引出横线上方标注预留孔、洞的尺寸，预埋套管的外径。横线下方标注孔、洞（套管）的中心标高或底标高。

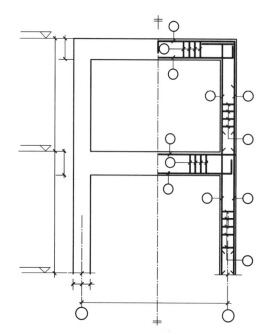

图 13-7　构件配筋简化表示方法

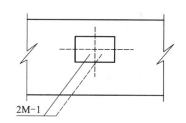

图 13-8　预埋件的表示方法

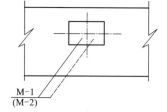

图 13-10　同一位置正、反面预埋件
不相同的表示方法

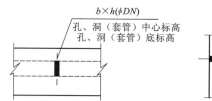

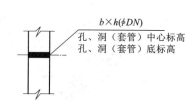

图 13-9　同一位置正、反面预埋件相同的表示方法

图 13-11　预留孔、洞及预埋套管的表示方法

任务 2　钢筋混凝土房屋结构施工图

一、钢筋混凝土房屋结构施工图平面整体表示方法简介

钢筋混凝土结构施工图平面整体表示方法简称"平法"，它实际上是将结构构件的尺寸和配筋，按照平面整体表示方法制图规则，整体直接表达在各类构件的平面布置图上，再与标准构造详图结合，即可构成一套完整且可读性高的设计图纸。这种方法避免了传统的将各个构件逐个绘制剖面详图的烦琐步骤，大大减少了传统设计中重复表达的内容，以集中表达的方式取代离散表达，并将可以通用的内容采用标准图集的方式呈现，大大减少了结构设计人员的画图时间、提高了作图效率，从而投入腾出更多的时间到结构方案的比对、优化和结构构件的计算中。同时，平法表示的图纸也使得施工图的看图、记忆和查阅更加方便，更方便施工与管理。

目前我国关于混凝土结构平法施工图的国家标准设计图集为《混凝土结构施工图平面整体表示方法制图规则和构造详图》G101 系列，现行的版本为：

（1）16G101—1（现浇混凝土框架、剪力墙、梁、板结构）；

（2）16G101—2（现浇混凝土板式楼梯）；

（3）16G101—3（独立基础、条形基础、筏形基础、桩基础）。

二、基础平法施工图制图规则

基础平法施工图制图规则详见 16G 101—3 图集。

基础平法施
工图制图规则

三、柱平法施工图制图规则

柱平法施工图制图规则详见 16G 101—1 图集。

柱平法施工
图制图规则

四、梁平法施工图制图规则

梁平法施工图制图规则详见 16G 101—1 图集。

梁平法施工
图制图规则

五、有梁楼盖平法施工图制图规则

有梁楼盖平法施工图制图规则详见 16G 101—1 图集。

有梁楼盖平法
施工图制图规则

六、无梁楼盖平法施工图制图规则

无梁楼盖平法施工图制图规则详见 16 G101—1 图集。

无梁楼盖平法
施工图制图规则

任务 3 砌体房屋结构施工图

一、砌体结构施工图简介

砌体结构施工图一般由结构设计说明、基础施工图、结构平面图和结构详图组成。

结构设计说明主要是以文字说明的形式表示结构设计所遵循的规范、标准、统一的技术措施,以及自然地质条件、抗震设防要求等设计依据,并交代构件材料性质、规格、强度等级和施工要求等。对于一些通用的构件节点详图也可在结构设计说明中表达。

基础施工图一般包含基础平面图和基础详图,主要表示基础的平面布置,如基础尺寸、位置、截面、配筋和节点等详细做法等。结构平面图包括地下室结构平面图、楼层结构平面图、屋顶层结构平面图。其主要包括:梁、板、墙柱、构造柱、圈梁、过梁、楼梯等的平面位置。结构详图一般包括楼梯、雨棚、梁、板等构件的详图。

二、基础施工图

1. 基础平面图

基础平面图是用一个假想的水平剖切面在室内地面处将房屋切开,并将基础四周的土层以及上部结构移开,向下投影而成所形成的平面图。基础平面图主要包括以下内容。

(1)图名、比例。图名通常为"基础平面图"或"基础结构平面图",比例一般为1:100。

(2)定位轴线及尺寸,主要包括纵横向定位轴线、轴线编号、轴线尺寸等。其中,轴线及编号与建筑施工图一致,通常可标注两道外部尺寸,即定位轴线间尺寸及轴线总尺寸。

(3)基础的平面布置及基础尺寸等,主要包括基础形状、尺寸及基础与轴线之间的位置关系。对于采用大放脚的砖基础,一般只画出基础最外边(垫层)的轮廓线,其余放脚线则不用表示。

(4)基础剖面图所对应的剖切符号以及剖切编号,主要是为了方便查找基础详图。

(5)必要的文字说明,主要表达基础所用材料的名称、规格、强度等级;基础持力层的名称和承载力特征值,基底标高等。

需要注意的是,在某些有特殊要求的施工图中,可能还需要在基础平面图中表示暖气、电气等管沟的路线和穿洞位置等。

2. 基础详图

砌体结构的基础形式通常有无筋扩展基础(如砖基础、毛石基础、混凝土基础等)与扩展基础(如柱下独立基础、墙下条形基础),另外当地基承载力较低或建筑有特殊需要时还可以采用筏形基础。

对于不同的基础形式,基础详图的表达方式也有所区别。例如,条形基础一般只需要表达基础的垂直剖面图,而独立基础则应表达平面图和垂直剖面图。

基础详图的主要内容如下。

(1)图名、比例。图名通常为"××剖面图",比例一般可采用1:25、1:20、1:50等。

(2)轴线及编号,即剖面图中的轴线与编号。

(3)基础剖面图的形状及细部尺寸。

(4)基础剖面的标高,主要包括室内地面及基础底面的标高,必要时还应标注室外地面的标高。

(5)对于配筋基础,还应标注所采用的钢筋规格、直径、间距,现浇基础应标注预留插筋、搭接长度与位置等。

(6)垫层材料、防潮层的做法等。

一般来说,在图幅允许的情况下,基础平面图与基础详图可在同一张图中表示,如果图幅不够,则可以分开表示,但要注意详图的索引图号之间的对应关系。

图13-12所示为某砌体工程条形基础平面图及详图,砌体工程独立基础平面图则与钢筋混凝土结构独立基础平面图类似。

基础施工图的识读主要需要了解基础设计说明中基础材料、地基承载力等说明,以及基础平面图中基础平面布置情况,并对应基础详图,了解基础的具体尺寸与做法等。

三、结构平面图

结构平面图也是用一个假想的水平面沿楼板顶面将结构切开后,移去上部结构,并将下部

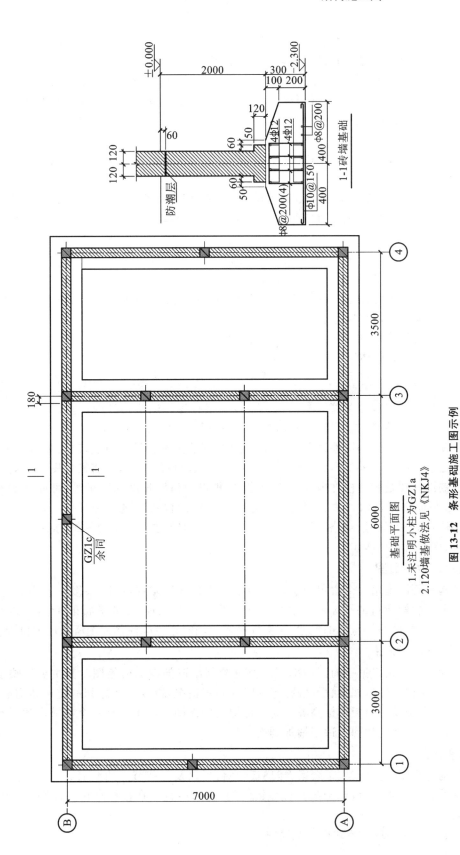

图 13-12 条形基础施工图示例

基础平面图
1.未注明小柱为GZ1a
2.120墙基做法见《NKJ4》

结构向下投影得到的平面图,主要表示各楼层的梁、板、墙柱等承重构件的平面布置情况,以及现浇板的构造与配筋或者预制板的类型与排列方式等。

一般而言,结构平面图包括地下室结构平面、楼层结构平面图、屋顶结构平面图,当每层的构件布置都相同时,楼层结构平面又可以分为一层结构平面与标准层结构平面。如果各层构件布置不同,则应分别绘制各层结构平面。

结构平面图的主要图示内容如下。

(1)轴网、轴号及轴线尺寸。轴网的必须与建筑平面图一致,轴线尺寸可只标注轴线间尺寸与轴线总尺寸。

(2)墙柱、梁等构件的位置、编号、尺寸等。对于梁类构件如果在一张图纸上难以表达清楚时,可按照纵向梁、横向梁、圈梁、过梁等分别绘制;对于墙柱类构件,一般应在墙柱根部所在的结构平面图中加以编号标注。

(3)板类构件,如果是预制板,则需要标注板的数量、型号、编号、铺板范围和方向;如果是现浇板,则可直接在其范围内布置钢筋,并标明钢筋的直径、间距、规格等,如果平面图直接绘制配筋有困难,可以另画详图;除此之外,还应标明板厚与板顶面结构标高以及预留洞口的尺寸和位置等。

(4)注明相关的剖切符号与索引符号。

(5)必要的文字说明,主要是结构设计总说明中未提及而本图中又需要特别提醒的说明内容。

图 13-13 所示为某砌体结构平面布置图。

四、结构详图

砌体结构详图一般包括钢筋混凝土柱、梁、板和楼梯等。这些构件的位置以及名称在结构平面布置图中均有表述,但具体尺寸、配筋等详细做法则需要通过绘制构件的详图来表达。

钢筋混凝土柱、梁、板的构件详图一般有模板图、配筋图和钢筋表,但有时可能仅需配筋图。模板图主要是表达构件的外部形状、尺寸等,但对于形状简单的构件,可将模板图与配筋图合并在一起。配筋图主要是表达构件内部钢筋的位置、规格、直径、长度和数量等,可通过剖面图表达,也可通过平面整体表示方法。钢筋表则是统计钢筋的根数、长度等使用,主要用于方便识图,内容一般有钢筋的编号、规格、长度、根数等。楼梯结构图主要包括楼梯结构平面图、楼梯结构剖面图、构件详图。具体如下。

1. 楼梯结构平面图

楼梯结构平面图是用一个假想的水平面沿平台梁将各层楼梯剖开后,移去上部结构,将下部结构从上向下投影所得的平面图。主要反映了楼梯相关梁、板、柱的平面布置情况,以及轴线位置与轴线尺寸、构件编号与细部尺寸、结构标高等。同时还应标注剖面图所对应的位置。

2. 楼梯结构剖面图

楼梯结构剖面图是根据平面图中剖面的位置绘制出该剖面的模板图。其主要反映了楼梯间的承重构件(结构构件),如梁、板、墙柱等的竖向布置情况,以及相互之间的连接和构造,楼梯的踏步尺寸,平台板及楼面板的标高等。通常楼梯的剖面图应尽量选择一个能够表达所有梯段的剖面即可,对于复杂的楼梯可适当增加剖面个数。

3. 构件详图

楼梯的构件详图包括斜梁、平台梁、楼梯板、平台板以及某些节点的配筋详图。按照混凝土结构施工图的表达方式表示,对于某些尺寸较大的楼梯,可直接在楼梯结构平面图上绘制平台板等的配筋。

图 13-14 所示为某现浇板式楼梯配筋图。

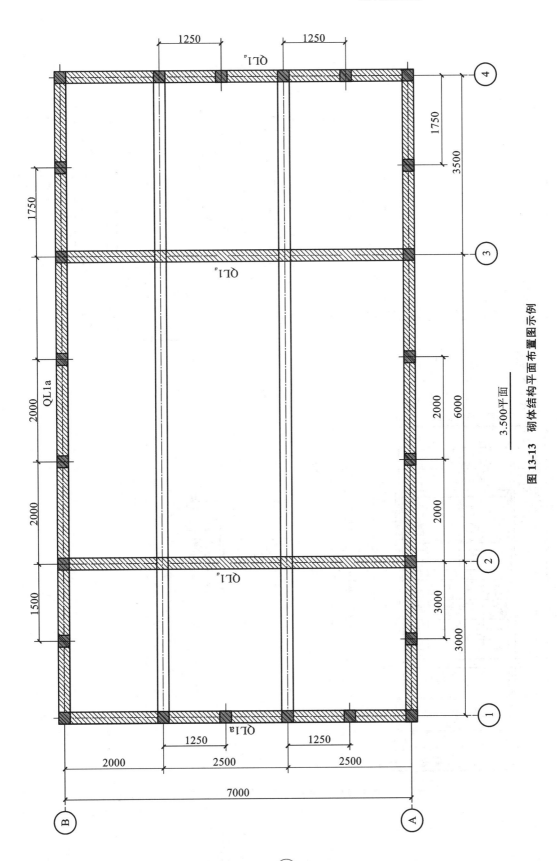

图 13-13　砌体结构平面布置图示例

3.500平面

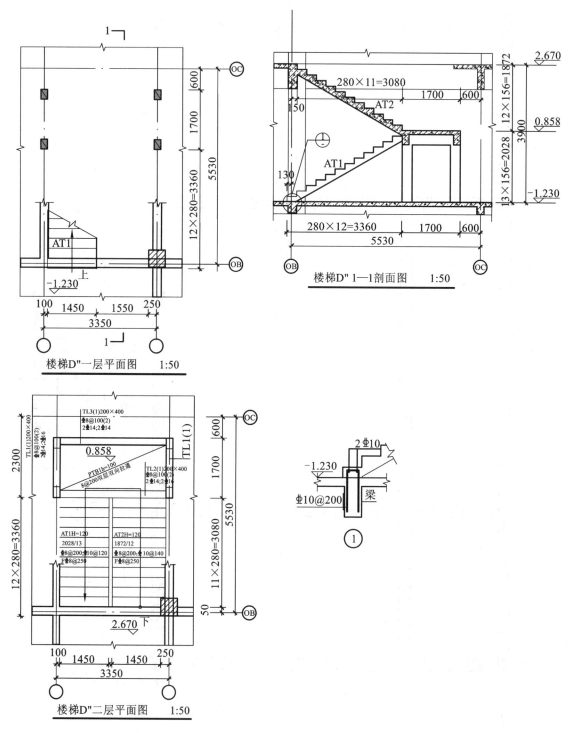

图 13-14 某现浇板式楼梯配筋图示例

任务 4 钢屋盖施工图

一、钢屋盖施工图简介

钢屋盖的施工图一般包括：结构平面图、结构详图。结构详图作为钢结构施工图中的重要部分，主要包括安装节点图、屋架详图、檩条详图、支承详图等。

结构平面图主要表示屋架、檩条、屋面板、吊车梁、支承等构件的平面布置情况。

安装节点主要包括：屋架与支座的连接节点详图、檩条与屋架的连接节点详图、支承与屋架和檩条的连接节点详图、檩条之间的连接详图，以及拉杆与檩条、屋架连接的节点详图。

屋架详图主要包括：屋架的几何尺寸及内力、屋架的上弦平面图、下弦平面图、屋架的立面和剖面图、屋架支座的剖面和屋架各个节点详图、材料表与说明。

檩条详图主要包括：檩条的立面、平面以及各个变化不同部位的剖面和材料表与说明。

支承详图主要包括支承的立面、平面和与支承连接的构件以及材料表等。

二、钢屋盖施工图示例

如图 13-15 所示为某钢屋架施工图。

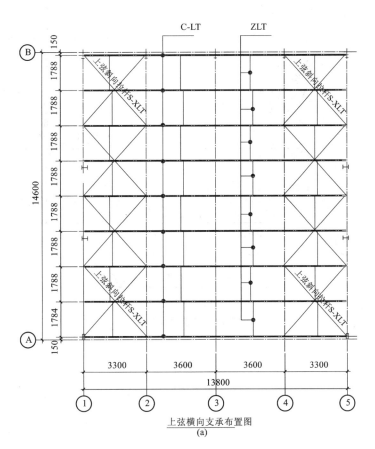

上弦横向支承布置图
(a)

图 13-15 某钢屋架施工图

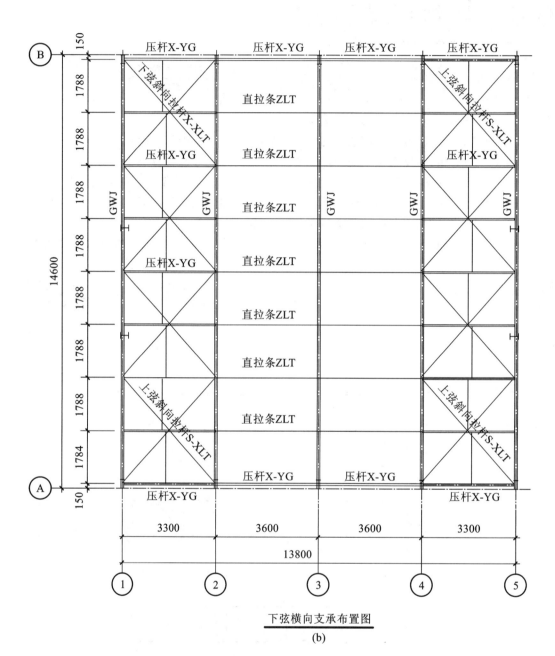

下弦横向支承布置图

(b)

图 13-15 某钢屋架施工图

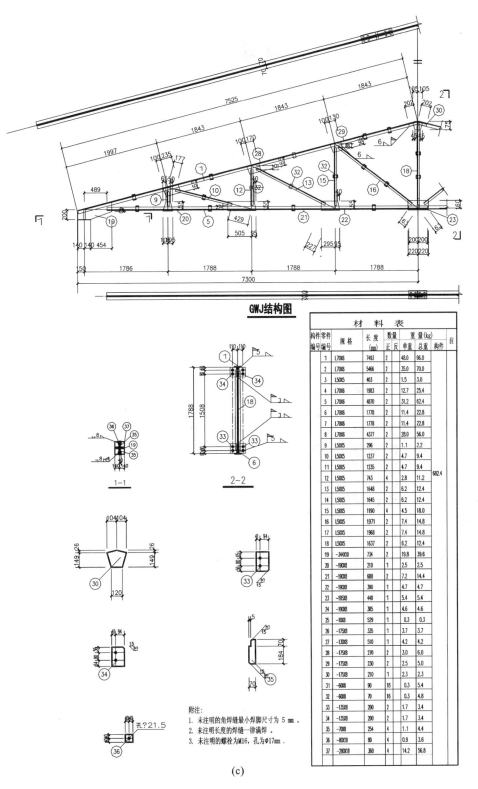

GWJ结构图

构件零件编号	规格	长度(mm)	数量		重量(kg)		注
			正反	单重	总重	构件	
1	L70X6	7493	2	48.0	96.0		
2	L70X6	5466	2	35.0	70.0		
3	L50X5	403	2	1.5	3.0		
4	L70X6	1983	2	12.7	25.4		
5	L70X6	4870	2	31.2	62.4		
6	L70X6	1778	2	11.4	22.8		
7	L70X6	1778	2	11.4	22.8		
8	L70X6	4377	2	28.0	56.0		
9	L50X5	296	2	1.1	2.2		
10	L50X5	1237	2	4.7	9.4		
11	L50X5	1235	2	4.7	9.4		682.4
12	L50X5	743	4	2.8	11.2		
13	L50X5	1648	2	6.2	12.4		
14	L50X5	1645	2	6.2	12.4		
15	L50X5	1190	4	4.5	18.0		
16	L50X5	1971	2	7.4	14.8		
17	L50X5	1968	2	7.4	14.8		
18	L50X5	1637	2	6.2	12.4		
19	-344X10	734	2	19.8	39.6		
20	-190X8	210	1	2.5	2.5		
21	-190X8	600	2	7.2	14.4		
22	-190X8	390	1	4.7	4.7		
23	-195X8	440	1	5.4	5.4		
24	-190X8	385	1	4.6	4.6		
25	-10X8	529	1	0.3	0.3		
26	-175X8	335	1	3.7	3.7		
27	-13X8	510	1	4.2	4.2		
28	-175X8	270	2	3.0	6.0		
29	-175X8	230	2	2.5	5.0		
30	-175X8	210	2	2.3	2.3		
31	-60X8	90	18	0.3	5.4		
32	-60X8	70	16	0.3	4.8		
33	-135X8	200	2	1.7	3.4		
34	-135X8	200	2	1.7	3.4		
35	-175X8	254	4	1.1	4.4		
36	-80X18	80	4	0.9	3.6		
37	-280X8	360	4	14.2	56.8		

附注:
1. 未注明的角焊缝最小焊脚尺寸为 5 mm 。
2. 未注明长度的焊缝一律满焊。
3. 未注明的螺栓为M16,孔为φ17mm 。

(c)

图 13-15 某钢屋架施工图

参 考 文 献

［1］中华人民共和国住房和城乡建设部,中华人民共和国国家质量监督检验检疫总局.混凝土结构设计规范(GB50010—2010)[S].北京:中国建筑工业出版社,2011.

［2］中华人民共和国住房和城乡建设部,中华人民共和国国家质量监督检验检疫总局.工程结构可靠性设计统一标准(GB50153—2008)[S].北京:中国建筑工业出版社,2009.

［3］中华人民共和国住房和城乡建设部,中华人民共和国国家质量监督检验检疫总局.建筑结构荷载规范(GB50009—2012)[S].北京:中国建筑工业出版社,2012.

［4］中华人民共和国住房和城乡建设部,中华人民共和国国家质量监督检验检疫总局.建筑结构可靠度设计统一标准(GB50068—2018)[S].北京:中国建筑工业出版社,2019.

［5］中华人民共和国住房和城乡建设部.高层建筑混凝土结构技术规程(JGJ3—2010)[S].北京:中国建筑工业出版社,2011.

［6］中华人民共和国住房和城乡建设部,中华人民共和国国家质量监督检验检疫总局.建筑地基基础设计规范(GB50007—2011)[S].北京:中国建筑工业出版社,2012.

［7］中华人民共和国住房和城乡建设部,中华人民共和国国家质量监督检验检疫总局.混凝土结构工程施工质量验收规范(GB50204—2015)[S].北京:中国建筑工业出版社,2015.

［8］中华人民共和国住房和城乡建设部,中华人民共和国国家质量监督检验检疫总局.砌体结构设计规范(GB50003—2011)[S].北京:中国建筑工业出版社,2012.

［9］刘立新,叶燕华.混凝土结构原理(新1版)[M].武汉:武汉理工大学出版社,2010.

［10］程文瀼,王铁成,颜德姮,等.混凝土结构(上、中册)[M].5版.北京:中国建筑工业出版社,2012.

［11］叶列平.混凝土结构(上册)[M].2版.北京:清华大学出版社,2005.

［12］侯治国.混凝土结构[M].3版.武汉:武汉理工大学出版社,2006.

［13］薛伟辰.现代预应力结构设计[M].北京:中国建筑工业出版社,2003.

［14］吴培明.混凝土结构[M].2版.武汉:武汉理工大学出版社,2003.

［15］顾祥林.混凝土结构基本原理[M].3版.上海:同济大学出版社,2015.

［16］许瑞萍.建筑结构[M].杭州:浙江大学出版社,2008.

［17］熊丹安,吴建林.混凝土结构设计[M].北京:北京大学出版社,2012.

［18］郭继武.混凝土结构基本构件[M].北京:清华大学出版社,2012.

［19］许成祥,关萍.工程结构[M].2版.北京:科学出版社,2015.

［20］孙世民,李远坪.建筑结构[M].天津:天津科学技术出版社,2013.